高等学校电子商务系列教材

电子商务综合实践教程

石　彤　主　编
陈建斌　副主编
田　岩　姜　凌　王宝花
薛　云　檀竹生　参　编

清华大学出版社
北京交通大学出版社
·北京·

内 容 简 介

当今以知识为导向的教学已经向以自主学习、研究性学习为导向的教学方式过渡，电子商务本身就是操作性和实践性很强的学科，本书编写思路是以实践应用内容为导向，通过相关的技术和管理手段的实践内容讲解和实践任务的设计，提升学习者的学习兴趣和应用能力。本书以电子商务各环节中的实践为主线，渗透电子商务专业知识的学习、应用和理解；各章实践案例选取或任务设计都是以“网上连锁花店”的电子商务内容为背景，体现了各部分知识内容的连贯性；实践任务的设计和任务实施以真实环境为背景，避免了模拟实践与真实互联网环境的不同。以综合实践教学方式带动学生对专业的了解和专业知识的掌握及应用。

本书包括电子商务技术基础、电子商务实践、电子商务网站建设实践、电子商务综合实践 4 个层次 10 部分的内容。

本书可作为高等院校电子商务相关专业的教材，也可作为高职高专和中等职业技术学校的教材，还可作为电子商务业余爱好者的参考书。

图书在版编目（CIP）数据

电子商务综合实践教程 / 石彤主编. —北京：清华大学出版社；北京交通大学出版社，2011.8

（高等学校电子商务系列教材）

ISBN 978－7－5121－0636－9

Ⅰ. ①电…　Ⅱ. ①石…　Ⅲ. ①电子商务－高等学校－教材　Ⅳ. ①F713.36

中国版本图书馆 CIP 数据核字（2011）第 141470 号

责任编辑：韩素华
出版发行：清 华 大 学 出 版 社　　邮编：100084　　电话：010－62776969　　http://www.tup.com.cn
　　　　　北京交通大学出版社　　邮编：100044　　电话：010－51686414　　http://press.bjtu.edu.cn
印 刷 者：北京交大印刷厂
经　　销：全国新华书店
开　　本：185×230　　印张：25　　字数：553 千字
版　　次：2011 年 8 月第 1 版　　2011 年 8 月第 1 次印刷
书　　号：ISBN 978－7－5121－0636－9/F·861
印　　数：1～3 000 册　　定价：38.00 元

本书如有质量问题，请向北京交通大学出版社质监组反映。对您的意见和批评，我们表示欢迎和感谢。
投诉电话：010－51686043，51686008；传真：010－62225406；E-mail：press@bjtu.edu.cn。

前言

电子商务将人们带入了数字化商业社会，它是未来企业发展和生存的主流方式，广阔的市场拓展就在于网络的交易能力，企业要在未来的市场竞争中处于优势地位，就要进入电子商务领域。作为新经济核心的电子商务，影响着各行各业，对企业的经营理念、经营模式、政府管理模式和人们的生活方式等方面产生了前所未有的影响。

为了适应社会变革的需要，也为了配合高等学校实行的面向21世纪的改革，培养出一大批既要懂得专业知识和理论知识，又要具备较强的计算机应用能力的高素质的应用型人才，在电子商务方面要具备基本的实践能力，为此编写“电子商务综合实践教程”，它是“电子商务系列教材”中的一部分，以电子商务基础实践能力培养为目标，从实践的角度设计和组织教材的内容。

本书以电子商务实践教学4级体系为主线，不仅关注电子商务的商务部分，也将技术基础部分作为综合实践的内容共同呈现。围绕电子商务的技术、管理、网站规划和建设等实践内容进行知识的选取和组织，并提供相关部分的实践任务和相关实践任务的资料支持。本书各章的知识点衔接有序又独立成章，便于根据需要选取有关内容。全书叙述严谨、实用性强，突出了电子商务实践操作能力的培养。

本书围绕电子商务实践的4级教学体系设计，主要针对电子商务专业的实践教学和能力培养的4层次，即电子商务基础、电子商务实践、电子商务网站建设、电子商务综合实践，设计了10部分内容。

本书建议学时和学习方法：教学可以采用几种方式进行，第一种方式，课堂讲授（48学时），在课堂中引导学生重视相关的知识点，采用研究性学习方法，通过每一章的实践任务，自主学习教程中对应的知识内容，在教师的指导和督促下，自主完成实践任务，并对实践任务完成的具体情况做陈述。第二种方式，采用集中实践周的方式进行。实践周中，可以选取教程中的不同模块进行搭配，完成实践任务，陈述实践结果和实践过程中的收获。这两种形式的教学方式，可以配以知识部分的考测。

本书设置了几部分的实践内容，整体结构见下表。

层　次	内　容	培养能力
第1篇 电子商务基础	第1章　电子商务的综合实践体系	对电子商务技术和应用的认知和理解能力；进行商务管理的认知和实践能力
	第2章　电子商务技术基础	
	第3章　电子商务应用基础	
	第4章　商务管理实践	

续表

层次	内容	培养能力
第2篇 电子商务实践	第5章　网店经营与管理	电子商务交易的能力；网店创业认知和网店的管理能力
第3篇 电子商务网站建设	第6章　电子商务网站规划	电子商务网站的规划、网站的内容设计、网站功能实现的能力；网站的发布、宣传和维护管理的能力
	第7章　电子商务系统分析与设计	
	第8章　电子商务网站实现与测试	
	第9章　网站推广和管理维护	
第4篇 电子商务综合实践	第10章　电子商务解决方案	电子商务解决方案的选取能力；电子商务业务管理和运营能力；项目管理和商务管理的战略认知能力
	第11章　电子商务综合管理	

本书是多人智慧的结晶，石彤任主编，陈建斌任副主编，具体编写分工如下：第1章和第11章由陈建斌编写；第2章由田岩编写，第3章由姜凌编写；第4章由王宝花编写；第5章、第6章、第9章由石彤编写；第7章和第8章由薛云编写；第10章由檀竹生、石彤编写。全书由陈建斌、石彤拟订大纲。

由于编者的学识有限，书中不妥之处在所难免，恳请读者批评指正。

编　者

2011年5月

目 录

第1篇 电子商务基础

第2篇 电子商务实践

第3篇 电子商务网站建设

第 4 篇 电子商务综合实践

第 1 篇

电子商务基础

第 1 章

电子商务的综合实践体系

电子商务的人才培养有层次性特点，有些院校属于研究型教学，注重理论研究、前沿技术研究，有些院校属于应用型教学，注重技术应用、技能培养。本书主要针对应用型人才的培养需要而设置的电子商务综合实践体系，它的建立是培养学生相应电子商务专业能力的重要前提。本章通过层层递进分析电子商务实践教学体系的思考和实践，包括电子商务应用框架、电子商务专业能力、电子商务实践教学课程体系和电子商务实践教学 4 层体系。

1.1 电子商务框架

1.1.1 电子商务的构成

电子商务的运作是围绕着信息流、资金流、物流和商流展开的，电子商务的任何一笔交易都包含着信息流、资金流、物流和商流，因此从这 4 个流的角度，可以得出一个电子商务的总框架。如图 1-1 所示。

一个完整的商务活动，应该是信息流、资金流、物流、商流 4 个流动过程的有机构成。如图 1-2 所示。

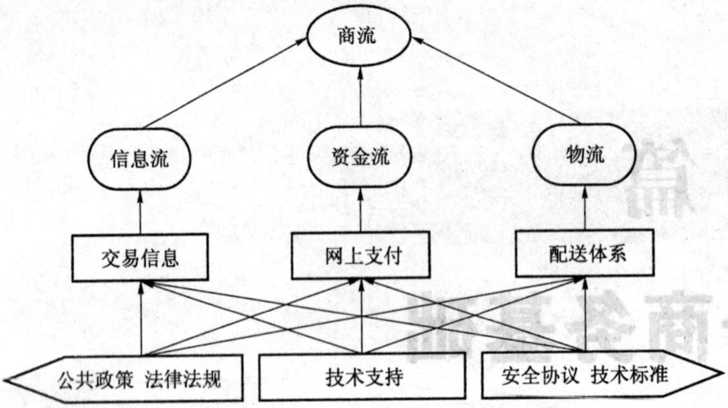

图 1-1 电子商务的总框架

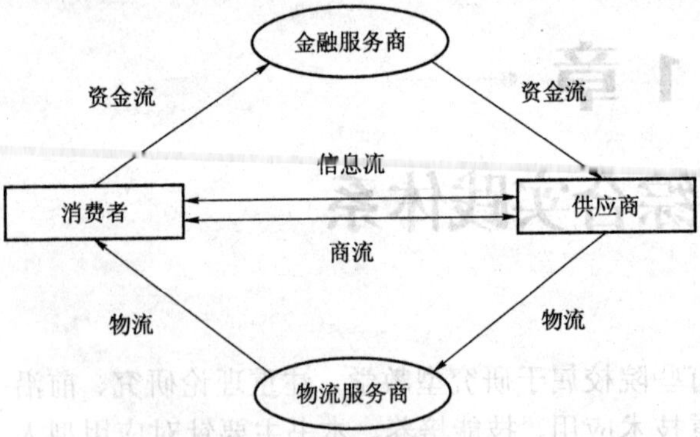

图 1-2 电子商务的 4 个流

电子商务活动主要包括信息流、资金流、物流三要素，最后才是商流，产生商品所有权的转移。信息流、资金流、物流的形成是商品流通不断发展的必然结果，它们在商品交换的过程中有机地统一起来，由信息流提供及时准确的信息，由资金流按合同条款要求完成商品所有权的转换，由物流根据信息流和资金流的要求完成商品实体向消费者的转换，从而使得“三流”分别构成了商务活动中不可分割的整体，共同完成商品流通的全过程。电子商务的过程是以物流为物质基础，以商流为表现形式，信息流贯穿始终，引导资金流正向流动的动态过程。

1.1.2 电子商务的应用框架

电子商务的各种应用是建立在四层技术和两个支柱的基础上的。如图 1-3 所示。

1. 网络基础设施层

网络基础设施层是实现电子商务最底层的部分，是电子商务的硬件基础设施，是信息传输的载体，它由客户端设备、网络服务提供商、网络等 3 个部分组成。

2. 信息发布层

有了网络层，只是使得通过网络传递信息成为可能，究竟在网上传输什么样的内容，以什么样的方式传输，不同的用户有不同的要求。目前网上最流行的发布信息方式是以 HTML、基于 Java 平台的 JSP 和基于.NET 平台的 ASP 的形式将信息发布在 WWW 上。用户只要学会如何使用 Web 浏览器，就能很好地访问和使用 Web 上的电子商务工具。

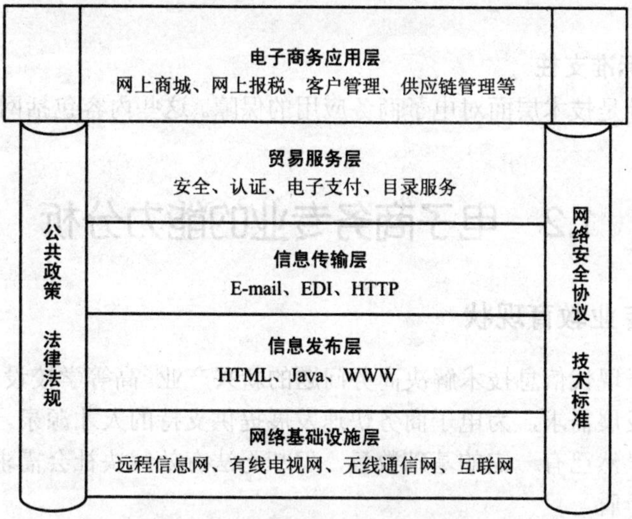

图 1-3　电子商务的应用框架

3. 信息传输层

信息传输层主要提供传输信息的工具和方式，它解决了不同媒体形式的信息如何在网络上按要求传输的问题。信息传输包括非格式化的数据交流和格式化数据交流（如 EDI 数据）。在 Internet 上使用 HTTP 作为传递信息的工具，它以统一的显示方式，在多种环境下显示非格式化的多媒体信息。

4. 贸易服务层

贸易服务层是为了方便网上交易所提供的通用业务服务，是所有的企业、个人做贸易时都会用到的服务，主要包括安全认证服务、电子支付服务、商品目录、价格目录、公司目录等，为电子商务应用软件的正常运行提供保证，并为电子商务提供软件平台支持和技术标准。相应的设备有应用服务器、数据库服务器、账户服务器、协作服务器等。相应的机构有网络数据中心、认证中心、支付网关和客户服务中心等。

5. 电子商务应用层

前面 4 层是企业开展电子商务所必须具备的一般条件，在这个基础上，企业就可以开始逐步建设实际的电子商务应用。企业需要根据自己的具体业务，建设对应的电子商务应用系统。例如，建立网上商城、网上报税、缴税、股票交易等应用系统；企业间的货物采购可以通过供应链管理系统进行；金融企业可以通过网上银行为客户提供个性化服务；娱乐服务企业可以提供视频点播；信息服务企业可以通过电子商务平台提供有偿信息服务等。

6. 公共政策和法律、法规支柱

公共政策包括围绕电子商务的税收制度、信息的定价、信息访问的收费、信息传输成本和隐私问题等。电子商务法律、法规则涉及网上商务纠纷、知识产权保护、网上隐私保护等问题。

7. 安全和技术标准支柱

协议和技术标准是技术层面对电子商务应用的保障。这些内容包括网络协议、安全协议、信息发布标准等。

1.2 电子商务专业的能力分析

1.2.1 电子商务专业教育现状

电子商务是基于现代信息技术解决商务问题的新兴产业。高等学校设置的电子商务专业，则是为了适应社会发展需求，为电子商务快速发展提供支持的人才源泉。前已述及，高校电子商务专业毕业生虽然已有一定的基础数量，但却无法有效解决社会需求，存在着数量上不足、结构上偏倚的矛盾。

经过多年的发展，领域内已取得的共识是：电子商务专业人才应该首先具备较强的管理、商务技能，然后才是对电子信息技术的理解和掌握。并且，电子商务不是“电子”与“商务”的简单相加，而是一种系统的复合。但是从目前情况来看，多数培养体系总体上看有“复合”的特点，细节上缺乏“系统”的统筹。课程上商务与电子两个领域都有涉及，但两者如何综合应用，在哪些点上结合，却没有明确的思路。

综观高校电子商务专业协作组确定的电子商务专业核心课程，可以发现，除了电子商务概论、电子商务经济、网络营销外，还有宏/微观经济学、管理学、网页设计、网站开发、计算机网络、程序设计、数据库等一系列跨经济、管理、信息技术等学科的诸多课程。而电子商务专业的培养目标，一般表述为培养跨学科的复合型人才，希望他们具备一定的技术能力、系统分析能力、管理能力，具备多学科融会贯通的能力，解决交叉性的实际问题。

目前电子商务专业教育由于存在培养方向模糊的问题，许多院校的教学计划不能清晰界定其培养的电子商务专业人才将来的就业方向，目标设定过于宽泛，以“万能”为应用目标培养电子商务人才，显然并不符合中国企业目前对电子商务人才的专业和实用的需求，实际上更不符合本科阶段人才培养的内在要求。另外还存在课程设置不合理的问题，由于对电子商务专业的认识不足，理解不够，课程设置的随意性很大，其层次、作用、地位缺乏内在的逻辑性，只是课程的集合，而形不成能力培养的完整体系和递进体系。

因此在专业能力培养中存在实践教学体系缺乏的问题，专业实践教学仅停留在与课程结合的实验，另加零散的集中实践。对于电子商务专业的能力构成及其关系没有清晰的把握，导致实践教学无体系而言。

当前电子商务存在的诸多问题中，首先需要解决电子商务专业人才的定位问题，包括能力层次的定位和就业方向的定位，其次是理论课程体系和实践课程体系。基于对电子商务专业培养计划的系统性思考，在解决了专业定位和理论课程体系的基础上，集中讨论实践教学的体系构建问题。

1.2.2　电子商务专业关键课程链分析

1. 电子商务课程体系的关键路径

在电子商务专业培养计划中，学生在第七学期时有两个方向可选，一是电子商务网站建设（技术方向），一是电子商务管理（管理方向）。

根据培养计划，电子商务专业的学生在第一学年主要学习基础课程，与专业相关的主要是“电子商务专业概论”与“创新设计（电子商务）”，技术方面有“计算机程序设计”。第二学年的课程中，管理类主要是“市场营销”，技术类主要是“计算机网络技术与应用”和“数据库原理与应用”。第三学年是专业课学习的集中时期，也是两个专业方向课程差别较大的时期。管理类课程主要有“电子商务概论”、“项目管理”、“客户关系管理”、“电子商务物流管理”、“网络消费行为学”、“企业电子商务管理”及物流相关课程，技术类有“互联网软件应用与开发”、“数据库应用与开发”、“面向对象程序设计”及“物流信息系统”等。第四学年主要有“电子商务网站建设”、“网络营销”、“商务信息分析”和“移动商务”。

在 4 年的专业课学习中，如何把握各门专业课程的定位和作用？如何把握课程之间的关系？如何清晰掌握电子商务核心应用能力的培养呢？在培养计划中已经就各项核心能力与课程的关系列表陈述，基本定位了各课程在能力培养中的地位和作用。但是，动态地组织课程关系、流程性地考查课程学习与能力培养的过程尚显不足。

实际上，在专业课学习中，有一条主线反映了电子商务专业核心应用能力的培养过程，反映了知识的递进学习关系。这条课程体系中的关键路径，即是以“电子商务”直接命名或直接相关的几门课程，它们是“电子商务专业概论”、“创新设计（电子商务）”、“电子商务概论”、“电子商务物流管理”、“电子商务网站建设”、“网络营销”、“互联网软件应用与开发”和“企业电子商务管理”等。这几门课程及其实践环节，形成了电子商务专业核心能力的关键培养路径。

第二学年的“电子商务专业概论”是引导性课程，使学生在入学之初对专业有初步的认识，并了解本专业的能力要求和培养体系；“创新设计（电子商务）”则是探索性实践环节，重在培养学生在电子商务领域的创新意识。通过两门课程的学习，一年级学生可以初步掌握电子商务的基本概念，了解电子商务的时代特征和专业意义。

第三学年的“电子商务概论”是专业学习中极为重要的核心课程。该课程是专业内容的全面展开，帮助学生系统掌握电子商务的基本框架、模式和流程。其后的“电子商务物流管理”、“网络营销”属于电子商务重点内容，是局部内容的深度开发。

第四学年的“电子商务网站建设”集成了技术与管理的路线，以网站为结合点，建立电子商务技术与运营管理相结合、全面运作电子商务企业的框架。“企业电子商务管理”则是在管理层面的进一步深化。

2. 电子商务课程体系的演进分析

围绕上述电子商务核心能力的关键培养路径，电子商务其他课程和教学环节以技术路线、管理路线及其交叉，形成了核心能力的“培养基”。

技术路线的“培养基”包括“大学计算机应用基础”、“计算机程序设计”、“计算机网络技术与应用”、“数据库原理与应用”、“多媒体技术与应用”等。

管理路线的“培养基”包括“管理学”、“宏/微观经济学”、“会计学”、“统计学”、“市场营销”、“运筹学”、“项目管理”、“技术经济学原理”等。

交叉课程有“管理信息系统”、“客户关系管理”、“物流管理信息系统”等。

关于电子商务课程体系的演进分析，可以综合地反映在图 1-1 中。

居于图 1-1 中部的是“电子商务核心应用能力”的演进过程，在关键路径相关课程的递进过程中，不断吸收来自于两边的技术类和管理类课程的营养。其中的“管理信息系统”、“客户关系管理”，是管理与技术交叉的典型课程，也是“电子商务网站建设”的基础课程；“商务信息分析”、“移动商务”是专业主方向的两个特色课程，表明未来的两个专业发展趋势。

左部的“电子商务技术线”主要分 3 块，第一块是以基础性的技术课程为主，使学生具备基本的计算机应用能力、网络应用能力和数据库应用能力，为学生理解电子商务内部结构和后台流程提供技术实现的辅助；第二块是直接支持网站建设的 Web 类技术，使学生具备开发电子商务网站的基本能力；第三块是本专业技术方向的主要课程，这些课程既深度支持电子商务网站的建设，又体现技术为本的发展方向，使学生具备利用较高水平的互联网软件技术实现高效能的电子商务网站的目标，弧状的箭头正表明了这种既支撑又发展的特殊地位。

右部的“电子商务管理线”则可以分 4 块，第一块是基础管理类，使学生具备基本的管理学、经济学知识，具备电子商务的基本分析技能；第二块是项目管理，直接服务于电子商务网站建设；第三块是市场营销、网络消费行为学，服务于网络营销；第四块是物流类课程，体现电子商务与现代物流的结合，体现物流管理的专业方向，弧状箭头也表明了其物流电子商务管理的地位。

1.2.3 电子商务专业能力需求分析

关于电子商务知识体系的分析已有许多成果，本节主要关注能力体系及能力培养问题。关于从事电子商务需要具备哪些技能或能力，可以从 1.1.1 节基于四流模型的电子商务总体框架和 1.1.2 节五层次的应用框架来具体分析。

从四流模型来看，电子商务需要的技能主要集中在利用信息技术处理商务的能力（信息流与商流）、电子支付能力、电子商务物流管理能力等方面。从五层模型来看，电子商务需要的主要是电子商务应用技能（应用层）、电子商务服务技能（服务层）和电子商务技术技能（信息发布、信息传输和基础设施层）。四流模型实际是电子商务应用层的一个截面，而且形成了电子商务应用层的核心内容。而在层次模型中，服务层形成应用层的直接支撑，在技能要求中居第二关键位置。其他 3 个层次与应用层渐远，是计算机技术等技术领域的主要研究内容了。

从以上分析可以看出，电子商务的技术基础主要来源于信息科学领域，从人才培养来看，可以由计算机科学与技术、信息科学等学科专业完成；围绕信息流、商流、资金流和物流的应用层及服务层是电子商务的核心内容，也正是电子商务专业人才培养的核心内容。

当然，关于电子商务的人才培养也有层次性特点。某些院校属于研究型教学，注重理论研究、前沿研究，而某些院校属于应用型教学，注重技术应用、技能培养等。本书主要是针对应用型人才培养的，因此电子商务专业的培养目标可以概括为：培养德、智、体、美全面发展的、面向社会发展和经济建设事业第一线、具有解决电子商务实际问题能力的高级专门人才。本专业培养的学生应具有一定的电子商务网站建设与技术管理能力、电子交易与网络营销能力、企业商务管理与运作能力，能在现代企业中从事电子商务网站开发建设、网络营销和商务运营与管理等技术工作。

从培养目标来看，电子商务专业人才应具备如下知识、能力和素质要求（见图 1-4）。

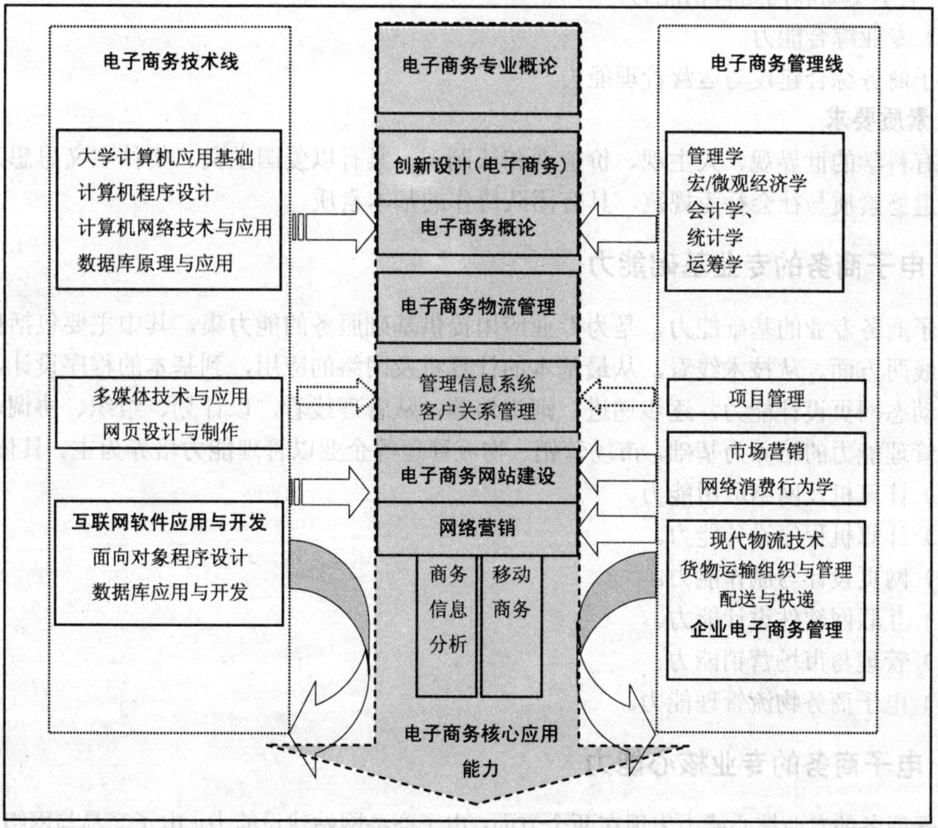

图 1-4　电子商务专业能力的演进

1. 知识要求

具有一定的人文社会科学、自然科学知识，掌握计算机知识和基本技能，能较熟练地掌握一门外语。掌握管理学、经济学、计算机及电子商务等方面的基本理论和基本知识。

2. 能力要求

（1）专业基本技能要求。

① 计算机及网络应用能力。

② 计算机程序设计能力。

③ 网页设计与制作能力。

④ 互联网软件设计能力。

⑤ 管理与市场营销能力。

⑥ 电子商务物流管理能力。

（2）专业核心应用能力要求。

① 电子商务网站建设能力。

② 电子交易和网络营销能力。

（3）专业综合能力。

电子商务综合建设与运营管理能力。

3. 素质要求

具有科学的世界观、人生观、价值观和法制观；具有以爱国主义、集体主义思想为核心内容的道德素质与社会行为规范，具有团队协作的基本素质。

1.2.4 电子商务的专业基础能力

电子商务专业的基础能力，是为专业应用提供基础服务的能力集，其中主要包括技能线和管理线两方面。从技术线看，从最基本的计算机及网络的应用，到基本的程序设计，再到静态、动态网页设计能力，逐步递进，渐进培养；从管理线看，以计划、组织、协调、控制等一般管理能力的培养为基础，市场营销、物流管理等企业以管理能力培养为主。具体如下。

（1）计算机及网络应用能力。

（2）计算机程序设计能力。

（3）网页设计与制作能力。

（4）互联网软件设计能力。

（5）管理与市场营销能力。

（6）电子商务物流管理能力。

1.2.5 电子商务的专业核心能力

电子商务的专业核心能力表现在两个方面：电子商务网站建设能力、电子交易与网络营销能力。专业核心能力已经能够体现出技术与商务管理的融合特色，需要具备两个领域的能力基础，并具备一定的系统规划与分析能力，完成特定的电子商务任务。例如，电子商务网站建设，首先需要确定网站建设的目标、功能需求等，然后才能制订实施方案，运用信息技术解决网站功能问题；而电子交易与网络营销，则在技术提供的基本环境中完成特定交易或营销任务。技术为商务问题的解决提供了高效的工具；商务管理为技术的应用提供了方向与空间。

1.2.6　电子商务的专业综合能力

电子商务专业的综合能力，可以概括为电子商务综合建设与管理能力，但涵盖的内容较为丰富，包括电子商务综合系统的规划与实施、企业电子商务管理（战略、客户、市场等）。虽然电子商务专业的本科毕业生无法具备更为宏观的高层战略思想、方法或技能，但必须明确以电子商务为基础的企业运营的基本思路、基本方法和基本技术。

1.3　电子商务专业四层次实践体系

根据实践教学环节在四年教学中的分布，把电子商务专业的实践教学和能力培养划分为四层：一层（商务及计算机基础实践）、二层（电子商务实践）、三层（电子商务网站建设实践）、四层（电子商务综合实践）。在实践四层制模式下，学生必须按阶段完成相应的层次考核任务，并经过考核通过后方可升入下一层次。

1.3.1　商务及计算机基础实践

第一层次，实践目的与要求：通过实践建立学生初步的专业意识，以市场营销为专业核心，结合其他管理类知识，进行初步的商务实践，使学生具备将所学的商务理论知识与商务实践活动相结合并加以应用的能力。以计算机应用、程序设计和网络应用为主线，使学生具备较熟练的计算机和网络实践技能。同时培养学生们独立工作、独立思考能力和创业意识。具体包括以下几个方面。

（1）培养学生对传统商务和电子商务的认知和理解能力。

（2）使学生具备熟练地应用计算机的能力。

（3）训练学生掌握互联网应用的基础知识。

（4）使学生能够熟悉国内的各类网站并加以理解。

（5）使学生具备对各类网站的运作及商务模式进行初步的理解和分析的能力。

（6）使学生具有电子商务的基本理解和应用能力。

实践的内容包括以下几方面。

（1）商务技能实践（商务及管理能力）：通过市场调查，熟悉并理解传统商务的运作模式；掌握市场营销的方法及技巧，具备初步营销策划及实施能力，分析自己市场调查的结果和营销过程，形成“市场调查报告”和“营销分析报告”。

（2）计算机和互联网技能实践（计算机和网络应用能力）：通过上机和上网实践，掌握各类办公软件。具备互联网信息搜索及发布能力，熟悉各种搜索及发布方法。通过“计算机和互联网应用能力测试”。对国内网站形成自己的理解和把握，完成相当数量的网站研究，形成对某一特定类别网站的“综合分析报告”。

（3）建立网上商店实践（电子商务基本能力）：熟悉某电子商务网站的定位和运作模式，熟悉网站的各种功能及网站的各种商务活动，形成一个利用淘宝等网上开店平台进行网上销售的“商业计划书”，并按照“商业计划书”建立一个网上商店，通过“网上店铺”的开业审核，并能够根据计划书布置店面，进行店铺的相关推广宣传。

（4）电子商务模拟教学软件的操作（电子商务基本能力）：通过电子商务模拟平台，熟悉电子商务交易环境及流程，结合实践完成“分析报告”。

1.3.2 电子商务实践

第二层实践目的与要求：通过实践使学生具备较强的商务策划、市场营销、网络营销和企业管理的能力。培养学生的团队合作能力。具体包括以下几方面。

（1）培养学生电子商务策划的能力，使学生理解电子商务与传统商务的关系。

（2）使学生具备较强的商务策划能力，并掌握观察市场、分析市场从而进行市场策划的能力。

（3）使学生熟练掌握和运用传统的市场营销方法和手段。

（4）使学生具备一定规模市场营销活动的策划和实施能力。

（5）使学生具备较强的网络营销能力，并掌握多种网络营销工具和手段。

（6）使学生具有较强的电子商务交易的能力。

实践内容包括以下几方面。

（1）网上商店经营实践（电子商务策划、市场营销及网络营销能力，技术方向）：通过实践，掌握电子商务模式的确立方法，掌握传统营销与网络营销的方法和手段，并掌握结果的分析方法。分析有关网站，运用并比较各种促销策略，能够运用所学，依托自己的网店开展网络营销实践活动，在实践初期设计并提交一套“网络营销方案”，在实践结束提交“网络营销结果分析报告”。

（2）大型市场营销活动的策划和实施（商务策划和团队合作能力，管理方向）：通过实践，掌握大型市场营销活动的策划方法，在实践活动中熟练地运用传统的市场营销手段，掌握市场营销结果的分析方法。在实践初期每人设计并提交一套“大型市场营销活动的策划方案”，其中一套或几套获选方案将由学生分组实现，每人在小组讨论后需提交一份具体的“营销活动计划及实施细则”，在实践结束后提交一份“个人工作总结”和“大型市场营销活动结果分析报告”。

1.3.3 电子商务网站建设实践

第三层实践目的与要求：通过实践使学生具备一定的电子商务网站的规划、设计与开发能力。具体包括以下几方面。

（1）培养学生了解各种电子商务网站的规划方案，掌握电子商务网站的规划内容。

（2）通过训练，使学生具备电子商务网站的内容设计和开发的能力。

（3）使学生具备电子商务网站的发布、宣传和管理的能力。

实践内容包括以下几方面。

（1）网站的规划与实现（技术方向）：选择某种行业，规划和实现一个该行业的中小型企业的电子商务网站，对电子商务网站的需求分析，网站的内容设计与开发进行实践，熟练使用至少一种网站设计和开发工具。掌握脚本语言及能够进行动态网站的设计。实践初期，每人设计并提交一套"网站规划方案"，同时要通过网页制作工具制作电子商务网站的每个栏目，在实践结束后提交一套根据自己规划书开发的网站程序和一份"网站规划实施分析报告"。

（2）网站的策划与设计（管理方向）：在自己的网店运作及发展理念的基础上，进行电子商务网站的策划、分析与设计，形成网站建设的方案书，包括网站需求分析、网站内容设计、网站维护管理和实施方案。

1.3.4 电子商务综合实践

第四层实践目的与要求：在掌握了各门专业课程的理论和实践操作的基础上，通过电子商务综合实践与练习，使学生能将所学的各门课程知识、实践操作综合结合起来运用，解决开展和应用电子商务的有关实际问题。培养学生的综合分析能力、独立解决问题的能力及表达能力。具体包括以下几方面。

（1）培养学生较大规模电子商务系统的设计开发能力。

（2）培养学生较大规模电子商务系统的管理和运营能力。

（3）培养学生项目管理的能力。

实践内容包括以下几方面。

（1）电子商务综合运营管理实践（电子商务综合运营管理能力，管理方向）：利用所学知识，从电子商务项目选择、商业策划到系统的建设、管理、实施，以及长期发展进行合理设计，综合以上方案，形成一份"××企业电子商务系统策划书"。并选择其中的某一环节，进行深入的研究和探讨，形成电子商务实践论文。

（2）大型电子商务系统建设（大型电子商务系统的设计、开发能力，技术方向）：学生可以与相关企、事业单位联系，结合学生对特定行业或商业的理解，并与所学电子商务知识结合，与相关企业或单位达成合作，独立设计并开发一套较大型的电子商务系统。在实践初期每人设计并提交一套"××电子商务系统分析与设计方案"。提交与企业或单位的"合作意向书"，在实践结束后提交一套电子商务系统软件及相关部分的文件，并撰写毕业论文。

1.4 电子商务综合实践结构

为了适应社会和技术变革的需要，电子商务相关内容与应用已成为各个专业的学生必须要了解的内容，利用电子商务技术实现网络商务的建设和管理是学生需要具备的基本能力。

为了配合高等学校面向21世纪的改革，培养出一大批懂得专业知识和理论知识，又具备较强的计算机应用能力的高素质应用型人才，需要在电子商务方面具备基本的实践能力。

“电子商务综合实践教程”以实践能力为出发点，设置了几部分的实践内容，实践结构如表1-1所示。

表1-1 电子商务实践结构

<table>
<tr><th>层 次</th><th>内 容</th><th>培 养 能 力</th></tr>
<tr><td rowspan="4">第1篇
电子商务基础</td><td>第1章 电子商务的综合实践体系</td><td rowspan="4">对电子商务的技术和应用的认知和理解能力；进行商务管理的认知和实践能力</td></tr>
<tr><td>第2章 电子商务技术基础</td></tr>
<tr><td>第3章 电子商务应用基础</td></tr>
<tr><td>第4章 商务管理实践</td></tr>
<tr><td>第2篇
电子商务实践</td><td>第5章 网店经营与管理</td><td>电子商务交易的能力；网店创业认知和网店的管理能力</td></tr>
<tr><td rowspan="4">第3篇
电子商务网站建设</td><td>第6章 电子商务网站规划</td><td rowspan="4">电子商务网站的规划、网站的内容设计、网站功能实现的能力；网站的发布、宣传和维护管理的能力</td></tr>
<tr><td>第7章 电子商务系统分析与设计</td></tr>
<tr><td>第8章 电子商务网站实现与测试</td></tr>
<tr><td>第9章 网站推广和管理维护</td></tr>
<tr><td rowspan="2">第4篇
电子商务综合实践</td><td>第10章 电子商务解决方案</td><td rowspan="2">电子商务解决方案的选取能力；电子商务业务管理和运营能力；项目管理和商务管理的战略认知能力</td></tr>
<tr><td>第11章 电子商务综合管理</td></tr>
</table>

在综合实践教程中，融合了电子商务几个教学层次的主要内容，体现了电子商务相关能力培养的基本知识结构，设计了与电子商务专业应用能力有关的几个层次的实践教学内容，并相应地设计了实践任务。

在课堂教学中，教师可以挑选其中某篇内容进行重点讲述，引导学生重视相关的知识点，学习过程可以采用研究性学习方法，学生通过每一章的实践任务，自主学习教程中对应的知识内容，在教师的指导下，学生自主完成实践任务，并对实践任务完成的具体情况做陈述和总结报告。还有另外一种方式就是采用集中实践周的形式学习电子商务综合实践的内容，实践周中，可以选取教程中的不同模块进行搭配，完成实践任务，由学生陈述实践结果和展示实践过程中的收获。两种形式的教学方式，可以配以知识部分的考测，达到提高知识认知并应用知识解决实际电子商务问题的目的。

第2章

电子商务技术基础

电子商务专业的实践包括一些必要的基本技术基础内容，如计算机网络基础、数据库基础、网页制作基础，本章介绍这些内容，并根据本书的网上连锁花店的案例背景设计了相关实践任务，要求完成网站服务器的服务配置，完成数据库的连接和基于个人关于花卉知识的展示型网站的设计实现。

2.1 计算机网络

2.1.1 概述

计算机网络是电子商务活动的基础支撑平台。对电子商务概念的描述，各国学者的观点侧重有所不同，但从宏观上讲，电子商务是计算机网络所带来的又一次革命，通过电子手段建立一种新的经济模式，它不仅涉及电子技术和商业交易本身，而且涉及金融、税务、教育等诸多方面；从微观上说，电子商务是各种具有商业活动能力的实体（生产企业、商贸企业、金融机构、政府、个人等）利用网络进行的各项商业贸易活动的总括。

电子商务基于 Internet/Intranet 或局域网、广域网，包括了从销售、市场到商业信息的全过程。在这一过程中，任何能加速商务处理过程、降低商业成本、增加商业价值、创造商业机会的活动都应该归入电子商务的范畴。由此看出，在电子商务中，计算机网络扮演着不可或缺、举足轻重的角色，是传输所有商务往来信息流的新媒介，是电子商务得以实现的关键。本节就电子商务中相关的计算机网络技术加以展开论述。

1. 计算机网络常识

计算机网络定义有两大基本观点来描述计算机网络。其一是资源共享的观点，即将分布在不同地理位置的多台独立的“自治计算机系统”，在相同的网络协议支持下集合在一起，达到资源共享的目的；另一是分布式系统的观点，即存在着一个能为用户自动管理资源的网络操作系统，由它调用完成用户任务所需要的资源，而整个网络像一个大的计算机系统一样对用户是透明的。两者的差别仅在组成系统的高层软件上：分布式系统强调多个计算机组成系统的整体性；共享资源则将强调计算机网络以共享资源为主要目的。

计算机网络的分类有多种形式，按照按传输技术可分为广播式网络和点到点网络；按照规模可分为局域网（LAN）、城域网（MAN）和广域网（WAN）。见表 2-1。

表 2-1 计算机网络按规模分类

分布的距离	覆盖的范围	网络的种类
~1 km	房间、建筑物、校园等	局域网 LAN
10 km	城市	城域网 MAN
100 km~	国家、洲或洲际	广域网 WAN

按照拓扑结构分总线型、星型、环型和网状型。

网络协议是指通信系统的整体设计，它为网络硬件、软件、协议、存取控制和拓扑提供标准。目前广泛采用的是国际标准化组织（ISO）在 1979 年提出的开放系统互连（Open System Interconnection，OSI）的参考模型。目前常见的网络体系结构有 FDDI、以太网、令牌环网和快速以太网等。从网络互联的角度看，网络体系结构的关键要素是协议和拓扑。OSI 参考模型就是分层模型，OSI 参考模型用物理层、数据链路层、网络层、传输层、会话层、表示层和应用层 7 个层次描述网络的结构，它的规范对所有的厂商是开放的，具有指导国际网络结构和开放系统走向的作用，它直接影响总线、接口和网络的性能。

TCP/IP（Transmission Control Protocol/Internet Protocol）协议即传输控制协议/网际协议是一组协议，它是为跨越局域网和广域网环境的大规模互联网络而设计的。TCP/IP 参考模型是计算机网络的祖先 ARPANET 和其后继的互联网使用的参考模型。当无线网络和卫星出现以后，现有的协议在和它们相连的时候出现了问题，所以需要一种新的参考体系结构。这个体系结构在它的两个主要协议出现以后，被称为 TCP/IP 参考模型（TCP/IP reference model）。TCP/IP 参考模型是在它所解释的协议出现很久以后才发展起来的，更重要的是，由于它更强调功能分布而不是严格的功能层次的划分，因此它比 OSI 模型更灵活。TCP/IP 和 OSI 参考模型如图 2-1 所示。

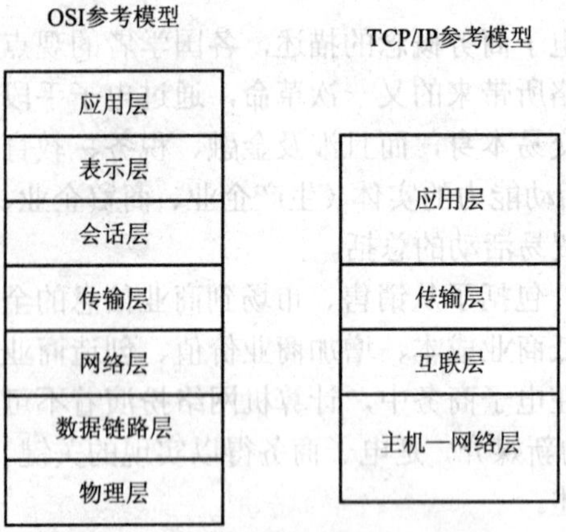

图 2-1 TCP/IP 和 OSI 网络参考模型

Internet 和 Intranet：Internet 是将全世界无数不同的计算机网络按照 TCP/IP 协议统一起来构成的集合，即网络的网络，或称为网际网。Internet 的前身是 20 世纪 60 年代美国的 ARPANET，最初是为军事目的而开发的，到了 20 世纪 80 年代开始用于教育和科研，被美国国家科学基金会的 NFSNET 所取代。1990 年，NFSNET 已经互联了 3 000 多个主要网络和 20 多万台计算机，进入 20 世纪 90 年代，Internet 逐渐从科研应用网络发展成为商业化的全球网络，并正在以惊人的速度继续发展。

Internet 技术主要具有以下特色。

（1）采用 TCP/IP 协议和分组交换使不同网络、不同计算机之间实现通信。

（2）采用 DNS 域名系统，解决了 IP 地址的“翻译”问题。

（3）提供 WWW 信息浏览服务、FTP 文件传输服务、E-mail 电子邮件服务、Telnet 远程登录服务及多项拓展服务。

Intranet 又称企业内部网，是使用 Internet 技术和标准的局域网。在 Intranet 中，用户可以访问浏览企业的网页，收发内部电子邮件，获得与 Internet 相似的服务。

IP 地址：IP 地址是区别 TCP/IP 网络上每一台计算机的唯一标识。

IP 地址由 32 位二进制数组成，为了表示方便，一般用点分十进制表示法：即将 32 位二进制数分为 4 个字节，每个字节转换成一个十进制数字段，字段之间用“.”分隔，每个字段中的数字在 0～255 之间。如 192.168.0.1 常用于表示一网关主机的 IP 地址。

域名：数字形式的 IP 地址很难记忆，而且也不直观。因此，人们就用代表一定意思的字符串来表示主机地址，即域名。如 http://www.google.com 中的 google.com 就是谷歌公司的域名，其对应的 IP 地址为 67.67.67.22。

域名采用分级结构，由用“.”分割的多个字符串组成，高级域在右边，最右边为一级域名。一级域名代表国家（地区）代码（如 cn 表示中国，uk 表示英国，fr 表示法国，ru 表示俄罗斯等）或最大行业机构（如 com 表示商业机构，edu 表示教育机构，gov 表示政府部门，mil 表示军事部门，org 表示各种组织，net 表示网络服务），由于 Internet 起源于美国，所以美国不用国家域名，凡没有国家代码的域名都表示是在美国注册的国际域名。二级域名是一级域名的进一步划分，如 cn 下又可分为 edu、com、gov、net 等，以此类推，bcbuu.edu.cn 就表示中国教育机构的北京联大商务学院。

域名便于人们记忆和识别主机，但计算机本身只能识别 IP 地址，IP 地址与域名的互相转换称为域名解析。域名解析是由域名服务器（Domain Name Server，DNS，一种能够实现名字解析的分层结构数据库）来完成的。Internet 上的每一个域，都必须设置 DNS，负责本域内主机名的管理并与其他各级域名服务器相配合，完成 Internet 上 IP 地址与主机名的查询，进而实现 Internet 按层次的域名的解析任务。

2. 网络计算架构

在网络计算应用中，站在平台的角度看，经历了主机终端系统、Client/Server（C/S）架构和 Browser/Server（B/S）架构 3 个阶段。

最早的主机终端通常是专用的大、中、小型机应用模式，其业务计算以批处理的方式提交，计算结果显示在终端上。其仅仅是网络应用的雏形，因技术的限制，该模式中商业用户难以直接向数据库提出查询请求而得到分析数据。

C/S 架构把数据从封闭的主机系统中解放出来，使用户得到更多的数据信息服务、更易使用的界面和更实惠的计算能力。C/S 模式将事物处理分开进行，服务器采用高性能的 PC、工作站或小型机，并采用大型的数据库系统如 Oracle、Sybase、Informix 或 SQL Server。客户端采用一般的 PC 机并安装专用的客户端软件。在这一模式下，通常将数据库的增、删、改、查及计算等处理放在服务器上进行，将数据的显示和界面处理放在客户端。这样能较充分地利用客户端 PC 机的处理能力，增强应用程序的功能。但 C/S 架构也有弱点：计算能力较分散，数据库一般局限于 LAN 中，无法利用 Internet 的网络资源，且不论企业的大小均需要安装自己的服务器，而服务器和服务器软件的管理和维护工作量大，对小企业不适合。

随着 Web 和 Internet 技术的发展，Internet 为数据库应用系统提供新的模式，即 B/S 架构。客户机上只要安装一台浏览器（Browser），中间层采用 Web 服务器，接受客户端浏览器发来的请求，将其转化为 SQL 语句，通过 ODBC 或其他方式传送给数据库服务器，并将数据库服务器返回的结果用 Html 文件的格式传回给客户机。在此，客户机实际就是界面的解释器，应用程序安装、运行在 Web 服务器上，此时 Web 服务起到承上启下的作用。如图 2-2 所示。

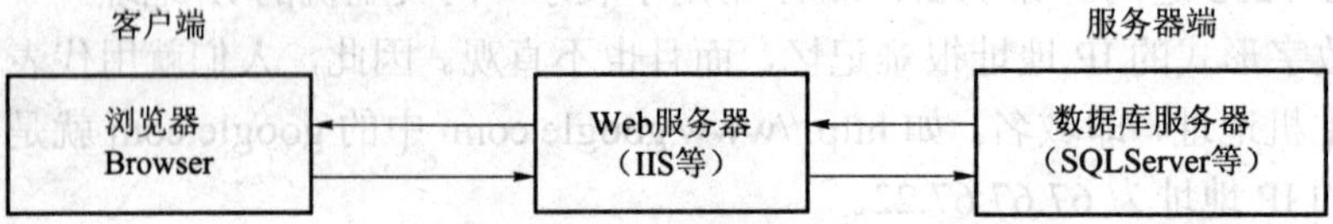

图 2-2　B/S 架构

2.1.2　客户端的网络基本配置

由上述的网络知识和 B/S 架构的描述得知，客户端 PC 机的网络配置要能满足用户访问 Internet 的 WWW 浏览的需求，基本配置可参考以下几项。

1. Internet 协议（TCP/IP）设置

选择【控制面板】|【网络连接】或【网上邻居】，出现"网络连接"对话框，如图 2-3（a）所示。

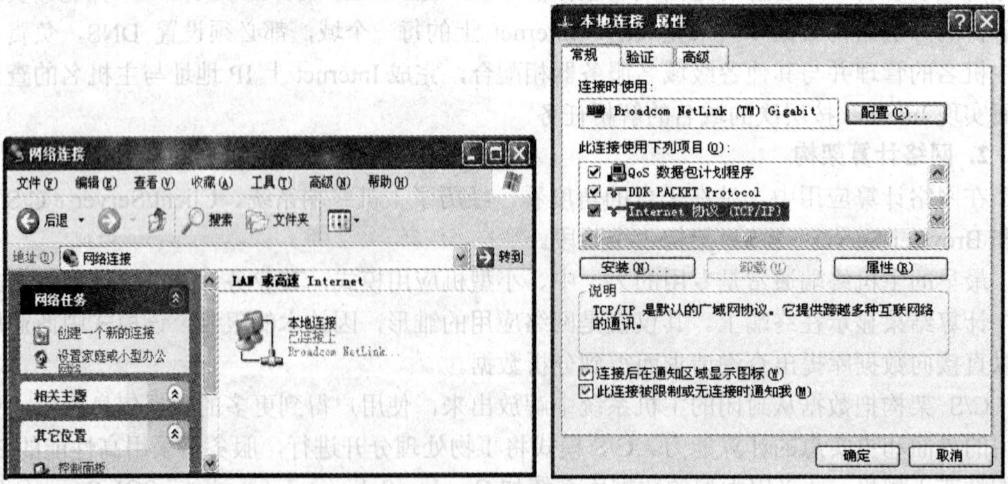

（a）　　　　　　（b）

图 2-3　网络连接界面/本地连接属性界面

右击【本地连接】|【属性】进入“本地连接”对话框，如图 2-3（b）所示，双击【Internet 协议（TCP/IP）属性】进入“Internet 协议（TCP/IP）属性”对话框，如图 2-4（a）所示。

Windows XP 系统默认 TCP/IP 属性设置为“自动获得 IP 地址”和“自动获得 DNS 服务器地址”，如本客户的 PC 机连接的 ADSL 或上端服务器带有 DHCP 功能，则此时保持不变即可。该设置可在客户连接时自动获得 IP 地址与 DNS 服务器的地址，即常说的动态地址，并用此 IP 和 DNS 工作。当断开该连接后，自动获得的 IP 地址和 DNS 服务器地址自动放弃，下次再连接时可再次获得。如本客户的 PC 机需要固定的静态地址，则可以在该界面上选“使用下面的 IP 地址”和“使用下面的 DNS 服务器地址”来为本机设置其 IP 地址、子网掩码、默认网关和首选 DNS 服务器及备用 DNS 服务器等项目，如图 2-4（b）所示。

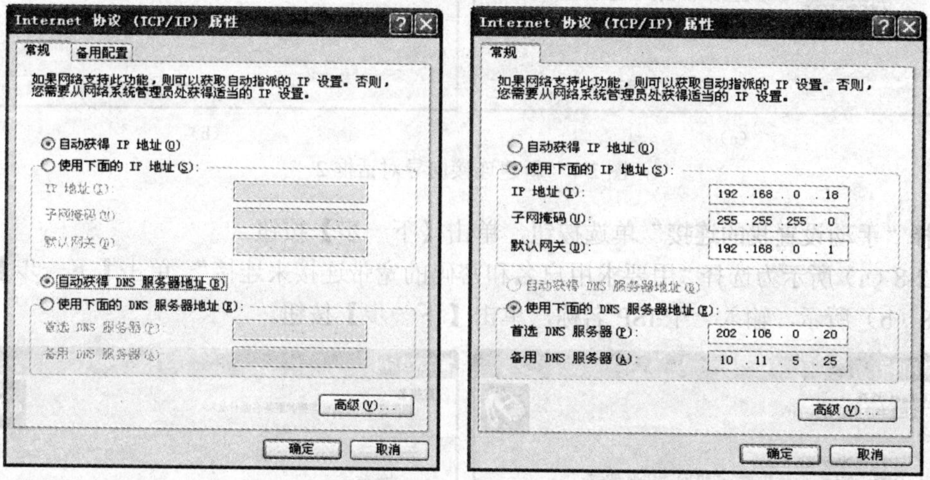

（a）　　（b）

图 2-4　Internet 协议（TCP/IP）属性界面

2. Windows XP 下 ADSL 拨号设置

打开“网络连接”对话框，（见图 2-5），单击“创建一个新的连接”按钮。

进到“新建连接向导”对话框，如图 2-6 所示，按照向导所示单击【下一步】按钮。

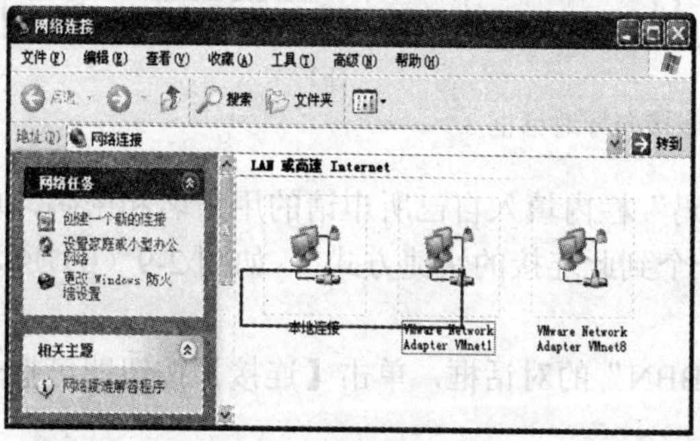

图 2-5　“网络连接”对话框

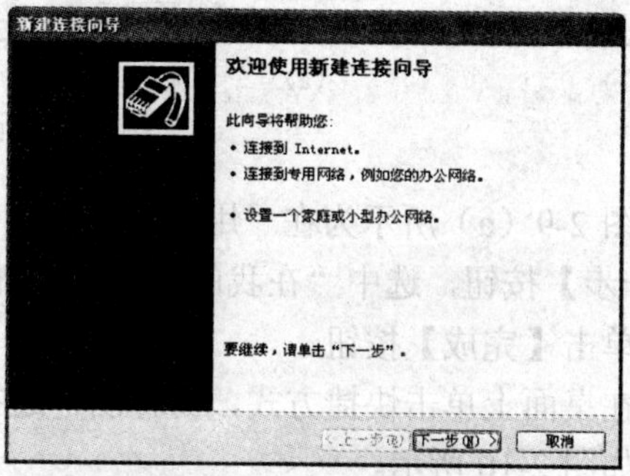

图 2-6　新建连接向导对话框 1

单选“连接到 Internet”，如图 2-7（a）所示，单击【下一步】按钮，出现对话框如图 2-7（b）所示。

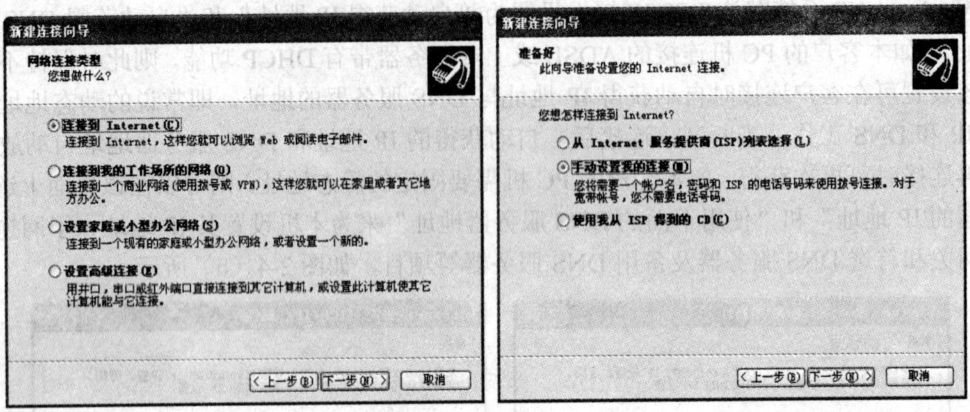

（a）（b）

图 2-7　新建连接向导对话框 2

选择“手动设置我的连接”单选按钮，单击【下一步】按钮。

图 2-8（a）所示为选择“用要求用户名和密码的宽带连接来连接”，单击【下一步】按钮，如图 2-8（b）所示，输入一个 ISP 名称，单击【下一步】按钮。

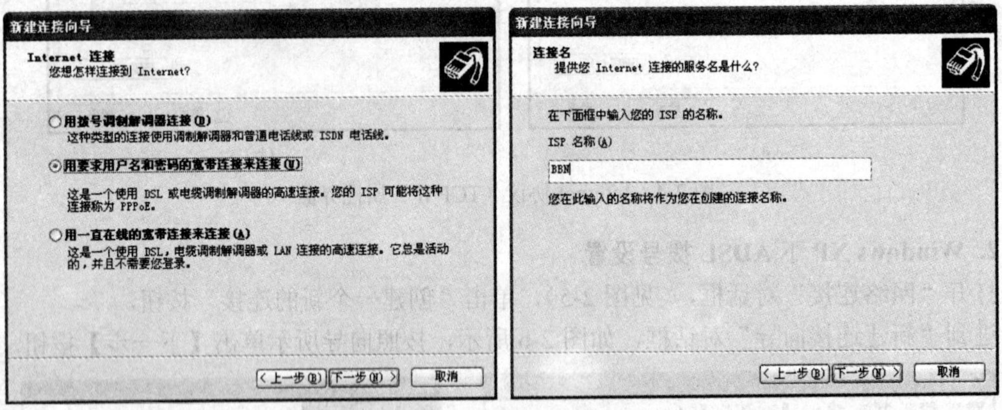

（a）（b）

图 2-8　新建连接向导对话框 3

图 2-9（a）所示为在“用户名”和“密码”栏内填入自己所申请的用户名和密码，单击【下一步】按钮，选中“在我的桌面上添加一个到此连接的快捷方式”，如图 2-9（b）所示，然后单击【完成】按钮。

在桌面上单击快捷方式，将弹出“连接 BBN”的对话框，单击【连接】按钮即可拨号上网，如图 2-10 所示。

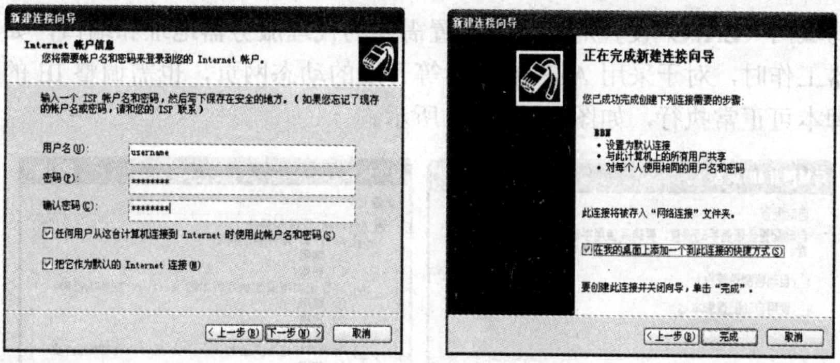

（a）　　　　　　　　　　　　　　（b）

图 2-9　新建连接向导对话框 4

3. IE 浏览器的设置方法

在客户机采用 ADSL 拨号连接 Internet 和上述 TCP/IP 属性设置到自动获得 IP 地址及自动获得 DNS 服务器地址的情况下，Windows 平台中的 IE 浏览器不需要特别设置即可进行浏览工作。

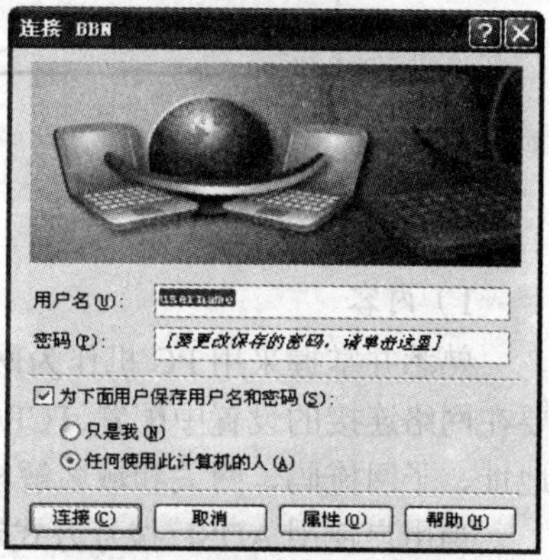

图 2-10　拨号连接对话框

若客户机工作在一局域网中，且在 TCP/IP 属性设置为静态的固定 IP 及 DNS，而该局域网采用的是代理服务器连上 Internet（共享 Internet 上网与此类似），此时就需要对 IE 浏览器进行必要的设置，具体步骤如下。

（1）启动 IE 浏览器，单击菜单【工具】|【Internet 选项】，进入"Internet 选项"对话框，如图 2-11（a）所示。

（2）选择【连接】选项卡，进入【连接】界面，单击【局域网设置】按钮，如图 2-11（b）所示。

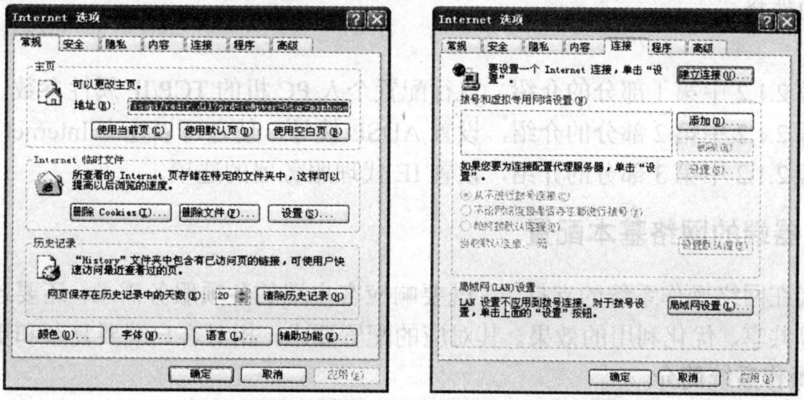

（a）　　　　　　　　　　　　　　（b）

图 2-11　Internet 选项——连接设置

（3）在局域网（LAN）设置对话框中设置需要的代理服务器地址和端口，如图 2-12（a）所示，浏览器工作时，对于采用 ASP 或 JSP 等开发的动态网页，也需调整 IE 的安全设置，以使对应的脚本可正常执行，如图 2-12（b）所示。

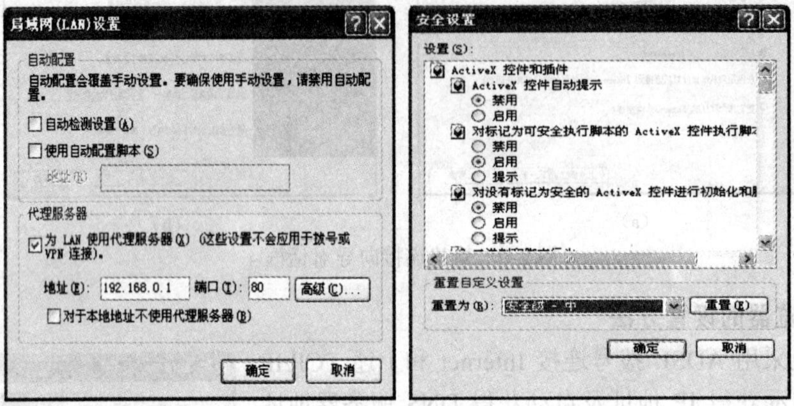

（a）　　　　　　（b）

图 2-12　局域网设置/安全设置

4. 实践任务

1）内容

熟悉并掌握采用 PC 机作为网络客户终端时，在 PC 机的 Windows XP 操作平台上，首先要在网络连接的设置中配置 TCP/IP 的参数，具体可参见本节相关介绍，即设置好本机的 IP 地址、子网掩码、网关和域名解析服务器是连接 Internet 的必备条件。

当用户使用 ADSL 拨号方式连接 Internet 时，ADSL 的相关设置就是要考虑的问题，只有正确地设置好 ADSL 拨号连接，才能保障好互联网的接入良好。

如用户采用代理服务器接入 Internet，则在用户的 IE 浏览器上，要就代理服务器的相关设置做必要的选择。

2）要求

（1）参考 2.1.2 中第 1 部分的介绍，自行配置个人 PC 机的 TCP/IP 属性参数。

（2）参考 2.1.2 中第 2 部分的介绍，设置 ADSL 拨号，使之可以连上 Internet。

（3）参考 2.1.2 中第 3 部分的介绍，设置 IE 代理服务器的选项。

2.1.3　服务器端的网络基本配置

服务器端在网络操作系统的支持下，既要响应客户端的各项服务需求，还要连接数据库，达到资源统筹共享、优化利用的效果。其对应的配置要求，相对客户端要复杂和更深入一些。

1. 网络操作系统简介

网络操作系统（NOS）是网络的心脏和灵魂，是向网络计算机提供网络通信和网络资源共享功能的操作系统。它是负责管理整个网络资源和方便网络用户的软件的集合。由于网络操作系统是运行在服务器之上的，所以有时也把它称之为服务版操作系统。

一般情况下，服务版操作系统是以向单用户操作系统（如 Windows 98）和多用户操作系统（如 Windows XP）提供网络服务为目的的。网络服务可以包括 Web 服务、E-mail（POP/SMTP）服务、DNS 服务、DHCP 服务、文件服务、打印服务等。常见的 Windows 系列操作系统，如 Windows NT4.0、Windows 2000（个人版、专业版、服务器版、高级服务器版、数据中心服务版）、Windows Server 2003、Windows Server 2008 等产品均是网络操作（服务器版）系统的代表。另外 Linux、FreeBSD、Solaris x86 也是常在服务器上运行的 UNIX 类操作系统，Novell 的 NetWare 也是有特色的网络操作系统。下面以 Windows Server 2003 为例介绍。

2. Microsoft Windows Server 2003 的安装

1）系统要求（见表 2-2）

表 2-2　Windows Server 4 个版本的对比

要　求	标准版	企业版	数据中心版	Web 版
最低 CPU 速度	133 MHz	133 MHz（x86） 733 MHz（Itanium）	400 MHz（x86） 733 MHz（Itanium）	133 MHz
推荐 CPU 速度	550 MHz	733 MHz	733 MHz	550 MHz
最小 RAM	128 MB	128 MB	128 MB	128 MB
推荐 RAM	256 MB	256 MB	1 GB	256 MB
最大 RAM	4 GB	32 GB（x86） 64 GB（Itanium）	64 GB（x86） 128 GB（Itanium）	2 GB
多处理支持	1 或 2	8	最少 8，最多 32	1 或 2
安装所需磁盘空间	1.5 GB	1.5 GB（x86） 2.0 GB（Itanium）	1.5 GB（x86） 2.0 GB（Itanium）	1.5 GB

2）安装过程

用光盘启动系统：重新启动系统并把光驱设为第一启动盘，保存设置并重启。将 Windows Server 2003 安装光盘放入光驱，重新启动计算机。刚启动时，当出现图 2-13（a）所示的提示时快速按下回车键，启动 Windows Server 2003 系统安装界面如图 2-13（b）所示。

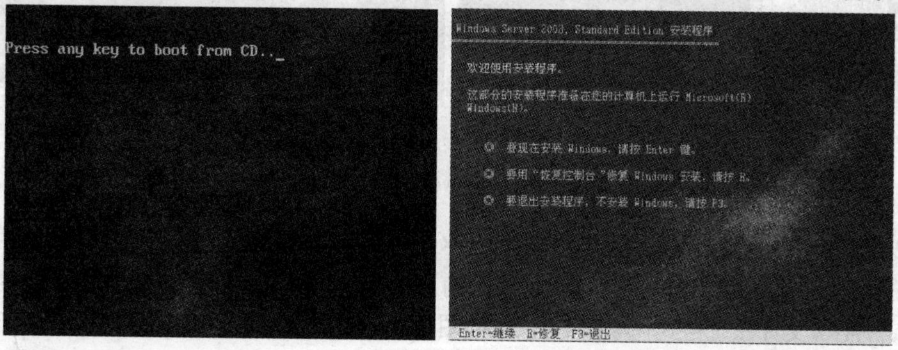

（a）　　（b）

图 2-13　Windows Server 2003 安装向导

全中文提示，“要现在安装 Windows，请按 Enter 键”，按 Enter 键后，出现图 2-14（a）所示界面；同意许可协议，按“F8”键后，如图 2-14（b）所示。

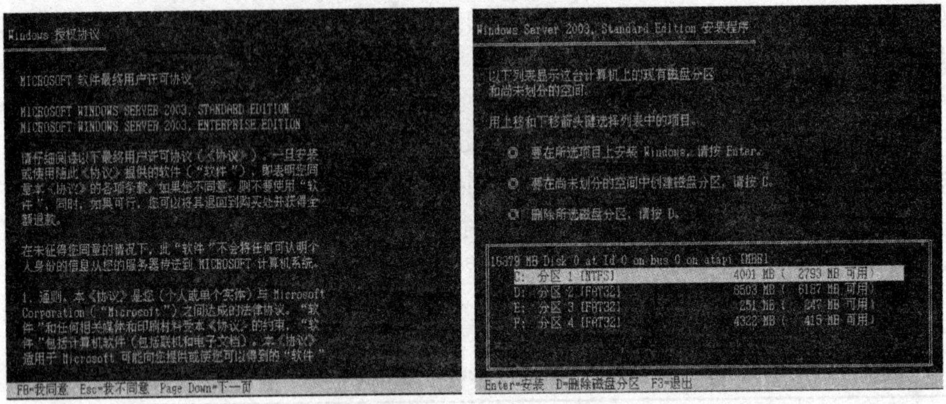

（a） （b）

图 2-14 Windows Server 2003 授权协议/磁盘分区

这里用“↑”或“↓”方向键选择安装系统所用的分区，现准备用 C 盘安装 2003，并准备在下面的过程中格式化 C 盘。选择好分区后按“Enter”键回车，安装程序将检查 C 盘的空间和 C 盘现有的操作系统。完成后出现图 2-15（a）所示的界面。

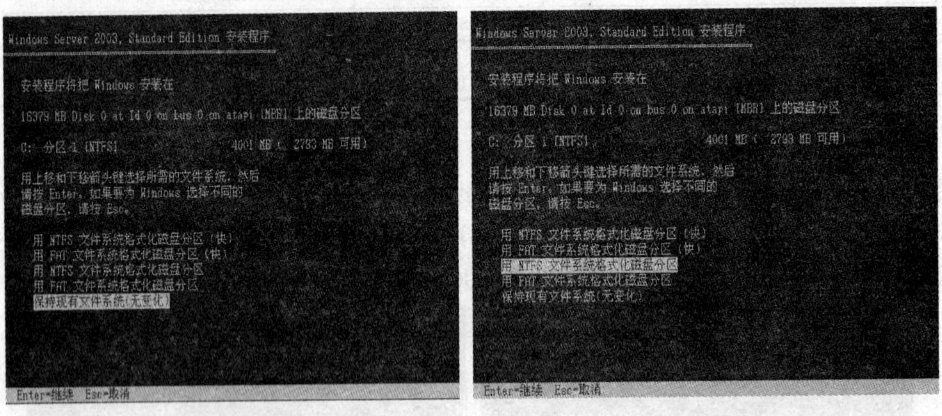

（a） （b）

图 2-15 Windows Server 2003 安装—格式化

图 2-15（b）所示界面提供了 5 个对所选分区进行操作的选项，其中“保存现有文件系统（无变化）”的选项不含格式化分区操作，其他都会有对分区进行格式化的操作。用“↑”键选择“用 NTFS（或 FAT）文件系统格式化磁盘分区”，如图 2-16（a）所示，格式化过程如图 2-16（b）所示。

格式化 C 分区完成后，创建要复制的文件列表，接着开始复制系统文件，出现图 2-17（a）所示界面。文件复制完后，安装程序开始初始化 Windows 配置。如图 2-17（b）所示。

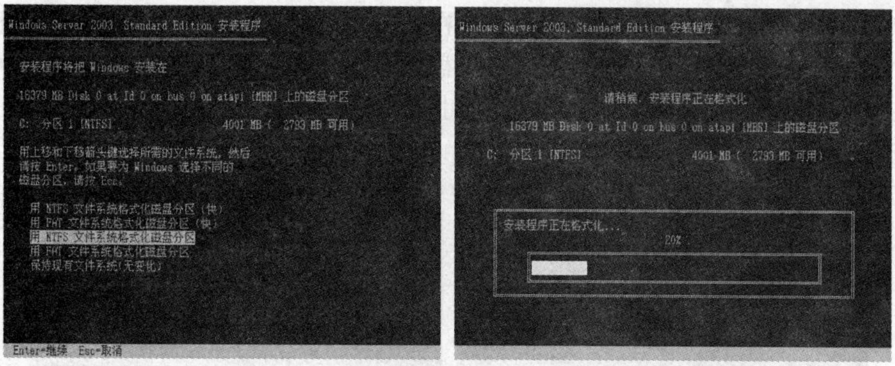

（a）　　（b）

图 2-16　Windows Server 2003 安装—格式化（NTFS）/格式化过程

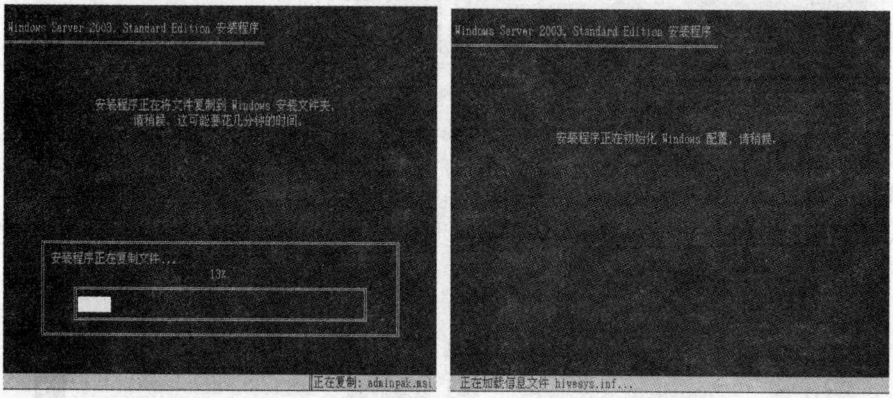

（a）　　（b）

图 2-17　Windows Server 2003 安装—文件复制/初始化

初始化 Windows 配置完成后，出现图 2-18（a）所示的界面，系统将在 15 秒后重新启动。

（a）　　（b）

图 2-18　Windows Server 2003 安装—重启动

这部分安装程序已经完成，系统将会自动在 15 秒后重新启动，将控制权从安装程序转移给系统。这时要注意，建议在系统重启时将硬盘设为第一启动盘（不改变也可以）。重新启动后，首次出现 Windows Server 2003 启动画面，如图 2-18（b）所示。当启动完成后，如图 2-19（a）所示，安装继续，如图 2-19（b）所示。

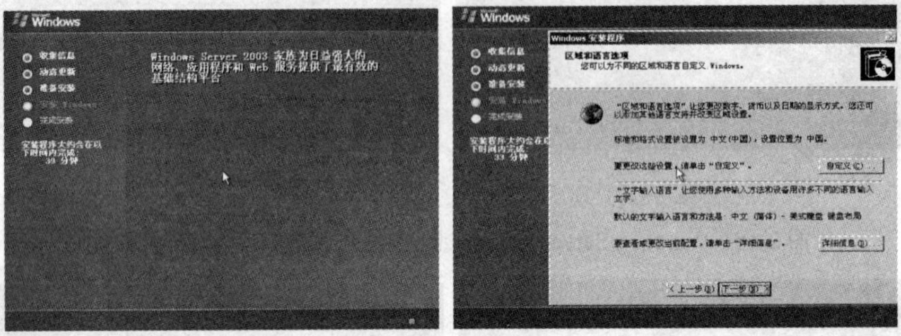

（a）　　　　　　　　　　（b）

图 2-19　Windows Server 2003 安装程序

区域和语言设置选用默认值就可以了，单击【下一步】按钮，进入图 2-20（a）所示界面。这里输入姓名（用户名）和单位，单击【下一步】按钮，如图 2-20（b）所示。输入安装序列号，单击【下一步】按钮。

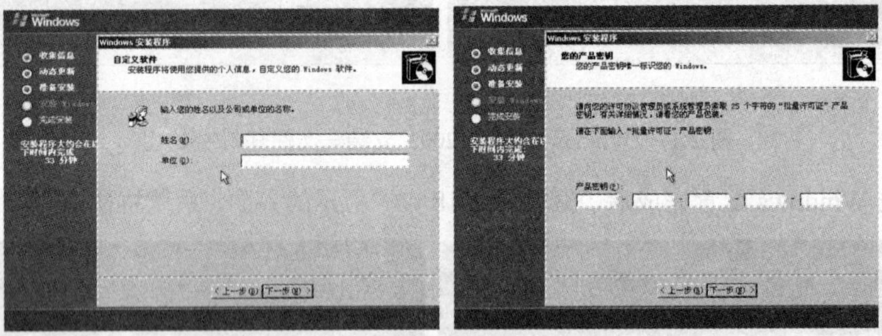

（a）　　　　　　　　　　（b）

图 2-20　输入姓名、单位及产品密钥

如图 2-21（a）所示，保持默认设置，单击【下一步】按钮，出现设置计算机名称界面，如图 2-21（b）所示。

安装程序自动创建计算机名称，这里可任意更改，输入两次系统管理员密码，请记住这个密码。下面选择日期和时间，如图 2-22（a）所示。

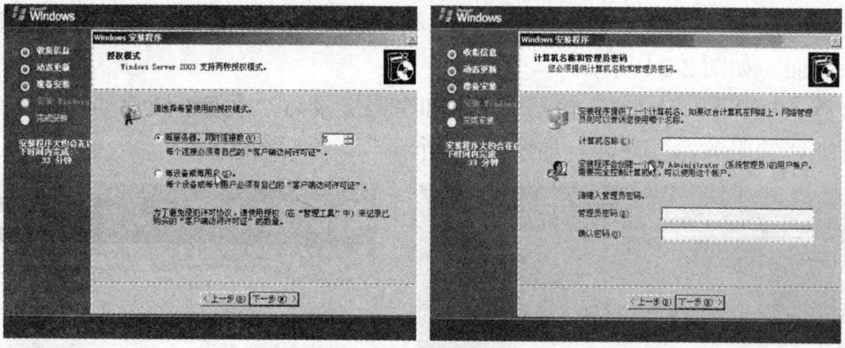

（a）　　　　　　　　　　　　　　（b）

图 2-21　授权模式/计算机名称

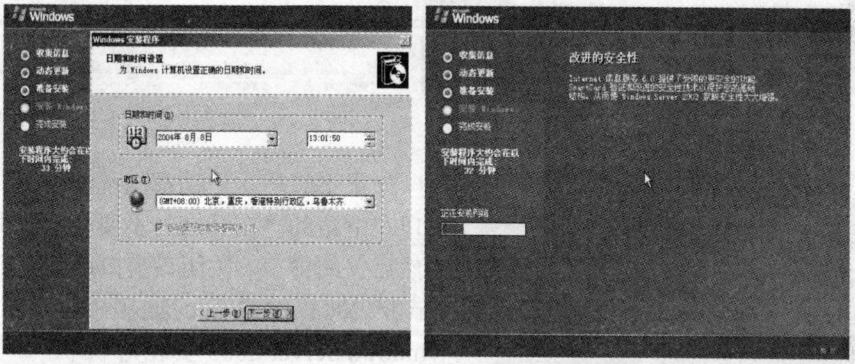

（a）　　　　　　　　　　　　　　（b）

图 2-22　设置日期和时间/复制文件

单击【下一步】按钮继续安装，完成复制文件、安装网络系统，如图 2-21（b）所示。网络设置，如图 2-23（a）所示，选择网络安装所用的方式，选“典型设置”，单击【下一步】按钮进行工作组设置，如图 2-23（b）所示。

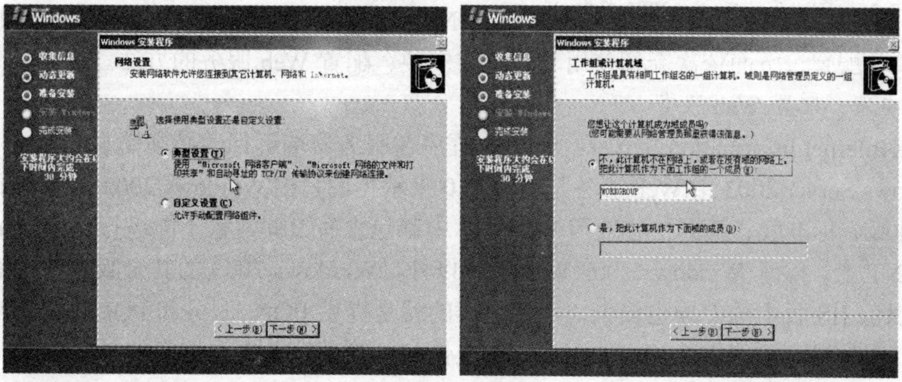

（a）　　　　　　　　　　　　　　（b）

图 2-23　网络设置

单击【下一步】按钮继续安装，系统会自动完成全过程。安装完成后自动重新启动，出现启动登录界面，如图 2-24 所示。

按组合键“Ctrl+Alt+Delete”输入用户名和密码登录后，才能继续启动，第一次启动后自动运行“管理您的服务器”向导，如图 2-25 所示。

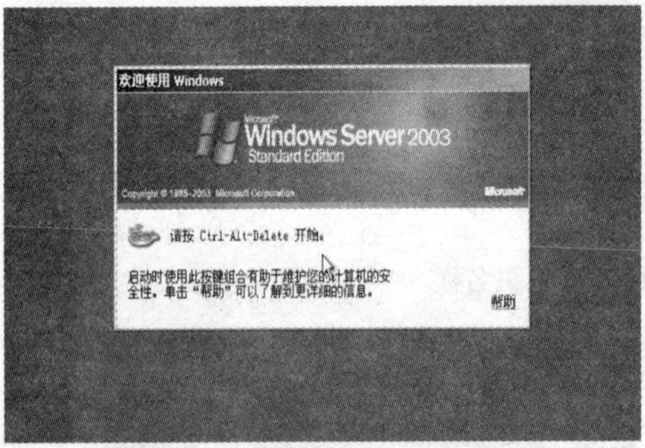

图 2-24 Windows Server 2003 启动

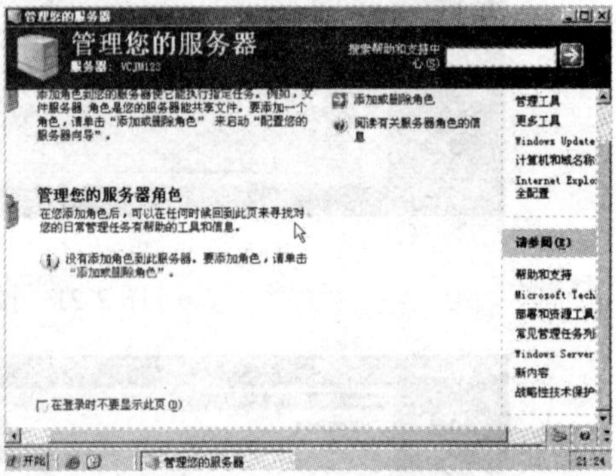

图 2-25 “管理您的服务器”向导界面

图 2-26 Windows Server 2003 桌面

如果不想每次启动都出现这个窗口，可在该窗口左下角的“在登录时不要显示此页”前面打钩然后关闭窗口。关闭该窗口后即见到 Windows Server 2003 的桌面，如图 2-26 所示。至此 Windows Server 2003 安装完毕。

3. 网络服务安装与配置

Windows Server 2003 在安装过程中出现“管理您的服务器”的向导界面（参见图 2-25），用户可以在第一次启动 Windows Server 2003 时进行相关的服务配置，分配服务角色，如 Web 服务、DNS 服务、FTP 服务、文件服务、打印服务等。也可以单独配置，下面依次介绍使用其他方式安装、配置 Web 服务的方法。

1）安装、配置 Web 服务

IIS（Internet Information Server）是 ASP 程序在服务器端运行的必须安装的 Web 服务器。在 Windows Server 2003 中 Web 服务是由 IIS6.0 来承担的，在 Windows 2003 服务器的 4 种版本“企业版、标准版、数据中心版和 Web 版”中都包含有 IIS6，它不能运行在 Windows XP、2000 或 NT 上。除了 Windows 2003 Web 版本以外，Windows 2003 的其余版本默认都不安装 IIS，跟以前 IIS 版本的差异也较大，比较显著的就是提供 POP3 服务和 POP3 服务 Web 管理器支持，同时提高了可靠性、可伸缩性、安全性和可管理性，在支持新的 Web 标准（XML、SOAP、IPv6）和应用程序的兼容性方面也表现良好。

（1）安装。在 Windows 2003 下安装 IIS，选择【控制面板】|“添加或删除程序”|“添加/删除 Windows 组件”命令；双击“应用程序服务器”，再双击“Internet 信息服务（IIS）”，如图 2-27 所示。

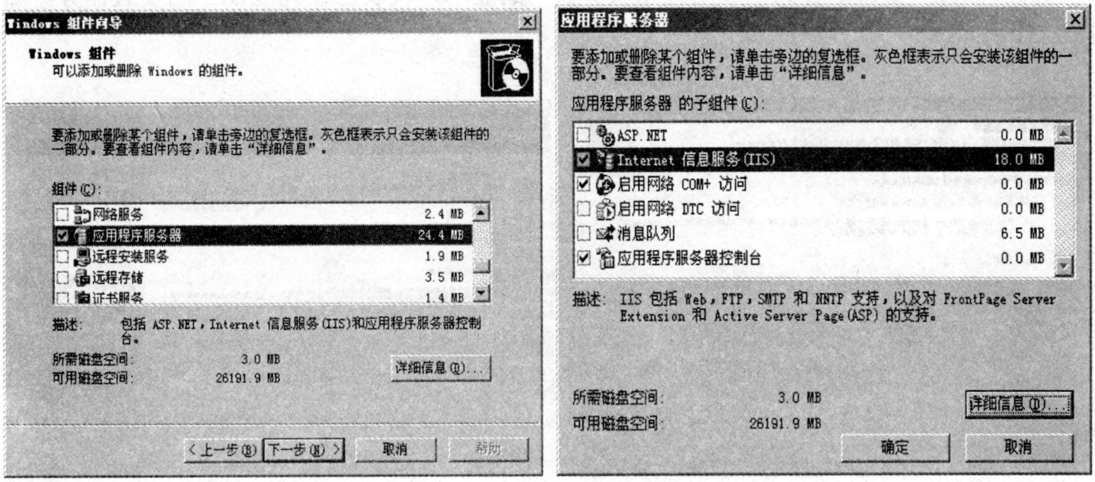

(a) (b)

图 2-27 Windows 组件向导/应用程序服务器选项

选中“万维网服务”（注：此选项下还可进一步作选项筛选，请根据自己需要选用，见图 2-28），单击【确定】按钮即完成安装（注意：安装过程中会提示将 Windows Server 2003 的光盘放入对应的驱动器中）。

另外，可在 Windows Server 2003 中利用“管理您的服务器”向导来安装 IIS。步骤如下。

打开“配置您的服务器向导”窗口，在左侧列表框中选中“应用程序服务器（IIS，ASP.NET）”，单击【下一步】按钮，如图 2-29 所示。

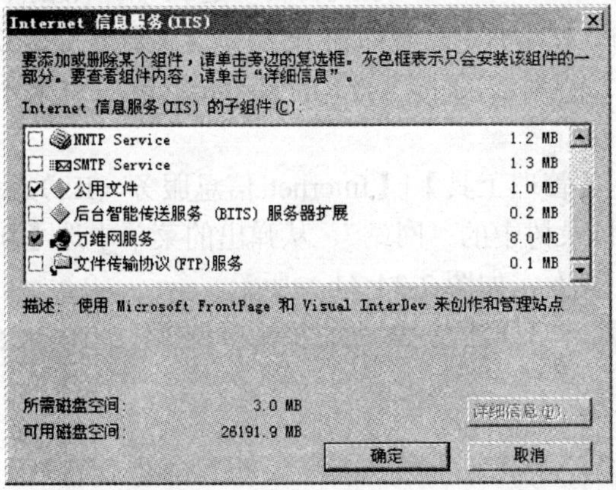

图 2-28 “Internet 信息服务（IIS）”窗口

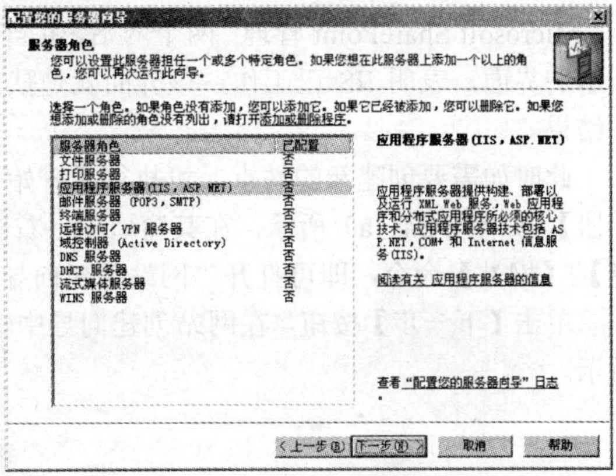

图 2-29 “配置您的服务器向导”窗口

当出现“应用程序服务器选项”项后，可在该对话框中选择和 IIS 一起安装的两个组件：“FrontPage Server Extension”和“启用 ASP.NET”，如图 2-30 所示。

单击【下一步】按钮，程序将按照选项自动进行安装和配置，待安装完成后，即可在“管理您的服务器”窗口中看到“应用程序服务器”的显示，代表已经完成 IIS 的安装任务。如图 2-31 所示。

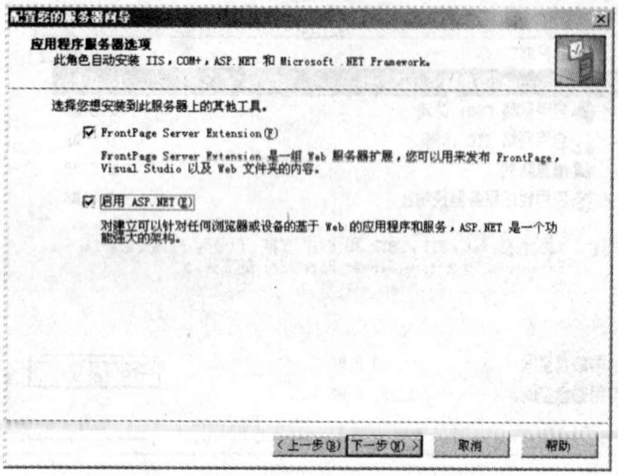

图 2-30　应用程序服务器选项

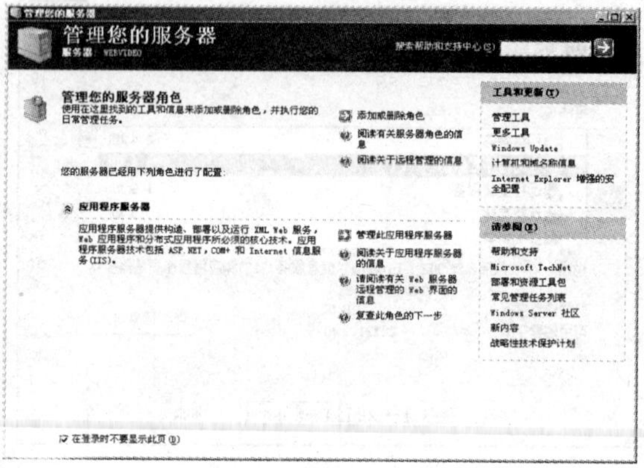

图 2-31　“管理您的服务器”界面

同其他 Windows 平台一样，此时默认 Web 站点已经启动了。但请注意：IIS 6.0 最初安装完成是只支持静态内容的（即不能正常显示基于 ASP 的网页内容），因此要做的就是打开其动态内容支持功能。

选择【开始】|【程序】|【管理工具】|【Internet 信息服务（IIS）管理器】命令，在打开的 IIS 管理窗口左面单击“Web 服务扩展”，如图 2-32 所示。将右侧“ASP.NET vl.1.4322”及“Active Server Pages”项启用（选取允许）即可。

（2）配置 Web 服务。IIS 安装成功后，Windows Server 2003 系统会自动建立“默认站点”和“Microsoft SharePoint 管理”两个网站，并自动开始运行。此时如在 IE 中预览，显示图 2-33 所示的界面，表明 IIS 已工作，该界面就是默认站点对应的主目录下的 iisstart.htm 文件显示的结果。

此时如需要创建新的站点，可执行【开始】|【管理工具】|【Internet 信息服务（IIS）管理器】，如图 2-34（a）所示，在其窗口中，右击目录树中的“网站”，从弹出的菜单中选【新建】|【网站】命令，即可打开“网站创建向导”界面，如图 2-34（b）所示。

单击【下一步】按钮，在网站创建向导中输入网站描述及 IP 地址和端口设置，如图 2-35 所示。

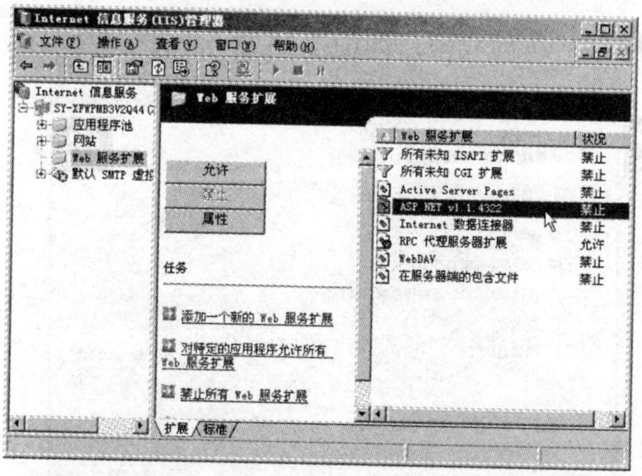

图 2-32　Internet 信息服务（IIS）管理器界面

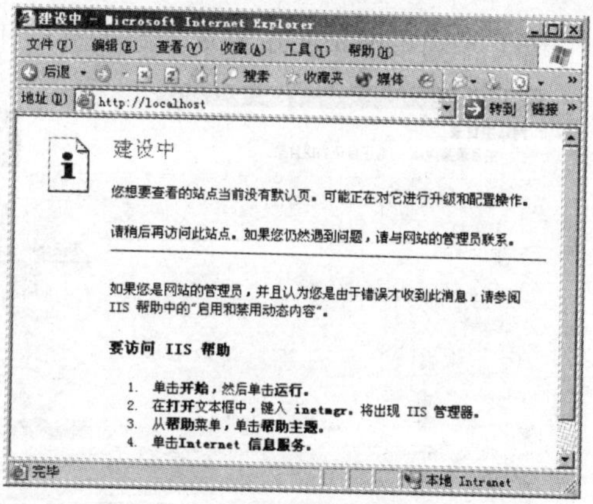

图 2-33　IIS 预览

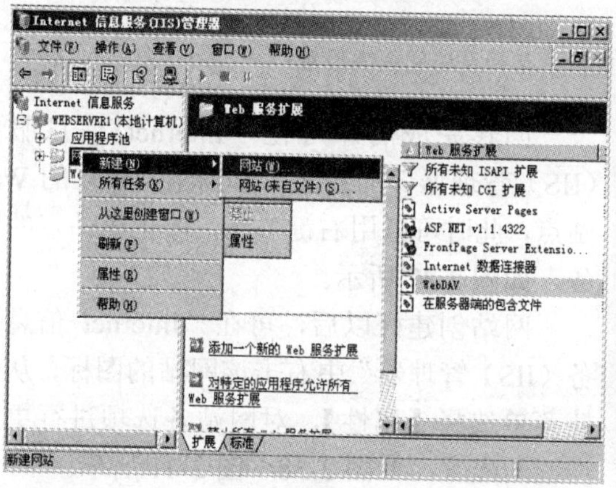

（a）

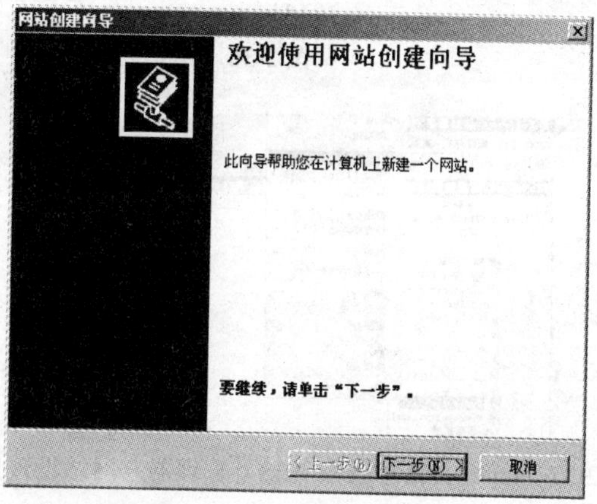

（b）

图 2-34　Internet 信息服务（IIS）管理及网站创建向导

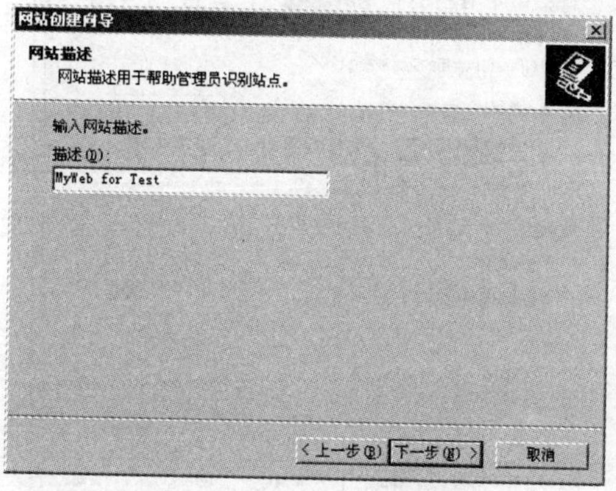

（a）

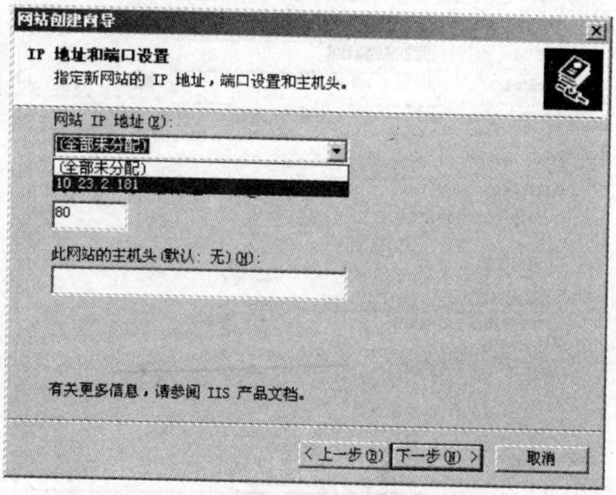

（b）

图 2-35　网站创建向导中网站描述及 IP 地址和端口设置

接下来确定网站的主目录的路径并给出网站的访问权限，如图 2-36 所示。

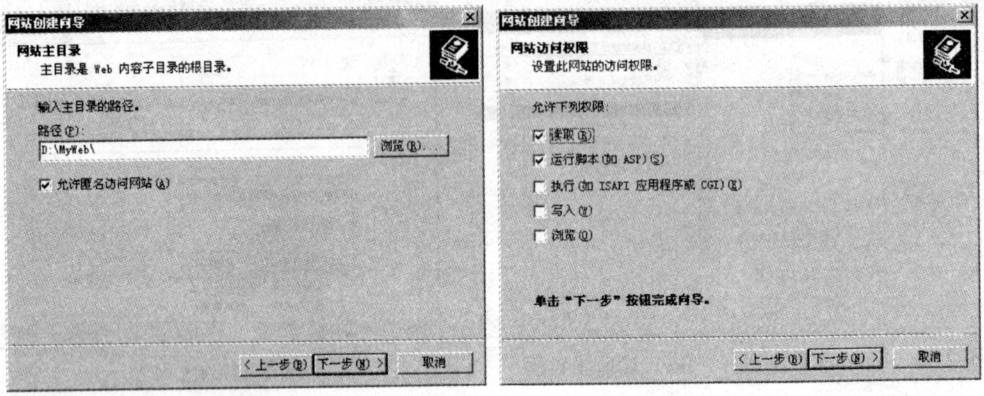

(a)　　　　(b)

图 2-36　网站创建向导中主目录路径及访问权限设置

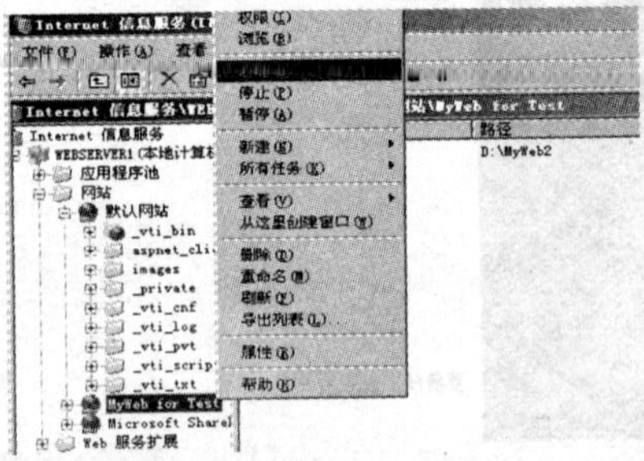

图 2-37　Internet 信息服务（IIS）管理器—网站设置

创建完成后即可在“Internet 信息服务（IIS）管理器”的界面中看到刚刚建立的 Web 站点，此时可以用右键启动，停止该站点的服务，如图 2-37 所示。

网站创建好以后，可在“Internet 信息服务（IIS）管理器”中右击该网站的图标，从快捷菜单选择【属性】，对网站各选项进行更加详细的配置，如图 2-38～图 2-41 所示。

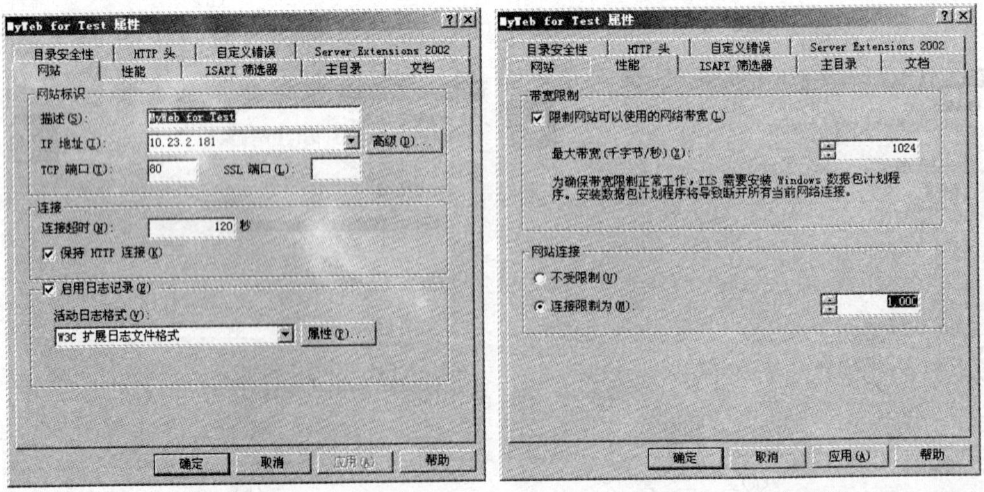

(a) 网站的属性设置　　　　(b) 网站性能设置

图 2-38　Internet 信息服务（IIS）管理器—网站属性及性能设置

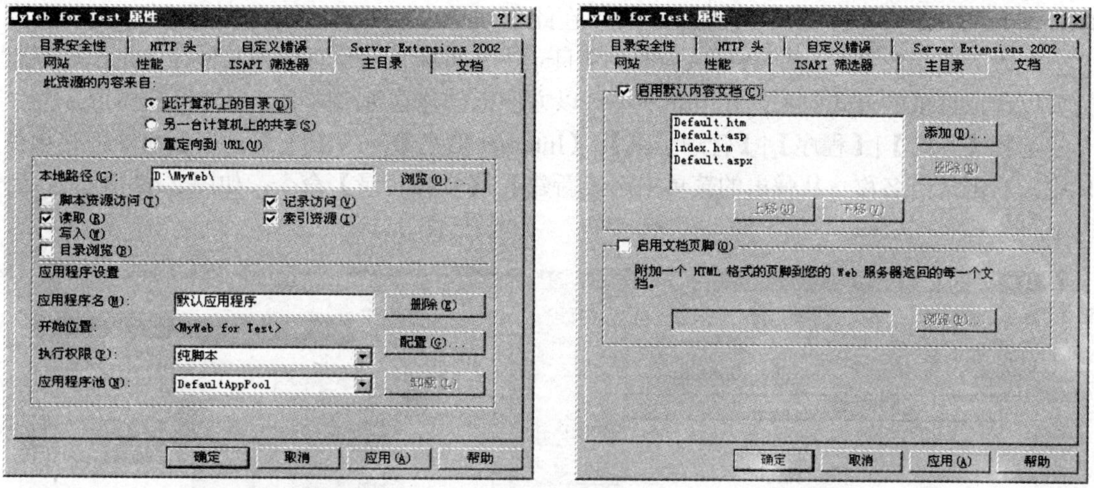

（a）网站的主目录设置　　　　（b）文件的设置

图 2-39　Internet 信息服务（IIS）管理器—网站主目录及文件设置

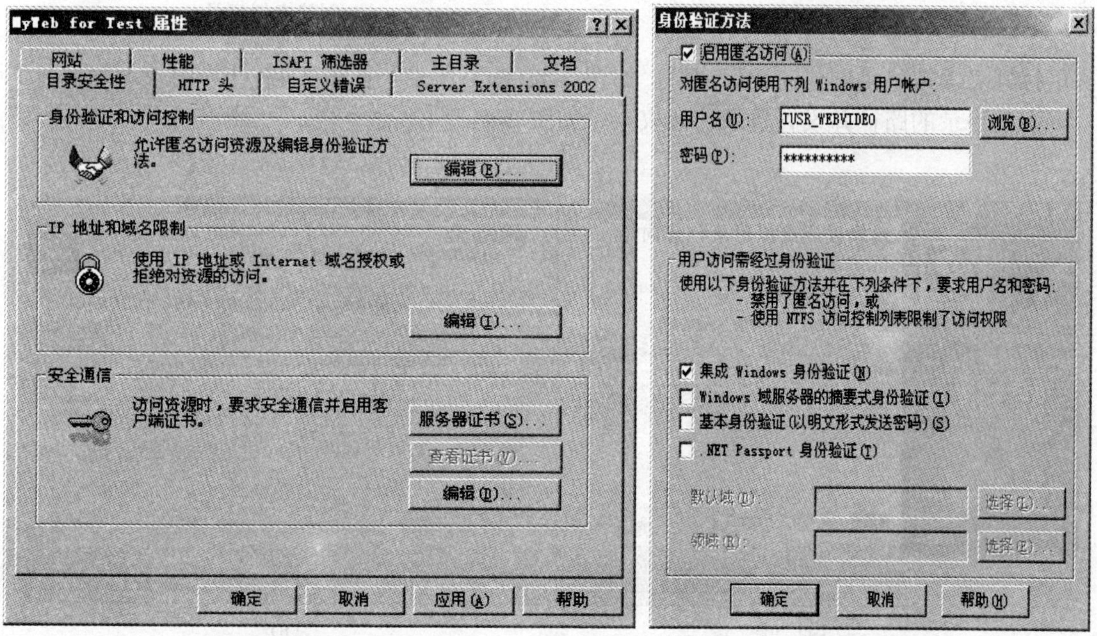

（a）网站的目录安全性设置　　　　（b）用户身份验证的设置

图 2-40　Internet 信息服务（IIS）管理器—网站目录安全及身份验证方法

图 2-41 所示为网站的 IP 和域名限制的设置。其他如 ISAPI、HTTP 头、自定义错误、Server Extensions 2002 均可进行对应的功能设置，在此不列举。

在服务器端的 IIS 上的 Web 站点未在主目录中，可能在其他目录或其他计算机上，这时需要以虚拟目录的方式服务，在 IIS6.0 中可以方便地创建这种形式的应用。步骤如下。

选择【开始】|【程序】|【管理工具】|【Internet 信息服务（IIS）管理器】命令，在该窗口中，右击站点名称，从弹出的菜单中选【新建】|【虚拟目录】命令，如图 2-42 所示。

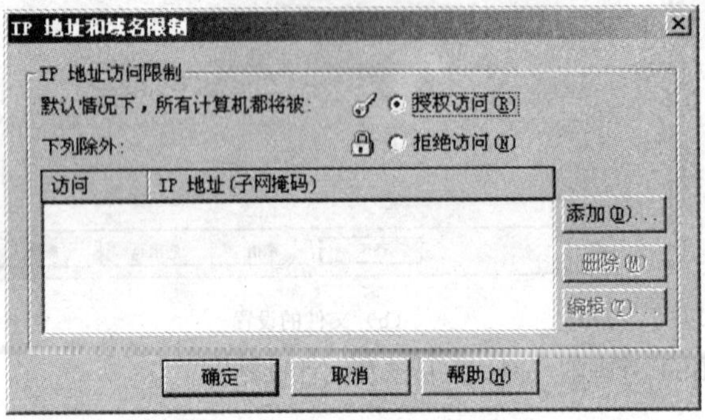

图 2-41 Internet 信息服务（IIS）管理器—网站 IP 地址和域名限制设置

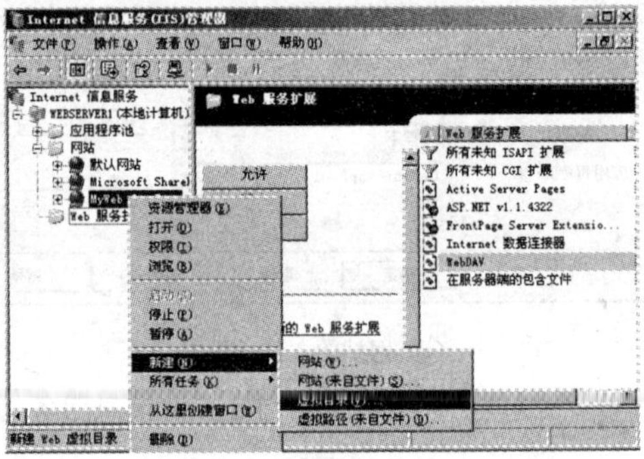

图 2-42 Internet 信息服务（IIS）管理器—创建虚拟目录

打开“虚拟目录创建向导”窗口，如图 2-43（a）所示，在图 2-43（b）中录入别名。指定目录的路径并设置目录访问权限，如图 2-44 所示。

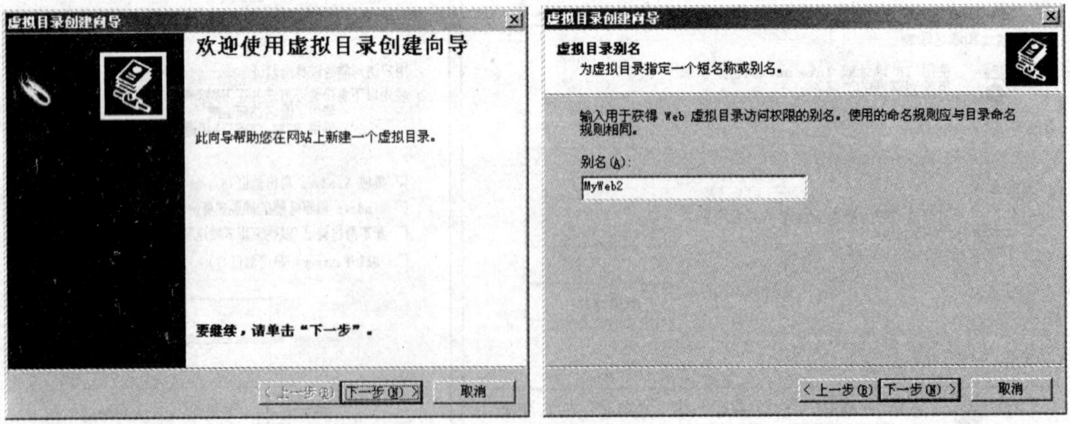

（a） （b）

图 2-43 虚拟目录创建向导 1

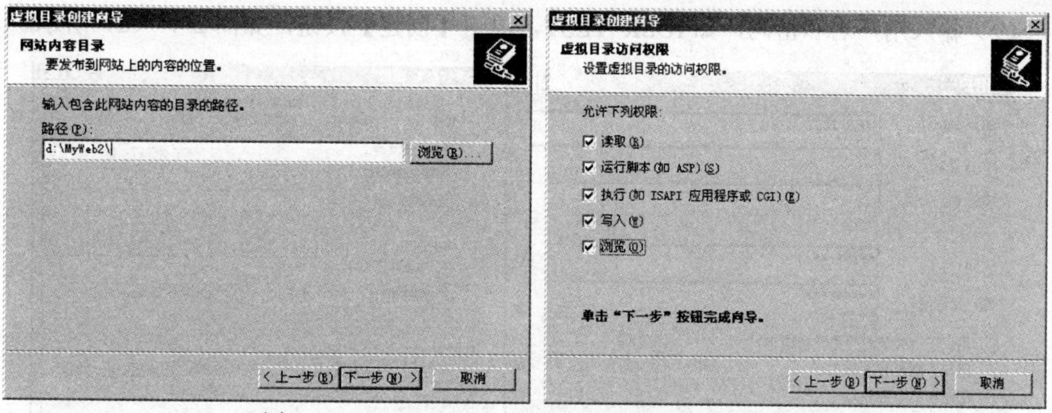

(a)　(b)

图 2-44　虚拟目录创建向导 2

单击【下一步】按钮，直至创建向导提示成功完成，如图 2-45 所示，单击【完成】按钮即可。

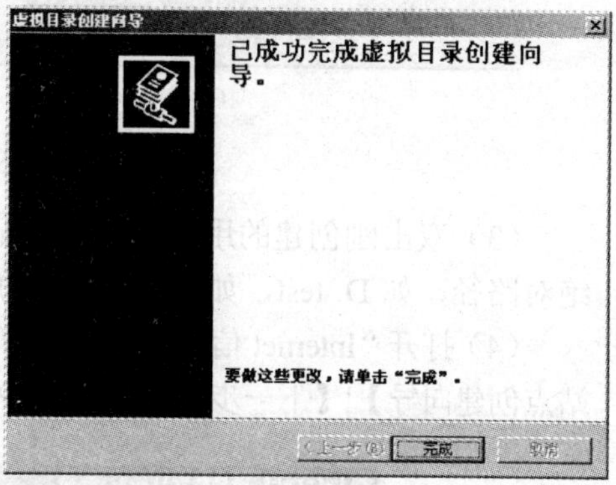

图 2-45　虚拟目录创建向导完成

有关虚拟目录的属性设置与网站（主目录）的属性设置类似，细节可参考上述的相关内容。

2）安装、配置 FTP 服务

创建、配置 FTP 站点的步骤如下。

（1）在控制面板中，选择【计算机管理】|【本地用户和组】|【用户】|【创建新用户】命令，如图 2-46 所示。

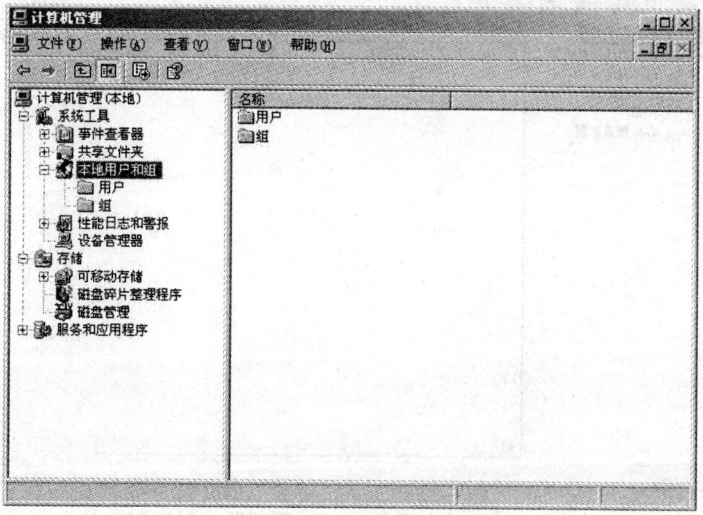

图 2-46　计算机管理—创建新用户

（2）输入用户名和密码，如 IUSR_TEST，单击【创建】按钮，如图 2-47（a）所示。

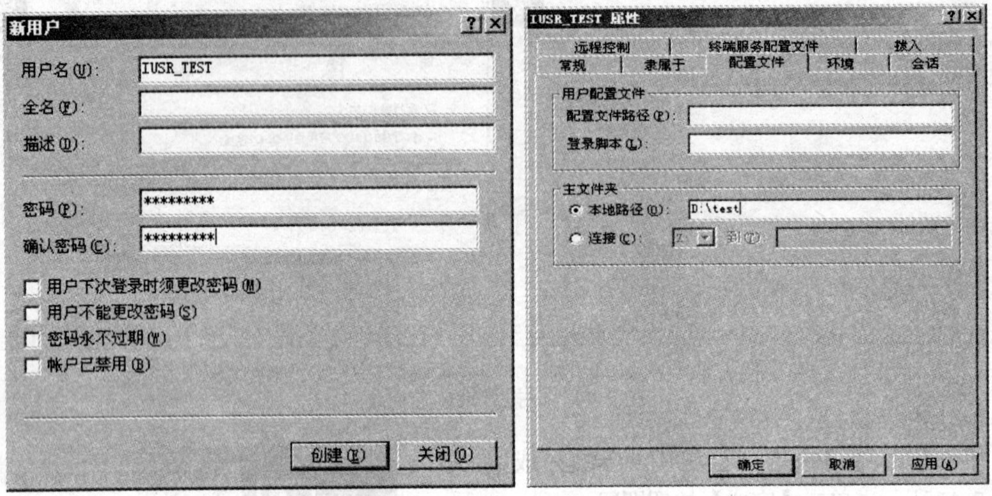

（a）　　　　　　　　　　　　　　　（b）

图 2-47　创建新用户—输入用户名、密码

（3）双击刚创建的用户，单击“配置文件”选项卡，在“本地路径”中输入网站目录的绝对路径，如 D:\test，如图 2-47（b）所示。

（4）打开“Internet 信息服务（IIS）管理器”，右击【FTP 站点】|【新建】|【FTP 站点】|【FTP 站点创建向导】|【下一步】，打开“FTP 创建向导”对话框，如图 2-48 和图 2-49（a）所示。

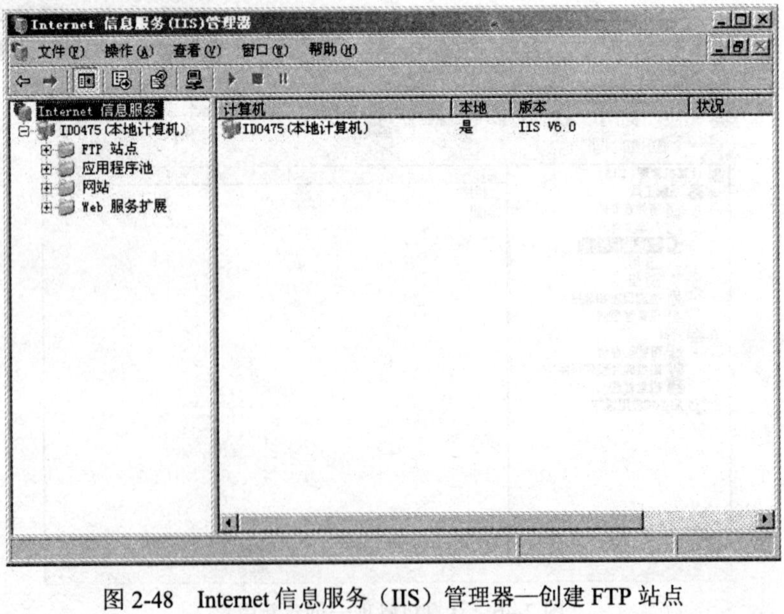

图 2-48　Internet 信息服务（IIS）管理器—创建 FTP 站点

（5）输入 FTP 站点描述，如 test，单击【下一步】按钮，如图 2-49（b）所示。

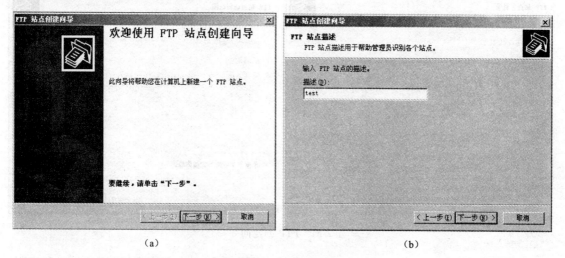

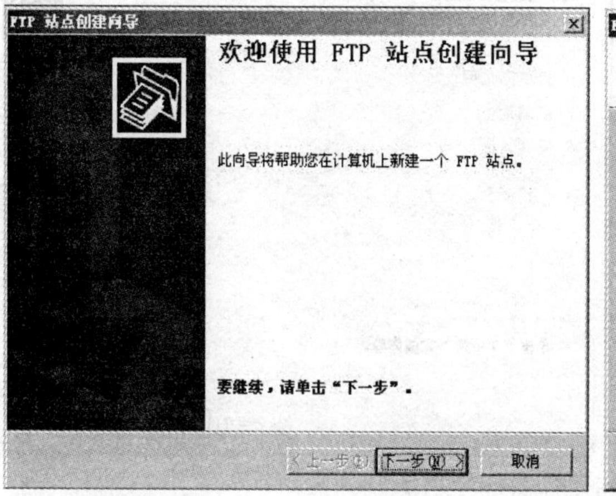

（a）　　（b）

图 2-49　FTP 创建向导 1

（6）输入服务器 IP 地址，端口号 21（可以自定义端口），如图 2-50（a）所示。

在“FTP 用户隔离”选项页，选择“不隔离用户”项，如图 2-50（b）所示。

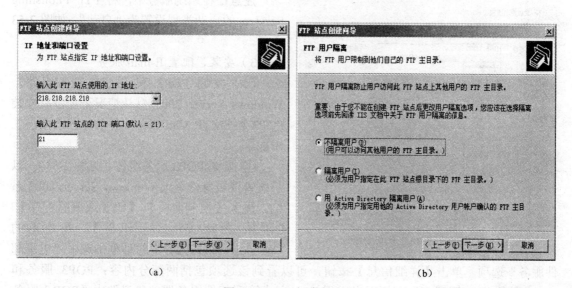

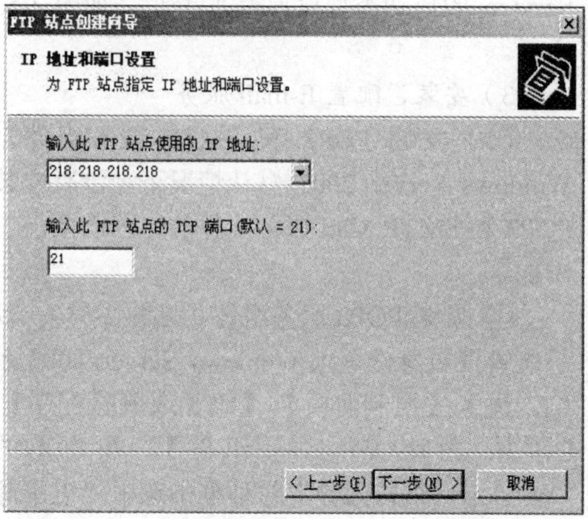

（a）　　（b）

图 2-50　FTP 创建向导 2

（7）输入 FTP 站点目录的绝对路径，如 D:\test，如图 2-51（a）所示。设置 FTP 站点访问权限，将“读取”和“写入”选上，如图 2-51（b）所示。

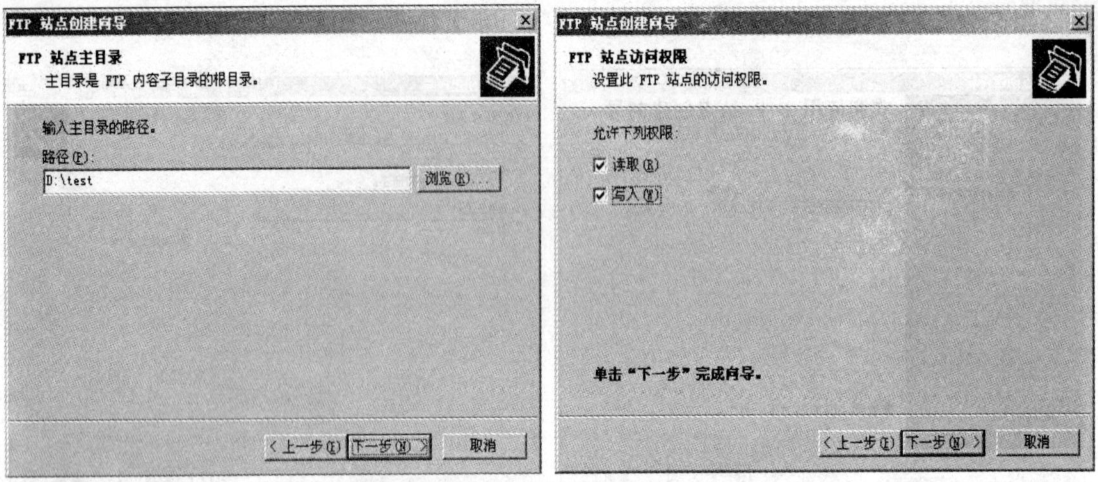

图 2-51　FTP 创建向导 3

（8）右击刚创建的【FTP 站点】|【属性】|【安全账户】，输入用户名 IUSR_TEST 和密码，单击【确定】按钮（注意：这里输入的密码，要和创建用户名时输入的密码一致）。如图 2-52 所示。

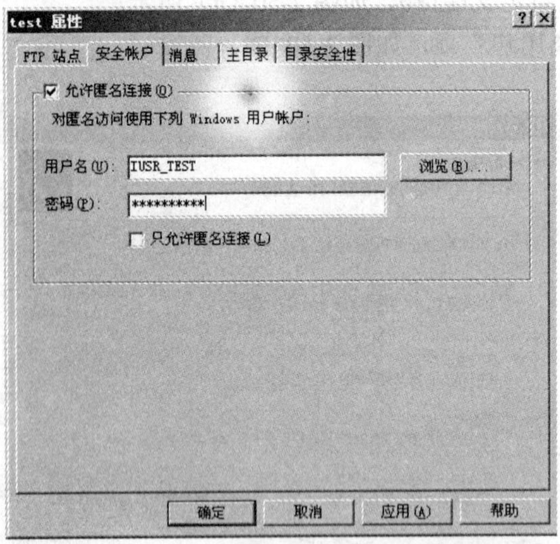

图 2-52　FTP 属性设置—安全账户

注意：在系统服务中，将 FTP Publishing Service 的启动类型设置为“自动”。如图 2-53 所示。

3）安装、配置 E-mail 服务

（1）安装 POP3 和 SMTP 服务组件。Windows Server 2003 默认情况下是没有安装 POP3 和 SMTP Mail 服务组件的，因此要手工添加。

① 安装 POP3 服务组件（见图 2-54）。以系统管理员身份登录 Windows Server 2003 系统。进入【控制面板】|【添加或删除程序】|【添加/删除 Windows 组件】，在弹出的“Windows 组件向导”对话框中选中“电子邮件服务”选项，单击【详细信息】按钮，可以看到该选项包括两部分内容：POP3 服务和 POP3 服务 Web 管理。为方便用户远程 Web 方式管理邮件服务器，建议选中“POP 3 服务 Web 管理”。

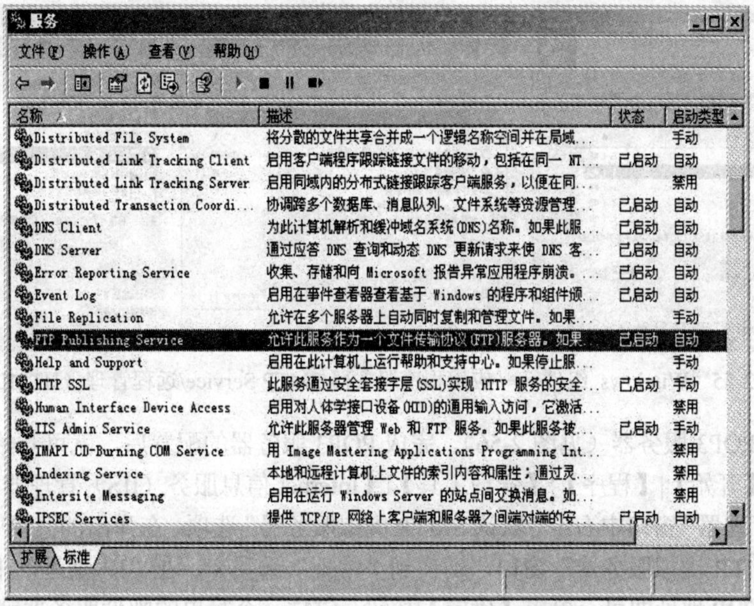

图 2-53　FTP Publishing Server 服务

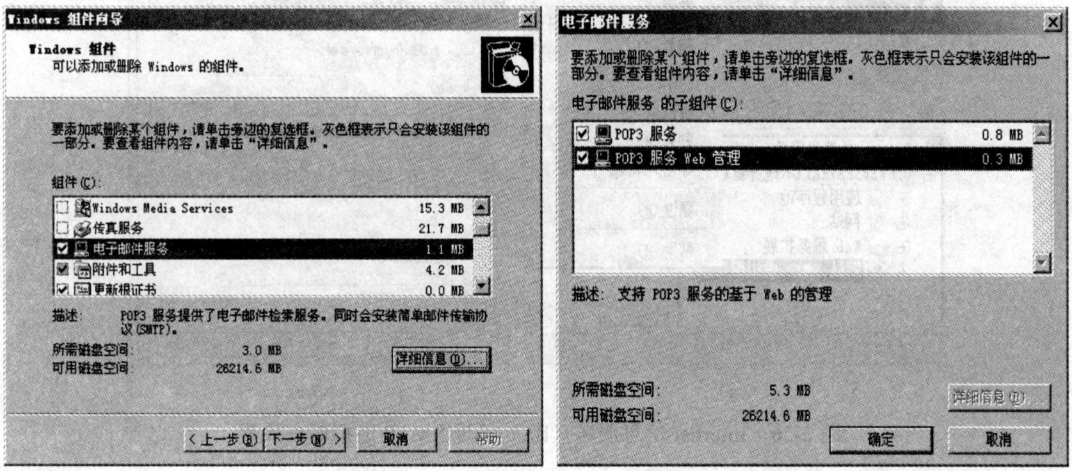

(a)　(b)

图 2-54　Windows 组件/电子邮件服务

② 安装 SMTP 服务组件（见图 2-55）。选中“应用程序服务器”选项，单击【详细信息】按钮，接着在“Internet 信息服务（IIS）”选项中查看详细信息，选中“SMTP Service”选项，最后单击【确定】按钮。此外，如果用户需要对邮件服务器进行远程 Web 管理，一定要选中“万维网服务”中的“远程管理（HTML）”组件。完成以上设置后，单击【下一步】按钮，系统就开始安装配置 POP3 和 SMTP 服务了。

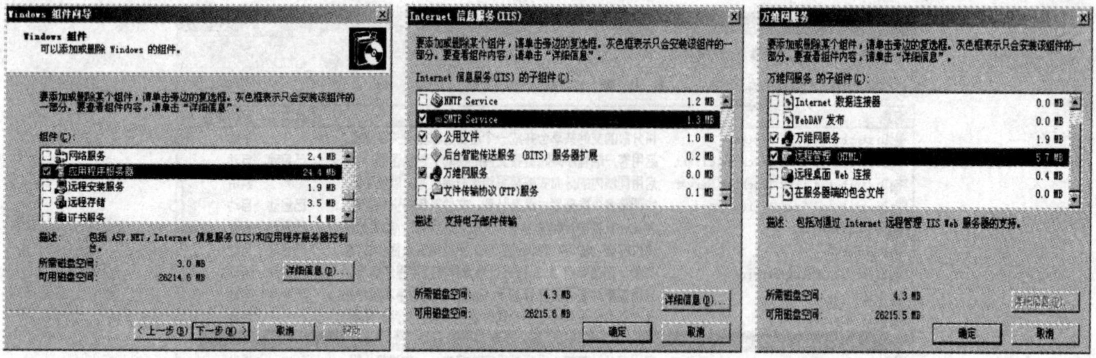

图 2-55 Windows 组件——应用程序服务器/SMTP Service/远程管理（HTML）

（2）配置 POP3 服务器（见图 2-56）。完成 POP3 服务器的配置后，就可开始配置 SMTP 服务器了。单击【开始】|【程序】|【管理工具】|【Internet 信息服务（IIS）管理器】，在“Internet 信息服务 IIS 管理器”窗口中右击“默认 SMTP 虚拟服务器”选项，在弹出的菜单中选中【属性】，进入“默认 SMTP 虚拟服务器”窗口，切换到“常规”选项卡，在“IP 地址”下拉列表框中选中邮件服务器的 IP 地址即可。单击【确定】按钮，这样一个简单的邮件服务器就架设完成了。

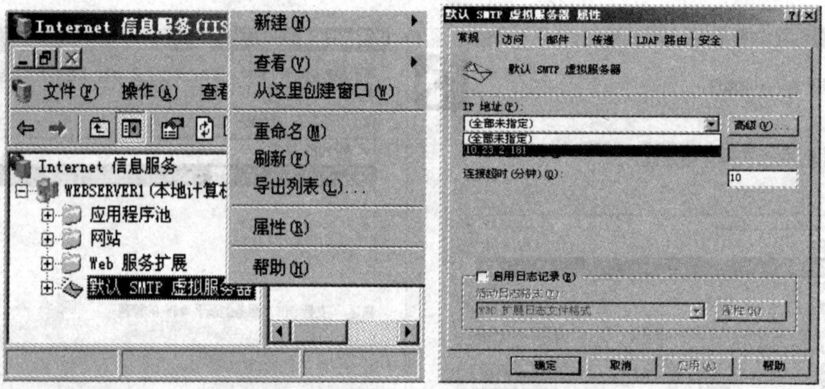

（a）（b）

图 2-56 Internet 信息服务（IIS）管理/SMTP 虚拟服务属性

完成以上设置后，用户就可以使用邮件客户端软件连接邮件服务器进行邮件收发工作，只要在 POP3 和 SMTP 处输入邮件服务器的 IP 地址即可。

4）安装、配置 DNS 服务

（1）安装。默认情况下 Windows Server 2003 系统中没有安装 DNS 服务器。

① 依次单击【开始】|【管理工具】|【配置您的服务器向导】，在打开的向导页中依次单击【下一步】按钮。配置向导自动检测所有网络连接的设置情况，若没有发现问题则进入“服务器角色”向导页。

② 在“服务器角色”列表中单击“DNS 服务器”选项，并单击【下一步】按钮。打开“选择总结”向导页，如果列表中出现“安装 DNS 服务器”和“运行配置 DNS 服务器向导来配置 DNS”，则直接单击【下一步】按钮。否则单击【上一步】按钮重新配置，如图 2-57 所示。

③ 向导开始安装 DNS 服务器，并且可能会提示插入 Windows Server 2003 的安装光盘或指定安装源文件，如图 2-58 所示。

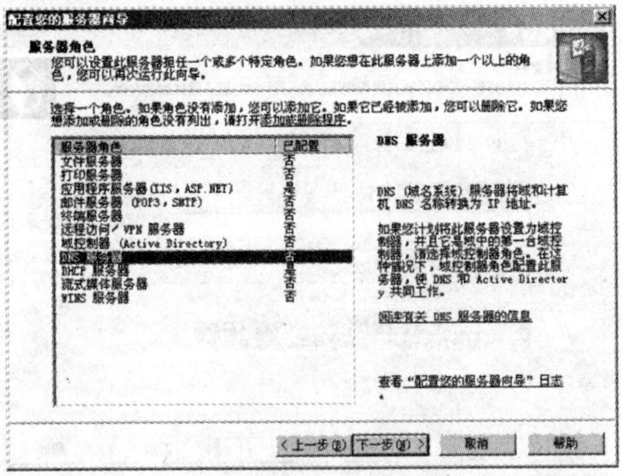

图 2-57　配置您的服务器向导—DNS 服务器

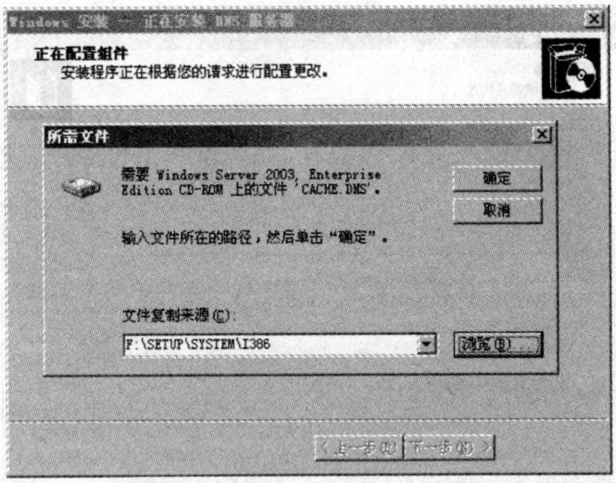

图 2-58　安装 DNS 服务器

（2）创建区域。DNS 服务器安装完成后会自动打开“配置 DNS 服务器向导”对话框。用户可以在该向导的指引下创建区域。

① 在“配置 DNS 服务器向导”的欢迎界面中单击【下一步】按钮，打开“选择配置操作”向导页。在默认情况下适合小型网络使用的“创建正向查找区域”单选框处于选中状态。其所管理的网络不大，因此保持默认选项并单击【下一步】按钮，如图 2-59 所示。

② 打开“主服务器位置”向导页，如果所部署的 DNS 服务器是网络中的第一台 DNS 服务器，则应该保持“这台服务器维护该区域”单选框的选中状态，将该 DNS 服务器作为主 DNS 服务器使用，并单击【下一步】按钮，如图 2-60 所示。

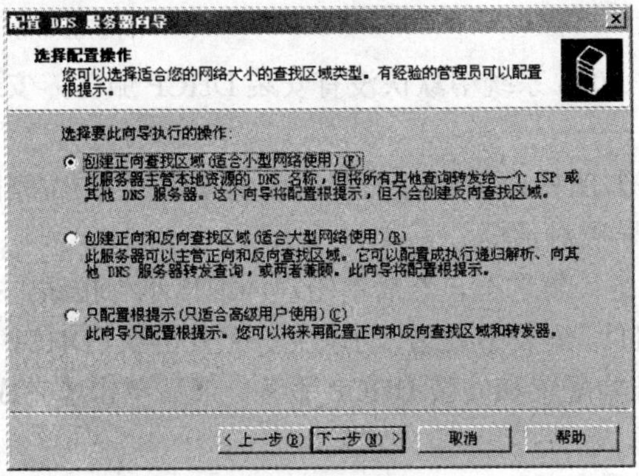

图 2-59　配置 DNS 服务器向导 1

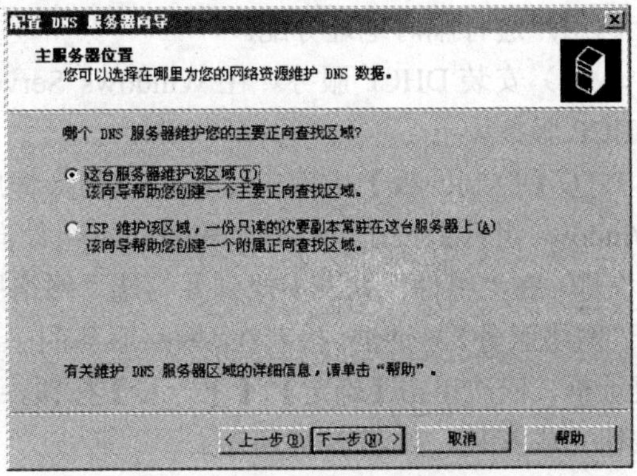

图 2-60　配置 DNS 服务器向导 2

③ 打开“区域名称”向导页，在“区域名称”编辑框中输入一个能反映公司信息的区域名称（如“cio.cn”），单击【下一步】按钮，如图 2-61 所示。

④ 在打开的“区域文件”向导页中已经根据区域名称默认填入了一个文件名。该文件是一个 ASCII 文本文件，里面保存着该区域的信息，默认情况下保存在“windows\system32\dns”文件夹中。保持默认值不变，单击【下一步】按钮，如图 2-62 所示。

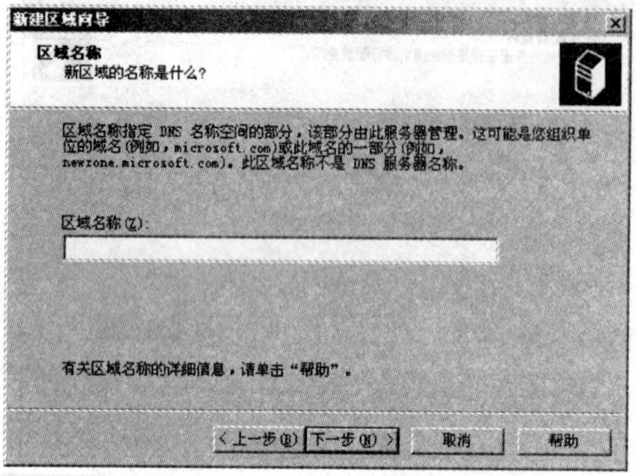

图 2-61 新建区域向导 1

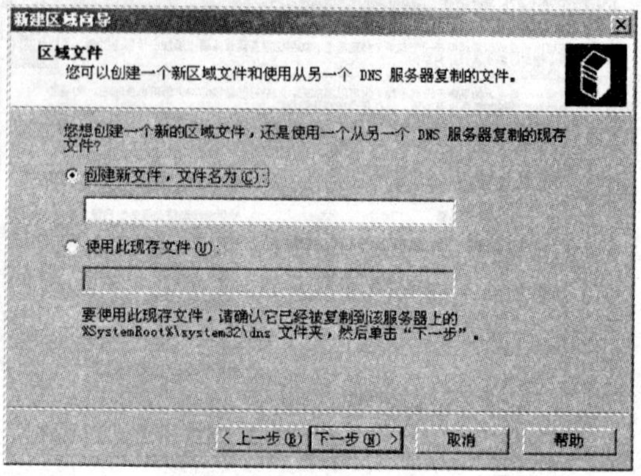

图 2-62 新建区域向导 2

⑤ 在打开的“动态更新”向导页中指定该 DNS 区域能够接受的注册信息更新类型。允许动态更新可以让系统自动地在 DNS 中注册有关信息，在实际应用中比较有用，因此选“允许非安全和安全动态更新”单选框，单击【下一步】按钮，如图 2-63 所示。

⑥ 依次单击【完成】按钮结束“cio.cn”区域的创建过程和 DNS 服务器的安装配置过程。

5）安装、配置 DHCP 服务

两台连接到互联网上的计算机相互之间通信，必须有各自的 IP 地址，但由于 IP 地址资源有限，宽带接入运营商不能给每个用户分配一个固定的 IP 地址，所以要采用 DHCP 方式对上网用户进行临时地址分配。

（1）安装 DHCP 服务。在 Windows Server 2003 系统中默认没有安装 DHCP 服务，安装 DHCP 服务如下。

①【控制面板】中双击【添加或删除程序】图标，在打开的窗口左侧单击【添加/删除 Windows 组件】按钮，打开“Windows 组件向导”对话框。

② 在“组件”列表中找到并勾选“网络服务”复选框，然后单击“详细信息”按钮，打开“网络服务”对话框。接着在“网络服务的子组件”列表中勾选“动态主机配置协议（DHCP）”复选框，依次单击【确定】|【下一步】按钮，开始配置和安装 DHCP 服务。最后单击【完成】按钮完成安装，如图 2-64 所示。

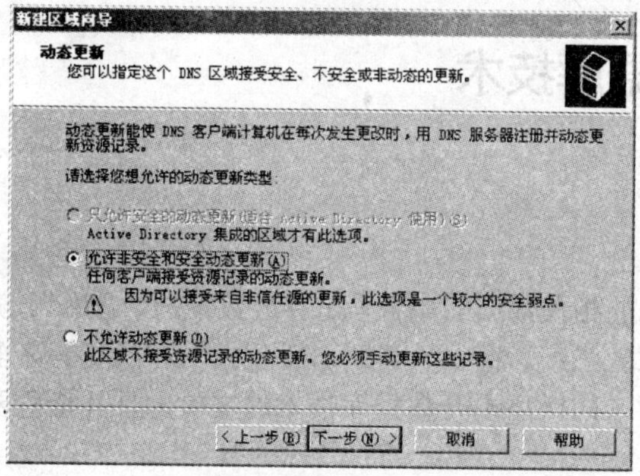

图 2-63　新建区域向导 3

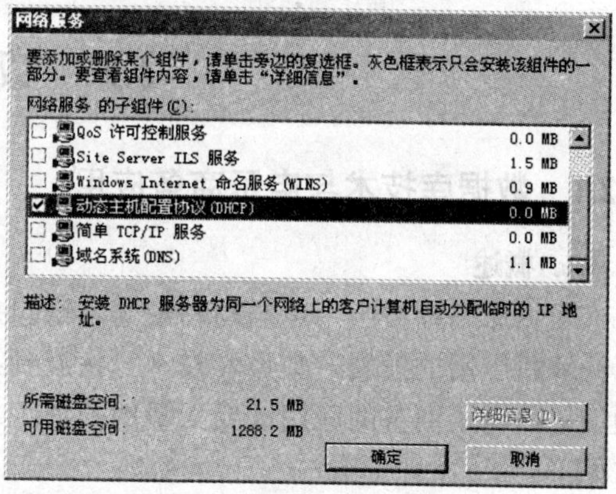

图 2-64　网络服务对话框

（2）创建 IP 作用域。

① 依次单击【开始】|【管理工具】|【DHCP】，打开“DHCP”控制台窗口。在左窗格中右击 DHCP 服务器名称，执行【新建作用域】命令，如图 2-65 所示。

② 在打开的“新建作用域向导”对话框中单击【下一步】按钮，打开“作用域名”向导页。在“名称”框中为该作用域输入一个名称（如“CCE”）和一段描述性信息，单击【下一步】按钮。

③ 打开“IP 地址范围”向导页，分别在“起始 IP 地址”和“结束 IP 地址”编辑框中输入事先确定的 IP 地址范围（本例为“10.115.223.2～10.115.223.254”）。接着需要定义子网掩码，以确定 IP 地址中用于“网络/子网 ID”的位数。由于本例网络环境为城域网内的一个子网，因此根据实际情况将“长度”微调框的值调整为“23”，单击【下一步】按钮，如图 2-66 所示。

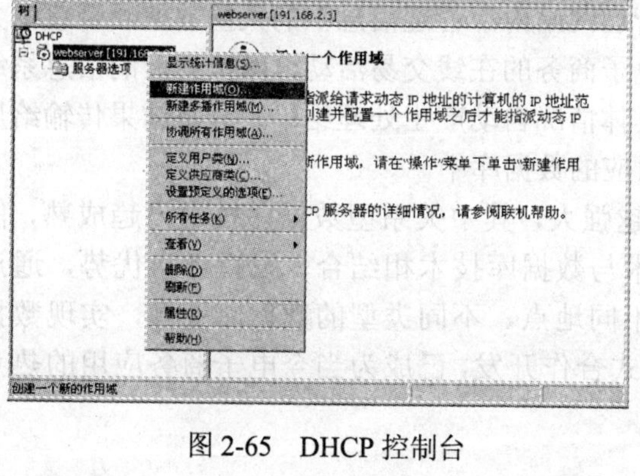

图 2-65　DHCP 控制台

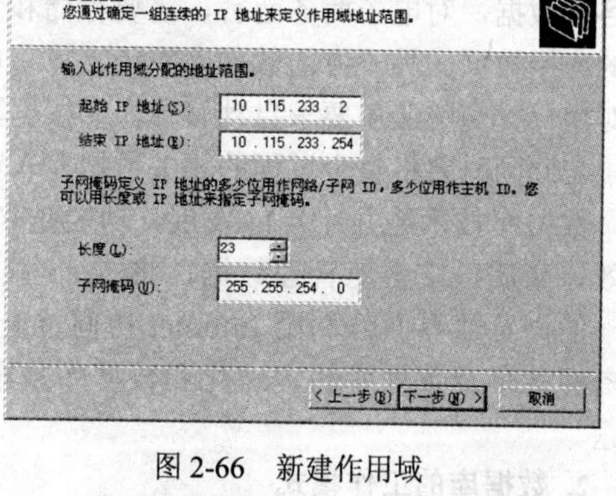

图 2-66　新建作用域

2.2 数据库技术

2.2.1 数据库技术与电子商务应用

1. 概述

数据库是指按照一定结构和规则组织起来的相关数据的集合，是存放数据的“仓库”。随着计算机应用的发展，数据库技术已拓展到工业生产、商业、科研、工程技术和国防等诸多领域。而电子商务的应用需要大量的数据管理，同样离不开数据库技术的支持，且其特色要求如下。

（1）良好的可扩展性和高可靠性，以应对电子商务应用面临的巨大用户数，且电子商务系统长时间不能宕机。

（2）更好的安全性，以应对电子商务数据库访问者和访问内容的不确定性。

（3）对多种 Internet 标准的支持。在电子商务的应用中，Java 和 XML 已经成为应用开发和不同应用之间的沟通标准，当前的数据库产品应更好地得以支持。

（4）良好的集成性。电子商务的应用会涉及应用服务器、Web 服务器、其他数据库服务及第三方的电子商务软件等，集成性往往关系到整个电子商务系统的性能。

（5）商务智能化要求，即利用数据仓库、联机分析处理和数据挖掘技术为企业决策提供必要的支持。

自 1994 年 Netscape 公司推出 Internet 的 Web 浏览器以来，WWW 浏览成为 Internet 上流行的信息服务工具，其界面友好、操作简便，占据应用的主导地位。随着 WWW 应用的不断深入，传统的静态 Web 页面越来越不能满足对信息服务的动态性、实时性和交互性的要求。尤其是电子商务方面：客户信息、商品信息、订单处理等，对动态性和实时性的要求更为突出。人们把数据库技术引入到 Web 系统中，一方面数据库系统存储和组织电子商务应用系统的各种数据，对电子商务而言，需要存储和管理网站内部管理信息中的大量数据，且包括大量的应用数据。另一方面数据库系统支撑着电子商务的在线交易活动，网站后台的信息系统要对用户提交的业务要求自动解释，并根据具体情况自动产生处理结果，且将结果传输给用户，与此同时要将整个过程的相关数据存入对应的数据库中。

数据库技术经几十年的发展，功能越来越强大，其中关系型数据库技术日趋成熟，能高效、高质、安全地管理数据，将 Web 技术与数据库技术相结合，发挥各自优势，通过统一的浏览器界面，利用 Internet 访问位于不同地点、不同类型的数据库资源，实现数据库资源共享及数据库的本地化和数据库分布式合作开发，已成为当今电子商务应用的热点问题。

2. 数据库的工作模式

C/S（客户机/服务器）模式的数据库系统是将数据集中保存在某个数据库中，再根据客户的请求，将信息传递给对方。如图 2-67 所示。

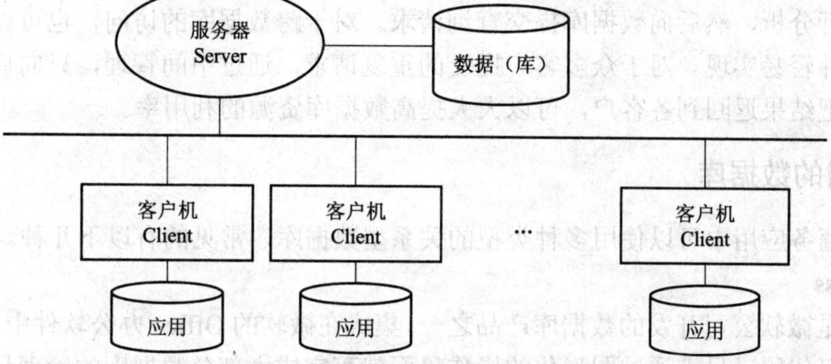

图 2-67　C/S 模式的应用系统

C/S 是松散耦合系统，客户机向服务器发出请求，服务器进行相应的处理后经网络传递送回客户机。但在 C/S 模式中，随着应用变得复杂，客户端会越变越“胖”，对于企业级用户，要给成百上千个最终用户分发应用，客户端任务很重。另一个是客户端管理复杂。客户软件如发生改变，必须在客户机上构建、调试及安装等，对多种类型的计算机和操作系统的支持也是一个大问题。故随着网络应用系统的发展，B/S/D（Browser/Server/Data，浏览器/服务器/数据库）模式得到广泛的应用。如图 2-68 所示。

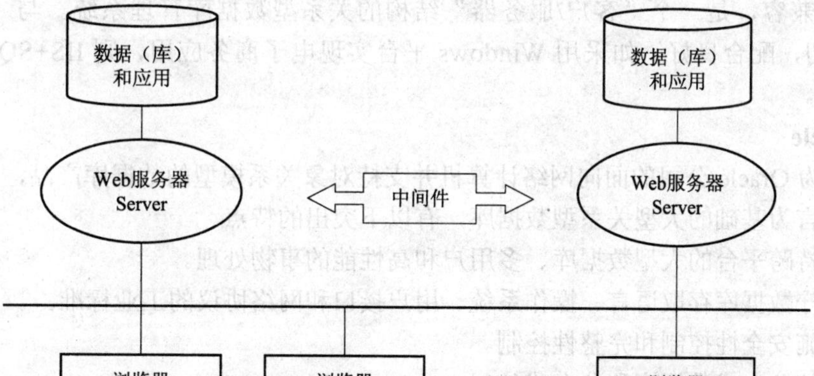

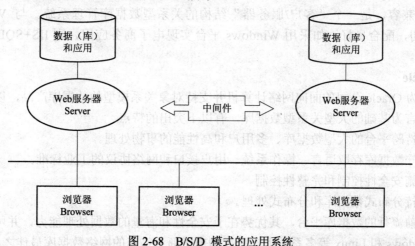

图 2-68　B/S/D 模式的应用系统

B/S/D 简称 B/S 结构，对用户的技术要求低，对前端机的配置要求也较低，而且界面丰富、客户端维护量小、程序分发简单、更新维护方便，且容易进行跨平台布置，容易在局域网与广域网之间进行协调。其数据和应用程序都存放在服务器上，浏览器功能可以通过下载服务器上应用程序得到动态扩展。服务器具有多层结构。维护工作集中在服务器上，客户端操作风格一致，容易使用，节约开发成本。针对电子商务中数据库的查询会比较复杂，在B/S模式中采用数据库连接中间件技术，配置应用服务器端的数据库连接缓冲，对客户端提交的查询语句进行分析，然后向数据库提交查询请求。对于跨数据库的访问，也可以利用数据库连接的中间件轻易实现。对于众多客户提交的重复请求，通过中间管理，只向后台数据库提交一次，再把结果返回到各客户，可以大大提高数据库资源的利用率。

2.2.2 常用的数据库

在电子商务应用中可以使用多种类型的关系型数据库，常见的有以下几种。

1. Access

Access是微软公司开发的数据库产品之一，集成在微软的Office办公软件中。使用Access无须编写任何代码，只需通过图形化的操作界面就可完成大部分数据库的管理和操作。它是一个面向对象的采用事件驱动的关系型数据库管理系统。它提供各种图形，可使界面向导形式生成各种数据库对象，操作简单。可通过ODHC与其他数据库相连接，实现数据的互操作，也可以与Word、Excel等办公软件进行数据交换和数据共享。

Access与Office捆绑，可方便地应用Windows和Office系统中的各种资源。对初学者是入门的选择，也是小型电子商务系统首选的数据库系统。

2. SQL Server

Microsoft SQL Server是微软的另一款数据库产品，性能高效稳健，并与Windows操作系统完美兼容，是一个“客户/服务器”结构的关系型数据库管理系统。与Windows、IIS联系密切，配合良好，如采用Windows平台实现电子商务应用，则IIS+SQL Server是最佳的选择。

3. Oracle

Oracle为Oracle公司的面向网络计算机并支持对象关系模型的数据库产品，以高级的结构化查询语言为基础的大型关系型数据库，有以下突出的特点。

（1）支持跨平台的大型数据库、多用户和高性能的事物处理。

（2）遵守数据库存取语言、操作系统、用户接口和网络协议的工业标准。

（3）实施安全性控制和完整性控制。

（4）支持分布式数据库和分布式处理。

作为目前流行的数据库平台，其优势在于安全性和海量的数据处理能力，并可以运行在UNIX、Windows和Linux等多系统上，是大型电子商务站点的网络数据库最佳之选。

4. DB2

DB2是IBM公司的产品。可运行在几乎所有的非IBM平台，如UNIX、Windows、Sun Solaris等，拥有强大的电子商务功能，并将多媒体功能扩展，使网络及管理功能进一步加强。DB2是IBM电子商务解决方案的一部分，提供强壮、安全的网络服务，并支持大型数据仓库的WWW操作，如数据挖掘、决策支持和联机事务处理等。

5. MySQL

MySQL 是 MySQL AB 公司开发的，主要目标是快速、健壮、易用，完全支持多线程、多处理器，多平台。支持多数据类型，支持 Select 语句，支持 ODBC，且其源码公开，可以免费使用，是许多中小型网站和个人网站的选择，若电子商务的环境为 Linux+Apache，并使用 PHP 编程，那么 MySQL 将是高性能和低价格的最佳选择。

2.2.3　数据库的访问方法

1. ODBC 技术

ODBC（Open Database Connectivity，开放式数据库互联接口）是微软公司推出的技术，也是 WOSA（Windows Open Services Architecture，开放服务结构）中有关数据库的一个组成部分，它建立了一组规范，并提供了一组对数据库访问的标准 API（Application Programming Interface，应用程序编程接口）。这些 API 利用 SQL 语句来完成大部分任务。ODBC 本身也提供对 SQL 语言的支持，用户可以直接将 SQL 语句送给 ODBC。

ODBC 是一个标准的数据库接口，提供给应用程序一个标准的数据库存取方式。一个基于 ODBC 的应用程序对数据库的操作不依赖任何的 DBMS，不直接与 DBMS 打交道，所有的数据库操作由对应的 DBMS 的 ODBC 驱动程序完成。也就是说，不论是 FoxPro、Access，还是 Oracle 数据库，均可以用 ODBC API 进行访问。由此可见，ODBC 的最大优点是能以统一的方式处理所有的数据库。编写应用程序时只需要向 ODBC 数据源存取数据就可以了。ODBC 的应用如图 2-69 所示。一般地，凡是提供 ODBC 驱动程序的数据库都可以作为支持电子商务的数据库来使用。

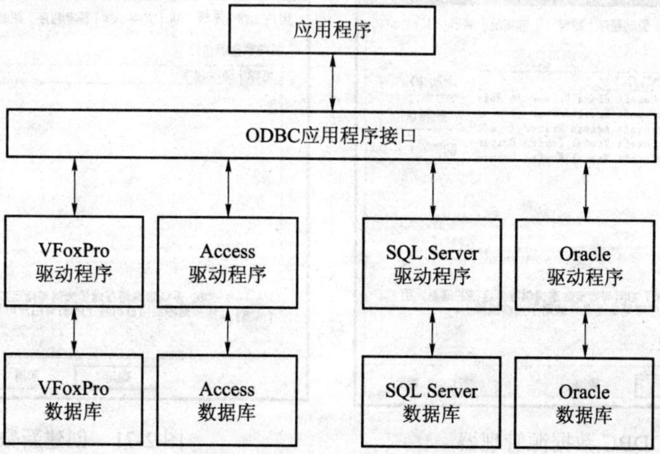

图 2-69　ODBC 的应用

ODBC 总体结构有以下 4 个组件。

（1）应用程序执行处理并调用 ODBC API 函数，以提交 SQL 语句并检索结果。

（2）驱动程序管理器（Driver Manager），根据应用程序的需要加载/卸载驱动程序。

（3）驱动程序处理 ODBC 函数调用，提交 SQL 请求到一个指定的数据源，并把结果返回应用程序。

（4）数据源包括用户要访问的数据及其相关的操作系统、DBMS 及网络平台。

使用 ODBC 驱动程序把应用程序从具体的数据库调用中隔离开来，驱动程序管理器针对特定数据库的各个驱动程序进行集中管理，并向应用程序提供统一的标准接口，这就为 ODBC 的开放性奠定了基础。ODBC 具有以下特点。

（1）数据库独立性。

（2）对数据库特殊功能的支持。

（3）互操作能力。

ODBC 可以同时连接多个 DBMS，解决了同时访问多个 DBMS 的问题，并提供了异构成员数据库之间的相互操作的能力。

2. ODBC 数据源管理

应用程序是通过 ODBC 访问数据库，需要对于 ODBC 进行数据源的设置，添加数据源以便建立数据连接，建立数据源的方法如下。

（1）启动 ODBC 数据源管理器。选择【控制面板】|【管理工具】|【数据源（ODBC）】命令，如图 2-70 所示。

（2）添加数据源。选择“系统 DSN”选项卡，单击右侧的【添加】按钮，创建数据源，如图 2-71 所示。选择要安装数据源的驱动程序，单击【完成】按钮，如图 2-72 所示。

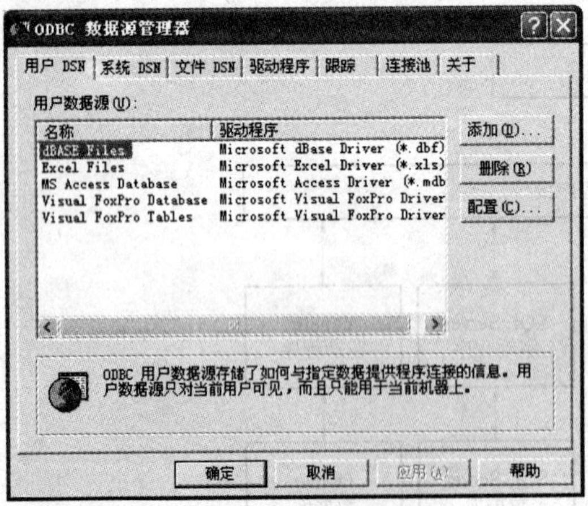

图 2-70　ODBC 数据源管理器

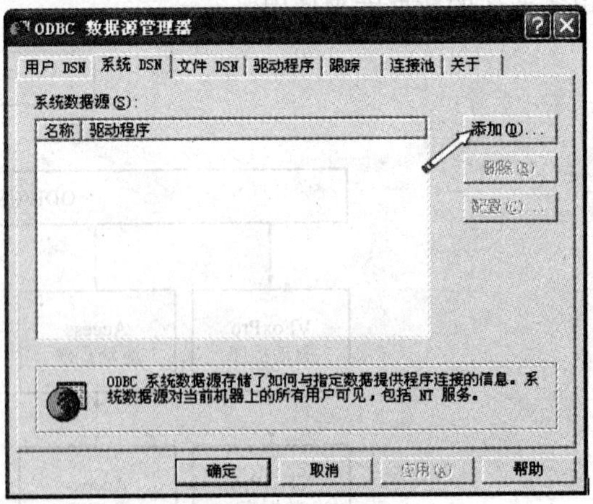

图 2-71　创建新数据源

输入数据源名，并选择数据库，如图 2-73 所示。

图 2-72　创建新数据源—选择驱动程序

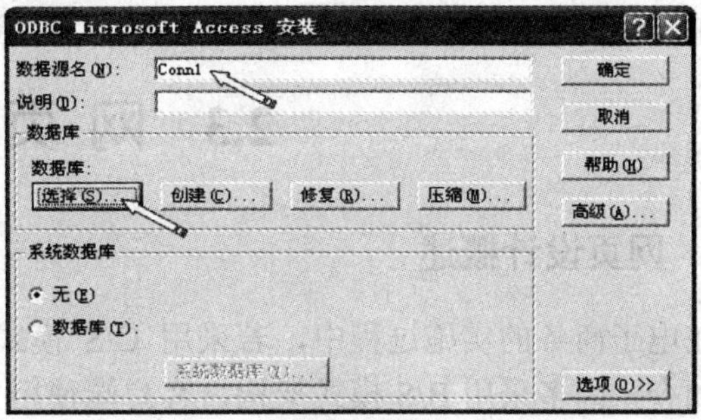

图 2-73　创建新数据源—数据库选择

给出数据库所在的目录，并确定具体的数据库名，单击【确定】按钮，如图 2-74 所示。

返回上一界面，给出了数据库的提示，单击【确定】按钮，如图 2-75 所示。

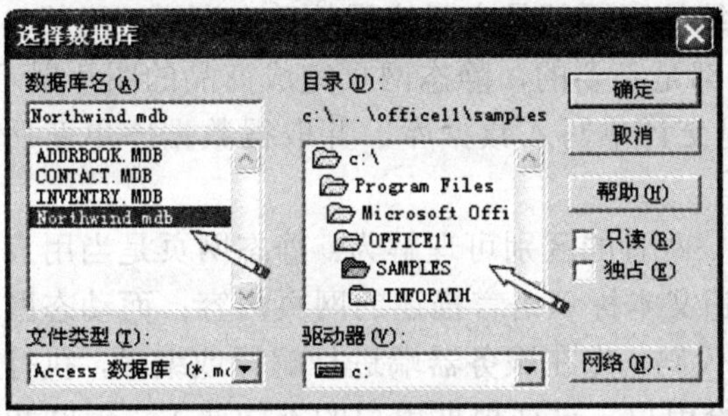

图 2-74　选择数据库目录及库文件

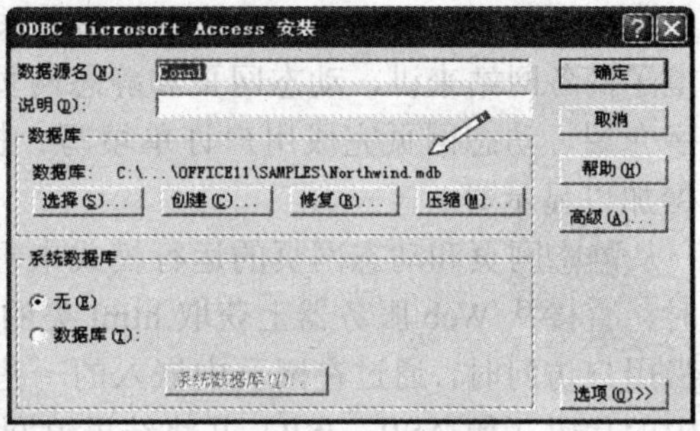

图 2-75　选定数据库

返回到 ODBC 数据源管理器界面，在系统数据源的列表中，有刚添加的数据源的显示，如图 2-76 所示。

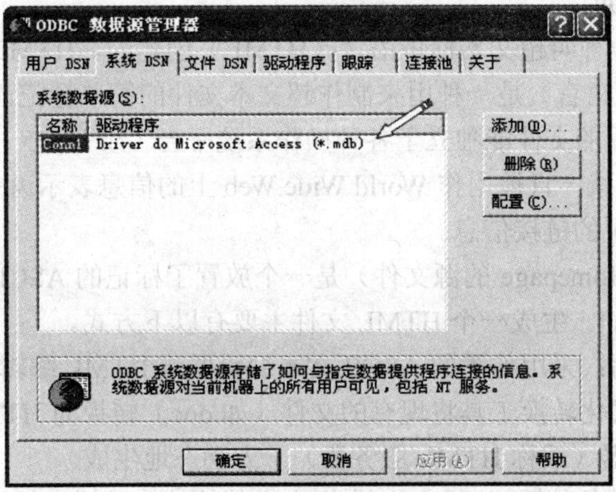

图 2-76　选定的数据源

单击下方的【确定】按钮，即可退出 ODBC 数据源管理器。

2.3 网页制作

2.3.1 网页设计概述

在电子商务的实施过程中，若采用 C/S 模式，则需要进行客户端及服务器端的程序设计。如今，因多采用 B/S 模式架构，客户端使用 IE 浏览器，在服务器端则采用网站（即网页）的模式，这就要求程序设计侧重于网页的设计开发。通常的网页分静态网页和动态网页。静态网页并非指没有动画效果的网页，而主要是其缺少交互式的设计，未采用系统化的方法，着重于内容与美工，注重内容排版与布局；动态网页通常配合数据库，侧重功能的实现，属于需要动态开发式网页，如会员在线注册、网上订购、产品系统展示、在线留言、论坛、网上调查及聊天室等电子商务系统的网页都是交互式强的动态网页。当然，对于电子商务网站来讲，动态网页和静态网页都是必要的，静态网页完成商品的图片展示、文字介绍，动态网页完成用户订单填写、提交订单写入数据库，并取得数据库更新后的数据加以显示等。

从静态网页和动态网页的运行模式来看，两者的区别可理解为：静态网页是当用户访问时，直接从 Web 服务器上获取.html 类的超文本标识语言描述的网页内容；而动态网页是当用户访问时，通过在网页中嵌入的一些代码，先在服务器端进行解释或编译，执行网页中的代码（如 ASP，JSP）并将结果返回给用户，这样根据用户的不同请求，返回相对应的结果。

2.3.2 静态网页技术简介

1. HTML 语言简介

Web 页通常是用一种叫超文本标识语言（HTML）创建的。HTML（Hyper Text Marking Language，超文本标识语言）是一种用来制作超文本文件的简单标记语言，也是 WWW 的描述语言。用 HTML 编写的文件能独立于各种操作系统平台（如 UNIX、Linux、Windows 等）。自 1990 年以来 HTML 就一直被用作 World Wide Web 上的信息表示语言，用于描述主页的格式设计和与其他 Web 页的链接信息。

HTML 文件（即 Homepage 的源文件）是一个放置了标记的 ASCII 文本文件，其通常的扩展名为.html（或 htm）。生成一个 HTML 文件主要有以下方式。

（1）手工直接编写：采用熟悉的 ASCII 文本编辑器或 HTML 编辑工具。

（2）通过某些格式化转换工具将现有的文件（如.doc）转换为 HTML。

（3）由 Web 服务器（或称 HTML 服务器）一方动态地生成。

HTML 语言是通过各种标记（Tags）来标志文件的结构及标志超链接（Hyperlink）的信

息。HTML 虽然描述了文件的结构格式，但并不能精确地定义文件信息必须如何显示和排列，而只是建议 Web 浏览器（如 IE）应如何显示和排列这些信息，最终在用户面前的结果取决于 Web 浏览器本身的显示风格及对标记的解释能力。这就解释了为什么同一个 HTML 文件在不同的浏览器中展示的效果会有所不同。

HTML 的标记语法较为简单，如下面一个简单的网页内容为

```
<HTML>
<HEAD><TITLE>我的第一个网页！ </TITLE></HEAD>
<BODY><H1>欢迎访问我的第一个网页</H1></BODY>
</HTML>
```

在 HTML 文件中，标记（Tag）均用尖括号（< >）括起来，大小写均可，Tag 绝大多数是成对出现的，前边的称为头标，如上列中的<HEAD>，后边的称为尾标，如</HTML>。头尾之间的内容就是该标记的作用范围。如<TITLE>和</TITLE>之间的是该网页的标题内容。也有一些 HTML 标记是单边的，如
是换行，<hr>是显示一条水平线等。

大多数 HTML 文件由页头（head）和主体（body）组成，页头包含有 TITLE 信息，主体包含所要编辑的网页内容。

1）超级链接

网页的一个重要特点就是“超级链接”，通过它，可以方便地把许多网页联系在一起，通过单击“超级链接”即可打开新的网页。语法是：<a href =“url”……</a>，如<a herf = “http://www.buu.edu.cn”>联大主页</a>，这段代码呈现在网页的效果为[联大主页]的文字下方有一下画线，当单击“联大主页”后就可进入联大的首页（http://www.buu.edu.cn）。使用超级链接也可以链接 E-mail 的地址，如<a herf =“mailto:webmaster@buu.edu.cn”>。

2）插入图片

格式为：<img src =“url”>，url 表示图形文件的路径。

<img src =“url” alt =“图片说明”>，

图片说明为当鼠标停留在图片上时，提示图片的信息。或当图片无法显示在浏览器中，图片说明将出现在图片所在的位置。

<img src = “url” width= “20” height = “20” >，width 和 height 控制图片的尺寸。

<img src =“url” border =“1”>，border 为图片的边框。

3）段落划分

段落：<p>……</p>分段，将文字上下分为两个部分，中间间隔两行。

断行：
分行符，类似 Word 中的段落。

横线：<hr>画一条横线。

列表：<li>……</li>中间为项目。

4）网页中的标题

<h1>大标题</h1>

<h3>中标题</h3>

<h6>小标题</h6>

5）字符格式标记

<B>字体加粗</B>

<I>斜体</I>

<U>下划线</U>

字体格式标记<font>……</font>

如<font size=3 color="red">表示字号为 3 号，颜色为红色。

6）表格标记

<table>……</table>表格的开始和结束标志

<tr>……</tr>表格的一行

<td>……</td>表格的一列

如：

<table>

<tr><td>第一行第一列</td><td>第一行第二列</td></tr>

<tr><td>第二行第一列</td><td>第二行第二列</td></tr>

</table>

对于某一行或某一列还可以具体设置其高与宽的属性。

如<td height =50 width =200> 高 50 宽 200 </td>

2. 网页设计工具软件

上述的 HTML 文件可以用一般的文本编辑软件来按照 HTML 的语法编写，虽简单但不直观。目前流行采用“所见即所得”的编辑软件来制作 HTML 文件，典型的有 FrontPage、Dreamweaver、HomePage Builder 等，其优点在于不用特别记忆 HTML 的语法，只要在软件中设置对应的属性，即可直观地看到具体效果（当然也可以看 HTML 源代码）。

下面以 FrontPage 为例，简单介绍一下网页设计。FrontPage 是微软公司 Office 组件中的一个软件包，可随安装 Office 时一起选择安装或单独安装。方法类似安装通常的 Office 组件或一般的应用软件，按照相应的提示，选择安装即可。FrontPage 使用比较简单，与 Word 相似，但其能兼顾网页与站点管理两方面。提供较方便的操作模式和所见即所得的预览效果。启动 FrontPage 后程序网站向导界面如图 2-77 所示。

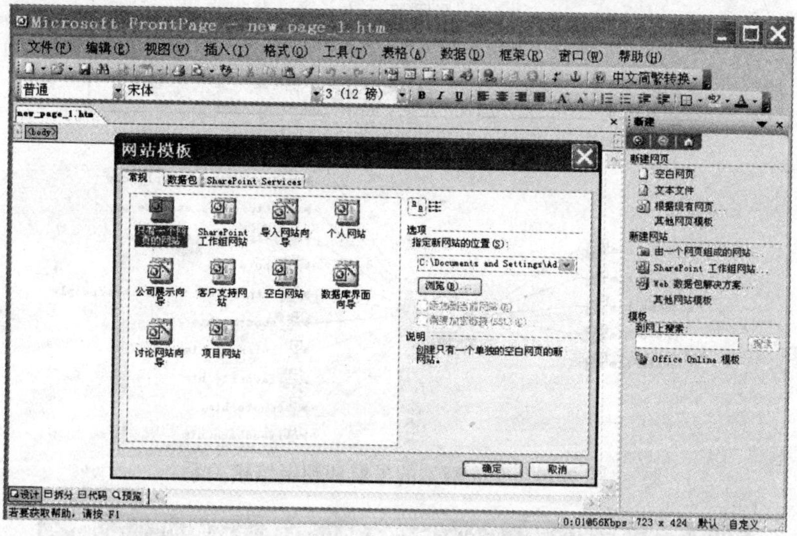

图 2-77 FrontPage 网站向导界面

当选择第一行中右侧<个人网站>向导后，FrontPage 会自行创建对应的网站结构，如图 2-78 所示，包含 index.htm 主页和 aboutme.htm、favorite.htm、feedback.htm、interest.htm 和 photo.htm 等几个页面文件。导航层次和超链接关系也自动创建。

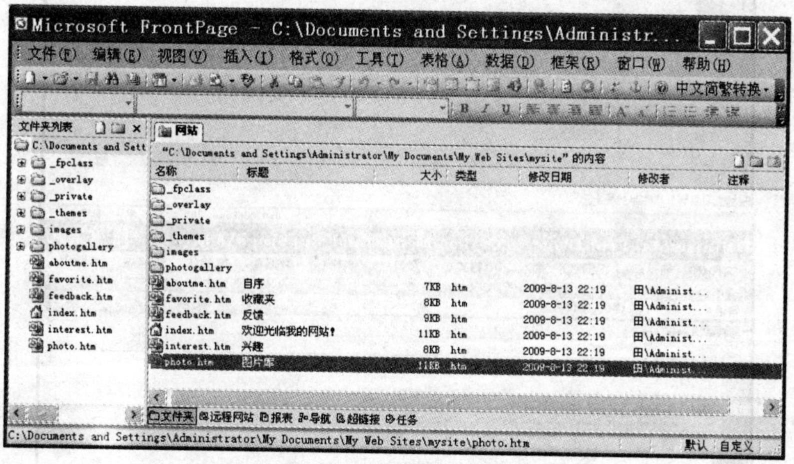

图 2-78 个人网站的文件夹列表

图 2-79 中上半部分所示为网站导航的结构，下半部分所示为超级链接的关系，FrontPage 的网页编辑界面可以直接看到网页的设计效果，也可以同时查看 HTML 的源代码情况。图 2-80 中上半部分所示为设计效果页面，下半部分所示为 HTML 代码页面的显示结果。进一步的操作见实验任务。

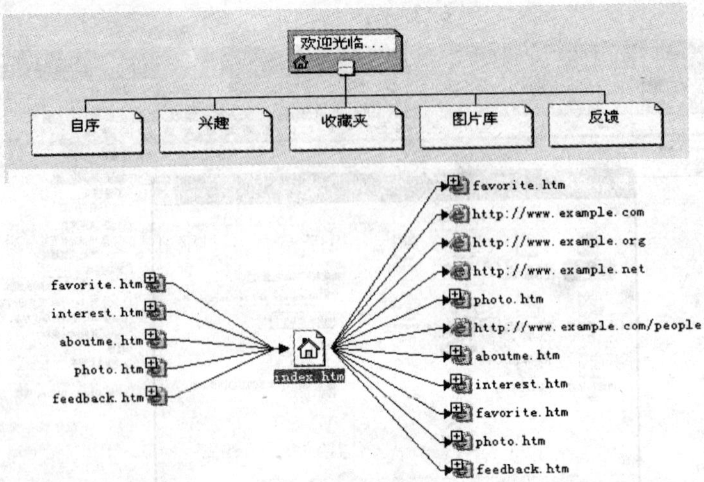

图 2-79　个人网站的导航和超级链接关系

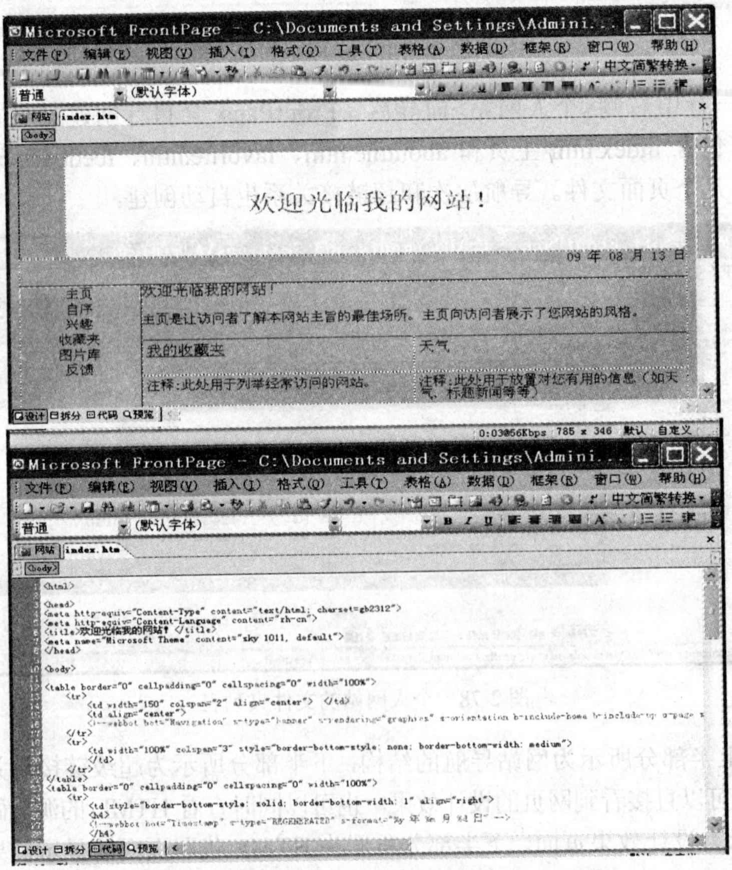

图 2-80　网页页面编辑界面

2.3.3 动态网页技术简介

电子商务网站是交互性很强的网站，仅使用静态网页显然无法满足要求。这里的交互指网站能按照用户发出的请求，返回满足用户要求的网页内容。例如，访问电子商务网站的用户查询不同的商品信息时，得到的是不同的查询结果网页。实际上是通过一定的计算机语言编程，使计算机按照希望的网页格式和内容，产生出包含用户所需内容对应的网页，再传送给用户浏览。在电子商务网站查询商品时，可先设定好查询的条件，通过程序把数据库返回的查询信息转换成网页的形式。这样用户每次查询时，服务器都会按查询条件自动生成不同的网页返回给不同的用户。网站建成后除定期更新商品数据库外，其他内容就不再需要人工干预了。交互技术的准则是：凡是能够数据库化的内容，尽量表示为数据库的形式，就因为数据库形式的数据远比其他形式的数据更易更新和管理，实践也证明了这一点。目前常使用的动态网页技术有 CGI、ASP、JSP 和 PHP 等。

1. CGI 简介

CGI（Common Gateway Interface）通用网关接口是第一个使开发者能够编写 Web 服务器功能的程序协议。它为 Web 服务器定义了一种与外部应用程序共享信息的方法。当 Web 服务器接收到来自某一客户机（Web 浏览器）的请求。要求其启动一个网关程序（通常称为 CGI 脚本或 CGI 程序）时，它根据客户机请求的方式（POST 或 GET）决定是否把有关的请求信息综合到一个环境变量集合中，然后，CGI 脚本将检查这些环境变量，试图找到为响应请求所必需的信息（GET 方法），或者从标准输入中直接得到信息（POST 方法），CGI 还为自己的脚本程序定义了一些标准的方法，以确定如何为服务器提供必要的信息。CGI 脚本负责处理为从服务器请求一个动态响应所需的所有任务。利用 CGI 可以编写处理以下工作的程序。

（1）动态地创建新的 Web 页面。

（2）处理 HTML 表单（Form）的输入。

（3）在 Web 与其他 Internet 服务之间架设沟通的渠道等。

CGI 是最早出现的动态网页设计技术，其优点为：开发简单，CGI 程序可用任何编程语言实现，HTML 文件的编写也比较容易，用户无需高深的编程知识。同时其投入低，CGI 作为传统 Web 交互能力的支撑技术，被几乎所有的 Web 服务器软件所支持。但 CGI 的弱点为：CGI 的技术开发语言都很专业，且复杂，故编制和修改 CGI 程序的人工成本很高；另一方面，CGI 是服务器和用户的接口，所以对不同的服务器，CGI 的移植是个很复杂的问题。即对于不同的服务器，没有通用的 CGI 可以互用。

2. ASP 简介

ASP（Active Server Pages）是微软开发的类似 HTML、Script（脚本）与 CGI 的结合体。它实际上是一个服务器端的脚本环境。当脚本运行在服务器端时，Web 完成涉及回送浏览器 HTML 页的所有工作，并返回相应的 HTML 文本。ASP 直接在 HTML 文件中嵌入服务器端脚本，使动态交互页面的开发成为一个整体，开发和维护工作变得简单、快捷。同 HTML 文件一样，ASP 文件也是文本文件，其 ASP 脚本用<%和%>标注，提供 VBScript 和 JScript 两种脚本引擎，(默认为 VBScript)。ASP 编制比 HTML 更方便，更灵活，它在服务器端运行，运行的结果以 HTML 格式传送给客户端的浏览器。

ASP 吸收当今许多流行的技术，如 IIS、ActiveX、VBScript、ODBC 等，是一种较为成熟的网络应用程序开发技术。其核心技术是对组件和对象技术的充分支持，用户可以直接使用 ActiveX 控件，调用对象方法和属性，以简单的方式实现强大的功能。

ASP 的优点如下。

（1）ASP 脚本在服务器上而不是在客户端运行，且无须编译和连接即可执行。

（2）ASP 代码集中于 HTML 中，易于开发和修改。

（3）与浏览器无关。

（4）面向对象，其编程思想是基于面向对象技术的。

（5）ASP 与任何 ActiveX 和 Scripting 语言兼容。

（6）ASP 源代码在服务器端，不会传到用户的浏览器上，具有较好的安全性。

ASP 的缺点：仅局限于微软的操作平台上，主要工作环境是微软的 IIS 应用程序结构，又因 ActiveX 对象具有平台特性，故 ASP 技术不能轻易实现跨平台的 Web 服务。

3. JSP 简介

JSP（Java Server Pages）是 Sun 公司倡导，许多公司参与的一种动态网页技术标准。在动态网页中有其强大的功能，可创建跨平台、跨 Web 服务器的动态网页，使用类似 HTML 的标记和 Java 代码段，可与 ASP 相媲美。

JSP 使用 Java 作为脚本语言，JSP 文件是 JSP 定义的标记和 Java 程序段及 HTML 的混合体，可快速开发基于 Web 的应用程序，允许开发人员建立灵活的代码，非常容易进行更新和重复利用。因 JSP 网页能根据需要自动进行编译，可更灵活地生成动态网页。

JSP 的优点如下。

（1）将内容的生成和显示进行分离。

（2）强调可重用的组件。

（3）采用标志简化页面设计。

（4）适应平台广泛。

（5）容易整合到多种应用体系结构中。

4. PHP 简介

PHP（Hypertext Preprocessor，超文本预处理器）是一种易于学习和使用的服务器端脚本语言，也是生成动态网页的工具之一。它是嵌入 HTML 文件的一种脚本语言，其语法大部分从 C、Java、PERL 语言中借来，并形成自己的风格。目标是让 Web 程序员快速开发动态的网页，只需很少的编程就可以建立真正交互的 Web 站点。

与 ASP、JSP 一样，PHP 也是可以结合 HTML 共同使用，与 HTML 具有非常好的兼容性，使用者可直接在脚本中加入 HTML 标签或在 HTML 标签中加入脚本代码，从而实现页面控制，提供更丰富的功能。

PHP 的优点：安装方便，学习简单，数据库连接方便，兼容性强，扩展性好，可以进行面向对象的编程。PHP 的缺点：数据库接口不统一；缺少企业级的支持；商业支持不好。

关于动态网页的具体程序设计，本书的后续章节将进一步展开，ASP.NET 参见第 8 章的相关内容。

2.4 实 践 任 务

1. 内容

（1）熟悉并掌握网络服务端操作系统的常识和基本的安装及配置过程，在通常的 Windows 操作平台上，现首选的网络操作系统为 Windows Server 2003。故要完成网络服务的需求，则先要安装和设置好 Windows Server 2003，之后再设置相关的服务。在安装好 Windows Server 后，进行对应的服务功能部分的安装与配置。

① 安装 Windows Server 2003 系统，参考 2.1.3 中第 2 部分；

② 完成 IIS、FTP 服务的安装与配置。参考 2.1.3 中第 3 部分；

③ 完成 E-mail 服务的 POP3、SMTP 的安装与配置。参考 2.1.3 中第 3 部分；

④ 完成 DNS 服务的安装与配置，参考 2.1.3 中第 3 部分；

⑤ 完成 DHCP 服务的安装与配置，参考 2.1.3 中第 3 部分。

（2）熟悉数据库的相关知识，尤其是了解电子商务环境下常用的关系型数据库如 Access、SQL Server、Oracle、DB2、MySQL 等各自的特点与适用场合，为项目的选型做到心中有数。在掌握数据库基本常识的基础上，会把 ODBC 作为桥梁，了解并掌握 ODBC 数据源的管理方法和操作步骤，从而能够在具体应用中方便地通过 ODBC 访问数据源，达到与数据库交换数据的目的，具体详细内容见上述内容。

① 通过 Access 提供的本机数据库模版，建立一个“联系人管理”数据库（见图 2-81）。

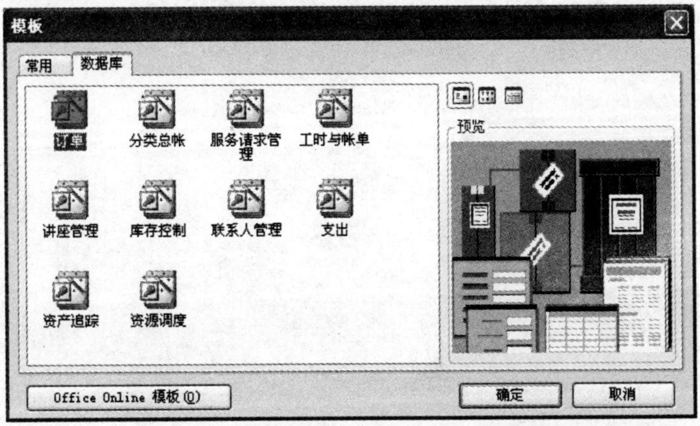

图 2-81 本机数据库模版建立订单数据库

② 建立“联系人管理”数据库的ODBC数据源连接，完成ODBC数据源的管理操作，参考2.2.3中第2部分。

（3）实践使用FrontPage编辑静态网页。利用FrontPage编辑实现简单的网页内容，设置超级链接和一些简单的效果参照菜单提示步骤即可完成。请用 FrontPage 个人网站向导创建一个个人花卉知识展示网站，并在原网站的模版（如2.3.2中第2部分图2-79）结构基础上，在“兴趣”网页下，合理添加相关花卉知识介绍的网页，要求添加6页以上。

2. 实践要上交的报告

（1）完成网站服务配置报告，对进行IIS、FTP服务的安装与配置、E-mail服务的POP3、SMTP的安装与配置。DNS服务的安装与配置及DHCP服务的安装与配置的几个部分进行总结，描述这些服务器需要进行的基本配置方法。

（2）完成 Access 数据库建表报告，描述通过 Access 提供的本机数据库模版，建立一个“联系人管理”数据库的基本步骤，记录“联系人管理”数据库中建立的几个数据表的结构。

（3）完成个人网站建立，对使用 FrontPage 向导制作的个人网站中的主页及兴趣栏目下的网页进行设计和实现，记录网站的结构和主要网页的页面内容。

（4）对实践中遇到的问题及如何解决的进行总结和描述。

第3章

电子商务应用基础

电子商务系统的基本组成部分包括了网站企业信息系统、物流中心、支付中心、认证中心及企业、用户。这一部分是开展电子商务实践的应用基础部分，学习搜索引擎的使用，了解电子商务的模式，了解电子支付方式和数字证书的使用。同时，设计了实践任务，通过进行网上信息发布和网上购买商品及支付的体验，完成网上鲜花销售案例相关资料搜索下载和整理工作，为进一步开展电子商务实践做好准备。

3.1 电子商务信息检索与应用

随着互联网的快速发展，Web 信息不断增加，用户要在信息海洋里查找信息，就像大海捞针一样，搜索引擎技术的出现则解决了这一难题。搜索引擎以一定的策略在互联网中搜集、发现信息，对信息进行理解、提取、组织和处理，并为用户提供检索服务，从而起到信息导航的目的。

3.1.1 搜索引擎的分类

按照信息搜集方法和服务提供方式的不同，搜索引擎系统可以分为三大类。具体如下。

1. 目录式搜索引擎

以人工方式或半自动方式搜集信息，由编辑员查看信息之后，依靠编辑员的知识进行甄选和分类，人工形成信息摘要，并将信息置于事先确定的分类框架中。信息大多面向网站，提供目录浏览服务和直接检索服务。该类搜索引擎因为主要依靠人工编制，加入了人工智能，因此，质量通常比较高，信息准确，检索效果较好。缺点是需要人工介入、维护量大、信息量少、信息更新不及时。

Google 应用了目录式搜索引擎技术，借用开放的目录索引提供分类查询。用户在查询信息时，可以选择关键词搜索，也可以按分类目录逐层查找。

2. 机器人搜索引擎

由一个称为“蜘蛛”、“机器人”的程序根据网络协议和程序自身的有关规定，以某种策略自动地在互联网中搜集和发现信息，记录网上的信息，对其进行加工、整理，由索引器为搜集到的信息建立索引，由检索器根据用户的查询输入检索索引库，并将查询结果返回给用户，它的服务方式是面向网页的全文检索。该类搜索引擎主要依靠计算机程序，无须人工干预，索引在信息的采集上比较及时，采集信息的范围也比较广泛。但是由于其中的人工干预很少，返回信息过多，有很多无关信息，用户必须从结果中进行筛选，所以信息的质量不如目录式搜索引擎。

新浪网站采用机器人搜索引擎技术，提供关键词和分类检索两种查询方式，其数据库中收集了 200 多万个网页。

3. 元搜索引擎

元搜索引擎将多个搜索引擎集成在一起，并提供一个统一的检索界面。这类搜索引擎没有自己的数据，而是将用户的查询请求同时向多个搜索引擎递交，将返回的结果进行重复排除、重新排序等处理后，作为自己的结果返回给用户，它的服务方式为面向网页的全文检索。这类搜索引擎的优点是省去用户记忆多个搜索引擎的不便，使用户的检索要求能同时通过多个搜索引擎来实现，从而获得全面的检索效果。缺点是不能够充分使用搜索引擎的功能，用户需要做更多的筛选。

Bbmao 搜索引擎采用了元搜索引擎技术，其结果来自百度、Google、Yahoo!、Sogou、中搜等，搜索结果自动分类整理，去掉重复结果，在线收藏网页及文件。

3.1.2 搜索引擎的使用

1. 百度

百度搜索引擎是功能最强大的中文搜索引擎之一（见图 3-1）。每天完成上亿次搜索，可查询数十亿中文网页。百度利用其独特的超链接分析技术，为用户提供快速、便捷的搜索服务。

图 3-1 百度首页

1）关键词搜索

在搜索框内输入需要查询内容的词语，按回车键，或单击搜索框右侧的“百度一下”按钮，就可以得到最符合查询需求的网页内容。

2）使用多个词语搜索

输入多个词语搜索，不同字词之间用一个空格隔开，可以获得更精确的搜索结果。

3）高级搜索

（1）把搜索范围限定在网页标题中。网页标题通常是对网页内容提纲挈领式的归纳。把查询内容范围限定在网页标题中，有时能获得良好的效果。使用的方式是把查询内容中特别关键的部分用“intitle:”加在关键词前。

（2）把搜索范围限定在特定站点中。如果知道某个站点中有自己需要找的内容，就可以把搜索范围限定在这个站点中，提高查询效率。使用的方式是在查询内容的后面加上“site:站点域名”。

（3）精确匹配。如果输入的查询词很长，百度在经过分析后，给出的搜索结果中的查询词可能是拆分的。如果对这种情况不满意，可以尝试让百度不拆分查询词，给查询词加上双引号。

书名号是百度独有的一个特殊查询语法。在其他搜索引擎中，书名号会被忽略，而在百度，中文书名号是可以被查询的。加上书名号的查询词，有两层特殊功能：一是书名号会出现在搜索结果中；二是被书名号扩起来的内容不会被拆分。

（4）要求搜索结果中不含特定查询词。使用减号语法，可以去除所有含有特定关键词的网页。在使用时要注意，前一个关键词与减号之间要加空格。

（5）并行搜索减除无关资料。可以使用“A|B”来搜索“或者包含关键词 A，或者包含关键词 B”的网页。

（6）相关检索。如果无法确定输入什么样的关键词才能找到满意的资料时，可以先输入一个简单的词语进行搜索，百度会为检索者提供“其他用户搜索过的相关搜索词”作参考，单击任一个相关搜索词，都能得到那个相关搜索词的搜索结果。

（7）百度知道。可以以发问的方式，把想问的问题发布到网上，从而集思广益，在广大网民的答案中挑选出自己满意的答案。

2. Google

Google（见图 3-2）成立于 1997 年，是由两个斯坦福大学博士生 Larry Page 与 Sergey Brin 于 1998 年 9 月发明的，几年间迅速发展成为目前规模最大的搜索引擎，是目前最优秀的支持多语种的搜索引擎之一。

1）Google 的特色

Google 支持多达 132 种语言，包括简体中文和繁体中文。其速度极快，搜索时间通常不到半秒钟。搜索结果可以摘录查询网页的部分具体内容，而不仅仅是网站简介。其智能化的“手气不错”功能，提供可能最符合要求的网站。“网页快照”功能可以从 Google 服务器里直接取出缓存的网页。

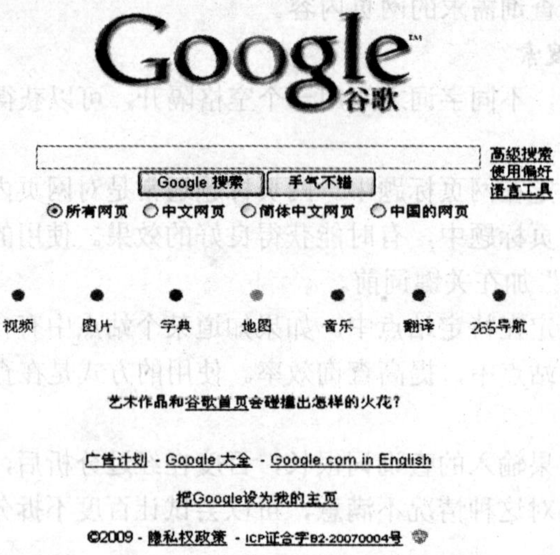

图 3-2 Google 中国首页

2）Google 的使用

（1）自动使用“and”进行查询。在输入关键词后，Google 会呈现符合全部查询条件的网页，不需要在关键词之间加“and”或“+”。如果想缩小搜索范围，只需输入更多的关键词，并在关键词中间留空格就可以了。

（2）Google 用减号“－”表示逻辑“非”操作。

（3）Google 不支持关键字为中文的逻辑“或”查询，但支持英文关键字的“或”操作，语法是大写的“OR”。

（4）Google 不支持通配符，如“*”、“?”等，只能做精确查询，关键字后面的“*”或“?”会被忽略掉。

（5）Google 对英文字符大小写没有影响。

（6）搜索某一类型文件，可用“filetype”来搜索。例如，搜索 PDF 文件，使用 filetype：pdf。

（7）Google 的关键字可以是词组（中间没有空格），也可以是句子（中间有空格），但用句子做关键字，必须加英文引号。

（8）在“site”一词后面加上冒号，意味着指定网域，可在某个特定的域或站点中进行搜索。

（9）按下“手气不错”按钮，将自动进入 Google 查询到的第一个网页。这里将完全看不到其他的搜索结果，针对性强。

3.1.3 下载工具的使用

使用浏览器下载操作简单方便，只要把文件“另存为”或单击想下载的链接（一般是.zip、.exe 之类），浏览器就会自动启动下载，给下载的文件找一个存放的路径即可。但是这种方式下载速度慢，不支持断点续传，因此对于数据量较大的文件一般采用下载工具完成下载。

1. 网际快车（FlashGet）

网际快车诞生于 1999 年，是一款为世界 219 个国家的用户提供服务的中国软件。

网际快车通过把一个文件分成几个部分同时下载，可以成倍地提高速度，下载速度可以提高 100%～500%。FlashGet 可以创建不限数目的类别，每个类别指定单独的文件目录，不同的类别保存到不同的目录中去，强大的管理功能包括支持拖拽、更名、添加描述、查找、文件名重复时可自动重命名等，而且下载前后均可轻易管理文件。

网际快车的功能如下。

（1）可以把一个软件分成 10 个部分同时下载，而且最多可以设定 8 个下载任务。通过多线程、断点续传、镜像等技术最大限度地提高下载速度。

（2）支持镜像功能，可手动也可自动通过 Ftp Search 自动查找镜像站点，并且可通过最快的站点下载。

（3）可以创建不同的类别，把下载的软件分门别类地存放。强大的管理功能包括支持拖拽，更名，添加描述，查找，文件名重复时可自动重命名等。

（4）通过内建的站点资源探索器浏览 Http 和 Ftp 站点的目录结构，可以有选择地大批下载文件。

（5）可以对以前下载的文件进行管理。

（6）每一个连接可以使用不同的代理服务器，彻底突破一些站点的连接限制。

（7）支持整个 Ftp 目录的下载。

（8）可检查文件是否更新或重新下载。

（9）支持自动拨号，下载完毕可自动挂断和关机。

（10）充分支持代理服务器。

（11）可以定制工具条和下载信息的显示。

（12）下载的任务可排序，重要文件可提前下载。

（13）支持包括中文在内的三十几种语言界面，并且可以随时切换。

（14）可以设定下载计划下载，避开网络使用高峰时间下载。

（15）支持多种文件格式的下载。

在安装了网际快车之后，使用网际快车进行下载的方法是，在网页链接位置右击，在快捷菜单中选择【使用网际快车下载】，即可进行下载。

2. 迅雷（Thunder）

迅雷作为中国最大的下载服务提供商，每天服务来自几十个国家、超过数千万次的下载。伴随着中国互联网宽带的普及，迅雷凭借“简单、高速”的下载体验，正在成为高速下载的代名词。

迅雷使用的多资源超线程技术基于网格原理，能够将网络上存在的服务器和计算机资源进行有效的整合，构成独特的迅雷网络，通过迅雷网络各种数据文件能够以最快的速度进行传递。多资源超线程技术还具有互联网下载负载均衡功能，在不降低用户体验的前提下，迅雷网络可以均衡服务器资源，有效降低服务器负载。

迅雷的功能如下。

（1）智能磁盘缓存技术，有效防止高速下载时对硬盘的损伤。

（2）智能的信息提示系统，根据用户的操作提供相关的提示和操作建议。

（3）独有的错误诊断功能，能够帮助用户解决下载失败的问题。

（4）病毒防护功能，可以和杀毒软件配合保证下载文件的安全性。

（5）自动监测新版本，提示用户及时升级。

（6）可以限制下载速度，避免影响其他网络程序。

在安装了迅雷之后，使用迅雷进行下载的方法是，在网页链接位置右击，在快捷菜单中选择【使用迅雷下载】，即可完成下载。

3.2 电子商务基本模式

电子商务的模式是电子商务活动中各个交易主体按照一定的交互关系和交互内容所形成的相对固定的商务活动样式。电子商务活动中的交易主体包括企业和消费者，因此，按照参加电子商务活动的交易主体划分，电子商务可以分为 3 种模式，分别是：企业与消费者之间的电子商务（B2C）、企业与企业之间的电子商务（B2B）、消费者与消费者之间的电子商务（C2C）。

3.2.1 B2C 电子商务模式

B2C 电子商务是企业通过 Internet 向个人网络消费者直接销售产品和提供服务的经营方式，即网上零售。实施 B2C 的企业所生产的一般都是面向最终消费者的产品，如图书、软件、日用品和家电等适合在网上出售的商品，它是普通消费者广泛接触的一类电子商务，也是电子商务应用最普遍，发展比较快的领域。

案 例

当 当 网

1. 当当网的功能

当当网（见图 3-3）是全球最大的综合性中文网上商城，面向全世界网上购物人群提供近百万种商品的在线销售，包括图书、音像、数码家电、美妆、母婴、服装服饰、家居、运动健康、食品等门类，为成千上万的消费者提供安全、方便、快捷的服务，给网上购物带来极大的方便和实惠。当当网的使命是坚持“更多选择、更多低价”，提供特价商品，让越来越多的网上购物顾客享受互联网购物的乐趣。统一配送，实行会员积分制，有完善的售后服务。

当当网有庞大的物流体系，仓库中心分布在北京、华东和华南，覆盖全国范围。每天把大量货物通过空运、铁路、公路等不同运输手段发往全国和世界各地。在全国360个城市里，大量本地快递公司为当当网的顾客提供“送货上门，当面收款”的服务。

当当网的网上支付系统可以使用工商银行、招商银行、建设银行等多家银行的借记卡和信用卡在线支付，并且支持快钱、首信易支付等第三方支付平台。

当当网的自动智能比价系统，以技术作为标榜，通过互联网每天实时查询所有网上销售的图书、音像等商品的信息，一旦发现其他网站商品价格比当当网的价格还低，将自动调低当当网同类商品的价格，保持与竞争对手的价格优势。

当当网坚守其服务承诺，国内首家提出“顾客先收货，验货后才付款”、“免费无条件上门收取退、换货”及“全部产品假一罚一”的诺言，坚持“诚信为本”的经营理念。

图 3-3 当当网

2. 当当网的购物流程

1）挑选商品

当当网提供了方便快捷的商品搜索功能。

（1）通过在首页输入关键字的方法来搜索想要购买的商品。

（2）通过当当的分类导航栏来找到想要购买的商品分类，根据分类找到所需商品。

2）放入购物车

（1）当选定了一件商品后，在商品详情页单击“购买”，这时会自动打开购物车页面，商品会添加到购物车中。此时还可以继续挑选商品，把想要购买的商品都放入购物车中，最后一起结算。

(2) 在购物车中，每件商品的订购数量默认为一件，如果想购买多件商品，可修改购买数量，然后鼠标在空白处单击一下，即修改成功。

(3) 如果在购物车中删除了某件商品，该商品会暂时放在下面；如果改变了主意，想重新购买这件商品，单击“恢复”按钮，就可以将它重新放入购物车了。

(4) 购物车页面上方的商品是当当网根据选好的商品做出的推荐。如果有想一起购买的商品，直接单击“购买”按钮。

3）登录注册

如果是老顾客，则输入 E-mail 地址或昵称、密码、验证码，单击“登录”按钮；如果是新顾客，则单击“还没有注册”，再输入常用的 E-mail 地址，并设定密码，输入验证码后，单击“注册”按钮。

4）填写收货人信息

填写真实的收货人姓名、所在地区、详细的收货地址、邮编和联系电话等以便于送货。

5）选择送货方式

当当网提供普通快递送货上门、加急快递送货上门、普通邮递、特快专递等多种送货方式。如果想选择普通快递送货上门，请先核对地址是否在相应的送货范围内。北京五环以内的顾客，可以选择“加急快递送货上门”。如果不在快递送货上门的范围，请选择平邮或特快专递。

6）选择付款方式

当当网提供了网上支付、货到付款、邮局汇款、银行转账、储蓄卡汇款等多种支付方式。

7）订单确认

填写完以上信息之后，请仔细核对；确认无误后，单击“提交订单”按钮提交订单。生成订单号后，表明已经成功提交了订单。

3.2.2 B2B 电子商务模式

B2B 电子商务模式就是企业与企业之间的电子商务，即企业间贸易的业务，是指企业通过内部信息系统平台和外部网站将面向上游的供应商的采购业务和下游代理商的销售业务有机地联系在一起，从而降低彼此之间的交易成本，提高客户满意度的商务模式。B2B 模式拥有巨大的赢利潜力，它将会成为互联网上令人瞩目的新的利润增长点，并可对一个国家的经济产生更为深远的影响。

从我国 B2B 电子商务平台的现状来看，主要分为信息平台、商务平台和综合平台三大类。信息平台，即发布供求信息和其他企业信息的商务平台；商务平台，即提供商务活动某些环节的网络化环境，如交易平台、投标招标、竞买竞卖、在线支付等；而综合平台则结合了信息平台和商务平台的功能特点，提供更加全面的服务。其中综合类电子商务平台的比例较高。

案　例

中国制造网

1. 中国制造网的功能

中国制造网（见图 3-4）电子商务平台由中国制造网英文版（http://www.made-in-china.com）和中国制造网中文版（包括简体版 http://cn.made-in-china.com 及繁体版 http://big5.made-in-china.com）组成，已成为全球采购商采购中国制造产品的重要渠道，英文版主要为中国供应商和使用英文的全球采购商提供信息发布与搜索等服务，中文版主要为中国供应商和使用中文的全球采购商提供信息发布与搜索等服务。

中国制造网电子商务平台为中国供应商和全球采购商提供会员服务，注册免费会员可以通过虚拟办公室发布并管理企业、产品和商情信息；注册收费会员（目前为中国供应商）除享有注册免费会员的所有服务外，还可以发布网上展示厅、专业客服支持、在产品目录和搜索结果中享有优先排名的机会。中国制造通过电子商务平台还向注册收费会员提供名列前茅、产品展台、横幅推广等增值服务及认证供应商服务，以增加在互联网上更多的展示机会，增加与目标全球采购商的接触机会，从而达成交易，获得收入和利润。

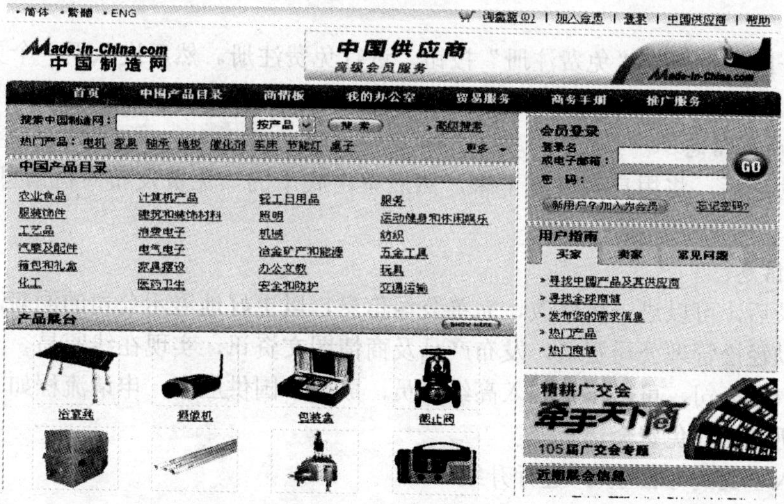

图 3-4　中国制造网

加入中国制造网后，供货商可享受以下功能。

（1）将产品和公司信息加入中国产品目录。

（2）通过商情板，搜索全球买家及其采购信息。

（3）采用推广服务——名列前茅，使产品脱颖而出，获取无限商机。

（4）采用推广服务——产品展台，迅速提高产品曝光率，直观、形象地引起目标买家的关注。

（5）采用推广服务——横幅，将产品和企业品牌刊登于页面显眼位置，有效推广产品和企业品牌。

（6）采用中国制造网的高级会员服务——中国供应商，拥有更高级的网站功能和服务。高级会员可发布数量更多的产品和商情图文信息，可以联系更多的海外买家，还享有自主即时发布企业新闻与证书、邮件下载和展示厅管理等功能。

中国制造网的各级高级会员拥有不同数目的“主打产品”。可以自主将某一重点产品设置为主打产品，主打产品在产品目录搜索中享受优先排序，在关键词搜索中作为一项指标优先考虑，并带有主打产品标志。

（7）采用中国制造网英文版实地认证服务——认证供应商，获得更多买家的关注和信任。

采购商可享受以下权利。

（1）搜索产品并通过中国产品目录联系供应商。

（2）发布采购商情，将采购信息加入商情板。

（3）采用收费的贸易服务，有效开展同中国产品供应商之间的贸易往来。

2. 中国制造网的使用流程

1）注册

首先打开网址，单击“免费注册”按钮，进行免费注册。然后进入下一个页面，填写注册信息，全部完成后，单击“我同意服务条款，并确认注册”，注册完成。

2）发布商机信息

注册成功之后，将用户名复制下来，然后单击底下的“免费发布商机信息”，发布商机信息。

3）管理信息

会员登录后，可以进一步修改、完善公司信息，以更好地展示公司的面貌。利用“我的办公室”可以轻松管理公司资料，发布产品及商情图文资讯，实现在线贸易。

如果是中国公司，可以申请加入高级会员，成为中国供应商，申请流程如下。

（1）注册，加入免费会员。

（2）进入“我的办公室”，进行升级。

（3）选择汇款方式，支付年费。

成为中国供应商之后，可以享受高级会员标记、高级会员展示厅、发布更多信息、主打产品在产品目录搜索中享受优先排序、发布的信息享有快速审核服务及客服中心提供的各项服务支持。

3.2.3 C2C 电子商务模式

C2C 电子商务是消费者与消费者之间的一种交易模式，它的特点是在整个的交易过程只是个人与个人的买卖关系，没有企业的直接参与。它主要是通过电子商务网站为买卖的用户双方提供一个在线交易平台，使卖方可以主动提供商品上网，而买方则可以自行选购自己中意的商品。

案　例

淘　宝　网

淘宝网（见图 3-5）是国内著名的 C2C 电子商务交易平台，它由阿里巴巴集团投资 4.5 亿元人民币创办，诞生于 2003 年 5 月 10 日。淘宝网实行免费政策，旨在吸引客户，吸引网民上网开店、逛店，培养更多、更忠实的网络交易者。

图 3-5　淘宝网

1. 淘宝网的功能

（1）信息服务。淘宝网的核心任务是促进买卖双方进行网络交易，而商家与商品信息又是交易中买家最关心的部分。为了使客户能各取所需，淘宝网将商品分成淘宝集市、品牌商城、二手闲置和疯狂促销 4 部分。淘宝的商品分类非常齐全，有数十个大类并进一步细分为 100 多个子类，包括手机数码、运动、家居、影视书籍、游戏、彩票等多种商品，如果买家依然无法寻找到自己需要的商品，还可以发布求购信息。

（2）阿里旺旺。阿里旺旺是一个个人交易沟通软件，它集成了即时文字、语音视频、交易提醒、最新商讯等功能。使用阿里旺旺，买卖双方可以随时进行买卖信息的沟通，还可以在对方不在线的时候留言，当对方登录时就会看到留言信息，能够尽快回复，及时进行沟通。

（3）淘宝工具条。淘宝工具条是一款应用在 IE 浏览器的免费软件，除了提供查看阿里旺旺、我的淘宝、热门商品推荐等快速通道外，还具有网页搜索、产品关注、广告拦截、反钓鱼等功能，并支持淘宝、阿里巴巴、支付宝 3 种模式自由切换。

（4）支付宝。支付宝是淘宝网联合中国工商银行、建设银行、招商银行等多家金融机构针对网上交易推出的安全付款服务，其运作的实质是以淘宝网为信用中介，在买家确认收到商品前，替买卖双方暂时保管货款的一种增值服务。使用支付宝可以有效降低交易中的支付风险。

（5）客户服务。淘宝在客户服务区设置了知识堂、淘宝互助吧、淘宝大学、交易安全 4 个栏目。“知识堂”以图文并茂的形式为新用户提供了交易指南及各种注意事项。“淘宝互助吧”则以互动的形式提出问题，解决问题。“淘宝大学”介绍了网上交易方面相关的知识，介绍了买家和卖家的技巧。而在“交易安全”中则从多个角度特别强调了网上交易的安全问题。另外，淘宝网还建立了特色的网上虚拟社区，即为用户提供了交流平台，也为淘宝赢得了不少坚定的支持者。

2. 流程

（1）注册，成为淘宝会员。

（2）开通支付宝账户。办理银行卡，开通网上银行。

（3）作为买家，可以进行如下活动。

① 搜索、选择商品。

② 采用淘宝旺旺、站内信件、商品留言、店铺留言等方式联系卖家。

③ 付款。

④ 收货。

⑤ 对卖家做出评价。

（4）作为卖家，可以进行如下活动。

① 提交认证申请，完成认证。

② 发布商品，开设店铺。

③ 查询订单。

④ 确认买家收款信息后，发货。

⑤ 从支付宝提现货款。

⑥ 对买家做出评价。

3. C2C 网上拍卖流程

（1）交易双方注册、登录 C2C 网站。

（2）卖方发布拍卖商品信息，确定起拍价和竞价阶梯、截止日期等信息。

（3）买方查询商品信息，参与网上竞价。

（4）买卖双方成交，买方付款，卖方交货，交易完成。

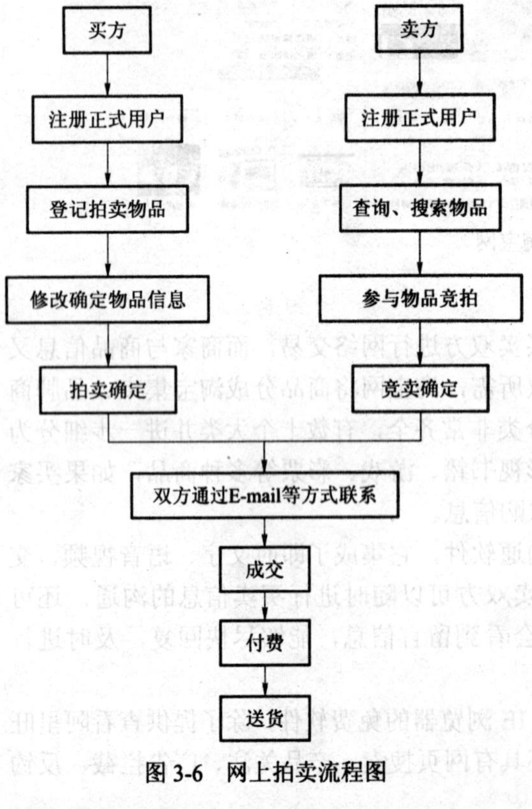

图 3-6　网上拍卖流程图

淘宝网站竞拍流程如下（见图 3-6）。

（1）注册新用户并登录。

（2）点“1 元竞拍”，进入后选择自己想要买的商品种类。

（3）选好商品后，单击“出价”。

（4）进入“确认购买信息”，填写好后，显示成功出价。

（5）等待竞拍结果。若出价为最高，同时符合卖家设定的底价，则交易成功。

3.3 网上银行及电子支付

3.3.1 网上银行

网上银行是指利用 Internet 及其相关技术实现银行与客户之间安全、方便、友好地链接，通过网络为客户提供各种金融服务的虚拟电子银行。

1. 网上银行的业务

网上银行系统可以向客户提供现有传统银行的绝大部分业务。通过 Internet 银行为客户提供个性化的全方位的金融服务，客户只要拥有特约安全认证设备和访问权限，就可以在任何时间、任何地点足不出户地办理各项业务。目前，网上银行可提供的主要业务包括以下 3 个方面。

1）公司银行业务

网上银行可提供的公司银行业务具体包括以下几个内容。

（1）账务查询。包括余额查询、历史交易查询、汇款信息查询、对公账户实时查询和国际结算业务查询。

（2）内部转账。用于某家网络银行开户的本行账户之间的资金划拨。

（3）对外支付。用于向在某家网络银行或其他银行开户的其他公司付款。

（4）活期/定期存款互转。将活期账户中暂时闲置的资金转为定期存款或将定期存款转为活期存款。

（5）工资发放。用于向本公司员工发放工资。

（6）信用管理。查询在某网络银行发生的信用情况，包括各币种、各信用类别的余额和笔数、授信总金额和当前余额、期限、起始日等。

（7）公司集团账务查询。集团公司可根据协议查询子公司的账务信息，方便财务监控。

（8）网上信用证。以交易双方在 B2B 电子商务交易平台上签订的有效电子合同为基础，提供网上申请开立国内信用证和网上查询、打印来证等功能。

2）个人银行业务

随着 Internet 的普及，网上零售业务需求逐年增大，网上个人银行业务逐渐向私人开放。广大公众只要在网上银行开立账户，即可享受网上银行提供的各种个人银行业务服务。具体而言，个人银行业务包括以下几方面。

（1）个人账户查询。个人账户基本信息查询、账户余额查询、历史交易查询、汇款信息查询等。

（2）转账业务。包括活期转定期、定期转活期、活期转零整、活期转整整、整整转活期、零整转活期等。

（3）代收代缴业务。包括申办代缴各种费用、代缴通信费、水费、天然气费等。

（4）储蓄业务。包括私人储蓄业务查询、未登折信息查询、存款账户历史明细查询等。

（5）公积金贷款业务。

（6）财务状态管理服务。包括修改账户密码、银行卡或存折挂失、解除挂失等。

（7）公共信息服务。

网上银行在提供全面的公司和个人银行业务之外，还提供丰富的公共信息服务，这些公共信息服务包括银行介绍、银行业务种类和特点、操作规程、公用信息发布、存贷款利率、外汇牌价和利率、证券行情等。

2. 招商银行的网上银行

招商银行是国内最早推出网上银行业务的商业银行之一，也是目前国内网上银行业务开展得最为成功的商业银行之一。

1997 年 2 月 28 日，深圳招商银行在互联网上推出了自己的主页及网上银行业务，在国内引起极大反响，受到客户的广泛称赞。如图 3-7 所示。到 1997 年 12 月，对招商银行主页的访问次数已达 3 万次。在此基础上，招商银行又隆重推出了“一卡通”网上银行业务，它包括“企业银行”、“个人银行”和“网上支付”3 个部分，通过互联网或其他公用信息网，将用户的计算机终端连接至银行，实现将银行的服务直接送到用户办公室或家中，使客户“足不出户”就能即时查询其在银行的账务变动情况，动态了解当天银行对公、对私储蓄利率，了解外汇汇率、股市行情变动等情况，并可以享受各种金融信息服务。用户也可以使用计算机，通过互联网，查询个人账号，进行直接转账、网上支付等多种业务。

1998 年招商银行在“一卡通”的基础上，在深圳首次推出“一网通”，向网上支付发展迈出了第一步。招商银行“一网通”是指通过互联网或其他公用信息网，将客户的计算机终端连接至银行，实现将银行服务直接送到客户办公室或家中的服务系统。它拉近客户与银行的距离，使客户不再受限于银行的地理环境、上班时间，突破空间距离和物体媒介的限制，客户只要通过连接互联网的计算机进入招商银行“一网通”网站，足不出户就可以享受到招商银行的服务。“一网通”包括“企业银行”、“个人银行”、“网上支付”、“网上证券”和“网上商城”。

1999 年 9 月招商银行在全国全面启动网络银行服务，构建起由企业银行、个人银行、网上证券、网上商城、网上支付组成的功能较为完善的网络银行服务系统。同年 11 月，招商银行还成为第一家经监管当局正式批准开展在线服务的商业银行。2000 年 2 月，招商银行又推出“移动银行”服务，成为国内首家真正实现通过手机短信平台向全球通手机用户提供综合性个人银行理财服务的银行。

图 3-7　招商银行网站

1）个人银行

个人银行分为个人银行大众版和个人银行专业版，以方便、快捷、安全的方式处理客户个人账务，适用于个人和家庭。

个人银行大众版：只要在招商银行开立普通存折或一卡通账户，即可通过互联网查询账户余额、当天交易和历史交易、转账、缴费和修改密码、计算按揭贷款月供等个人业务的处理。无须另行申请，上网即可享用。

个人银行专业版：建立在严格的客户身份认证基础上。招商银行对参与交易的客户发放数字证书，交易时需要验证数字证书。除查询、转账外，更有自助缴费、投资管理、贷款管理、网上大额支付、汇款等功能。

2）网上企业银行

招商银行的网上企业银行具有网上自助贷款、网上委托贷款、网上全国代理收付、集团公司全国"网上结算中心"和"财务管理中心"、网上票据、网上信用证、网上外汇汇款业务、网上国际贸易融资业务、网上国际结算查询通知业务等。

3）公司业务

（1）国内业务：包括为企业存款、贷款、结算、贸易链融资、商业汇票、投资理财等业务。

（2）国际业务：包括国际结算、贸易融资、外汇理财等。

（3）离岸业务：接受境外公司、个人等非居民的外汇存款；办理境外公司、企业等非居民外汇贷款；办理外汇买卖、汇兑和各项国际结算业务；办理票据承兑、贴现等。

（4）资金托管业务：证券投资基金托管、保险资金托管、信托资金托管等。

除以上业务外，还有企业年金业务、融资租赁业务等。

3.3.2 网上支付

网上支付向客户提供的网上消费支付结算，真正实现足不出户，网上购物。招商银行互联网站已通过国际权威（CA）认证且采用了先进的加密技术，客户在使用“网上支付”时，所有数据均经过加密后才在网上传输，因此是安全可靠的。凡招商银行“一卡通”客户均可享受该项服务。

一网通网上支付是招商银行提供的网上即时付款服务。通过一网通网上支付，可以在网上任意选购众多与招商银行签约的特约商户所提供的商品，足不出户，即可进行网上消费。

1. 招商银行的网上支付工具

专业版支付：从个人银行专业版关联的银行卡支付，可自己设置任意限额。

一卡通支付：从活期存款支付，有封顶限额。

直付通支付：将一卡通账户与特约商户的账户绑定，直接在商户界面完成支付，可设置限额。

信用卡支付：在信用卡额度范围内支付，可设置限额。

手机支付：在个人手机上输入支付密码进行即时付款，免去使用公共计算机的安全之忧。

2. 网上支付流程

选择一卡通支付进行网上支付的流程如下。

（1）办理“一卡通”银行卡。

（2）申请开通网上支付功能。可以通过网上申请、电话申请和柜台申请 3 种方式申请开通网上支付功能。如果需要进行大额支付，则申请开通个人银行专业版，并通过专业版进行支付。

（3）选购商品。

（4）选择“网上支付”方式，选择招商银行一卡通支付，输入卡号、密码、附加码等，完成支付。

3.4 数字证书

3.4.1 数字证书的种类

数字证书就是互联网通信中标志通信各方身份信息的一系列数据，它提供了在互联网上验证身份的方式。其作用类似于日常生活中的身份证。

（1）个人数字证书，在互联网中证实持有人的身份和公钥所有权。

（2）服务器证书，证实服务器的身份和公钥。

（3）企业数字证书，在互联网中对独立的单位或组织进行身份认证。

（4）安全邮件证书，确保电子邮件通信各方身份的真实性。

（5）Web 站点数字证书，主要和网站的 IP 地址、域名绑定，保证网站的真实性。

（6）CA 机构证书，证实认证中心身份和认证中心的签名密钥。

3.4.2　申请个人数字证书的流程

（1）用户从相关网站下载或携带相关证明到证书业务受理点申请证书。

（2）填写证书申请表和证书申请责任书。

（3）证书业务受理中心审核申请者的身份和申请表的内容。

（4）审核通过后，证书业务受理中心的业务员将用户的证书信息存放到证书介质中，交与用户。

3.4.3　利用数字证书对电子邮件进行数字签名和加密

1. 申请数字证书

登录数字认证中心网站，下载个人数字证书申请表，填写并提交。经审核通过后，领取数字证书。访问中国数字认证网网站（http://www.ca365.com），如图 3-8 所示，申请个人用户的“免费证书”并下载。

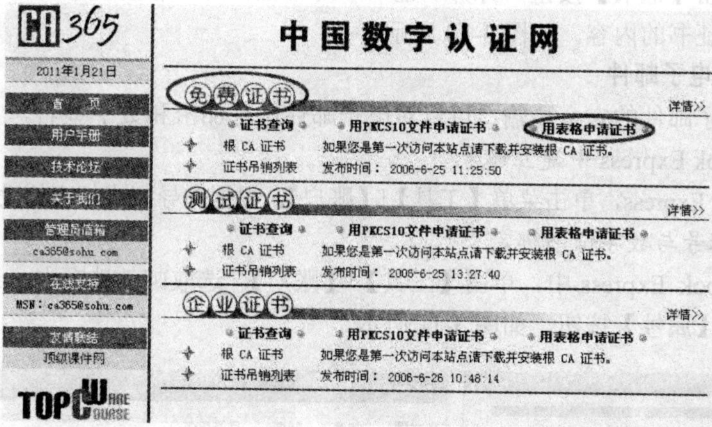

图 3-8　申请数字证书

2. 下载并安装根证书

根证书是 CA 为自己颁发的用于验证由该 CA 签发的证书合法性和有效性的数字证书，用户必须安装相应 CA 的根证书。登录数字认证中心网站，找到并下载它的根证书，然后安装根证书。如图 3-9 所示。

3. 导入数字证书

将个人数字证书导入到 IE 浏览器的证书管理器中。在微软 IE 浏览器的菜单栏单击【工具】|【Internet 选项】菜单项，在【内容】选项卡中，单击【证书】|【导入】按钮，按照“证书导入向导”的提示导入下载的数字证书。

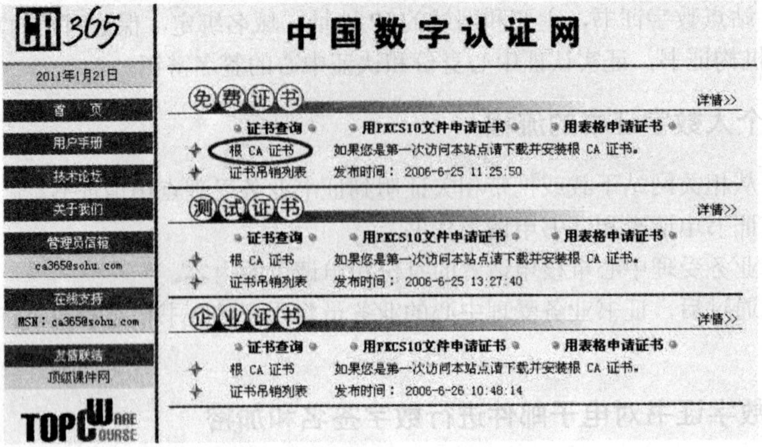

图 3-9　根证书

4. 数字证书的查看

在微软 IE 浏览器中单击菜单栏【工具】|【Internet 选项】，打开 Internet 对话框，在【内容】选项卡中单击【证书】按钮，打开“证书”对话框，可以看到证书已经被安装成功。双击证书可以查看证书的内容。如图 3-10 所示。

5. 发送安全电子邮件

为了保证电子邮件的安全传输，可以对电子邮件进行加密和数字签名。

1）在 Outlook Express 中建立账号

运行 Outlook Express，单击菜单【工具】|【账户】，根据向导完成相应的设置，建立账号。

2）将邮箱账号与数字证书绑定

（1）在 Outlook Express 中，单击【工具】|【账户】，选取邮件选项卡，选中其中的邮箱账号，然后单击【属性】按钮，如图 3-11 所示。

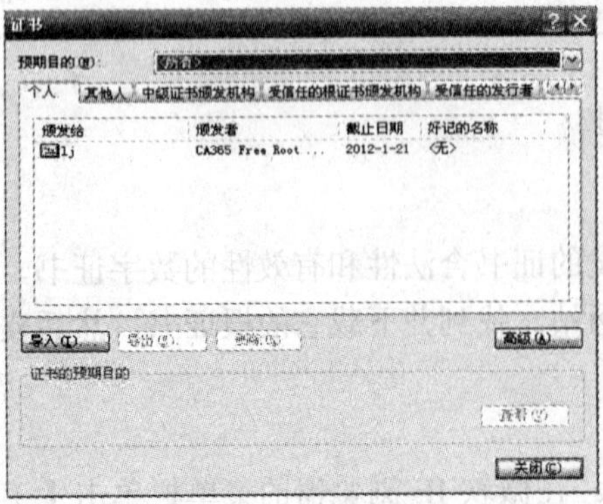

图 3-10　查看证书

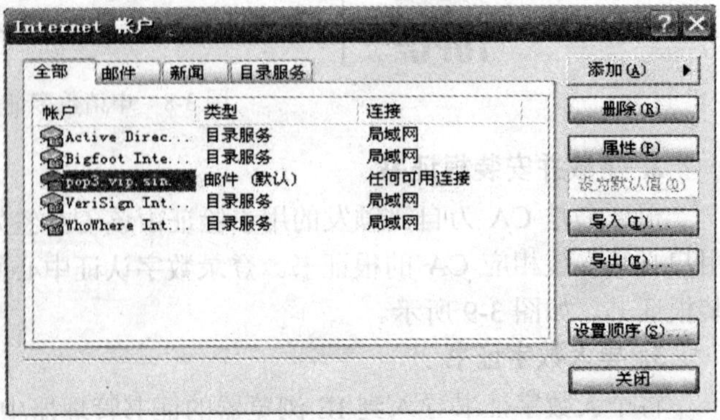

图 3-11　绑定证书设置

（2）选择【安全】选项卡，单击【选择】按钮，选择数字证书后，单击【确定】按钮，完成邮箱与证书的绑定，如图 3-12 所示。

3）使用 Outlook Express 发送加密或数字签名的电子邮件

在发送加密邮件前必须先获得接收方的数字标识，可以首先让接收方发一份签名邮件来获取对方的数字标识，或者直接到“中国数字认证网”网站上去查询下载来获取对方的数字证书。

（1）如图 3-13 所示，单击【证书查询】按钮，进入查询界面，如图 3-14 所示，选择所要的项目，单击【下载】按钮即可下载接收方的数字证书。

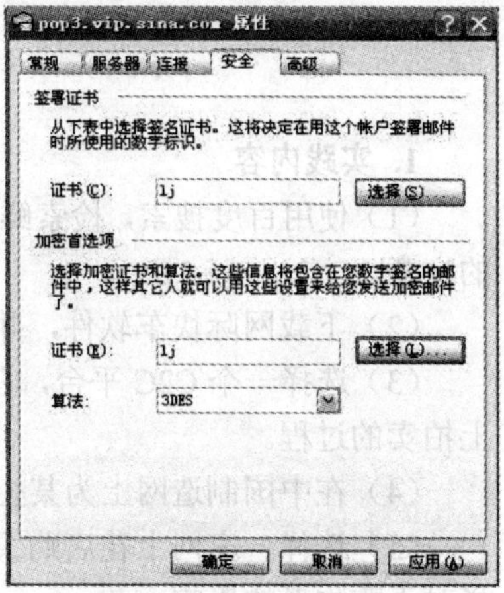

图 3-12　绑定数字证书

图 3-13　查询接收方的证书

部门	省	城市	开始日期	结束日期	
ds	beijing	beijing	2011-1-21 10:32:00	2012-1-21 10:32:00	下载
信息工程学院	四川	綿阳	2011-1-20 22:01:00	2012-1-20 22:01:00	下载
电子信息工程系	北京	北京	2011-1-20 20:33:00	2012-1-20 20:33:00	下载

图 3-14　下载接收方的证书

（2）在 Outlook Express 中的“通讯簿”中选择接收方的邮件地址，右击，快捷菜单中选择【属性】命令，选择【数字 ID】选项卡，单击【导入】按钮，导入接收方的数字证书。

（3）撰写好邮件以后，按下工具栏下的【加密】或【签名】按钮，如图 3-15 所示，即可发送数字签名邮件或加密邮件，也可以对即将发送的同一封邮件既签名又加密。

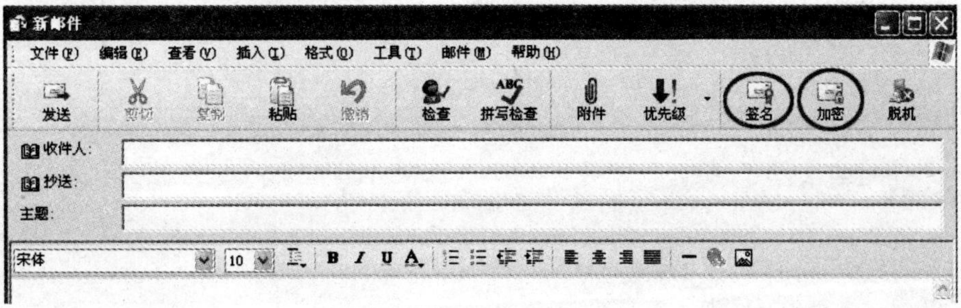

图 3-15　发送加密邮件

3.5 实践任务

1. 实践内容

（1）使用百度搜索，检索鲜花连锁网店的信息。应用 Google 搜索两篇关于网上商店管理的文章。

（2）下载网际快车软件，并应用此软件下载有关鲜花网的视频文件。

（3）选择一个 C2C 平台，在其上进行注册，以竞价的形式卖出或买入一件商品，体验网上拍卖的过程。

（4）在中国制造网上为某企业发布商品信息。

（5）选择一家网上花店购买商品，体验购物流程，并关注购物过程中存在的支付方式选择对于购物者的影响。

（6）下载一个免费的个人数字证书，给同学发一封带有数字签名的邮件，将搜索到的有关鲜花连锁网店的信息作为附件发出。

2. 实践要上交的报告

（1）提交利用 Google 或百度的搜索，如何设置搜索关键词，记录通过不同的搜索关键词搜索到的不同搜索结果。至少 3 个鲜花连锁网店的网址，每个鲜花连锁网店中的搜索方式及查询内容。思考在搜索中如何将搜索到的结果的数量缩小，可以使用哪些技巧更快地定位到要查找的链接，完成搜索引擎使用方法和技巧的实验报告。

（2）查找插花制作的相关视频资料，并利用网际快车进行下载；用截图的方式记录和说明下载网际快车软件的步骤，及其下载相关视频的情况。另外，写明还有哪些方法可以完成视频资料的下载。完成视频资料下载方法报告。

（3）记录和描述在该 C2C 网站上竞拍或竞卖的过程，完成竞拍方式及竞拍流程报告。

（4）在 C2C 平台上选取商品，并体验采用网上支付的方式在网上商店购买商品的过程，记录购买和支付的步骤。在购买商品提交订单、支付的过程中从使用者的角度有哪些可以进行改进的。

第4章 商务管理实践

商务（Business）是从事商品交易进行的所有活动的总称。商务管理（Business Management）的目标是建立一套商务模式（Business Model），使商务管理的目标、思想、方法得以固化和复制，在此基础上实现企业的持续增长和赢利。本章以企业商务模式建设为总体框架，就企业的目标市场、主营业务、业务流程、供应链、资源获取、获利能力等6个方面进行分析和设计，建立起企业商务的规划蓝图，为以后企业的流程再造和电子商务建设打下基础。

本章的理论基础涉及几门相关的课程内容，如企业管理、市场营销、消费者行为学、商务调查、物流与供应链管理等。本章主要通过对商务模式的6个组成部分：企业目标市场定位、企业营销目标确定、企业主营业务分析、业务流程规划和资源获取的内容进行讲解，并展开商务管理实践。

4.1 商务模式

商务模式或称商业模式、业务模式、经营模式、商业计划书，是指企业实施其赖以生存的业务活动的方法，是企业运作的可以复制和推行的一套被固化下来的、系统的做法、规范、范例等的总称。简单地说，就是回答“企业是按什么套路经营的？”这个问题。这种模式可以是公认的、通行的或最佳的运作方法、策略，如 JIT、VMI 等经典的企业运作模式；也可以是按某企业自身定制的一套运作范例。事实上，总是不断地有新的企业在创造新的模式，而一个企业可能同时采用多种商业模式。

一个综合的业务模式主要包括6个组成部分：① 目标市场。对目标客户及这些客户与公司关系的描述，包括客户角度的价值主张（客户价值定位）。② 企业价值。对企业为目标市场提供的价值，以及具体的产品和服务。③ 业务流程。对生产和销售的产品、服务所需的业务流程的描述。④ 资源获取。所需资源的列表，以及识别哪些资源可以利用，哪些资源需要开发，哪些资源需要获取，以及获取这些资源的方式。⑤ 供应链。对企业所在的供应链的描述，包括供应商和其他业务合作者。⑥ 获利能力。对期望收益（收益模式）、预期成本、资金来源和利润估计（财务生存能力）的说明。它们的关系如图 4-1 所示。

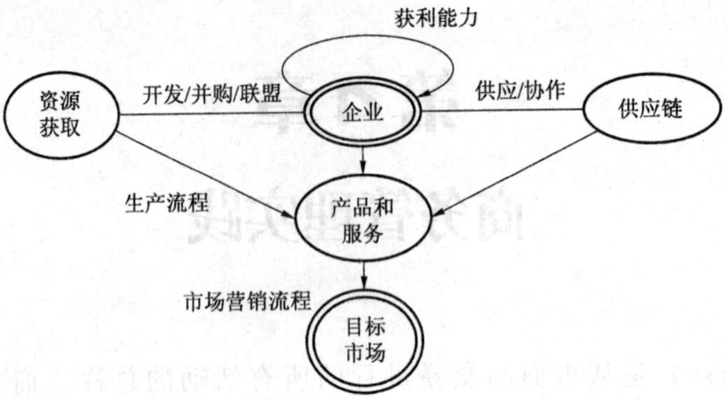

图 4-1　企业商务模式

图 4-1 表明，企业的业务是为了满足目标市场的需求而展开的。企业以向目标市场生产和销售产品和服务来满足后者的需求。提供产品和服务的过程是由企业与其所在的供应链协同完成的。为了提供产品和服务，企业还需要获取一些资源，这些资源可能通过自行开发、并购、联盟等方式获得。最后，企业必须有充分的获利能力以保证其生存和获利。本章内容将按业务模式的 6 个组成展开。并对于企业进行电子商务建设来说最主要的业务流程进行重点讲述。

4.2　企业目标市场

4.2.1　环境分析

目标市场是指企业销售产品或提供服务的市场细分部分。确定目标市场需要经过环境分析、市场细分、市场定位三大步骤，在此基础上制定企业的营销目标。在这个过程中，需要使用市场调查方法收集资料，提供决策信息。

采用 SWOT 工具进行企业环境分析。SWOT 是企业优势、劣势、机会、威胁 4 个英文单词首字母的组合。其中 SW 是对企业内部环境因素的分析，是企业与竞争对手相比较的优劣势分析；OT 是对企业外部环境因素的分析，是对企业的宏观环境因素对企业影响作用的可能结果的分析。

1. 宏观环境分析

1）宏观环境

对宏观环境的分析可采用 PEST 框架，从政治、经济人口、社会文化、技术自然环境 4 个方面进行分析。这 4 个方面要与企业所在行业有关。

政治环境指企业市场营销活动的外部政治局势、国家方针政策（如产业政策、投资政策）、法律法规（如环境保护法、专利法、反垄断法、税法）的变化及国际关系（如大国关系、地区关系）对市场营销活动带来的或可能带来的影响。

经济人口环境指企业营销活动所面临的外部社会经济条件，其最主要的因素是社会总体购买力水平，这个水平又主要受消费者收入水平、消费结构、储蓄和信贷规模等因素的影响。其中消费者收入又影响消费者的购买力、支出模式和消费结构。

社会文化环境指在一种社会形态下已经形成的风俗习惯、文化教育、语言文字、宗教信仰、价值观、道德规范、审美观念等。社会文化因素深刻地影响着人们的购买行为和消费方式。

技术自然环境指与企业所处领域的活动直接相关的技术手段及自然环境的发展变化。科学技术创新的消费品，淘汰旧的消费品，还带来一些很难预见的长期后果。企业应密切关注所在领域和相关领域的技术发展变化，及时相应调整企业的营销方案。

2）环境机会和威胁分析

环境机会是指企业能取得竞争优势和差别利益的市场机会，其实质是市场存在的“未满足的需求”。可以使用由出现机会的可能性大小和机会的潜在利益大小组成的环境机会矩阵来判断其对企业的重要性。企业应当特别重视二者都高的象限，密切关注一高一低的象限。

环境威胁是指对企业营销活动不利或限制企业营销活动发展的因素。威胁一方面来自于直接威胁企业营销活动的环境因素，如环境保护法对造成环境污染企业的威胁；一方面来自于企业同环境机会的矛盾，如移动电话需求对固定电话生产企业的威胁。按照威胁出现的可能性大小和潜在的威胁损失大小，可以构造环境威胁矩阵，用以衡量其对企业的重要程度。企业应当特别重视两者都高的象限，密切关注一高一低的象限。视环境情况，企业可以采取反抗、减轻和转移3种不同对策。

将环境机会与威胁综合起来，按照二者的水平高低进行组合，得到机会–威胁矩阵，用以判断企业可以选择的业务类型。对于高机会低威胁的业务为理想业务，企业应当抓住机会，充分发挥企业优势，密切注意威胁因素的变动情况；对于高机会和高威胁的冒险业务，企业应在调查研究的基础上，采取限制、减轻或转移威胁因素，降低威胁水平，使其向理想业务转化；对于低机会和低威胁的业务，企业需要居安思危，努力发展对企业有利的环境因素，提高营销机会；对于低机会和高威胁的业务，企业应当因势利导，反抗和扭转对企业不利的环境因素，或者实行撤退和转移，调整目标市场。

2. 微观环境分析

1）微观环境

企业微观环境因素包括企业本身、市场营销渠道企业（供应者、营销中介）、顾客、竞争者和各种公众。

企业本身内部状态和能力是企业市场营销的基础，企业市场营销活动实质上是企业制造能力、销售能力、资金能力等企业综合实力的体现。供应者供应的资源主要包括原料、材料、燃料、机器设备、技术、信息、资金和劳务等，与企业的关系是一种生产协作关系。营销中介通常包括中间商、实体分配机构、营销服务机构、金融中间人，与企业的关系是一种销售协作关系。顾客就是企业所说的目标市场，与企业的关系实质上是一种消费与生产的关系。竞争者是指与企业生产相同或类似产品的企业和个人，包括愿望竞争者、平行竞争者、产品形式竞争者和品牌竞争者等，与企业的关系是竞争关系，竞争的结果通常表现为此消彼长。

公众可分为政府公众、金融公众、媒介公众、群众团体、当地公众、内部公众和一般公众等类型，公众直接或间接地影响到企业的市场营销活动，企业必须处理好公共关系。

2）企业竞争优势和劣势分析

竞争优势可以指消费者眼中企业或它的产品有别于其竞争对手的任何优越的东西，它可以是快速的产品更新、丰富的产品品种、稳定的产品质量、可信赖的企业形象、热情的服务态度等。竞争劣势则反之，它是消费者所认为的企业不如竞争对手优越的地方。

企业通过与微观环境相互作用过程中创造价值而生存发展，因此，在做优劣势分析时，必须从整个价值链的每个环节上，将企业与竞争对手做详细的对比，检查企业的所有基本程序的关键要素。参考价值链的组成环节，可以得到企业竞争优势劣势分析的检查要素参考表，如表 4-1 所示。这些检查要素可以是企业行动，也可以是所在价值链环节的状态。

表 4-1 企业优势劣势检查要素参考表

价值链环节		检 查 要 素
企业支持性活动	企业基础设施	设施网络，设备；设备投资、更新
	人力资源管理	员工年龄，学历，技能，福利，在职培训
	研究和开发	开发环境，开发速度，研究队伍，技术水平
	采购	供应源，采购商品质量，采购成本，响应速度
企业基本活动	进料后勤	仓储，运输，库存控制
	生产	生产成本，速度，质量控制
	发货后勤	送货，订单跟踪，货损
	销售	销售收入，销售渠道，产品组合，定价，促销
	售后服务	服务机构，服务人员，服务态度，响应速度

4.2.2 市场细分和市场定位

1. 市场细分

企业在市场调查的基础上，依据消费者的人口统计特征、消费需求、购买动机和习惯爱好等指标的差异性，把市场划分为不同类型的消费群体，称为市场细分。市场细分是市场定位的基础。

1）市场细分所用指标

按照企业客户是否是终端消费者，企业市场可以分为消费者市场和生产者市场两大类。在这两类市场上所使用的细分指标略有不同。

消费者市场细分所用的指标包括：① 地理因素，主要指消费者所处的地区；② 人口因素，包括消费者的性别、年龄、收入、职业、学历、家庭生命周期等；③ 心理和行为因素，包括消费者的社会阶层、生活方式、个性、购买动机，各种购买类型（如高、中、低端）等。

生产者市场细分所用的指标有：① 行业类别；② 用户规模；③ 地理位置，包括国界、地区、气候、地形、交通运输等；④ 行为因素，包括购买者的购买方式、购买动机、使用率、忠诚度等。

2）企业目标市场的形成

企业有选择地使用上述市场细分指标，就可以将市场分成若干细分市场。然后企业对细分市场的特点进行研究，选择符合企业目标的、企业又具备竞争能力的细分市场，即形成企业的目标市场。

3）目标市场战略

当企业选择多个细分市场时，选择使用3种市场战略。

（1）无差异性市场战略。企业不考虑细分市场之间的区别，仅推出一种产品来追求整体市场。

（2）差异性市场战略。企业将整体市场细分后，选择两个或多个以上的细分市场作为目标市场，并根据不同细分市场需求，分别提供不同的产品。按照不同产品满足不同市场两者之间的对应关系的程度，差异性市场战略又分为完全差异性市场战略、市场专业化战略、产品专业化战略、选择性专业化战略等几种不同形式。

（3）集中性市场策略。目标市场数量较少，进行密集营销，以追求在这几个市场上拥有较高的市场占有率。

企业选择哪种市场战略，要视企业资源、产品同质性、市场同质性、产品所处的生命周期阶段、竞争对手的目标市场战略等因素而定。

例如，连锁花店的市场细分指标、目标市场选择及目标市场战略的内容如下。

（1）市场细分指标。① 地区：南方，北方；市区，周边；本市，外地。② 送花对象的年龄：儿童，青年，中年，老年。③ 送花对象的性别：男，女。④ 买花者的年龄：青年，中年，老年。⑤ 职业：学生，白领，蓝领。⑥ 收入：高，中，低，无收入。⑦ 用途：节日，生日，纪念日，新婚，产子，探病，丧事，其他；会议，开业；日常装饰。⑧ 要表达的感情：亲情，友情，爱情，恩情。⑨ 生活方式：早九晚五，三班倒，在家赋闲，经常出差，偶尔上班。

（2）目标市场选择。对于在大学校园内经营的花店，可以选择以下细分市场作为目标市场：大学生为各种纪念日及表达各种感情送花者。

（3）目标市场战略。采取集中性市场战略。

目标市场一旦确定，企业就需要进行市场定位，在目标市场中塑造自身独特的企业形象，参与市场竞争。

2. 市场定位

市场定位是对企业的产品进行设计，从而使其能在目标顾客心目中占有一个独特的、有差异化的位置的行动。

市场定位包括3个步骤。

（1）识别可以造成差异化的途径。企业可以通过产品、服务、人事、渠道、形象5方面的差异化，树立自己独特的位置。其中产品差异化可以表现在产品的品种、性能、风格、质量（如稳定性、耐用性、易维修性）、设计、更新速度等方面；服务差异化可以表现在订货、物流、售后服务方便性、服务态度、服务多样性等方面；人事差异化表现在企业员工的资质、能力、诚信、负责等方面；渠道差异化包括销售网络的覆盖面、专业化等方面；企业形象差异化通过文字或视听媒体、危机处理、公共关系，以及企业文化的创新性与稳重性等方面来体现。

（2）选择适当的差异化。企业根据自身情况选择适当的差异化类型和具体内容，从而在市场上、在消费者心目中树立一个位置。

（3）传播和送达选定的市场定位。通过广告、公关、传播等市场营销策略，以及企业日常运营等活动，向市场传达企业的市场定位。

市场定位是在市场细分的基础上进行的。只有了解了企业目标市场的特点，才能相应地进行适当的市场定位。

例如，连锁花店可以将自己的市场定位在“贴心的爱心传递专家”的形象上。具体是站在消费者立场上，在送礼和选花咨询、花艺设计、送货等方面提供贴心服务，从而获得竞争优势。企业的宗旨不是卖花，而是帮助消费者表达和传递爱心。

4.2.3 企业营销目标

企业市场定位是一个比较笼统的、纲领性的企业目标，为了指导企业开展经营活动，需要制定具体的营销目标。企业营销目标是一个体系，它包含了为了实现企业市场定位而需要制定的具体指标。与企业竞争差异化的 5 个方面相对应，通常包括以下 5 个方面：① 产品指标；② 服务指标；③ 人力资源指标；④ 销售指标；⑤ 推广指标。

企业按照其预定的目标市场、市场定位的内容，制定其营销目标体系。例如，连锁花店的营销目标体系可以设为以下几方面。

（1）产品指标，在产品品种上，设置五大系列 40 多种产品，并且能够按需定制。

（2）服务指标，用户满意率 99%，能够提供咨询服务。

（3）人力资源指标，员工执业资格 100%；员工平均年龄在 25 岁以下。

（4）销售指标，市场占有率 20%，本年度完成 400 万元销售额。

（5）推广指标，市场认知度 99%，喜爱率 90%，忠诚率 80%。

4.3 企业价值

企业之所以能够生存，是因为它向市场提供了对其客户来说有价值的产品和服务。企业在成立之前，就必须要确定其要向市场提供的产品和服务，或称为企业的主营业务。在企业的营业执照里，必须注明企业的主营业务。在主营业务确定之后，还可以衍生出若干非主营业务，从而形成产品线、产品系列。

4.3.1 企业价值基础

一个有价值的企业应该能够满足顾客的需要、为顾客排忧解难、为顾客带来益处。

1. 满足顾客的需要

企业的价值在于满足消费者的需要、企业的需要。只有满足消费者需要或企业客户需要的产品，才有价值，才有市场。

人类需要有五大层次，需要从低到高依次如下所示。

（1）生理需要，这是最低层次的需要，包括吃、喝、穿衣、住、性、旅行等方面的要求。

（2）安全需要，包括保障自身安全、事业安全、财产安全等方面的需要。

（3）归属与爱的需要，即归属于某个社会群体，进行社交，得到亲情、友情、爱情的需要。

（4）尊重的需要，即自尊和受尊重的需要，拥有一定的社会地位，体现自身价值。

（5）自我实现的需要，这是最高层次的需要，指实现个人理想抱负，发挥个人的能力，努力成为自我期望的人。

例如，消费者购买鲜花是为了在朋友生日时表达对他（她）的祝福，出于归属与爱的需要。

企业需要也呈金字塔形式，从低到高依次如下所示。

（1）生存需要，包括服务市场和客户、员工和管理者、延续产品和服务的需要。

（2）发展需要，包括获取利润、创新、投资的需要。

（3）领导需要，拥有权力和影响力，独立，成为本行业的领导者。

例如，企业购买鲜花是为了在客户的重要节日送给客户，从而维持客户关系，满足企业生存和发展的需要。

2. 为顾客排忧解难

企业不是仅仅提供产品或服务，而是提供为顾客排忧解难的方法。因此，关键是要发现消费者和企业中所在的问题，并进一步找到解决问题的方法。

以产品为出发点和以市场及顾客遇到的问题为出发点这两种经营宗旨之间存在着根本区别。例如，律师事务所以产品为出发点的宗旨是代理法律事务，以市场为出发点的宗旨是维护被代理者的权利；施乐公司以产品为出发点的经营宗旨是生产复印机及附属设备，以市场为出发点的宗旨是提高办公效率。同样的，一个花店的经营宗旨不仅仅是为消费者提供鲜花，以市场为出发点，它的价值可以在于表达消费者的爱，或者提升生活品质。这通常可以化为企业使命的表达。

3. 为顾客带来益处

一些拥有普遍性的优良性能体现在服务、质量、价格、设计、技术、造型等方面，而一些特殊的优良性能使企业产品在同类产品中脱颖而出，这些特殊的性能可以是免费咨询、免费送货、信息平台等的增值服务。只要以解决顾客的难题为经营方向，同时又使产品尽量地符合顾客的利益，就一定会挖掘出新的商业潜力。

对以上三大问题的回答称为企业价值定位。在企业价值的基础上确定企业的主营业务。

4.3.2 企业主营业务分析

企业主营业务，即企业主要经营的业务种类，是企业的优势所在、效益所在，是企业投资的主要去向，是企业利润的主要来源。主营业务一般是企业营业执照中关于企业经营范围项目中所填写的内容。主营业务可以是产品，也可以是服务，具体类型可参考《国民经济行业分类》。

1. 企业主营业务的选择

在选择企业主营业务的类型时，可以参照以下几个原则。

（1）在国民经济中属于朝阳产业，有较大的发展空间。

（2）顺应主创者的愿望、兴趣和能力，有一定的人力资源基础。

（3）有一定的客户基础。

（4）有一定的产品和服务的基础。

（5）符合企业价值定位。

2. 企业主营业务的判断

判断企业的主营业务，可以通过 4 种途径：企业营业执照；企业简介；固定资产投资去向；主要销售收入的来源。这 4 种途径均可以从相应的企业文件中查询。

3. 企业主营业务表现

企业主营业务表现可通过财务报表进行分析，具体可结合以下指标进行分析。

1）企业主营业务的占比

通过将其中的“主营业务收入”项除以“总销售收入”项，可以得到企业主营业务收入的百分比。主营业务百分比越高，说明企业的主营业务越突出，业务越集中；百分比越低，则说明企业的业务越分散。

2）企业主营业务收入的名次

同行业企业之间主营业务收入的比较，相比企业总收入而言，更能够说明企业在同行业中的名次、竞争地位。

4. 企业主营业务的发展

企业主营业务会随企业的发展变化而缓慢发展，其生命周期可参见 4.4.3 节。

4.4 企业业务流程

业务流程是一个从投入到产出的转换过程，它是包括将某种或多种要素投入并创造出对顾客有价值的产品，并且把顾客所订的商品送到顾客的手中，从而在流程中创造价值的一系列业务活动。业务流程描述了企业生产和销售其产品、服务所需的流程，主要是按照营销、订货、生产和销售等核心业务流程展开的。

业务流程分析的目的是建立良好的业务流程，以及随着环境的变化进一步改善已有的业务流程。所以，业务流程分析是一项经常性的工作。

业务流程分析的基本步骤如下。

（1）流程定义，绘出该流程的流程图。

（2）流程评价，制定评价指标，按评价指标对流程进行评价。

（3）流程分析，通过分析查找流程存在的问题及其原因。

（4）流程改进，根据分析结果，提出可行的改进方案。

（5）改进方案实施。实施改进方案，并使用上述步骤（2）的关键指标对改进效果进行评价。如果仍然存在问题，则重复以上步骤。

在以上分析过程中，第（1）步对流程进行定义、识别，画出流程图，是流程分析的基础，也是本书实践的重点内容。第（2）步对流程进行评价时，常用到对该业务绩效的评价指标。在考察第（3）、（4）步中流程存在问题的原因及改进的方案时，通常需要反思本业务流程使用的工作方法，如营销中的公共关系策略，生产中的 JIT 生产方式，销售中的快速响应（QR），供应链中的库存管理方式等，本节将对这些工作方法作简要回顾。

企业的物流和信息流往往都是沿组织结构进行传递的。明确企业组织结构是企业分析的必要部分，只有明确了企业的组织结构，才能明确各种任务活动的执行者，才能进一步明确企业业务流程。

4.4.1　业务组织

企业的业务是通过一定的业务组织，由各个部门协同来完成的，这种业务组织的表现就是组织结构。

1. 组织结构的概念

企业是一个经济单位，需要在一定的目标下组织起来，组织内各职能部门之间又分工又协作，共同完成企业目标，从而形成一定的组织结构。

2. 企业组织结构的类型和选择

企业按照自身需求选择和形成一定类型的组织结构。企业组织结构通常分为职能型、直线型、直线职能型、矩阵型、事业部（分公司）型和以上各种类型的混合型。

组织结构的选择视企业所处生命周期阶段、企业规模、企业战略意图等因素而定。通常，职能型适合中小企业；直线型层级较多，适合生产企业；矩阵型适合新产品开发较为频繁的企业；事业部型适合设置了较独立的分支机构的企业。

例如，花店在发展之初只有一家店面时可采用职能型的组织结构；在连锁店发展较多以后可采用分公司型组织结构。发展之初的职能型结构中，在总经理下设置人事、财务、采购、店面管理、现场销售等职能部门。在分公司型组织结构中，总经理办公室下设置若干分店，每个分店中分别设置人事、财务等上述一整套职能部门。以上分公司型结构较松散，人事、财务、采购等职能均下设在分店中。根据企业的实际情况，也可以将以上职能或以上部分职能收归到总公司，分店主要进行现场销售，即在总经理办公室下设置人事、财务、采购等职能部门，再设置连锁规划、营销、配送等职能部门，然后再设置各分公司，各个分公司只负责进行本区域的店面管理和现场销售工作。

3. 企业组织结构的设置

选择了某种组织结构之后，就要着手设置组织结构，进行适当的人财物等资源安排，使组织结构得以实现。设置组织结构的步骤如下。

（1）明确组织结构类型，明确各部门职责，画出组织结构图。

（2）估计机构内各部门经理、副经理、经理助理、职员等人员需求。

（3）为各部门招聘或调配初步人员。

（4）进行招聘和考核，完善各部门人员，基本完成组织结构设置。

（5）需要进行组织结构变更时，回到第（1）步。

4. 企业各职能的内涵

随着市场经济的发展和日益复杂，企业财务、人事、生产、销售等职能内涵越来越丰富。如表 4-2 所示。

表 4-2　企业各职能的内涵

职能名称	职 能 内 涵
人事	薪酬、保险、招聘、工会
财务	出纳、会计、资产管理、证券、融资
生产	研发、采购、工艺、制造、质量
营销	产品策划、市场推广、品牌、销售、客户管理、客户服务
物流	仓储、运输、配送

职能部门具体的职责通过部门职责描述出来。部门职责包括部门名称、序号、上级领导、部门岗位、主要职责、主要流程、关键考核指标等。

例如，花店的采购部门职责可以是：以服务于制作为宗旨，以市场为导向，依据鲜花制作需求进行采购，努力降低采购成本、库存成本，提高采购工作质量，与上游供应商保持良好关系，为下游生产的按时进行提供优质服务。具体包括以下几方面。

（1）开展市场调研与市场预测，寻找新货源及降价渠道，制定宏观采购策略。

（2）提供准确的相关采购数据，参与制定公司生产滚动计划。

（3）合理安排材料请购，努力减少存货周转天数，按请购单向合格厂商采购，降低采购成本和采购周期，保持最小库存数量。

（4）采购订单的执行过程监控。

（5）供应商认证、考核和信息的管理。

（6）发展与供应商的互利合作关系，以获取更低的成本和更加优质的采购服务。

（7）与上、下游部门团结协作，为达到企业整体效率最高、成本最低的目标而发挥采购职能作用。

4.4.2 核心业务流程

企业业务种类繁多，为了简化流程管理，需要区别对待。业务流程按其重要性可以分为核心业务流程和非核心业务流程。

1. 核心业务流程的识别

向顾客提供产品和服务的流程被称为核心流程，其他流程则称为支持性流程。核心流程具有以下几个特点。

（1）直接创造客户价值。

（2）在企业战略上居于关键地位。

（3）较复杂。

核心业务流程主要分为生产和销售两部分。具体的归纳如表 4-3 所示。

表 4-3 企业核心业务一览表

流程目标	制造类企业		服务类企业	
	核心流程	核心流程细分	核心流程	核心流程细分
客户价值	客户订货	订货条款确认	订购服务	服务要求确认
		合同管理		合同管理
		客户支持协调		开票
	产品开发	设计策划	服务提供	服务提供
		产品设计		服务改善
		新产品测试	后续跟踪服务	客户调查
	产品制造	工艺设计		其他增值服务
		品质保证	新项目开发	服务策划
		过程能力改善		服务设计
	出货	出货进度管理	品牌策划	品牌形象设计
		送货服务		品牌宣传
		结算流程		
	客户服务	售前服务		
		售中服务		
		售后服务		

支持性业务流程是指不直接创造客户价值，但对提高直接创造客户价值的核心流程的效率起支持作用的流程，它们的作用表现在以下几方面。

（1）为核心流程提供资源。

（2）协调核心流程各工序的活动。

（3）为提高核心流程的效率提供管理支持。

常见的支持性流程有资金获取流程、预算流程、信息系统流程、绩效管理流程、人力资源管理流程等。

2. 业务流程识别步骤

1）做好信息收集工作

企业在识别原有流程时，首先要收集大量的关于原有流程的信息。只要收集到准确和详细的信息，流程优化和设计的实施者才能够充分认识企业原有流程，了解原有流程的现状，发现原有流程中存在的问题，从而为今后工作的展开奠定良好的基础。

2）识别与描述企业流程

大多数实施流程改进与设计的企业，在改进实施前，都是以职能的形式进行管理，企业在进行流程改进与设计前首先要识别企业中现有的流程，并且以一定的方式描述出来，以利于发现流程中存在的问题，进而设计新的流程或改进原有流程，以达到大幅度提高企业效率的目的。

识别与描述企业流程的步骤包括以下几项。

（1）逆向识别。逆向识别是企业流程的最一般方法，一般步骤为：首先确认企业关心的流程的结果是什么，并找出与该结果直接相关的时间及人员，即找出流程的终点，然后再根据输入与输出的相应关系，逆向寻找和识别相应的流程。

（2）确定流程边界。大多数流程的始点与终点都没有准确的界定，流程改进及设计必须明确流程的边界，以明确任务范围，从而目的明确地展开工作。

（3）流程命名。企业流程的命名应当充分体现流程的动态，最好能够反映流程先后状态的变化。

（4）使用流程图描述企业流程。一般使用流程图将流程的各个活动的关系表述出来，不同的流程之间的关系也要表示出来。

企业流程的识别描述是企业流程改进设计过程中的一个重要环节，这一步工作的质量直接影响企业流程的诊断效果。

3. SIPOC 流程图

业务流程一般使用流程图直观地表示出来，SIPOC 图是一种常用的业务流程分析工具。这里的 SIOC 分别代表供应商、输入、输出和客户这 4 个外部要素，而用流程 P 来代表内部要素。各项含义如下。

供应商 S，指供给流程信息、材料或其他资源的人与团体。

输入 I，指供给流程的信息、材料和其他资源。

输出 O，指流程所产生的最终产品或服务。

客户 C，指接受流程输出结果的个人、团体或其他流程。

内部要素 P，指将输入转化为输出的一系列增值活动。人们使用以下 4 个要素来描述流程的内部结构。

（1）流程单元。指要分析的流动的单位。

（2）由工序和缓冲库存组成的网络。

（3）资源。指流程中使用的可组织性资源。

（4）信息结构。用来显示需要或存在哪种信息来管理各道工序或做出决策。

下面以花店为例说明 SIPOC 的绘制过程。花店的主要业务是向消费者提供节日花束。它的花束制作过程 SIPOC 图绘制过程如下。

（1）明确供应商。鲜花供应商。

（2）明确流程输入。鲜花。

（3）明确流程本身。插花制作的主要流程为选花、剪枝、理花、配草、扎紧、包装、洒水。

（4）明确流程输出。花束。

（5）明确客户。消费者或鲜花配送员。

（6）绘制 SIPOC 流程图。如图 4-2 所示。

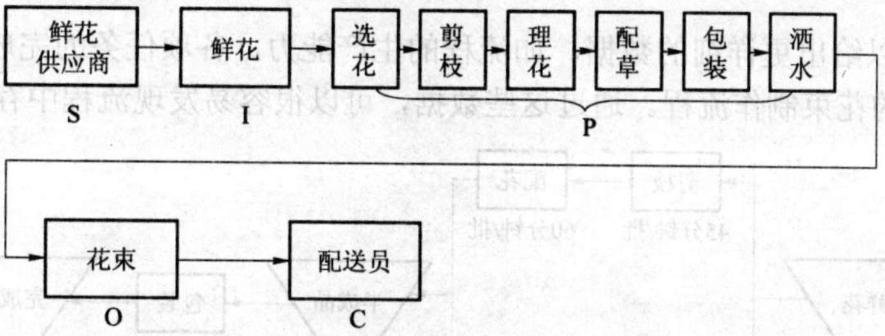

图 4-2 花束制作的 SIPOC 流程图

如果上述流程由不同职能部门分工协作完成，则可以得到表 4-4 所示的流程表。

表 4-4 花束的流程表

采购部	生 产 部	配送部
鲜花采购	花束制作 选花、剪枝、理花、配草、包装、洒水	配送花束

4. 其他常见流程图

1）生产运作流程图

生产运作流程包括几个基本要素：投入、产出、任务、物流、信息流、库存。它们的符号和含义如图 4-3 所示。

流程图可以有不同的详略程度。在一个绘制好的流程图中，如果想进一步考察流程流动的细节，则可以在此基础上建立更详细的流程图。例如，在销售总流程图的基础上，可以进一步绘制销售订单流程图。

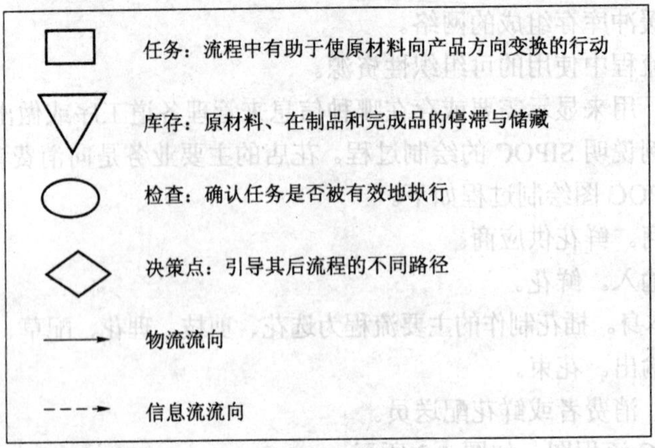

图 4-3　生产运作流程图的一般符号及含义

流程图还可以给出更详细的数据，如流程的生产能力、各项任务的完成时间等数据。例如，图 4-4 所示的花束制作流程。通过这些数据，可以很容易发现流程中存在的问题。

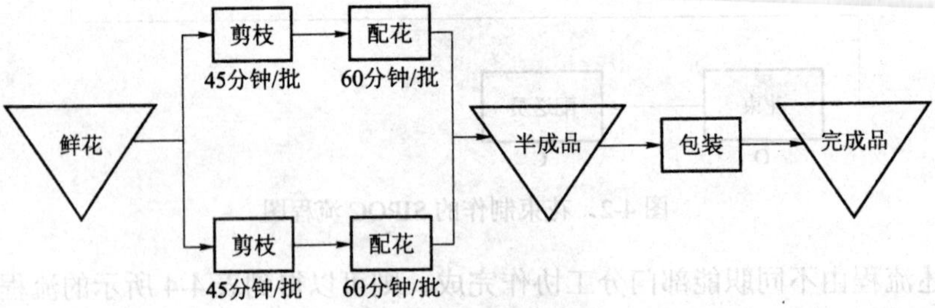

图 4-4　花束制作流程图

从图 4-4 可以发现剪枝和配花这两道先后工序的生产节拍不一致，在配花之前会造成剪枝后半成品的堆积，这就为流程优化指出了方向。

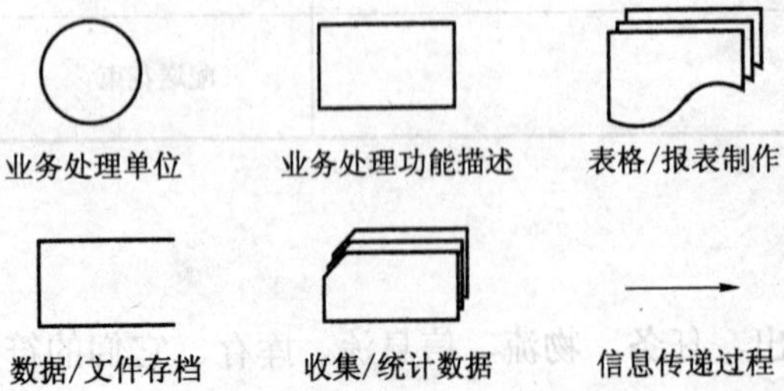

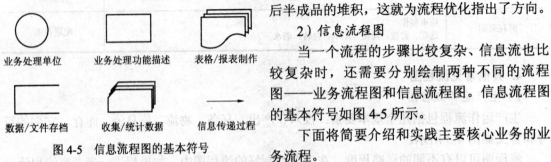

图 4-5　信息流程图的基本符号

2）信息流程图

当一个流程的步骤比较复杂、信息流也比较复杂时，还需要分别绘制两种不同的流程图——业务流程图和信息流程图。信息流程图的基本符号如图 4-5 所示。

下面将简要介绍和实践主要核心业务的业务流程。

4.4.3　市场营销流程

市场营销策略包括产品策略、价格策略、渠道策略和促销策略。在设计市场营销流程时，需要围绕这 4 个方面进行考察。

1. 产品策划

1）产品层次

在练习产品策略之前，首先要了解产品层次的概念。市场营销中的产品概念包含五大层次，从里到外分别是：① 核心产品，它是产品能提供给顾客的最核心的使用价值。② 期望产品，它是顾客在购买前对产品的质量、特点、使用方便程度等方面的期望值。③ 形式产品，形式产品是指产品的外观式样、包装、商标、质量等，它是核心产品的物质载体，产品的基本效用通过形式产品的物质形态反映与体现出来。④ 附加产品，指的是产品的安装、送货、信贷、保证等。⑤ 潜在产品，这是位于附加产品之外，指企业向顾客提供的能够满足其潜在需求的产品。

例如，花店的产品层次的内容如下。

核心产品：借鲜花表达关心和爱；

期望产品：花朵新鲜，服务专业、热情；

形式产品：花束、花篮、插花花艺；

附加产品：送花上门、退货保证；

潜在产品：选花咨询、网上订花。

2）产品组合

在确定企业主营业务之后，需要确定企业的产品组合。产品组合是指某一企业生产或销售的全部产品线和产品项目。产品组合需要具备一定的宽度、深度、长度和关联度。

产品组合在主营业务周边进行开发，往往种类繁多。有些产品项目能够支持主营业务，如花店的花艺、婚庆服务等。也有的产品项目与主营业务关系不大，是企业闲散资金的投资对象，如制造企业开展的旅游服务业务。不管是哪种情形，产品组合应该限制在企业的使命目标之内，这样才能保持企业形象的一致性。

例如，花店的产品组合可以包括花艺培训、插花艺术表演、蛋糕、婚庆及其他庆典服务、代理鲜花速递业务等。这些产品组合的衍生（关联）路线示意图如图 4-6 所示。

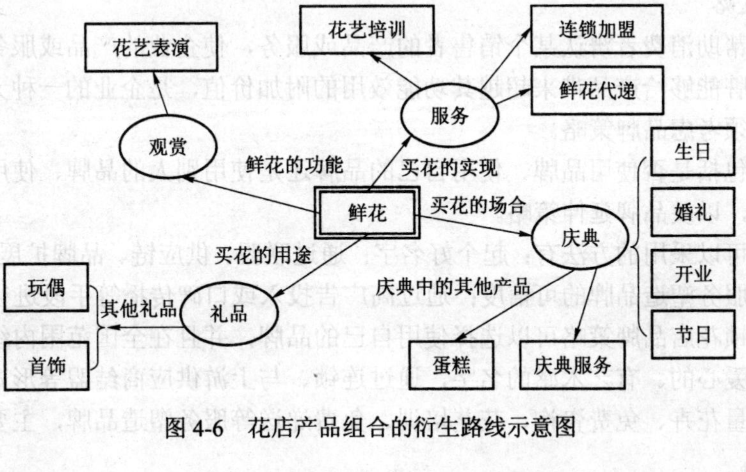

图 4-6 花店产品组合的衍生路线示意图

其中加盟、培训、代递等服务业务是对于企业成熟期快速扩展和获利的极具潜力的业务形式，在收入指标上甚至可以超过主营业务。

企业衍生何种产品线和产品项目主要视企业的资源、竞争优势和战略意图而定。例如，如果某花店的速递能力较强，那么它可以向下游发展，将速递作为一种产品或服务，代理其他花店的速递业务。反之，如果速递能力较弱，那么它可以将这项业务外包。

通过以上分析方法，还能够判断某种产品项目与主营业务的相关程度，从而在一定程度上判断某产品是否符合企业的发展战略。

3）新产品开发

产品的核心产品、期望产品、形式产品、附加产品、潜在产品的任一层次发生变化，都可以称作新产品。新产品的类型可以分为重新定位级新产品、仿制级新产品、改进级新产品、换代级新产品、全新级新产品。

一个完整的新产品开发过程要经历新产品创意、甄别创意、形成新产品、制定营销战略、商业分析、产品开发、新产品的市场试销和批量上市等 8 个阶段。新产品上市后随着时间的推移不断被越来越多的消费者采用的过程，称为新产品扩散。新产品扩散过程管理的目标主要有：导入期销售额迅速起步，成长期销售额、利润额快速增长；成熟期产品渗透最大化；衰退期尽可能长时间维护一定水平的销售额。

4）产品生命周期

企业产品有开发、导入、成长、成熟、衰退的生命周期。它跟随行业的生命周期，在目标市场、企业自身资源和能力的约束下形成。随着经济发展，这个周期有逐渐缩短的趋势。

产品在不同生命周期中需要不同的营销策略。在企业产品生命周期中，成长期是产品销售增长最快的时期，这时应加大市场推广，稳定价格；成熟期是产品获利最大的时期，这时应加大促销，适当降低价格；获利最大时期之后，即开始进入衰退期，企业这时需要将产品清仓。在进入衰退期之时，需要考虑将产品进行转化，收缩产品线，或进行产品延伸。

5）品牌策略

品牌可以帮助消费者辨认某个销售者的产品或服务，使企业的产品或服务与竞争对手的区别开来。品牌能够给产品带来超越其功能效用的附加价值，是企业的一种无形资产。当代产品策划中必须考虑品牌策略。

品牌策略包括是否使用品牌、使用自己的品牌还是使用别人的品牌、使用一个品牌还是使用多个品牌，以及品牌延伸策略。

品牌塑造可以采用的方法有：起个好名字；通过联盟、供应链、品牌扩展等将企业做大；通过高水准的服务塑造品牌的可信度；通过高广告投入或口碑传播等手段进行品牌传播。

例如，连锁花店品牌策略可以选择使用自己的品牌，并且在全国范围内统一品牌，对品牌起一个富有爱心的、有艺术感的名字，通过连锁、与上游供应商结盟等形式将企业做大，并且提供高质量花卉、免费咨询、花艺培训、免费递送等服务塑造品牌，主要通过口碑传播进行品牌传播。

2. 产品定价

1）定价方法

产品定价方法分为成本导向定价法、需求导向定价法、竞争导向定价法三大类。

成本导向定价法主要以成本加成定价法为主，即在单位产品成本的基础上加成一定比例作为产品价格。这是最传统的定价方法。

需求导向定价法是以顾客为产品价值的理解为导向进行定价的，又分为理解价值定价法和区别需求定价法两种。理解价值定价法是依据顾客对产品价值的普遍理解来定价的，这种对产品价值的理解可以通过对顾客心理价位的询问调查，或者对以往销售价格记录的统计调查来获得。区别需求定价法是区别不同顾客对产品价值的不同理解来定价的，具体的表现形式有会员价、议价、自动调价、定制商品的区别定价、限时定价、地区限价等。

竞争导向定价法主要依据竞争对手的价格来制定自己的价格。当产品采取低价竞争策略时，常会强调本产品低于竞争对手的价格。

2）定价策略

定价策略分为低价渗透策略、免费定价策略、特殊定价策略、品牌定价策略 4 种。

低价渗透策略是以较低的价格销售商品，从而迅速占领市场，抑制竞争者进入，并能在较长的时间内维持一定的市场占有率的定价策略，适用于企业具备较大的成本优势，以及产品的目标消费者对价格十分敏感的情况。低价策略可以是商品本身定价就低，或者商品定价不低，但在销售中采取数量折扣、现金折扣的形式将价格调低，从而给消费者一种得实惠的感觉。

免费定价策略是企业在不收取顾客任何费用的前提下，向顾客提供全部或部分产品或服务。目的是降低顾客对价格的敏感度从而吸引顾客。免费定价的具体形式有全免费、限制次数或时间的免费、部分免费、捆绑式销售等。注意其中的全免费策略都是暂时的，是等顾客形成使用习惯后再收费，或通过免费策略占领市场后，再发掘后续的商业价值。

特殊定价策略是对于某些创意独特、与众不同的新产品，或者有特殊收藏价值的商品如古玩或著名运动员、明星用过的服装或用品等，企业可以不用更多地考虑其他竞争者，而是按照自己的意愿去制定价格。

最后，对于名牌商品，可以采用“质优价高”策略，既增加了赢利，又让消费者在心理上感到满足。这就是品牌定价策略。

企业可以根据产品线产品的类别、产品不同生命周期等特点，采取适当的定价策略的组合。

例如，连锁花店可以是以下产品定价策略的组合。

（1）对于新鲜度不同（产品生命周期）的花朵，使用需求导向定价法，实施差别定价。

（2）对配草、包装绳等使用免费定价。

（3）对于不同地区、人群亦使用差别定价。对于大学生人群采用低价渗透策略，以建立其品牌忠诚度，以求对其未来消费产生影响。

（4）对于为儿童订生日花束的，捆绑赠送玩具一个。

（5）对于每日来店的前三名顾客，包装免费。

3. 产品促销

产品促销是企业市场营销的重要组成部分。基本的促销方式有广告、现场促销、人员推销、公共关系等。为了成功促销，需要综合运用这些促销方式，制定促销组合策略。

1）广告

广告是广告主以付费的方式通过传播媒介向公众传播企业和商品信息以促进商品稳定销售的一种非人员式信息沟通活动。

（1）广告的类型。按照广告投放的媒体形式，广告可以分为户外广告（路牌广告、车体广告）、报纸广告、广播广告、电影广告、电视广告、网络广告等。因媒体不同，各种广告的受众、效果、费用、制作等均有较大差异。按照广告主做广告的目的来分，广告可以分为产品广告、公共关系广告、开拓性广告、竞争性广告、贸易广告、合作性广告等。企业根据不同的广告目的选择广告的传播媒介、所载信息和广告评估内容。

（2）广告决策流程。

① 首先，确定广告目标。可供企业选择的广告目标可概括为：提高企业知名度、建立需求偏好、提示提醒等。

② 接下来进行广告预算。广告预算决策要考虑产品生命周期、市场份额、竞争、广告频率、产品替代性等因素。产品生命周期中，成长期的产品需要投入更多广告，而对成熟期的产品可以削减广告投入。

③ 然后进行广告信息决策。广告信息决策的核心是设计一则有效的广告信息。信息应能引起消费者的注意和兴趣，促使其产生购买行为。有关广告信息的灵感可以从对广告受众的调查中获得。

④ 确定广告信息以后，进行广告媒体决策。广告媒体决策是要选择恰当的广告媒体。广告媒体包括报纸、杂志、广播、电视、互联网、户外广告牌、直邮广告等。在选择广告媒体时，要考虑广告媒体的触及面、频率及效果，最终选择成本效益最佳的媒体。

⑤ 在广告投放一段时间后，进行广告效果评估。评价广告效果时，要同时评价广告的传播效果和销售效果。

根据评价结果，调整广告目标，开始新一轮广告决策流程。

2）现场促销

现场促销是在销售现场进行的促销，目的是在短时间内刺激消费，迅速提高销售量。现场促销的形式五花八门，较常见的有以下几种。

① 免费/捆绑促销；② 打折促销；③ 返券促销；④ 优惠券促销；⑤ 样品促销；⑥ 特价包装；⑦ 赠品促销；⑧ 抽奖促销；⑨ 积分促销；⑩ 联合促销；⑪ 会员制促销；⑫ 以旧换新；⑬ 现场陈列和示范；⑭ 分期付款。

3）人员促销

人员促销是依靠销售人员或消费者本身对商品信息进行传播的一种促销方式。人员促销又分为口碑促销、伙伴式促销，以及网络中的病毒式促销等方式。

（1）口碑促销。口碑促销是利用满意用户口口相传的形式，通过用户对企业进行积极正面的传播，以此来刺激和促进销售的一种营销手段。用户介绍购买、电视直销中的现身说法等都是口碑促销的具体形式。

（2）伙伴式促销。伙伴式促销方式是在营销人员与顾客进行促销交谈时把消费者作为平等的合伙人来看待以赢得消费者，进而达到促销的目的。采用伙伴式促销方式的企业认识到市场上真正的权力属于消费者，只有消费者自己才能决定与哪些企业建立伙伴关系，顾客的伙伴组合将根据自己的经验而改变。一个伙伴式促销模型包括3个基本要素：授权于顾客、调动顾客参与的积极性及创建一个便利的空间。

（3）病毒式促销。病毒式促销描述的是网络环境下一种营销信息快速传递的方法。由于传递信息的速度很快，像计算机病毒一样传播和扩散，故而得名。例如，一些网络广告页面中常附有精彩的游戏，网民在尝试过之后，通常把它发给自己的朋友。而他们的朋友也会把这些游戏再发给他们的联系者。这种滚雪球效应可以轻松创建起一个分销渠道，企业的网络广告也会随着游戏的传递在短短的几个小时内传送给千万网民。采用这种方式的关键是，所附的游戏、故事、笑话、画面要紧紧围绕能调动公众传播信息的积极性展开。

4）公共关系促销

公共关系促销是指将企业开展的公共关系活动通过媒体传播，以争取消费者对企业产生好感、信赖和支持，进而使消费者对企业的产品或服务也产生信任并促使其购买或消费。公共关系所开展的活动都是参与促进社会文化、教育、体育、卫生、环保等公益事业的赞助活动。

社会组织、公众和传播沟通这三者就成了公共关系的基本要素，或称基本范畴。所有公共关系的理论研究，公共关系实际操作和运行发展，都是围绕着这三者的交互关系层面展开的。

企业应处理好媒体关系、消费者关系、同业组织关系、政府关系、雇员关系、社会关系等各方面的公共关系。公共关系促销的类型主要有以下几项。

（1）宣传公关。利用各种媒体传递企业的信息，影响公众舆论，迅速扩大企业影响。具体来说一是制作公共关系广告，以企业的形象理念作为广告的中心内容来提高企业形象和知名度；二是进行宣传报道，如新闻报道、经验介绍、记者专访、印发公共关系刊物及各种视听资料、演讲或义演等。

（2）社会公关。开展捐助、赞助、运动会、纪念会、庆祝会等，赞助文化、体育、教育、卫生、慈善等事业，获得公众的了解和信任，提高企业的知名度和美誉度。

（3）人际公关。开展社团交际和个人交际活动，如工作餐会、宴会、座谈会、专访、慰问、联谊会、祝贺、电话、信函往来等。

（4）服务公关。如企业参观、行业知识普及、消费教育、消费培训、消费指导、技术培训、售后服务等，通过向公众提供优质服务来宣传自己、吸引公众。

（5）征询性公关。通过各种咨询活动、来信来访、热线、征询性广告、舆论调查和民意测验、接受和处理消费者意见和投诉等，了解民意，同时推广企业形象。

4. 分销渠道

分销渠道是指将产品和服务从生产者向消费者转移的过程中所经过的各中间商连接起来的通道。分销渠道主要包括中间商、代理中间商、经纪人和提供各种服务的辅助机构，以及处于渠道起点和终点的生产者与消费者。分销渠道是物流、资金流和信息流的有机结合。

1）销售渠道结构

销售渠道有直接渠道和间接渠道、长渠道和短渠道、宽渠道和窄渠道之分。

直接渠道（或称零级渠道）中，产品由生产者直接销售给消费者。其主要方式是上门推销、邮购、互联网销售、电话营销、电视直销和厂商直销。直接渠道是工业品分销的主要类型。随着信息技术的发展，越来越多的企业，包括消费品分销企业，开始上网销售。间接销售渠道按照渠道层级的多少，又可分为一级、二级、三级渠道。

消费品市场往往采用长渠道，常为三级渠道，即包括代理商、批发商和零售商 3 个层级。工业品市场常采用短渠道，以一级和二级销售渠道为主。

渠道宽窄取决于渠道的每个环节中使用同类型中间商数目的多少。企业使用的同类中间商多，产品在市场上的分销面广，分销密集，称为宽渠道。日用消费品一般采有宽渠道。企业使用的同类商品中间商少，则称为窄渠道。它一般用于专业性产品或贵重耐用消费品，由一家分销商统包，几家经销。

2）中间商

中间商主要有批发商、居间商人、零售商和制造公司的销售分支机构等类型。

批发商向生产企业购进商品，然后转售给其他批发商、零售商、产业用户和各种非营利性组织。

居间商人包括代理商、经纪人和代售商三大类。他们与批发商的本质区别是他们对商品没有所有权，其主要功能是促进买卖，从而获得销售佣金。代理商通常是按照长期的协议代表买方或卖方的人，主要包括制造代理商、销售代理商、采购代理商、商行。经纪人是在买卖方之间牵线搭桥，或协助谈判，由委托方付给他们佣金。代售商受货主委托，代货主出售货品，收取相应的手续费。

零售商将商品直接销售给最终消费者。零售商的主要形式有专业商店、百货商店、超级市场、便利店、巨型超级市场、连锁商店。

例如，某连锁花店的分销渠道可以采取如下设计思路。

鲜花是日用消费品，连锁花店本身就是一种零售形式，故采取宽渠道的密集分销形式，大量发展连锁店。在花店成立初期，采取企业直接投资设立连锁店面的直营连锁形式，稳扎稳打；待企业做大、做出品牌之后，发展自愿连锁、特许连锁，迅速扩大连锁面。

除了使用连锁店分销之外，还发展其他的分销形式，如采取经纪人等居间商人，在大学校园里可以进行有效的分销；除此之外，还与各种便利店、报刊亭等销售各种日用品的社区网点合作，通过印刷“代售鲜花”字样或联系电话，设立销售点，进行进一步的分销。

3）营销渠道管理过程

（1）明确公司及营销渠道的目标和策略。

（2）明确营销渠道在营销组合中的角色。营销渠道与营销组合中的其他策略相辅相成，不可分割。明确渠道与其他策略的关系，是进行渠道设计的基础。

（3）进行渠道设计。渠道设计的重点是确定中间商的类型和数目。中间商的类型决定了企业的分销渠道结构。中间商的数目决定了企业是采取专营性分销、选择性分销，还是密集性分销。专营性分销在某一地区只有独家代理商；选择性分销在某一地区仅选择少数几个中间商，多数产品采取选择性分销；密集性分销中，企业尽可能通过大批的批发商、零售商分销其商品，消费者日常用品和食品宜采取密集性分销。

（4）选择渠道成员。选择渠道成员也就是选择中间商，主要考虑中间商的市场范围、产品政策及产品知识、地理区位优势、财务状况、管理水平、促销政策和技术、综合服务能力等因素，通过加权评分来进行综合评价和选择。

（5）进行渠道管理和评估。通过各种形式，如渠道促销活动、资金支持、情报支持、伙伴关系等，进行渠道激励；通过制定一定的指标体系，定期对中间商进行评价，掌握渠道表现，相应进行渠道管理。

5. 物流及其流程

物流是分销渠道的重要组成部分，渠道工作中伴随着物流。分销渠道中的物流配送可选择销售方自营、采购方负责，或委托给第三方物流代办。物流是商流的一个组成部分（商流包括物流、资金流、信息流），因而也是采购供应及供应链中的重要内容。以下章节中有关采购、供应链中涉及物流的内容均可参考本部分。

物流是供应链流程的一部分，是为了满足客户需求而对货物、服务及相关信息在起始点与消费地之间的高效率、高效益的正向与逆向流动和存储而进行的计划、执行和控制的活动。

物流基本活动包括运输、仓储、包装、装卸搬运、流通加工、配送、信息处理等7项，这些活动共处于物流系统之中，相互联系，又效益悖反，必须将其纳入物流系统中进行统一计划，才能降低物流总成本。其中，运输和仓储是最基本的物流活动；包装活动产生物流单元；装卸搬运几乎在所有物流过程中必不可少，是连接各项物流活动的桥梁；流通加工是生产活动向物流领域的延迟，在物流中实现产品的增值；配送是物流的“最后一公里”；信息处理贯穿其他所有物流活动，是现代物流发展的重点活动。通过对各项物流活动的管理，达到各项物流活动合理化，从而实现整个物流过程的合理化。

除物流基本活动之外，物流活动还包括物流需求预测、库存控制、配件服务、退货处理等增值活动。

物流管理分为3个层次：物流作业管理层、物流设计和运营层、物流战略层。物流作业管理是对物流作业的日常管理，包含作业计划、现场管理、信息记录、成本核算、作业考核、作业优化等内容；物流设计和运营的内容是对物流系统的规划、设计和运营，规划、设计、运营的对象是：物流网络、设施设备、人员配备，物流部门岗位、流程、要求、考核体系，物流系统优化。物流战略层站在整个企业层次的高度，对物流服务产出和物流总成本进行规划和制衡。

相应地，物流流程包括物流作业流程、物流作业管理流程、物流系统设计和运营流程3

个层次。一般意义上的物流流程指的是物流作业流程。物流作业流程是各项物流活动组成的展开过程，它伴随企业采购、生产、销售的流程而展开。例如，一项发货作业流程可以是：拣选→包装→出库→装车→运输→签收。物流作业管理流程是物流日常决策的展开过程，如订货批量计划流程可以是：收集分析需求、库存、单位成本等信息→计算 EOQ→结合 ERP 系统进行修订→订货量。物流系统设计和运营流程是物流系统及系统优化层面的决策流程，通常伴随着物流项目展开。例如，一个物流网络规划流程可以是：建立规划模型→收集有关市场、企业、地理等方面参数→模型求解→决策结果修正→规划结果。

物流按其服务于采购、生产、销售的不同功能，可以分为供应物流、生产物流和销售物流。物流的关键流程也是按这 3 个方面展开的。这里只讨论物流作业流程和作业管理中的作业计划流程。

（1）供应物流。供应物流是生产企业、流通企业或消费者购入原材料、零部件或商品的物流过程。供应物流的对象是原材料或半成品、备品、备件等，是从买方角度出发在交易中所发生的物流。这种物流管理的重点是降低采购成本和库存成本所组成的物流总成本，参考最佳订货批量（EOQ）模型确定采购量，采取一定的订货策略使得物流总成本最低。具体地，其物流作业流程是：订购→检验→入库→上架→出库→生产领用。物流作业计划流程是：按照预先设定的模型计算 EOQ→据实际情况进行修正→订单→检查库区货位情况/人员情况→分配货位/人员→入库和上架作业完成情况统计→接收出库指令→检查库区货位情况/人员情况→分配货位/人员→出库和上架作业完成情况统计。

（2）生产物流。生产物流指生产制造过程中的物流过程。生产物流合理化的目标是使生产物流均衡、稳定，缩短生产周期，压缩在制品库存。其物流作业流程是伴随着生产过程进行的，物流计划过程也是生产计划过程的一部分。生产物流作业流程一般是：物料领用→按工序顺序加工→换模（生产模具更换）等待→检验→生产完成→产成品入库。生产物流计划流程一般是：使用 MRP 系统进行物料计划→工序物料使用情况检查→不合格品返退检修情况→产成品完成情况统计→产成品入库情况统计。

（3）销售物流。销售物流是企业售出产品的物流过程，主要包括仓储、运输、流通加工和配送工作。一般情况下，销售物流是由销售方企业承担的，其成本计入商品售价。为了提高产品的价格竞争力，企业需要努力降低销售物流成本。销售物流管理的重点是合理规划物流配送网络、控制产品储存量、优化运输和配送路线、优化车辆配载，达到由仓储、物流总成本最低。其物流作业流程一般是：收到订单→拣选→出库→运输→配送→签收；物流计划流程一般是：综合多个订单分配人员/货位→拣选出库情况统计→排出最佳运输路线/车辆装载计划→司机调度→排出最佳配送路线/装载计划→配送人员调度→车辆跟踪管理→运输和配送情况统计。

4.4.4 采购流程

1. 关键采购流程

采购的关键流程包括以下几个步骤。

（1）发现需求。对物料的需求包括独立需求和相关需求两种类型。对独立需求使用订货策略如定点订货、定期订货等策略发出订单，对相关需求使用 MRP 计划发出订单，或在常规采购计划外由使用者发出采购申请。

（2）对需求进行描述，即对所需的物品、商品或服务的特点和数量准确加以说明。对于企业内有多个需求机构的，要考虑是采用分散采购还是集中采购。

（3）确定可能的供应商并对其加以分析。根据履行情况良好的供应商合同进行选择。对新产品还要进行供应商资格认证，确保供应商的产品能够满足要求的具体规格和质量标准。

（4）确定价格和其他采购条款。参照合同，并总结曾经为相同或相似产品或服务支付的价格情况。

（5）拟定并发出采购订单。一份采购订单必备的项目有：序列编号、发单日期、接受订单的供应商的名称和地址、所需物品的数量和描述、发货日期、运输要求、价格、支付条款，以及对订单有约束的各种条件。

（6）对订单进行跟踪并/或催货。对订单进行例行追踪，包括询问甚至走访，以确保供应商能够履行发货承诺。

（7）接收并检验收到的货物。将收到的货物与采购订单进行对比、进行必要的质量检验。

（8）结清发票并支付货款。发票由供应商直接交至企业负责应付账款的部门，一般是会计部门，必要时需送交采购部门审核。

（9）维护采购记录。基本的记录包括采购订单目录、采购订单卷宗、商品文件、供应商历史文件，以及少数的小额采购、投标历史文件等。

2. 独立需求订货

独立需求指的是其需求不依赖于其他所有需求的物料或产品，而直接地、独立地满足顾客需求的物料或产品需求，如对产成品需求、维修备件需求。独立需求是通过预测得出的，对其订货最常用的是 EOQ 模型及 EOQ 模型基础上的订货策略。

1）EOQ 模型

EOQ（最佳订货批量）模型是最基本的订货模型，是订货策略的基础。

EOQ 模型的基本假设是：① 年需求速度为常数 D；② 每隔 t_0 时间补充一次存储；③ 不允许缺货；④ 生产时间不计。

在这些假设下，通过使包含存储费和订货费的库存总成本最小，得到 EOQ 模型的两个公式如下。

最佳订货时间间隔 $$t_0=\sqrt{\frac{2c_3}{c_1 D}}$$

最佳订货批量 $$Q_0=\sqrt{\frac{2c_3 D}{c_1}}$$

式中：c_1——单位产品年存储费；

c_3——单次订货费。

在允许缺货的情况下，为

最佳订货批量 $$Q = Q_0\sqrt{\frac{c_1 + c_2}{c_2}}$$

订货间隔 $$t = t_0\sqrt{\frac{c_1 + c_2}{c_2}}$$

式中：c_2——单位产品年缺货费。

除此之外，根据模型假设条件的不同，EOQ 模型还可演化到诸如有价格折扣的 EOQ 等形式，感兴趣的读者可参考有关书籍。

2）订货策略

订货策略要回答两个基本问题：① 订多少？② 何时订？

分别回答这两个问题，得到 4 种订货策略。

（1）Q_0 策略。或称定量订货法。不管订货时间间隔如何，每次订货批量是一定的，每次按 EOQ 模型计算出的批量 Q_0 进行订货。

（2）S 策略。或称维持订货法。不管订货时间间隔如何，每次订货到库存上限 S。

（3）p 策略。或称定点订货法。不管每次订货批量如何，在库存到达订货点 p 时订货。

（4）t_0 策略。或称定期订货法。不管每次订货批量如何，每隔时间 t_0 订一次货。

两个基本问题，即将以上 4 种策略进行组合，得到以下 6 个订货策略。

（1）（s，Q_0）策略。又称两堆法。不必定期检查库存，看到只剩最后一堆（库存 $I=s$）时即订货，订购量固定为 Q_0。

（2）（t_0，Q_0）策略。又称定期定量订货法。每隔 t_0 时间订一次货，每次订货 Q_0。

（3）（t_0，S）策略。又称定期维持法。每隔 t_0 时间订一次货，检查订货时的库存水平 I，订货量为 $S–I$，使库存维持至 S 水平。

（4）（p，Q_0）策略。或称定点定量订货法。当库存降至 p 时订货，每次订货 Q_0。此时最高库存量可能略有不同。适用于需求稳定的库存。

（5）（p，S）策略。或称定点定量维持法。当库存降至 p 时订货，根据订货点附近的库存量 I，每次订货 $S–I$。每次订货量可能略有不同。

（6）（s，S）策略。或称非强制补充订货法。即没有强制的或预先规定的订货时间或批量，而是设定库存上限 S，下限 s；每隔一定时间检查一次库存量 I，如果 $I>s$，则不订货；如果 $I<s$，则订货 $S–I$。

在（s，S）策略中，库存下限 s 是为了防止由于不确定因素引起的缺货而设置的一定数量的库存。所以在设定库存下限 s 时，可以参考安全库存的计算方法。

安全库存 s 是当需求不是常数，而是呈随机分布（假设是正态分布）时，为了防止需求不确定造成缺货而设置的库存。安全库存通过降低客户需求 d 的不确定的风险，以及生产供

应提前期 L 不确定的风险两个方面来降低缺货率，提高服务水平。

当需求量随机变化，提前期稳定时，安全库存为

$$s = z\sigma_d\sqrt{L}$$

式中：z——正态统计量，当显著性水平取 5%时，z=1.96；

σ_d——需求 d 的方差；

L——提前期。

当需求量稳定，提前期随机变化时，安全库存

$$s = zd\sigma_L$$

式中：σ_L——提前期 L 的方差。

当需求量和提前期都随机变化时，安全库存

$$s = z\sqrt{\sigma_d{}^2 L + \sigma_L{}^2 d^2}$$

3. 相关需求订货

相关需求直接满足的是其他物料或产品的需求，它依赖于产成品的组装计划或维修计划的物料和产品的需求，如产成品的原材料、零部件、配套产品、赠品的需求。在对独立需求进行预测后，相关需求就是确定的。相关需求是通过物料需求计划（Materials Requirement Planning，MRP）来解决的。

MRP 系统通过满足主生产计划（Master Production Schedule，MPS）的各项需求来支持制造、维修和消耗活动。为明确需求，MRP 系统需要有关各产成品或各个生产计划的精确的物料清单（Bill of Materials，BOM）。物料清单是一张类似族谱图的产品物料组成展开表，它的分层结构清晰地体现了各物料需求之间相互依赖的数量关系。

MRP 的目标是使存货最小，维持高的既定服务水平，协调交付安排与制造、采购活动之间的关系。

MRP 的基本假设：① 物料能够在需要时订到；② 车间有无限的生产能力；③ 订货或生产准备成本可忽略不计。

MRP 有 3 项基本的输入：① 第 0 层物料的需求预测，这是整个系统的起始点；② 物料清单；③ 有关库存、未实现订单、提前期的信息，由此计算订货数量和订货时机。

MRP 的输出：订货数量和订货时间。其中订货量由独立需求产品的主生产计划 MPS 及其物料清单 BOM 导出，需求时间由独立需求产品的生产计划及物料自身的提前期（包括生产周期、订货周期、运输周期等）导出。

下面以花店的花束包装纸需求计划表的计算过程为例进行说明。

假设一种生日花束的主生产计划（净需求预测）如表 4-5 所示。

表 4-5　净需求预测

周数	8	9	10	11	12	13	14	15
需求	25	20	30	10	20	80	40	15

其 BOM 表为

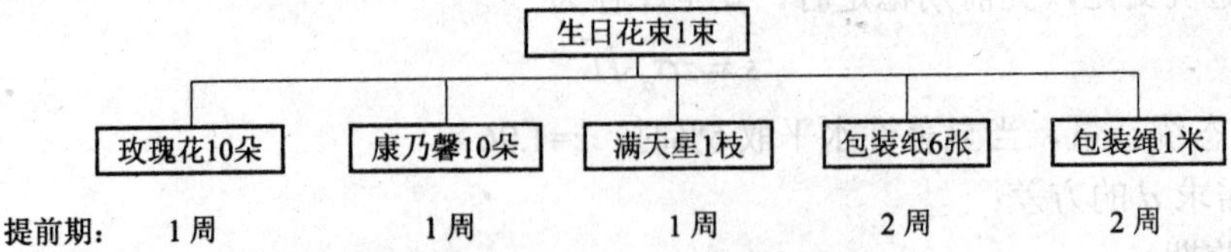

由以上两表导出包装纸的 MRP 计算表，如表 4-6 所示。

表 4-6 包装纸的 MRP 计算表

周　　数	6	7	8	9	10	11	12	13	14	15
毛需求			150	120	180	60	120	480	240	90
净需求			150	120	180	60	120	480	240	90
考虑提前期后的净需求	150	120	180	60	120	480	240	90		
计划产量（单批生产）	150	120	180	60	120	480	240	90		

MRP 不仅是一种采购计划，用在产品制造过程中，也是一种生产计划。在生产流程分析中，也经常需要参考 MRP 系统。

4. 采购绩效衡量指标

可采用以下 10 条标准来衡量采购和供应的绩效。

（1）采购方—供应商双方共同努力降低的材料成本，按材料和供应商分类。

（2）主要供应商按时送货的百分比，按材料分类。

（3）接到有具体预订期限的订单的百分比，按材料分类。

（4）内部顾客满意度。

（5）集中统一采购而带来的材料成本节约。

（6）材料次品率，按材料和供应商分类。

（7）有文件证明的战略供应伙伴关系的改善。

（8）供应商平均提前期，按材料分类。

（9）主要供应商认同采购方标准的百分比。

（10）恰当的长期合同的数量，按资金数额分类。

4.4.5 生产流程

生产是一个创造使用价值的过程，其中伴随着原材料、在制品到产成品的实质性变化。生产流程通常伴随着物料流。

1. 生产运作的层次

企业运作是企业为生产和提供其主要的产品和服务而进行的，对企业运作系统的连续设计、运行和改进。企业运作主要由 3 个层次组成。

（1）运作战略。如企业如何制造产品或提供服务？如何安置企业的设施与设备？需要多大的生产或服务能力？何时应增加能力？运作战略的经典模式有成组布置等设施布置技术、准时化生产、精益生产方式、供应商管理库存方法等。

（2）运作战术规划。这个层次是在先前制定的战略决策基础上有效地安排原料和劳动力。如企业需要多少员工？何时需要他们？加班还是安排第二个班次？运作战术的经典模式有MRP、ERP、库存控制的定量和定期订货模型等。

（3）日常运作控制。如今天或本周应着手哪些工作？安排谁来完成这些工作？先做哪些工作？这些日常运作安排通常是战术规划层次模式下的结果。

这些战略和战术规划决策的结果，会使流程成为不同的类型。在本教程中重点考虑运作战略中的推动式和拉动式生产方式。

2. 推动式和拉动式生产方式

生产方式是指生产者对所投入的资源要素、生产过程及产出物的有机、有效组合和运营方式的一种总的概括。按照生产流程的不同顺序方向，生产方式可以分为推动式和拉动式两大类。推动式生产中，生产由供应链的上游企业发起，向下游推动，最终推向终端消费者。拉动式生产中，生产由消费者发起，逐渐向供应链的上游拉动，最终拉动原材料供应商。可见，这两种生产方式的流程从宏观上来说是完全相反的。

1）推动式生产方式

传统的制造业采用的是推动式的生产方式，它经历了从手工生产方式到大量生产方式的过程，后者是现代化大生产的开端。

大量生产方式的生产过程是：产品开发阶段，企业通过调研提供新产品设想，由设计人员设计并绘制图纸，再由制造工程师设计制造工艺。生产阶段，将设备专业化、作业细分化，每道工序的工人只奉命完成自己分内的任务。企业保持原料、零部件、在制品的充足库存，以保证生产连续性。产品生产出来后，由检验人员检查产品的质量，将不合格产品退回生产部门修理或重做，成本在仓库大量堆积待售。

与大量生产方式相对应，企业的总体业务流程是以采购—生产—销售—送货—售后服务—客户关系的顺序进行的。

大量生产方式实现产品的大量生产、快速生产，成本随着生产量的扩大而降低，适应“卖方市场”的经济环境，那时物资较短缺，生产厂商少，市场竞争小，产品生产出来就可以销售出去，市场供应和需求都较单一，人们购买商品主要考虑价格。直到现在，大量生产方式仍然是制造业的“以量取胜”的普遍做法。

但是这种生产方式设备投入大，产品品种少，劳动分工细，工人专业技能窄，没有参与设计和管理的权利，因此这种生产方式从设备、产品、管理、人员等各方面来说都缺乏柔性，不能迅速适应快速变化的市场。

2）拉动式生产方式

“二战”后日本劳动力和资金等资源短缺，迫使企业做出相应的变革，以JIT准时制生产方式为代表的拉动式生产方式应运而生。

JIT 生产方式，或称准时制生产方式，是指在恰当的时间，以恰当的数量和质量，供货到恰当的地点。JIT 秉承彻底排除浪费的思想，使用看板实现拉动式的生产，追求一种无库存，或库存达到最小的生产系统，生产模具能够快速更换，工人小组主动解决问题，人人都是多面手，该系统具有很强的柔性，能够根据需求变换生产而不会需要很多时间和成本。

JIT 生产方式的生产过程是：生产计划只下达给最后那道工序，只有后工序向前工序领取物料时，前工序才启动；物料领取采用“看板”，没有看板不能生产也不能搬送，前工序按看板顺序生产看板规定的产品；生产中维持尽量小的批量，理想的情况是达到“一个流”，即批量为 1 的状态，尽量达到零库存；同时缩短作业更换时间，实现生产的均衡化；不把不良品交给后工序，当出现质量问题时，工人可以使生产线停下来，小组共同解决问题，然后再开动生产线，从而赋予工人更多的自主权，提高了工人自主解决问题、提高生产效率的积极性，并且避免了生产不合格产品而造成的浪费。

20 世纪 80 年代后，消费者需求向多样化、个性化方向发展，市场对产品的质量要求更高，产品的寿命周期越来越短。为了适应快速变化的市场，在 JIT 的基础上，产生了精益生产方式。精益生产不只是生产系统内部的运营、管理方法，而是包括从市场预测、产品开发、生产制造管理（其中包括生产计划与控制、生产组织、质量管理、设备保全、库存管理、成本控制等多项内容）、零部件供应系统直至营销与售后服务的一系列企业活动。

与拉动式生产方式相对应，企业的总体业务流程是“以需定产”，即是以需求—营销—生产的顺序进行的。

例如，花店在选择生产方式时，由于花店的顾客是终端消费者，并且满足的是其较高层次的需求，所以花店面临的顾客需求是多样化、个性化的；再者鲜花的储存期在选择生产方式时，应首选拉动式生产方式，按照顾客需求组织生产供应。

3. 生产流程的特别要素

在设计一项具体的生产流程时，除了需要注意本节开头所提到的具有战略意义的问题之外，还要决定流程中的具体的工作任务，任务如何执行，这些任务之间连接的物流和信息流的方式，以及流程中是否安排库存及库存量多少的问题。为了进行这些具体设计，除了确定生产方式之外，还需要考虑生产的节拍、周期、批量等几个特别要素。

（1）生产的节拍、瓶颈和空闲时间。流程的节拍是指连续完成相同的两个产品（或两次服务，或两批产品）之间的间隔时间，或指完成一个产品所需的平均时间。一个流程中的不同工序的节拍经常不相同，而流程的速度是由其中最慢的节拍决定的，这些最慢的节拍被称为瓶颈。对瓶颈的改进是流程改进的重点工作。当一个流程中各个工序的节拍不一致时，瓶颈工序以外的其他工序就会产生空闲时间，使设备或人员的有效利用率下降。“一人多机”的设备布置形式是解决这个问题的一种方法。

（2）生产周期。生产周期是指要加工的产品从原材料的状态进入一个生产流程，直至变换成完成品为止，在生产流程中度过的全部时间。

（3）生产批量。批量是指作业更换之间所生产的产品数量。批量的不同安排会影响产品的生产节拍和生产周期。

在生产流程的设计工作中，可以通过选择最优的生产周期、生产批量，进行流程优化。

4.5 资源获取

企业资源是企业生产经营过程中的各种投入，是企业在内部后勤、生产经营、外部后勤、市场销售和服务等这些基本活动和人力资源管理、技术开发和采购等辅助活动中拥有的资源。企业资源具有异质性的、非流动性的性质，这些性质使得企业资源具有价值性、稀缺性、不可仿制性、无法替代性和以低于价值的价值获取特征，这些特征与企业竞争优势的特征是一致的，企业资源最终决定了企业的竞争优势。

资源获取是商务模式的重要组成部分。企业需要列出所需资源的列表，识别哪些资源可以利用，哪些资源需要开发，哪些资源需要从外部获取，并明确资源获取方式。

1. 企业需要获取的资源

根据资源的异质性和流动性特征，可将企业资源划分为物质资源、人力和技术资源、规则资源及形象资源 4 种类型。具体来说，物质资源主要是指那些容易计价且能够体现为实物载体的资源，如厂房、设备、资金、原材料、地理环境等。人力和技术资源主要包括员工本身及其知识、能力、经验等和产品技术、工艺技术及其相应载体。它还可以分为一般性（显性）资源和核心（隐性）资源。

规则资源包括：① 有关法律、法规、企业内部成文的规章制度；② 参与企业行为活动的各当事人之间达成的默契、企业的伦理、道德、文化；③ 企业内部正式的结构，正式和非正式的计划、控制、协调系统，以及关系资源（不仅是内部关系，更是指企业与整个供应链的关系以及与社会环境的关系）。形象资源是以整个组织为载体的无形资源，主要包括企业的品牌、声誉和顾客忠诚度等。

企业可能调配利用的资源是企业当前已经拥有的资源。在当前经济形势下，企业内部不可能拥有所有必需的资源。对于其他企业需要的资源，如果企业具备自行开发的能力，又具备成本效益优势，则可以对这些资源进行开发。其他资源则需要从企业外部获取。

2. 资源获取方式

可选的资源获取方式有很多种，采购是从企业外部直接获取产品供应资源的最常见方式，但是有时企业需要进行较大规模的资本运作，迅速扩大企业规模，扩充企业产品或服务的提供能力，这时就需要采用企业并购、联盟等方式。根据资源的来源和采取的方式不同，可以将企业获取资源的方式归纳为以下 3 种类型：内部培育、战略联盟和企业并购。

1）内部培育方式

需要内部培育的资源主要包括几乎所有的形象资源和部分规则资源，其中以企业商誉和企业文化最为典型。这种资源是企业最熟悉、最稳定、最具有独特性和不可复制性等特征的资源，因而也是企业最宝贵的资源。

2）战略联盟方式

战略联盟是两（多）个企业（或特定事业和职能部门）为实现资源共享、风险分担等目的，通过各种契约而结成的优势互补、要素流动的松散型合作组织，优势互补是战略联盟的最大特征。从价值链的角度看，是双方共享各自价值链上的某些环节，以集中优势的经营资源和能力，克服彼此的薄弱环节，无形中扩大了单个企业的边界，这样，企业对资源的使用界限也扩大了，一方面可以通过学习将对方的部分资源“转移”到自己的企业中，并提高本企业现有资源的使用效率，降低转置成本和企业进出壁垒。战略联盟的具体形式有合资、研发协议、产品联盟等。

3）企业并购

企业并购（收购和兼并，含一般意义上的市场购买）是采取直接的、一次性的，甚至带有“侵略性”的方式来获得企业所需要的资源。这是企业获取资源和能力的一种最直接、最迅速的方式。在当代高速发展的信息社会中，企业尤其是高科技企业都竞相采用购并扩张的方式，力求以最快的速度增长，最快地获取发展所需要的各种资源和能力。

企业并购可以产生协同效应，包括财务协同效应、经营协同效应和文化协同效应。财务协同效应包括降低资金成本、实现合理避税和促使股价上升等；经营协同效应主要体现在效率上的变化，使双方在产品、技术开发、生产、组织结构、供应链关系和战略能力等方面产生共振；文化协同效应是双方在核心价值观上的互相激荡并最终达成共识，这是购并战略成功的最高境界，是一种深层次上资源的融合。只有文化上的协同才能将经营协同效应和财务协同效应发挥得淋漓尽致，并能够长期保持下去。

3. 资源与资源获取方式的适用关系

不同类型的资源对应的最适合的获取方式是不同的。对形象资源宜采取内部培育方式；对规则资源采取内部培育为主，合作渗透为辅的方式，基本不涉及外部并购方式；对人力技术资源中的关键人员和隐性技术采取内部培育为主的方式，对一般人员和显性技术采取合作渗透和外部并购相结合的方式；对物质资源来说，最适合的方式是外部并购。

例如，就连锁花店的资源获取来说，花店在运营之初采取单个店的形式，随着业务的发展壮大，自行投资进行连锁经营；当企业自有的资源已经不能满足企业发展的需要时，就需要通过各种方式从外部获取资源，如并购同类花店，或者与同行进行合资经营。

4.6 供 应 链

供应链是围绕核心企业的，通过对物流、信息流和资金流的控制，从采购原材料开始，制成中间产品及最终产品，最后由销售网络把产品送到消费者手中，将这个过程中所使用的不同利益主体——供应商、制造商、分销商、零售商直到最终用户连成一个整体的功能网络。

4.6.1 业务外包

供应链始于企业业务外包。随着社会经济分工的细化和行业竞争的加剧，企业强调核心竞争力，强调根据企业的自身特点，专门从事某一领域、某一专门业务，只在某一点形成自己的核心竞争力，这必然要求企业将其他非核心竞争力业务外包给其他企业来做，即所谓的业务外包。

除核心业务以外，企业内往往还存在其他业务，如核心业务相关业务、支持性业务、可抛弃业务。业务外包就是在企业内部资源有限的情况下，为取得更大的竞争优势，仅保留其最具竞争优势的核心业务，而把其他业务借助于外部最优秀的专业化资源予以整合，达到降低成本、提高绩效、提升企业核心竞争力和增强企业对环境应变能力的一种管理模式。

常见的业务外包的项目和比例主要包括：① 信息技术/信息系统 40%；② 固定资产/工厂 15%；③ 物流 15%；④ 其他 30%。其他业务从多到少依次包括管理、人力资源、客户服务、财务金融、市场营销、销售、运输。

业务外包与采购不同，业务外包后的双方企业会保持长期密切的联系，形成供应链关系。

4.6.2 供应链构建

在进行了业务外包，确定构建供应链之后，企业选择合适的供应商，确定双方的责任和义务，对供应商进行评价和管理，从而构建起供应链。

1. 供应链结构

供应链实际上并不只是一种链条的形式。顾名思义，链条形式的供应链是直线型的，上下游企业之间是一对一的关系。但实际上这种关系存在较少，企业为了降低断货的风险，往往需要有后备供应商。这样就形成了一对多、多对多的供应链结构，形成了网络型的供应链。上下游关系越复杂，供应链管理的难度越大。

2. 供应链构建过程

（1）建立供应链构建目标。主要目标在于获得高用户服务水平和低库存投资、低单位成本这两个目标之间的平衡，同时还应包括以下目标：进入新市场、开发新产品、开发新分销渠道、改善今后服务水平、提高用户满意度、降低成本、通过降低成本提高工作效率等。

（2）环境分析。一方面分析外部市场环境，分析确认用户的需求、供应市场状况和市场竞争态势；一方面分析企业供需现状，分析供应链开发的方向，总结企业存在的问题及影响供应链设计的阻力。

（3）分析供应链构成。提出供应链构成的基本框架，主要包括制造工厂、设备、工艺，以及供应商、制造商、分销商、零售商及最终用户的选择及定位，并确定选择与评价的标准。

（4）进行供应链设计。主要解决以下问题：① 供应链成员组成。包括供应商、设备、工厂、分销中心的选择与定位、计划与控制；② 原材料的来源。包括供应商、供应量、价格、运输等；③ 生产设计。包括需求预测、产品、生产能力、分销、价格、生产计划、生产作业计划和跟踪控制、库存管理等；④ 分销任务与能力设计。包括产品目标市场、运输、价格等；⑤ 信息系统设计；⑥ 物流系统设计。

（5）检验供应链。对设计好的供应链进行检验、测试和试运行，如有问题返回第 4 步进行重新设计。如果不存在什么问题，就可以实施供应链管理。

4.6.3　供应链管理的两大内容

供应链管理不是简单地对供应链成员企业进行一般意义的管理，它是一种跨企业集成管理的思想，是把整个供应链看作一个集成组织，看作一个完整的运作过程对其进行管理，通过链上各企业间的合作和分工，共同促进整个链上的物流、信息流和资金流的合理流动和优化，提高整个供应链的竞争能力。供应链管理作为一种思想，强调以下几个要点：强调共赢；强调合作大于竞争；强调协调；强调信息共享；强调利益共享、风险共担；强调信任。

供应链管理包含两大方面内容，一是管理供应商关系，二是管理供应运作。在供应商关系上，企业与供应商结成战略合作伙伴，进行信息共享、利益共享、风险共担。在供应运作上，外包非核心业务，以全局的眼光，管理采购、生产和库存，以信息共享平台、VMI、ECR等为工具，有效地管理供应链。

1. 供应商关系

供应商是供应链的一部分，供应链管理需要把对供应商的管理纳入进来。由于供应商与企业是不同的法人主体，管理起来有很大难度。供应商有可能泄密，也有可能借合作关系索要额外的利益。在这种情况下，有必要在合同约束之外，发展一种超越合同关系的内在信任和约束机制，即良好的供应商关系。

1）良好供应商关系的特点

供应链中良好的供应商关系强调合作大于竞争，双方以信任为基础，达到供应链协调。供应链协调是指供应链成员之间能够步调一致，协同工作，出现问题能够迅速有效地解决。信任是良好合作的内因，也是良好合作的结果。为了获取信任，双方需要有良好的合作经历，有合理的利益分配，有经常的沟通，互相谅解，当任何一方发现问题或看到机会时，双方都应该采取迅速、一致的行动。同时，双方需要在组织上建立跨职能合作团队，也有必要审查和整顿企业内部合作机制。许多组织甚至很难使自己内部各职能部门协调一致，再把供应商组织纳入进来谈何容易。因此，供应商组织内部状况与供应人员胜任能力是达到良好供应商合作关系的又一重要因素。

2）良好供应商合作关系的建立

良好的供应商合作关系建立时间会比较漫长，供应商通常需要走过可接受供应商、好供应商、优先供应商等几个阶段，才可能与采购企业建立合作伙伴关系。通过早期的评价，供应商被划分为无法接受的供应商、可接受供应商两种类型。可接受供应商能够满足合同约定的当前运作要求，它提供的工作结果其他供应商也能轻易达到。通过关于供应质量、数量、交付、价格、服务、柔性、供应保证等实质性的改进之后，供应商可能成为“好供应商”。好供应商在其所供应产品之外还能提供潜在服务或增值服务。经过与好供应商较长时期的合作磨合之后，企业减少供应商数目，增加单个供应商的收益，与供应商结盟，建立系统配合，通常与这些供应商建立基于电子的系统或处理过程，双方共同努力，加强沟通，消除不增值活动，这些供应商成为企业的优先供应商。优先供应商能够满足采购企业的所有运作需求和部分战略需求。最终，企业与其供应建立起合作伙伴关系或战略联盟。合作伙伴关系要求双方互相支持、建立长期承诺，并且持续改进。

3）供应商合作伙伴关系的要点

企业可以参照以下几点来检查与供应商的合作伙伴关系是否有效：有正式的沟通程序；致力于供应商的成功；双方共同获利；关系稳定，不依赖于个别人；始终仔细审视供应商绩效；合理预期；员工有责任遵循职业道德；共享有益信息；指导供应商改进；基于采购的总成本进行非敌意磋商，共同决策。

2. 供应链管理方法

供应链使各成员专注于核心能力，各自竞争力提高，且供应资源获取快，响应快，适合于快速变化的市场，缺点是原部门变成不同的法人主体，难以控制，以及供应链企业之间信息不共享时，会产生需求变异，即牛鞭效应。牛鞭效应是对供应链中需求信息传递时发生扭曲的一种形象描述。当供应链的各节点企业只根据其相邻下游企业的需求信息进行供应决策时，需求信息的不真实性会沿着供应链逆流而上，产生逐级放大的现象，就像挥舞的牛鞭一样，所以被形象地称为牛鞭效应。

牛鞭效应的两个重要成因是需求预测和订货批量化。在做需求预测时，只按照直接下游订单进行预测，以及下游为了实现订货经济，不是来一个订单就马上向上游订货，而是攒够一定批量再订货，使上游企业所看到的需求波动要大于真正的市场需求波动，出现牛鞭效应。为了解决这两个问题，就有必要进行供应链信息共享，在此基础上实现连续补货。

在供应链信息共享、上下游企业合作、连续补货，以及市场导向的思想指导之下，形成了供应商管理库存、联合管理库存、快速响应、高效率消费者响应（ECR）几种供应链管理方法。

1）供应商管理库存（VMI）

VMI（Vendor Managed Inventory）即供应商管理库存，是供应链下游企业将其订货和补货业务委托给上游企业（即供应商）负责，上游企业依据销售及安全库存的需求，替下游企业下订单和补货，其订单需求则是供应商依据由零售商提供的每日库存与销售资料进行统计预估得来。VMI有助于降低上下游的库存，从而缩减成本，并且使上游专注于供应，下游专注于销售，从而改善供应链成员的服务。

VMI常见的信息运作模式如下。

（1）下游企业用EDI方式传送结余库存与出货资料等信息到上游企业。

（2）上游企业将收到的资料合并至ECR的销售资料库系统中，并产生预估的补货需求，系统将预估的需求量写入后端的ERP系统，依实际库存量计算出可行的订货量，产生建议订单。

（3）上游企业以 EDI 方式传送建议订单给下游企业。

（4）下游企业在确认订单并进行必要的修改后回传至上游企业。

（5）上游企业依据确认后的订单进行拣货与出货。VMI 实现有四大原则：即实施 VMI 的双方企业的合作原则、互惠原则、协议原则，以及对 VMI 的持续改进原则。

2）联合管理库存（CMI）

联合库存管理（Co-Managed Inventory）是一种基于协调中心的库存管理方法，它强调供应链成员同时参与，共同制定库存计划，使供应链管理过程中的每个库存管理者都能从相互之间的协调性来考虑问题，保证供应链相邻的两个成员之间的库存管理对需求的预测水平保持一致，从而消除需求变异放大现象。

CMI 的基本形式是联合库。企业与自己的客户及供应商组成仓库—原料联合库、产销联合库，以联合库的形式减小供需双方的库存压力，协调双方的需求信息。凭借联合库，供应链成员企业相关人员得以在相同或紧邻地点办公，从而能够快速有效地沟通信息，共同决策，形成共同库存计划。

共同库存计划是在协调中心的基础上，供应链下游企业提出需求或销售信息，上游企业提出自身生产信息，双方协调，制定联合库的库存计划，包括：上下游需求预测、库存策略、安全库存、库存如何在多个需求商之间分配等，并且及时根据下游销售信息调整库存。

3）快速响应（QR）

Quick Response（快速响应方式）起源于 1980 年代的美国服装业，是为了应对本国服装业失去竞争力的危机而产生的，其解决方案是在季节开始时，店里只准备必需的最少量的商品，然后根据市场动向追加生产。

QR 的关键是准确把握销售动向。为了把握销售动向，实现 QR 需要有 3 项必要的技术：① 商品条码化、POS 单品管理、掌握销售和库存信息；② 内部业务处理自动化；③ 使用行业 EDI 连接来获得商品销售动向信息，以及进行补货。

实施 QR 所需的必要条件也有 3 项：① 多品种小批量的柔性经营机制；② 供应链信息共享和利益共享；③ 有信息系统的保证。

4）高效率消费者响应（ECR）

高效率消费者响应（Efficient Consumer Response），是由于在 QR 之后产生价格战、促销战，ECR 主要起源于对此抱有危机感的超市和食品加工业。ECR 是通过供应链的协助，提高零售店铺的销售效率，在必要的时候，将必要的商品，按照必要的数量，以最高的效率供应给店铺。

ECR 具备 3 个战略。

（1）顾客导向的零售模式。围绕顾客需求选择商品组合。

（2）品类管理。高效商品组合、高效货架管理、高效定价和促销。品类管理的基础是使用商品条形码。

（3）供应链管理。高效新品引进、高效备货和补货。使用信息系统，供应商与零售商合作，在供应链管理中贯彻标准化。

ECR 中用到的物流管理技术有：① CRP 连续补货，包括数据采集、数据传输、需求预测、订单生成等四大组成部分；② CAO 计算机辅助订货；③ ASN 预先发货通知，上游企业在发货前将发货明细单提供给零售商，零售商据此预先办好有关手续，留出货架，从而减少收货时间；④ CD 交叉送货，配送中心到货的商品，凡是列入订单的，立即进行分拣和配送，即进货的同时也是出货；⑤ DSD 直送店铺，生产厂家的货不经过中间环节直接送达店铺。这些物流管理技术大大提高了消费者响应的效率。

以连锁花店的供应链为例。在花店不进行鲜花生产、花束制作、销售、配送的一体化业务时，就需要构建供应链。通过对花店现有业务的分析，计划将鲜花的供应、配送，以及信息处理业务外包。寻找两家鲜花批发商负责鲜花的供应、一家物流公司承担鲜花的配送、一家软件公司承担其订单系统信息处理工作。这些供应商有的是产品供应商，有的是服务供应商。通过对供应商的选择、评价和一定时期的磨合，供应链得以构建起来。在其后的供应链管理中，通过各种正式与非正式的渠道，积极与产品、服务供应商沟通，并且采取 VMI、ECR 等供应链管理方法，争取使供需双方建立起良好的信任态度和合作关系，提高供应链及其中各企业成员的竞争力。

4.7 企业获利能力

企业获利能力，或称企业赢利能力，是对企业期望收益、预期成本、资金来源和利润估计的说明，即企业的价值主张和成本结构之间的关系。具体需要回答这样几个问题：企业靠什么业务获得收入？能收入多少钱？企业的成本构成是怎样的？主要成本是什么？成本是多少？有哪些资金来源？企业利润预计是多少？对于拟建立的企业来说，考察企业获利能力是在进行获利计划；对于正在经营中的企业来说，是进行获利能力审计，其数据可以从企业财务报表上获得，并可据此进行预测。

（1）企业期望收益。关于企业收入来源的想法常被称为商业创意，期望收益是从作为收入来源的业务中期望获得的收益。通常用“期望收益率”指标来衡量业务的投资回报水平。风险越高，该项业务的期望收益率越大。

（2）预期成本。在考察预期成本时，需要列出企业的预期成本结构，考察主要的成本，预估成本总额。工业企业成本费用是指工业企业生产产品的制造成本和直接计入当期损益的期间费用之和，它包括为生产产品和提供劳务等而耗费的直接材料、直接人工和制造费用，以及企业行政管理部门为组织和管理生产经营活动而发生的管理费用、营业费用和财务费用。

（3）资金来源。资金来源分为自有资金、吸收资金、专项资金三大类。自有资金是企业为进行生产经营活动所经常持有，可以自行支配使用并无须偿还的那部分资金，包括由国家财政投入的资金（国家基金）和企业内部形成的资金（企业基金。西方国家中私营企业的自有资金，主要来自股东的投资和企业的未分配利润）。吸收资金也称“借入资金”，主要包括企业向国家银行的借款及结算过程中形成的应付未付款等。在西方国家，私营企业的借入资金，除银行借款和应付款项外，还包括企业发行的公司债券。专项资金指企业除经营资金以外具有专门用途的资金。专项资金的来源有的由企业根据规定自行提取，有的由国家财政或上级主管部门拨给。不同所有制、不同业务性质的企业，其资金来源及其构成也不相同。

（4）利润估计。利润是一定期间内的收入与成本的差值，是衡量企业获利能力的重要指标。

4.8 实践任务

1. 实践内容

使用本章所提供的思路，参考文中的例子，选择一家感兴趣的企业，完成企业商务模式的策划或分析（如果是拟创立企业，则进行策划；如果是现有企业，则进行分析）。主要内容有以下几项。

（1）选择目标市场，进行市场定位，并制定营销目标。

（2）分析企业价值，确定企业主营业务。

（3）分析企业状况，画出企业的组织结构图，并且分析或制定部门职责。

（4）对企业相关状况进行分析，识别企业的核心业务流程，选择其中两个业务，作出 SIPOC 流程图。

（5）分析企业状况和市场状况，就产品策划、产品定价、产品促销、分销渠道这 4 个方面，每个方面选择适当的具体营销手段，进行市场营销策略设计。

（6）虚拟一项需求，规划采购流程，拟定具体的采购指标。注意在其中要使用适当的订货策略，进行订货量和订货时间的决策。

（7）分析其生产运作的内容、所采用的生产方式和大致的生产流程。

（8）分析企业所需要获取的资源，以及资源获取方式。

（9）分析其供应链构建和供应链管理。

（10）针对虚拟的或现有的企业财务报表，计算或估计有关指标，分析企业的获利能力。

2. 实践要上交报告

在实践过程的各个阶段结束之后进行总结，写成报告，并于所有实践阶段结束后上交企业商务模式策划或分析报告，主要内容包括企业商务模式的 7 大组成部分，即

（1）目标市场。

（2）企业价值。

（3）业务流程。

（4）资源获取。

（5）供应链。

（6）获利能力。

（7）附录。

报告附录部分要说明每一部分使用了哪些工具和使用了哪些方法，是如何得到相应的结果的。

3. 附录：市场调查方法

企业环境分析、市场细分、市场定位、企业营销目标制定等工作，必须进行市场调查，结合市场实际进行，才能得到准确的结果。读者可结合本附录，对调查方法回顾，并将其应用到企业目标市场的确定和分析工作中。

市场调查为了解决特定的营销问题而进行的对营销信息的设计、收集、分析和报告的过程。市场调查过程包括以下几个步骤。

（1）界定市场调查问题。市场调查问题是为解决营销问题而提出的。企业在选择目标市场、制定营销战略和策略等决策过程中，需要有相应的市场信息的依据，那些尚没有取得的市场信息、决策行动等，就是市场调查的目标。

（2）明确调查目的。

（3）撰写调查方案。

（4）进行调查设计。包括选择调查方法、进行抽样、设计调查问卷三大部分。

（5）调查实施，取得调查资料。

（6）统计分析。对调查资料进行整理、清洁、编码、录入计算机，形成编码表、数据库；在此基础上，对数据进行描述统计、推论统计、多元统计等统计分析，得出统计分析结果。常用的描述统计方法有频数分布表、直方图、交叉表分析等，常用的推论统计有参数估计、假设检验等。

（7）调查报告。在统计分析的基础上，得出调查报告。调查报告分书面报告、口头报告两种形式。调查报告要回过头来，紧扣上述调查目的来写，一一回答调查之初提出的市场调查问题，为企业营销提供决策依据。

第 2 篇

电子商务实践

第 5 章

网店经营与管理

随着互联网用户的日益增加，有影响力的购物平台的发展带动了各种网上销售的迅速发展，许多个人纷纷在网上创业，建立自己的网店。网上购物成为一种普遍现象。对于网店的经营和管理已经成为一个业者要了解和思考的问题，网店经营品质的提升要借助哪些方法？关注哪些内容？了解和运用哪些技术是此部分要关注的内容。本章从网店的建立、网店的管理和网店的推广与实施几个方面对网店的创建和管理技能进行了实践方面的讲解，并提供了网店经营与发展的成功的案例，最后从网上开店计划的撰写开始，进行网点经营与管理的基本的电子商务实践。

5.1 网上商店的建立

5.1.1 网上有影响力的购物平台和常见的购物方式

1. C2C 方式平台

电子商务的模式包括 B2B、B2C、C2C 等模式，网上有影响力的 C2C 购物平台包括淘宝、易趣、拍拍网，C2C 给每个普通消费者提供参与电子商务的机会。淘宝、易趣、拍拍网的网站都是一个信息平台，其自身并不参与具体的交易。

C2C 平台近几年的市场占有率最好的仍然是淘宝，如图 5-1 所示，淘宝网（www.taobao.

com）是国内首选购物网站，也是亚洲最大的购物网站，由全球最佳 B2B 平台阿里巴巴公司投资 4.5 亿元创办，致力于成就全球首选购物网站。2003 年 5 月 10 日成立以来，迅速成为国内网络购物市场的第一名，占据了中国网络购物 70%左右的市场份额，创造了互联网企业发展的奇迹。根据 Alexa 的评测，淘宝网为中国访问量最大的电子商务网站。淘宝网目前已经成为越来越多网民网上创业和以商会友的最先选择。

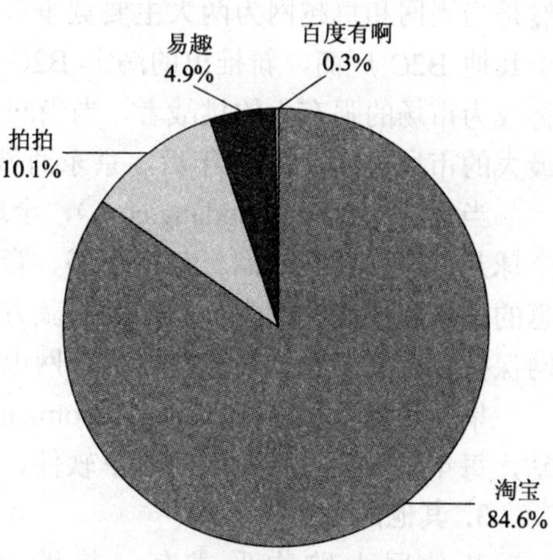

图 5-1　C2C 平台 2010 年第一季度交易份额市场占有比例

在易趣网 eBay（www.ebay.com.cn），个人和企业都可以直接向消费者出售自己的物品，易趣的网上卖家需要支付所卖商品的低价设置费、所卖商品的登录费、交易服务费和广告费，所以能够生存的卖家是有实力的，这些卖家能提供全方位的服务。从 1999 年 8 月成立，易趣是中国最早的电子购物网站。目前，到易趣买东西还要向网站交一分钱。易趣网是一个收费的网上商城。在这里开店虽然需要一些费用，申请到开店资格后，在登录商品时，就要收物品登录、交易服务、广告增值等费用。但相对于实体店这个费用是不值一提的。由于易趣网与全球最大的电子商务公司 eBay 结盟，现在易趣的累计用户已达上千万。这个平台最大的特点是提供了一个既中国又世界，既区域又全球的网上交易平台。

购物流程如下：首先注册成为会员；然后成为安付通的会员（只要有一张开通网银服务的银行卡，就可以免费使用）；接下来在易趣查找物品，了解物品详情，如起始价、目前价、一口价、物品和付款详情，卖家信用度、运送和付款说明及退换规则；之后进行出价和购买，可以通过“一口价”或“竞价出价”方式购买，可以通过“我的易趣”跟踪正在出价、购买、关注和已得标的物品。付款收到物品后，可对物品进行信用评价，评价会永久生效。

拍拍网（www.paipai.com）是腾讯旗下的电子商务交易网站。2006 年 3 月正式开业，其卖家现在超过 100 万家，只要有 QQ 号码就可以登录并购物。其购物流程和淘宝非常相似。其支付使用类似于“支付宝”的“财富通”，不同的是拍拍网的页面都有 QQ 的企鹅标志，可以联想到腾讯的 QQ。在拍拍开店不需要任何费用。

2. B2C 平台

B2C 平台的代表首先是亚马逊网络书店（www.amazon.com），成立于 1995 年，如今亚马逊业务已经扩展到音像、软件、日用品等多个领域，成为世界最大的 B2C 电子商务公司。亚马逊中国网的代表是卓越网（www.joyo.com），2000 年 1 月组建，2003 年 9 月引入著名国际投资公司的老虎基金，成为中国有影响力的 B2C 电子商务网站。

B2C 电子商务交易平台网站本身就是一个大卖家，2008 年 B2C 销售市场的竞争格局依然是当当网和卓越网为两大主要竞争者，两者在收入、用户数、物流建设等方面都远远领先于其他 B2C 厂商，新推出的淘宝 B2C 平台，凭借良好的技术、物流、支付、人气等优势，将成为市场的强有力的挑战者，当当网、卓越亚马逊目前在中国电子商务的 B2C 领域占据了最大的市场份额，2010 年后，京东商城、麦网也因其特色，站到了 B2C 平台的前列。

当当网（www.dangdang.com），全球最大的中文网上书店，成立于 1999 年 11 月，提供全球几百万种在线商品。包括图书、音像、家居、数码、服饰、化妆品等多种精品门类。优惠的价格和快捷的搜索、灵活的付款方式、迅速的送货服务和不断提升的网站功能，使当当网保持在中文书刊、音像及百货等网上销售业务的领先地位。

华军软件商城（www.pcsoft.com.cn）作为中国最大的软件王国，是华军软件园旗下的网站，每年提供数万种新版的共享软件、大众软件和商业软件。

3. 其他网上购物形式

其他网上购物形式有：换购（易物趣 http://www.ewuqu.com/）、代购（亦得网 www.yide.com）、团购（篱笆 http://deco.liba.com/；爱团 http://tuan.aibang.com/）、拼购（拼购 http://www.pingoula.com/）、二手购物（北京二手 http://bj.ershou.net/）、打折购（http://www.vipshop.com）等。

5.1.2 网上交易过程

电子商务（Electronic Commerce）是利用计算机技术、网络技术和远程通信技术，实现整个商务（买卖）过程中的电子化、数字化和网络化。人们不再是面对面的、看着实实在在的货物、靠纸介质单据（包括现金）进行买卖交易，而是通过网络，通过网上琳琅满目的商品信息、完善的物流配送系统和方便安全的资金结算系统进行交易（买卖）。

网上整个交易的过程可以分为 3 个阶段。

第一个阶段是信息交流阶段：此阶段对于商家来说是发布信息阶段。主要是选择自己的优秀商品，精心组织自己的商品信息，建立自己的网页，然后加入名气较大、影响力较强、点击率较高的著名网站中，让尽可能多的人了解和认识商家。对于买方来说，此阶段是去网上寻找商品及商品信息的阶段。主要是根据自己的需要，上网查找自己所需的信息和商品，并选择信誉好、服务好、价格低廉的商家。

第二阶段是签订商品合同阶段：对 B2B（商家对商家）来说，这一阶段是签订合同、完成必需的商贸票据的交换过程。数据的准确性、可靠性、不可更改性等复杂的问题要特别关注。对于 B2C 和 C2C 来说，这一阶段是完成购物过程的订单签订过程，顾客要将选好的商品、联系信息、送货的方式及地址、付款的方法等在网上签好后提交给商家，商家在收到订单后应及时核对并发货。

第三阶段是按照合同进行商品交接、资金结算阶段：这一阶段是整个商品交易很关键的阶段，不仅要涉及资金在网上的正确、安全到位，同时也要涉及商品配送的准确、按时到位。在这个阶段有银行业、配送系统的介入，在技术上、法律上、标准上等方面有更高的要求。

网上交易的成功与否就在这个阶段。

网上商店可以接受消费者直接"在线订购"。消费者在网上商店的购物流程如图 5-2 所示。

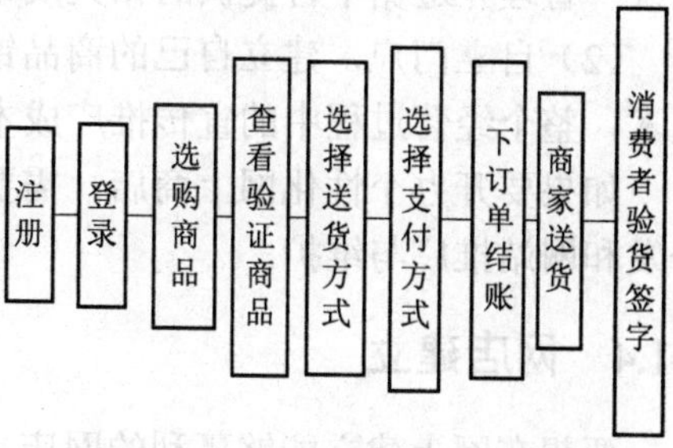

图 5-2 客户购物流程

5.1.3 网上开店创业方式

目前利用网络创业主要有两种形式："网上开店"和"网上加盟"，"网上开店"是创业者自立门户，即建立一个自己的商品销售网站，或者直接在相关电子商务网站注册一家商店，自己负责进货、销售，并通过网上交易形式进行买卖。"网上加盟"，即利用电子商务网站母体，租赁实际商业门面并取得工商营业执照，再经过专业培训签订相关协议，就可以销售母体网站的货物。销售利润按协议规定分成。

相对于传统的经营模式，网上创业有着成本低、时效高、风险小、方式灵活的优点，中国中小企业情况调查显示，个人在网下启动销售公司的平均费用至少 5 万元。但在网上，成本很低。网上开店也有弊端，服务始终是其软肋，如诚信问题、安全问题、物流问题等都是困扰网上开店的问题，目前网上交易最大的问题还是信任的建立。

表 5-1 网上商店与传统商店的比较

项目	网上开店	传统店面
名称	域名：www.ego365.com	店名：第一百货商店
店面	虚拟空间：网页	物理空间：商店
商品	虚拟商品：图片、平面	物理商品：实物、立体
时间	24 小时	固定时间，规定的营业时间内
信息提供	透明、准确	根据销售商的不同而不同
流通渠道	企业、消费者	企业、批发商、零售商、消费者
营销活动	通过网络双向通信，一对一	销售商的单方营销
顾客方便度	顾客按自己的方式无拘无束购物	受时间与地点的限制
了解顾客	能够迅速捕捉顾客的需求	需长时间掌握顾客的需求

随着电子商务的不断发展及网络信用、电子支付和物流配送等瓶颈的逐渐突破，网上购物的便捷性和实用性日益凸显，网上创业的前景看好。"网上淘金族"大量出现，经营者虽没有大笔资金，却能利用互联网"时尚创业"。网上购物自身具备的 24×7 的模式与即时互动方式已经吸引了很多购物者的注意力。这类购物网站能够随时让顾客参与购买，更方便，更安全。

网上的创业方式可以通过两种途径实现。

（1）入驻大型网上商城或拍卖型电子商务平台，著名的淘宝、易趣、拍拍网，还有一些著名的网站，如搜狐和新浪商城等，这些平台不需要有大的前期投入，但经营必须符合平台的统一管理并遵循平台提供的相关规则。

（2）自立门户，建立自己的商品销售网站，需要一定的前期投入，并要懂得一定的网络技术，整个经营过程中的宣传推广成本较高。

如果要开办个性化网上商店，需要进行注册域名、空间租赁、网站内容设计、功能程序开发和网站推广与维护。

5.1.4　网店建立

要想在网上建立能够赢利的网店，首先要了解网上开店的相关内容，网上开店主要考虑的内容有以下几个方面。

（1）需要想好要开一家什么样的店，寻找好的市场，商品有竞争力才是成功的基石。网上开店之前，要做好相应的建店调研，要确定网店的主要客户、主要竞争对手和主营产品。

（2）选择开店平台或网站，这需要选择一个提供店铺平台的网站，注册为用户。现在很多平台提供免费开店服务，大多数网站会要求用真实姓名和身份证等有效证件进行注册。在选择网站的时候要关注其人气是否旺盛、收费情况等重要的指标。

（3）向网站申请开设店铺时，客户要详细填写自己店铺所提供商品的分类，这要求开店客户充分了解网店平台的分类，以便让店铺归类正确，让网店的目标顾客可以准确地找到商品和商品所在的网店。为店铺起个醒目的名字，网友在列表中点击哪个店铺，多取决于名字是否吸引人。网店中显示的个人资料应该真实填写，以增加信任度。

（4）考虑进货，可以从熟悉的渠道和平台进货，控制成本和低价进货是关键。

（5）登录产品，对产品的描述等重要信息是在网店中吸引用户购买的重要部分，需要把每件商品的名称、产地、所在地、性质、外观、数量、交易方式、交易时限等信息填写在网站上，搭配商品的各种细节图片。商品名称应尽量全面，突出优点，商品名称和别名将成为搜索该类商品时显示在名称列表上的重要内容。为了增加吸引力，商品图片应尽量有所设计，注重前景质量并规范背景细节，网店管理者要学会使用图片处理工具对图片进行处理。产品说明更应尽量详细，如果需要邮寄，需声明由谁负责，邮资多少。

商品价格的设置很重要，通常网站会提供起始价、底价、一口价等项目由卖家设置。假设卖家要出售一件进价 100 元的箱包，打算卖到 150 元，如果是个传统的店主，只要先标出 150 元的价格，如果卖不动，再一点点降低价格。但如果采用的是网上竞价方式，卖家先要设置一个起始价，买家从此向上出价。起始价越低越能引起买家的兴趣，有的卖家设置 1 元起拍，就是吸引注意力的好办法。但是起始价设置得太低可能有风险，可能暗示卖家愿意以很低的价格出售该商品，从而使竞拍在很低的价位上。如果卖家觉得等待竞拍完毕时间太长，可设置一口价，一旦有买家愿意出这个价格，商品立刻成交，缺点是如果几个买家都有兴趣，也不可能提高价钱。卖家应根据自己的具体情况利用这些设置。

（6）网店的营销推广，为了提升店铺的人气（流量），在开店初期应适当地进行有效的营销推广，可以采取网上和网下多种渠道一起进行。例如，将商品分类列表上的商品名称加粗、增加图片以吸引注意力，也可以利用不花钱的广告，如与其他店铺和网站交换链接，还可以通过购买网站流量大的页面上的“热门商品推荐”的位置实现推广。

（7）考虑售中服务问题，顾客在决定是否购买的时候，很可能需要很多网页中没有提供的信息，准备好商品咨询信息，及时并耐心地回复顾客的问题，有些网站平台为了防止卖家私下交易以逃避交易费用，会禁止买卖双方在网上提供个人的联系方式，如信箱、电话等，否则将予以处罚。

（8）成交后处理，网站会根据客户约定的方式进行交易，开店者要对交易途径有多种准备，客户可以选择不同的交易方式，如见面交易，通过汇款、邮寄的方式交易，无论哪种方式都应及时实现交易，以免产生信用危机。是否提供其他售后服务，也视双方的事先约定。

（9）评价或投诉处理，信用对网上交易非常重要，如果通过良好的服务获取顾客对交易满意，并给予好评，这对提高网店信誉有很大帮助。如果交易失败或投诉，要有应对方案，为了共同建设信用环境对投诉应尽快回应。

（10）要充分考虑售后服务，完善周到的售后服务是处理不同的客户问题的主要环节，要充分重视，保持客户联系，对退货的规则事先约定，避免出现退货风险。做好客户管理工作是开店的重要工作。

网店建立步骤操作对于不同网店平台（淘宝、易趣、拍拍网），步骤不全相同，但网上开店操作基本步骤如下。

（1）注册个人基本信息，提出建店申请。

（2）建店申请批准后，① 登录商品：成功登录后，进入网店管理后台，选择商品的明细分类，接下来就填写商品信息，商品信息包括商品名称、描述、数量、所在地等，然后是设定价格，根据情况而定；② 商品图片设计与上传：上传能准确说明商品属性的精美图片，精心设计的商品详细描述信息和图片，对商品的成交非常关键。

（3）网下交易，与买家成交且买家付款后，网站管理服务部门将用 E-mail 给顾客一封成交信。卖家可以约定对商品送货，或根据约定付款方式进行交易。

（4）做出交易评价：网下实际达成交易后，买卖双方都有义务为对方做信用评价，这是一种信用机制，会对评价买、卖双方的信用，以及再次成功交易有重要影响。

（5）提交交易服务费：商品网上成交时，有的网站将按商品成交价的比例收取一定的交易服务费。如果由于买家违约而未能在网下实际达成交易，卖家可以根据“退费流程”就该商品向网站申请退回交易服务费。

5.2 网店管理

5.2.1 网店完善

网店和网店中的商品越来越多，卖家间的竞争也越来越激烈。如何使自己开设的店铺能够脱颖而出，如何让新品争得更多的机会，已经是建店后亟须解决的问题。

1. 商品定位

要在网上开店，首先就要选择适宜网上开店销售的商品，并非所有适宜网上销售的商品都适合个人开店销售。目前适宜在网上开店销售的商品主要包括书籍音像、首饰、数码产品、计算机硬件、手机及配件、保健品、成人用品、服饰、化妆品、工艺品、体育与旅游用品等。适合网上开店销售的商品一般具备下面的条件。

（1）体积较小：主要是方便运输，降低运输的成本。

（2）附加值较高：价值低过运费的单件商品不适合网上销售。

（3）具备独特性或时尚性：网店销售不错的商品往往都是独具特色或十分时尚的。

（4）价格较合理：如果网下可以用相同的价格买到，就不会有人在网上购买了。

（5）通过网站了解就可以激起浏览者的购买欲：如果这件商品必须要亲自见到才可以达到购买所需要的信任，那么就不适合在网上开店销售。

（6）网下没有，只有网上才能买到，比如外贸订单产品或直接从国外带回来的产品。

另外，网上开店也要注意遵守国家法律、法规，对于4方面的商品要避免销售：① 法律、法规禁止或限制销售的商品，如武器弹药、管制刀具、文物、淫秽品、毒品；② 假冒伪劣商品；③ 其他不适合网上销售的商品，如医疗器械、药品、股票、债券和抵押品、偷盗品、走私品或以其他非法来源获得的商品；④ 用户不具有所有权或支配权的商品。

网上开店卖什么取决于市场的需求和资源、条件和爱好等在内的具体情况，尽量确定有特点的商品经营，确定恰当的营业范围，如果是企业已经有成熟的产品、外加可观的市场需求，已经有了独特的资源可以利用，如特色农产品、民俗工艺品等，重点要进行营销。如果是网上创业，经营产品范围的确定就是非常重要的问题，主要应综合考虑发挥自己的资源优势、特长，最忌盲目模仿。创业的核心就在一个“创”字，产品的创意和定位是首当其冲的。当市场有大量的共性商品时，价格竞争就不可避免，价格竞争的结果对于中小网店的影响很大，商品定位明确，并扬长避短是网店赢利的竞争之道。要想获得利润，首先要考虑的是商品的优势，如进货价格低、含有核心生产技术、附加值高、中间环节少，具有排他性的特色商品在市场上更容易有竞争力。很多有潜力的商品要去发现，商品有30%的市场热销时，可以关注。有40%可能热销时要开始了解它，有50%可能热销就可以投入，但已有80%的热销把握时，利润就不一定有保障了。围绕一个商品主题的商品组合可以是商品定位时的一个方法，如异国风情主题店中可以组合各种特色家居饰品、礼品等。

2. 店铺形象风格

据 Questus 调查还发现，网站外观影响消费者对网站的信任度。一半的被调查者反映他们在本年末节假日曾在一个以前从来没有去过的网站进行购物。这显然说明，让访问者快速建立信任对新网站销售至关重要。消费者往往在看到一个网站的3秒钟时间内就形成了对于该网站的初步印象。对于“消费者不信任外观不专业网站销售的产品”的结论，美国网上购物者大多数表示同意。详细调查结果见表5-2。

表 5-2 消费者对网站外观影响信任观点的态度

对网站外观影响信任的认可程度	占被调查者百分比/%
比较同意	43
强烈同意	25
不置可否	24
不大同意	7
强烈反对	1

网店的形象有别于人，会给访问者留下较深的印象，网店的形象包含了店名、店标及网店的装修风格。网店形象应该是一个统一完整的形象，应该有计划地进行设计，网店形象重要的设计前提是要让目标消费客户喜欢，进一步有购买欲望并转化为购买行为。经营者的一言一行都影响到客户对其店铺的评价，在网店中体现店主形象的方式主要通过文字，店主在网站留言或通过及时通信工具和客户交流时一定要有自己的风格和文字标志。

店铺形象的案例：以爱情为主题的小店能够吸引客户的眼球，其经营商品定位明确，店里能按照恋爱的阶段进行商品分类，此思路很新颖，店中商品包括了从初恋到结婚和生子的很多阶段，这样的设计为培养忠实客户也创造了一个伏笔，买家可以由一个购物理由而喜欢店中的系列商品。从其网店的描述和风格也营造了很温馨的氛围，店铺形象的精心设计是网店完善中需要重视的。

3. 网店装修

网上商店建好之后，如何让更多的顾客浏览并购买成为重要的问题。网上商店要在数量众多的商店中脱颖而出，并不是很容易的事情，“第一眼”印象往往决定消费者是否访问网店，网店的门面是非常重要的，要留住消费者，“包装”必不可少，店名要吸引人、店铺的货品陈设要精心组织，这就是网店装修。装修的方法有以下 3 种。

（1）完善的分类体系来展示产品。一个好的购物网站除了需要销售好的产品之外，更要有完善的分类体系来展示产品。所有需要销售的产品都可以通过相应的文字和图片来说明。分类目录可以运用根目录和子目录相配合的形式来管理产品，顾客可以通过点击产品的名称来阅读它的简单描述和价格等信息。

商品分类是装修中很重要的工作。认真考虑商品的分类，可以按商品的类别分类，根据商品的类别划分，商品通常可划分为大类、中类、小类 3 个类别层次，整个商业零售企业的商品由几个大分类构成，而大分类则由多个中分类组成，中分类则由多个小分类组成，小分类则是由几十个甚至几百个单品品项组成。可以按销售形态划分，根据数量商品（数量商品是超市销售商品的基本形态，是指按照顾客购买的商品数量进行结算的商品，特点是销售单价固定，金额为单价乘以数量）、称重商品（称重商品是指用称重设备称取顾客购买商品的重量后，计算出金额的商品）、量贩商品（量贩商品是指同种商品，以一定数量（重量）为单位进行销售的一种销售）和捆绑商品（捆绑商品是指将商品组合在一起进行销售的一种销售形式，属组合商品类）等常规分类方式处理商品分类。

（2）确定网站设计风格。建议参看一些网站的样板，了解专业网站设计的原则，更重要的是向目标顾客询问，确定他们对购物网站的感觉，究竟喜欢什么样的风格。并考虑怎样的设计才能更加有效地吸引住顾客。网店最终还是要由建立者完成装修，要学会使用简单的图片处理工具，如 Photoshop，对网店中的公告及图片进行处理。设计网店中要描述的风格及信息内容。

（3）借助网店个性化模版对网店进行整体装修。网店装修包括各种图片处理、动画制作、个性化公告、网店模版的合理使用，现在有很多提供网店模版的网站，可以通过该途径获取模版，精心装修开设的网店。网店的装修也可以使用一些店长工具，如页面效果转换工具。

建立独立的网上商店可以选择借助网上商店模版，也就是通常所说的购物网站模版来完成。利用网上商店模版来完成的网上商店，可以称之为自助式网上商店。自助式网上商店主要是采用网上商店模版建立网店，同样也是一种独立的网上商店，只是相较个性化网店而言，网店内容模块化，网店的内容只能在既定的模式内选取，通常价格较低，网站的应用功能不错，自助化网店操作简单，但是网店的风格则无法达到个性化网店的标准。

现在市场上有很多开发网上商店模版的公司，这些网上商店模版功能完善，并且有多套模版供客户选择，能够满足客户对购物网站不同风格的需求，能够满足客户对个性的要求。网店管理者可以试着使用这些模版，花一点经费，帮助修饰好网店的门面。

4. 网店客户服务和低成本运营是网店获得利润的重要通道

商品优势可遇不可求，店铺风格的优势可以通过网店的装修解决，而网店服务和低成本运营是网店获得利润的重要通道，优质完善的服务是提高顾客信任度的重要环节，借鉴大企业的服务理念，提升网店的服务意识、建立服务规则，是让更多客户认可的重要方面。降低运营成本，如进货成本、邮寄成本等。时刻关注新的动向、机会，随时了解在产品生产或服务中，是否有更快、更好或更便宜的方法。随时增加新货，让顾客有得看，不会觉得厌烦。

建立顾客和网店商家之间的信赖关系，帮助网店经营者获得满意的客户服务经验，加快发展步伐并降低成本，从而增加消费者在网店进行交易的信心和满意程度。网店中一定要有质量承诺，敢于承诺保证质量是增加消费者对网店的信心的方法，质量承诺可以和退款等服务措施结合在一起。网店中的产品如果有质量保证或鉴定证书，可以一同与质量保证发放到网店中。

客户服务是网店中不可缺少的环节，是为客户提供通过 E-mail 提问、客户反馈和文本投诉的渠道；网店中需提供获得客户服务条款的栏目；网店在收到问题或投诉 48 小时内要向消费者确认收到了问题或投诉；如果投诉是有关商品而商家自身不能解决，必须向消费者提供和生产商联系的适当方法。

网店应该保证发运的每个包装都在运输机构进行了标准的防丢失、防盗和防损害保险；必须按照可打印的格式向消费者提供定购货物的发票。如果能够让顾客选择，店主应该向顾客提供进行特别投递的能力保证。

5. 营销是重点

让更多的人成为网店的访问者，提升潜在客户，让顾客成为忠实客户，这些都是做好网店的重要任务，可以通过尝试多种方法进行网店的营销，以提高网店的访问量。网店的营销可以通过较低成本的方法，如及时通信工具（QQ 群或 MSN）、社区、论坛、邮件、博文、电子杂志订阅等，通过这些方法有步骤和有计划地实施，可以定期或不定期地向顾客（及潜在顾客）发送温馨提示或新货或促销提醒，其目的是让客户“定期想起你”，想法提供对客户的生活或事业有益的免费信息来争取其注意力，并促进最终的消费行为。

6. 申请电子商务诚信商户

为更好地促进中国电子商务的发展，创造良好的环境，2006 年中国电子商务诚信评价中心成立，中心的宗旨是建设在线信用服务平台，完善和建立电子商务诚信标准。中国电子商务协会诚信评价中心基于我国电子商务企业与环境的特点及实际发展状况，建立了企业电子商务诚信基础标准及其评价体系、评价规范与过程，该标准基于企业的在线业务，涉及 3 方面的内容：企业的真实性与合法性、个人信息的保护和在线商务行为的诚信，电子商务诚信评价规范，基于电子商务诚信标准，通过 12 个一级指标和 60 个二级指标，核查和评价企业在线业务符合诚信标准的程度。当网站有一定流量后，可以在此机构网站上（http://www.ectrustprc.org.cn）申请电子商务诚信商户的链接，申请批准后可以在自己的网页中显示相关资质标示及链接，如图 5-3 所示。也可以到由中国电子商务协会政策法律委员会、中国电子商务法律网主办的网站进行网上交易保障中心（http://www.315online.com.cn/）进行注册和审批。

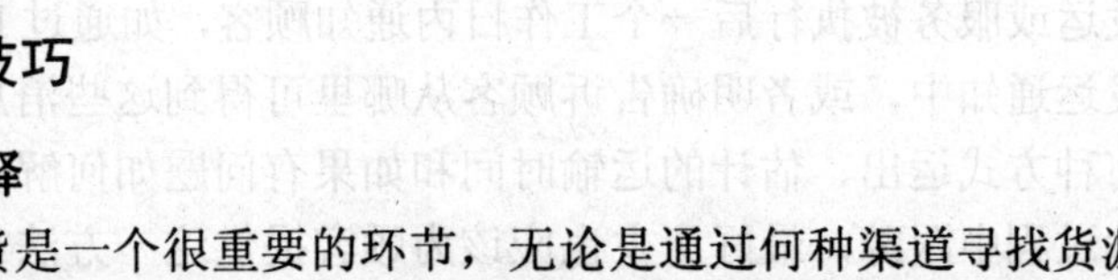

图 5-3　网站信用标识

5.2.2　网店管理技巧

1. 供货商的选择

网上开店，进货是一个很重要的环节，无论是通过何种渠道寻找货源，低廉的价格是关键因素，找到了物美价廉的货源、选择供货商，网上商店就有了成功的基石。供货商的种类包括生产厂家，一级批发商，二、三级批发商，在供应商的选择上要考虑：最低起批量、出现质量问题如何退换、进货的运输费用如何计算。

（1）批发市场进货，这是最常见的进货渠道，如果网店是经营服装，那么可以去周围一些大型的服装批发市场进货，在批发市场进货需要有强大的议价能力，力争将批发价压到最低，同时要与批发商建立好关系，在关于掉换货的问题上要与批发商说清楚，以免日后起纠纷。

（2）厂家货源，正规的厂家货源充足，态度较好，如果长期合作的话，一般都能争取到滞销换款。但是一般而言，厂家的起批量较高，不适合小批发客户。如果有足够的资金储备，并且不会有压货的危险或不怕压货，那就可以去找厂家进货。

（3）大批发商，一般直接由厂家供货，货源较稳定。厂家可以通过百度、Google 搜索找到，或者到行业网站上寻找。一级批发商的订单较多，服务难免有时就跟不上，除非是大客户，才可能有特别的折扣或优惠。一般大批发商发货速度较慢。由于收货时收到的东西有时难免有些瑕疵，换货规则事先要做好充分的沟通与协商。

（4）二、三级批发商，这类批发商由于刚起步，固定的批发客户少，没有知名度。为了争取客户，他们的起批量较小，价格一般不会高于甚至有些商品还会低于大批发商。他们对于换货等问题比较灵活。要与其达成协议提供售后服务。对这类批发商要好好了解其诚信度，以避免问题的出现。

（5）关注外贸产品，目前许多工厂在外贸订单之外的剩余产品或为一些知名品牌的贴牌生产之外会有一些剩余产品处理，价格通常十分低廉，这是一个不错的进货渠道。

（6）买入库存积压或清仓处理产品，因为急于处理，这类商品的价格通常是极低的，可以用一个极低的价格购买，转到网店上销售，利用网上销售的优势，利用地域或时空差价获得足够的利润。密切关注市场变化，并对商品的价格行情变化做出预判断。

（7）寻找特别的进货渠道，例如，进些国内市场上较难看到的特色商品，如地域特产。

对于所有的进货渠道要有信息的收集和处理，分类对供应商的信息进行管理，要找到更好的进货渠道是需要网店经营者们多用时间进行信息收集的。

2. 交易处理

在网店经营中十分重要的是及时进行交易的确认和通知，交易确认有助于提高客户对网店的信任度。

网店在消费者订货后一个工作日内要向消费者发出订单确认，如使用 E-mail。需要将总费用等显示在订单确认通知中，或明确告诉顾客从何处可以查找到订单总费用。网店应该在顾客定购的商品被发运或服务被执行后一个工作日内通知顾客，如通过 E-mail 通知；网店要将如下信息包含在发运通知中，或者明确告诉顾客从哪里可得到这些消息：货物名称、总费用、货物从哪里以何种方式运出、估计的运输时间和如果有问题如何解决。如果顾客选择的运输方式可以在运输过程中跟踪，最好店主也应该为顾客提供这一方法。如果消费者选择的运输方式提供有关货物已经被收取和收取者姓名的资料，网店经营者也最好为消费者提供这一方法。如果客户取消订单或退货，店主要尽快（3 个工作日内）通知消费者已经收到取消订单或退货信息。对于顾客的评论要及时给予回应，肯定顾客对商品或服务的好评，对差评要进行沟通，给用户满意的服务，好的口碑是网店成功的要素。

记录与客户的交互内容并及时处理，交易过程的各种记录，如电话记录、短信记录、邮件记录和凭证记录，要认真管理，定期分析交易问题，从而提供更好的交易服务。

3. 库存管理

1）进货

网店的经营成本中重要的一项支出是进货费用，合理控制进货环节，尽量减少库存占用资金是网店经营中的重要内容。“进货”指商品的采购，这里的“商品”是用于进一步销售的物品。“进货”意味着资金投入和商品增加，物流、资金流及信息流都有了相应变化。“进货”是商业的重要环节，进价的高低直接影响最终利润。有统计数据表明进货成本降低 1%，毛利可增加 5%～10%。商品进货管理涉及的内容主要有以下几项。

（1）新商品登录：设置新商品基本资料，在系统数据库中备案。实际上，这个工作在订货前就已做好，在决定采购这个新商品前一定是已获得了此商品的有关资料，如条形码、规格、产地、供应商等。

（2）进货信息登录：录入进货单信息，包括进货单编号、进货日期、进货人、验收人、供应商编号、所采购的商品代码、批次、单位、数量、进货单价、进货税额、折扣情况、生产日期、保质期等。

（3）商品的进货调整管理：商品在进货时，供应商经常会略超量供货，称为物扣，以抵冲运输途中的可能损失。由于这部分商品不影响供应商的应付款项，但算是商品进货数量的一部分，影响库存和商品的进货成本。

（4）退货处理：产生相应供应商退货，也影响库存，要认真记录，每笔退货要以独立的退货单形式进行处理。

（5）商品采购：考虑资金运作、商品的销售业绩、消费需求等因素，并区分老商品和新商品以采用不同的采购策略。

（6）报表汇总：在进货的同时记录进货信息，定期还要产生供管理者参考的进货报表。

2）库存分析与进货

对于网店，流量和成交量非常重要，店主对库存的控制也同样重要。对于网店的店主可以利用以下集中简单的方法进行库存分析，确定进货量。

（1）根据销售类别分析。可以根据定期分析不同类别商品的销售统计表，分析出热销的商品种类，并以此作为下次进货的重点。

（2）根据销售数量分析。可以根据几个月内的销售记录来计算出下几个月的进货量，有一个简单的计算法，乘权累加的方法：权值的选取可以遵循这样的原则：距离预测原则越近的权值越大，权重系数和为 1。如 2，3，4 月的销售量分别为 160、175、186 件，则可以利用如下公式计算：$160\times0.2+175\times0.3+186\times0.5=178$ 件，计算出的进货数量大致为 178 件，这样减少补货次数，同时避免积压，降低进货风险。

（3）根据销售经验分析。日常管理中进行库存统计、交易统计、客户管理统计和店铺资产统计后，还要依据商品的不同属性进行分析，商品可以有旺季和淡季之分，对于店主要根据自己的销售经验来分析进货数量，这要先分析和了解淡旺季，并参考以往同期的进货情况，得到一个基数，乘以网店发展的系数，从而算出同期的进货量，充分考虑网店的发展因素是确定补货的影响因素。

3）清理库存

清理库存是除了进货控制以外，网店经营中库存管理的重要部分。清仓促销的种类可以包括促销拍卖、打折、赠品、积分、联合促销等，如何设计清仓方案和商品销售底线，是清仓促销方案设计时要注意的。清仓商品的促销价格要认真核算，在网店可以承受的能力内进行，在利于网店的销售额提升的前提下，有利于网店的销售策略实施的基础上，进行清库存促销，如进行季末服装清仓促销时，同时通告新品上架促销内容，这样可以一举两得。要适应顾客的消费特点，快速有效地吸引顾客，促进顾客的购买行为，顾客在购买清仓产品时容易冲动消费，可以限定较短的促销时间并制定促进薄利多销的政策。

4. 网上购物网站中产品的定价策略

网络消费需求仍然具有层次性、明显的差异性、交叉性、超前性和可诱导性，在经营网店的过程中要考虑网络消费的心理动机包括理智动机、感情动机和惠顾动机。理智动机的形成基本上受控于理智，而较少受到外界气氛的影响。感情动机是由于人的情绪和感情所引起的购买动机。惠顾动机的形成，经历了人的意志过程。网上消费者的购买行为，其过程包括诱发需求、收集信息和比较选择，消费者的需求是在内外因素的刺激下产生的，如由于要给朋友送上一份温馨的礼物所诱发的需求。收集信息是汇集商品的有关信息，这是商品的比较基础，在信息搜集的基础上，消费者会对要购买的商品进行综合评价，包括产品的功能、可靠性、性能、样式、价格和售后服务等。下面是 Questus 研究报告中影响美国网上购物者购买决策的关键性因素调查结果（见表 5-3）。

表 5-3 影响网上购物者购买决策的关键性因素

影响因素	占被调查者百分比/%
商品价格	68
配送方式	44
产品介绍	38
网站导航设计	37
结算过程	32

资料来源：Questus。

基于如上网上消费的需求，在网店经营中的定价策略可以考虑以下几个方面。

（1）竞争策略。应该时刻注意潜在顾客的需求变化。可以通过顾客跟踪系统（Customer Tracking）经常关注顾客的需求，保持网站向顾客需求的方向发展。在大多网上购物网站上，经常会将网站的服务体系和价格等信息公开申明，这就为注意竞争对手的价格策略提供方便。

随时掌握竞争者的价格变动，调整自己的竞争策略，时刻保持产品的价格优势。

（2）捆绑销售。捆绑销售这一概念在很早以前就已经出现，但是引起人们关注的原因是由于美国快餐业的广泛应用。麦当劳通过这种销售形式促进了食品的购买量。这种策略已经被许多精明的企业所应用。人们往往只注意产品的最低价格限制，却经常忽略利用有效的手段去减小顾客对价格的敏感程度。网上购物完全可以通过购物车或其他形式巧妙运用捆绑手段，使顾客对所购买的产品价格感觉更满意。网店中有一些连带商品，如数码相机和存储卡，可以适当降低设备类商品的价格，提高耗材类商品的价格。对于互补型的商品组合定价，如衬衣和裤子一起卖的价格要比单件卖的价格低。

（3）特有的产品和服务要有特殊的价格。产品的价格需要根据产品的需求来确定。当某种产品有它特殊的需求时，不用更多考虑其他竞争者，只要制定自己最满意的价格就可以。如果需求已经基本固定，就要有一个非常特殊、详细的报价，用价格优势来吸引顾客。很多企业在开始为自己的产品定价时，总是确定一个较高的价格，用来保护自己的产品，而同时又宁可在低于这个价格的情况下进行销售。其实这一现象完全是一个误区，因为当顾客的需求并不十分明确的时候，企业为了创造需求，使顾客来接受自己制定的价格，就必须去做大量的工作。然而实际上，如果制定了更能够让顾客接受的价格，这些产品可能已经非常好销了。

（4）考虑产品和服务的循环周期。在制定价格时一定要考虑产品的循环周期。从产品的生产、增长、成熟，到衰落、再增长，产品的价格也要有所反映。网上进行销售的产品也可以参照经济学关于产品价格的基本规律。并且由于对于产品价格的统一管理，能够对产品的循环周期进行及时的反映，可以更好伴随循环周期进行变动。

（5）品牌增值与质量表现。产品的品牌能够对顾客产生很大的影响。如果产品具有良好的品牌形象，那么产品的价格将会产生很大的品牌增值效应。在关心品牌增值的同时，更应该关注的是产品给顾客的感受——到底是一种廉价产品还是精品。如果产品本身具有很大的品牌，那么网店完全可以对品牌效应进行扩展和延伸，网络宣传与传统销售相结合，产生整合效应。

5. 送货

很多国外的商务网站都与著名的联邦快递和UPS等大型快递公司存在合作关系，为他们的产品进行物品流动的运送工作。由于网上购物网站所销售的产品大多以小巧精致为主，最适合通过快递的方式进行运输，所以也得到了广大顾客的认同。另一种方式是通过邮递，但产品要受到一定的限制。

国内的网站主要还是通过邮递，但并不十分理想。一般的网店送货依赖快递公司，由于快递的服务质量良莠不齐，在配送过程中给顾客带来的不快体验可能使得顾客失去网购信心。尽量选择信誉好的快递进行配送，使得顾客能够放心购买。选择一个适当的快递公司并监控和跟踪送货的情况，发现问题及时和客户沟通，因为即使是由于快递的原因延误或造成货品的破损等，顾客也会对网店的服务提出质疑。网店明确标注送货的时间和采用不同快递方式的费用，在发货中出现问题时，向顾客及时表明网店的诚意，要帮助客户解决问题，不能直接把问题推到快递公司。

送货要快，任何付了款的消费者都想早点拿到商品，这就是需求，满足了这种需求，就增加了网站的竞争力。

网店的成本包括了直接和间接成本，直接成本（也是经营成本）至少包括进货成本（货品及交通费）、发货成本（邮费和包装费）、人员成本等。间接成本（也是管理成本）包括管理产生的一些费用，如办公费用（通信费、网络费）、退换货产生的费用、库存占用费和其他费用（如品牌维护和推广、设备更新），这些费用都要分摊到每个商品的总成本中。

要控制成本，在各个环节都很重要，发货可以通过邮局、快递公司、货运公司，邮局的优势在于网点多、发货方式多样、无休息日。除了 EMS，快递公司在时间上占据优势，快递公司以月结算方式付款，价格可以商讨；发货成本的控制可以从邮费和包装上节省，如使用自备纸箱、使用打折邮票。

6. 网店品牌建立

以品牌为核心而进行营销，是现代企业按照社会经济的发展所做出的必然选择。在科学技术进一步发展，产品的质量差异化越来越小的今天，企业要在竞争激烈的市场中生存，就只有从产品品牌的角度出发，通过努力塑造和传播品牌的独特形象，让众多的消费者感受到该品牌产品与其他同类的产品相比有着独特之处，并使这种独特的特点符合目标消费者的个性审美情趣，从而使该品牌产品从同类的产品中脱颖而出，独树一帜，建立起忠实的顾客群，这就是品牌营销的基本原理。一个品牌的形成，并不是偶然的，几乎在每一个成功的品牌背后，都有着一系列精心的营销策划。

品牌形象策划，其实是在对一个形象进行系统的设计策划，品牌形象策划并不只是简单地为产品取个名字、设计个商标就能够完成，而是要科学、系统、全面地设计品牌的各种目标形象。因此，品牌营销策划的方法也可以采用系统分析与设计的方法。对于品牌营销策划而言，以品牌营销的目的为核心，采用系统分析与设计方法，可将品牌营销策划分解为收集信息资料、品牌形象策划、品牌传播策划、综合创意策划等几个具体的过程和内容。

品牌形象策划是塑造和传播品牌形象，是品牌营销的主要任务。那么为品牌策划目标形象就是品牌营销策划的重点和首要工作。形象是品牌的灵魂，塑造出一个理想的品牌目标形象将赋予品牌强大的生命力，而品牌的目标形象如果塑造得不合理，将会导致整个品牌营销计划的失败。只有正确地塑造品牌形象，品牌营销活动才显得有意义。

品牌形象其实是一个内涵非常广泛的概念，是一个形象系统，品牌的形象包括以下几方面。

（1）品牌的外观形象是指品牌名称、外观设计、商标图案、包装装潢等直观的视觉、听觉效果，如“Adidas”牌运动服的中文读法是阿迪达斯、“奥迪”牌汽车的商标是串联着的 4 个圆圈等，都属于品牌的外观形象，这是品牌形象系统中最外层、最表面化的形象。网店的品牌重要的基本视觉元素是 Logo，它不是网店品牌的全部，但它是网店品牌的重要组成部分，网店的视觉识别系统在经营过程中的设计和应用是非常重要的，因为品牌的标志、网店的标准色彩通过视觉系统将品牌的形象传递给大众。

（2）品牌的功能形象是指被消费者所普遍认同的本品牌所具有的物理功能性的特征，也就是品牌能够让消费者产生的对产品的实用性、安全性、先进性、舒适性、环保性等各种物理功能特性的联想，如一看到“微软”，便让人联想到高科技等，那么只要是“微软”的就总是最先进的等。

（3）品牌的情感形象是指被消费者所普遍认同的品牌所具有的情感性的特征，也就是品牌能够让消费者产生的情感感受，如“可爱多”让人感觉到温馨。

（4）品牌的文化形象是指被消费者所普遍认同的品牌所具有的文化性的特征，也就是消费者从品牌身上所能够感受到的某种文化品位或生活方式，如“海尔”代表了团结与真诚等。

（5）品牌的社会形象是指被消费者所普遍认同的品牌所具有的社会性的特征，也就是消费者从品牌身上所能够感受出来的某种社会价值，如开“宝马”车体现了身份地位等。

（6）品牌的心理形象是指被消费者所普遍认同的品牌能够带给消费者的某种自我价值的心理体验，是能够让消费者产生强烈心理共鸣的某种品牌特性，如“安踏，赢的力量”。

网店的品牌建设和经营是网店规范化、正规化的发展方向，也是网店可以持久发展的一项重要工程。品牌的定位是针对目标市场去确定并建立一个独有的形象，以此来对品牌的整体形象进行设计和传播，从而在目标客户心中占据一个独特并有价值的地位的一个过程，其着眼点是目标客户的心理感受，品牌经营的途径是对品牌整体形象的设计，它可以依据目标客户的特点来设计产品的属性并传播品牌形象，使品牌形象在目标客户心中留下深刻的印象，网店的品牌定位不是只针对具体的商品本身，而是要求网店的经营者把工夫下到消费者的内心深处，使品牌得到广泛的认同和接受，从而获得更大的销售量。网店的发展前期就必须十分注重品牌建设，培养核心竞争力。建设品牌就是要利用商家的高诚信度优势、商家行为规范性、服务保障能力等来促使用户建立对一个网店的信心，有了品牌影响力，就能有效地聚集用户，促进网店发展，而网店发展又提升了用户信心，形成循环效应，产生滚雪球式的品牌效应。在品牌、信誉方面确立了商家的优势地位，会给予消费者更加有保障的“无形承诺”。

品牌形象的应用和逐步完善，确定了品牌和其形象后，要注意保护，可以通过商标注册方式对品牌进行保护，为日后的经营发展奠定基础，可通过中国注册商标在线（http://www.chntm.com）和中国商标网（http://sbj.saic.gov.cn）或中国商标信息中心（http://www.cta315.com）进行商标查询和注册。如“秀石头”网店（见图 5-4）。

7. 网店的客户关系管理

在传统的产品销售体系中，对于顾客跟踪（Customer Tracking）是比较困难的。如果希望得到比较准确的跟踪报告，则需要投入大量的精力，而网上购物网站解决这些问题就比较容易了。通过顾客对网站的访问情况和提交表单中的信息，可以得到很多更加清晰的顾客情况报告。谁访问了网站？从哪里访问的？访问了哪些网页？最为重要的是顾客对什么产品感兴趣？他们到底购买了什么产品？这些都对产品的进一步销售有巨大的影响力。

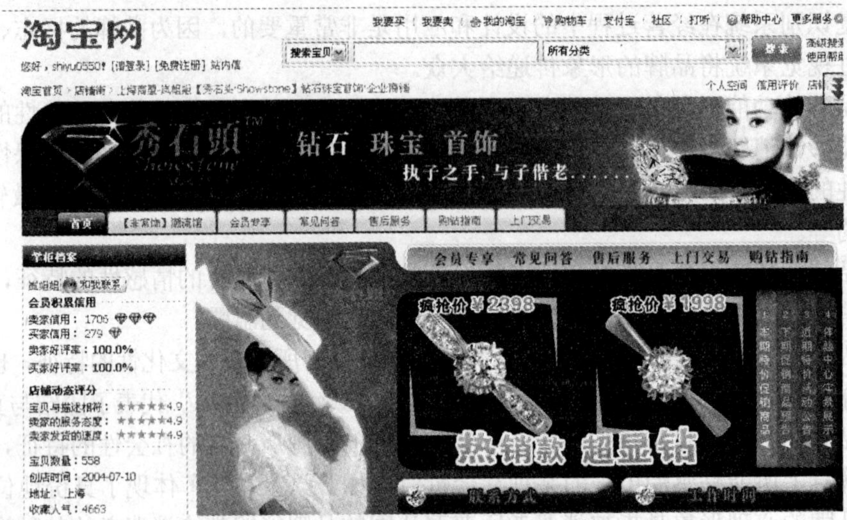

图 5-4 秀石头店铺首页

会员管理和客户数据库建立是进行客户服务的基础，其中存储客户信息的重要信息，客户档案中要记录一些客户的基本信息，如客户姓名、性别、电话、送货地址、E-mail 地址，还要记录客户的购买信息，购物金额、积分、购买时间，另外，客户的职业、年龄、喜好等更详细的个人信息对客户分析也同样重要。建立客户档案后，可以根据档案资料建立会员制服务，如缺货登记后当货品到货通知客户，定期为会员提供网店的活动和优惠信息，在重大节日、客户生日等向客户表示祝贺，让客户感到细致的优质服务，通过客户档案中记录的客户消费倾向，及时调整销售策略和进货策略。

完整的客户档案可以帮助店主对不同客户采取的售后管理方式有所区别，对客户的销售回访可以帮助店主对不同客户有针对性地进行个性化的服务。

对网店顾客承诺客户资料的保密和安全。对顾客公布网店的保密原则至少包括在何处收集顾客资料；使用这些资料的目的；网店是否会向第三方提供这些资料，如果提供，是在何种情况下；顾客资料是否是整个商务计划的一部分，如进行目标市场分析、建立各种促销方案等；顾客是否有可能限制使用私人资料，如何进行。网店可以在其主页和信息中心提供标记为“私有”的保密原则链接。

顾客有能力选择网店是否可以利用收集到的顾客资料主动发送的各种信息，并且在这些资料被开始收集时就可以进行这种选择。顾客能选择是否同意将自己的私人信息提供给第三方；如果有关交易的第三方（如购物车、支付网关）的保密原则和网店的不同，网店必须提供指向第三方保密原则的链接。在整个交易过程中，网店要保证对所有顾客提供的信息进行加密传输。

8. 管理团队

当网店发展到一定阶段，客户人数增多、商品的交易上升时，经营管理各种事务就需要各种人员的参与和协调。网店的整个团队的建立和管理就变得非常重要，工作流程的确定和规则责任的制定才能保障客户服务和发货及时进行。让所有工作人员有一个共识，把网店的服务和网店的信誉等同看待，重视客户服务的每一个环节，对于团队中的每个岗位有明确的职责要求，并且制定绩效机制，对团队进行合理的分工与合作。

5.3 网店推广与实施

网店开张后，该如何让更多的人知道所开的网店和商品呢？这就是网店推广问题，这里推荐几种简便易行的方法，更多具体的方法和策略在第 9 章中的网站推广实战中有详述。

1. 通知家人和朋友

网店开设后，一定要把网上开店的事情告诉家人、同学、朋友，因为他们中的每个人还会告诉更多的人，达到一传十、十传百的效果，通过口碑的力量宣传。出于好奇，更多的人可能访问网店，成为潜在消费者。充分利用自己的网络资源，让网上的朋友了解网站的消息，校友录里留言，使同学们和你分享开店的喜悦，将可能吸引一定的访问用户。去网友常去的论坛，顺便发布吸引人的产品图片、促销等帖子，可能有机会吸引一些消费者。这种方法可以针对各种消费人群。

2. 友情链接和联合营销

店铺开了一段时间后，可以在网店友情链接的栏目中和其他网站交换友情链接。通过交换店铺链接，可以形成一个小的网络，能增进彼此网站的影响力。可以到一些行业网站进行交互链接申请，如服装店可以到服装地址大全上申请交换链接。

单纯的友情链接，只是摆在网店链接栏目中，作用是有限的。而如果几个卖家合作，搞联合营销就能起到更好的效果。网店的联合营销形式使网店各得其所，任何联营促销都有主题，通过主题的促销来达成既定的目标，确定联合营销的目标，找到自己的联合营销伙伴，分析合作的可行性，商讨具体的合作方式，合作方式包括关联型、互补型和供销型等。

网店的消费群体大致相同，商品相互关联，但没有冲突，如婚纱、钻石首饰、摄影和婚礼服务的网店，这类网店的关联是关联合作。找到性质关联的店。如摄影书籍专卖店和数码相机专卖店合作。在彼此的宝贝页面上链接对方的推荐宝贝，再加上诱人的文字介绍。如“好消息！本店最新推出活动，凡在本店购买数码相机的朋友加 15 元即可到‘影人’摄影专业书店选购一本摄影专业书籍！”。

有些经营特色商品的网店，因渠道特殊，竞争不是很激烈，有自己的固定消费群体，如经营民族特色的手工制品，这样的网店可以和类似网店链接，如和手绘服装、手工皮具等店链接，这种情况为互补型链接。可以直接推荐别人的店铺，单个商品或某类商品。与网店互补类别的卖家合作进行交互链接，这可以用图片和文字的方式实现，链接对双方的生意都有好处，所以效果好。

对于商品种类和数量都比较多的网店，管理方式是把不同种类商品放到相应的网店中销售，此类商家和其供货的小卖家成为供销型合作，小商家成为大卖家的分销合作伙伴，可以利用大卖家的知名度提高自己店铺的流量，而大卖家集合了一定数量的分销商后提高了进货量，同时降低了进货成本，这种互惠的合作越来越多地成为进行联合营销的供销型方式。

联合营销合作的具体实现过程是，首先确定合作方式，其次确定促销方案，最后是联合促销方案实施。通过这种方式，逐渐形成规模，争取更多的市场份额，使自己在竞争中有更多有实力的合作伙伴，用最低的成本产生最高的效益。具体到网店中，实施联合营销可以从网店的几个栏目入手，如友情链接、商品描述、店铺名称、店铺公告、网店介绍、交易评价、推荐商品等。

3. 寻找买家发布消息

网店经营中需要主动去寻找买家。寻找买家和发布消息是很重要的网店推广方法。有些买家喜欢用求购的方式，可以通过访问求购集市，确定哪些信息对于网店正在出售的商品有购买需求。在相关的论坛寻找信息，通过别人的文章可以了解到一些需求动态，找对潜在消费者交易就成功一半了。经营者要充分了解自己经营的商品，确定客户群，找到潜在的买家后有针对性地发布信息才能够有更好的反馈。信息获取和发布的另一种方法是关注大型购物平台的论坛，如去淘宝、易趣、阿里巴巴等大型网购社区论坛进行信息获取和宣传，论坛中存在许多潜在买家，所以千万不要忽略了这里的作用，在论坛中要把网店标志设置好，可以设置到论坛头像中，在论坛中通过分享生意经等方法，巧妙地把网店的最新政策及时告知给买家。论坛中的用户都有在网上购物的经历，容易接受其中网上购物信息，所以在论坛进行宣传针对性强。

4. 商品比购

将网店中的特色商品，登录比较购物搜索引擎。比较购物搜索引擎的检索结果来自于被收录的网上购物网站，这样当用户检索某个商品时，所有销售该商品的网站上的产品记录都会被检索出来，用户可以根据产品价格、对网站的信任和偏好等因素进入所选择的网上购物网站购买产品，一般来说，购物搜索引擎本身并不出售这些商品。如聪明点比较购物搜索引擎（http://www.smarter.com.cn/）。

5. 利用网店所在平台提供的推广方法

如果网店是开在大型的 B2C 或 C2C 平台上，可以充分利用平台为商户提供的推广方法进行网店的推广，如在某些平台上提供热门商品推荐、1 元拍、即时通信工具、社区、资讯等，进行有偿或无偿的信息发布活动。

6. 其他方式

对于初建的网店可以到一些专门作网店推广的网站进行注册，如好店铺网站（www.haodp.com），是一个专业的网店服务站点，为服务对象汇集网店导航、信息发布、网店统计、信息服务等各项专业网店服务为一体的专业网站。这些网站会提供一些免费的收录和交互链接。另外利用购买网店平台直通车、购买搜索引擎关键字、购买网络广告、事件营销和传统推广结合形式等都是网店推广可以分步实施的方式。

5.4　网店经营与发展案例

"钻石小鸟"（http://www.zbird.com/）如图 5-5 所示，作为国内首批从事网络钻石销售的专业珠宝品牌，一直致力于引领全新钻石消费潮流。从 2002 年的第一家钻石网店到 2003 年在国内首开基于 Office 的钻石体验中心，短短的 5 年时间，"钻石小鸟"迅速把"鼠标＋水泥"的全新钻石销售模式从上海相继带到了北京、杭州和广州，并立志将在未来的两年内覆盖全国所有的一线城市。2007 年 6 月钻石小鸟牵手著名风险投资商——今日资本，中国网络珠宝销售的领先品牌就此诞生！

图 5-5 "钻石小鸟"网站

"钻石小鸟"起家于 Ebay 的网络钻石品牌，在短短的几年时间里，成功打破了网络与传统渠道的界限，目前已发展成为中国最大的在线珠宝销售商。如今，其已在国内多个城市拥有自己的体验中心，发展已经进入快车道。"钻石小鸟"是如何创造这个奇迹的？未来有何发展目标？下面是"钻石小鸟"的联合总裁徐磊和徐潇兄妹足以撼动整个业界的"平民珠宝"发展经验。

创业起家于 2002 年 7 月，兄妹二人在 Ebay（易趣网）开了第一家卖钻石的商铺。因为妹妹的网名叫"小鸟"，而哥哥的网名叫"石头"，所以网店的名字就叫"钻石小鸟"，网友都亲切地称呼店主为"小鸟姐姐"和"石头哥哥"。

虽然当时易趣网上的产品类别已经琳琅满目，但还没有人从事钻石这样的高价值产品，当时这是一片没有竞争的"蓝海"。钻石作为奢侈品价格较高，即使其店中的价格能够低于市场价 50%（"石头哥哥"曾经从事钻石批发业务），依然属于高价位商品，而且低于市场价

50%的钻石很容易被人质疑其品质。但是网店依然决定尝试开拓这个未被开垦的处女地。3个月后，终于售出第一颗钻石，这证实了对这个市场的判断。

钻石专业鉴定和证书保证品质，如IGI和GIA的鉴定提升网店产品的信誉，对提高网站的销售起到关键作用。

开设实体店“体验中心”，当小店在易趣的店铺发展到一定阶段的时候，简单地依托网店的销售模式已经遇到发展瓶颈，如何将“钻石小鸟”的业务发展到一个更高的层面，成为当时最大的课题。对于电子商务来说，“水泥＋鼠标”是最经典的、也是最成功的商业模式，2004年“钻石小鸟”在上海城隍庙地区开设了第一家落地的门店，当时面积只有20平方米不到，但是效果突出，众多网友都闻讯而来，当月销售额就轻松翻了5番，从此“钻石小鸟”就进入了高速发展期。

“钻石小鸟”的销售模式和传统珠宝销售模式有所区别，传统的钻石销售都是以门店陈列、成品销售为主，商家必须承受沉重的铺租经营费用和库存周转压力，而不能为消费者提供足够多的选择。从推广上来说，传统钻石销售模式主要依赖传统平面媒体和电视媒体进行品牌和市场推广，成本居高不下。而“钻石小鸟”通过互联网这个购销和推广平台，给消费者提供更多的选择。同时，在国内主要城市建立自己的体验中心，提供一对一的线下顾问式服务。顾客选定裸钻后，结合其选定的戒托款式、尺寸甚至顾客自己设计的款式，会为用户量身定制出令消费者满意的完美钻戒或饰品。也正因此，节省了很多传统钻石行业的中间环节和经营费用，具有极强的竞争力。

“钻石小鸟”是以价格优势与传统珠宝销售商竞争的，但随着很多同类型竞争对手的出现，价格将不再成为优势，“钻石小鸟”将怎样面对这样的竞争局面？在“钻石小鸟”同样的钻石级别和大小，大概比市场平均便宜50%左右，这种价格优势使在与传统珠宝销售商的竞争中脱颖而出，这也是很多电子商务运营商的主要优势。然而，随着市场进入者不断增加，“当价格不再成为优势”，而钻石小鸟销售业绩和市场份额依然不断增长，这其中一个关键原因就是网友对于“钻石小鸟”这个网络珠宝品牌的高度认可，钻石小鸟的品牌被充分重视与珍惜。经营思路为体验中心两年内覆盖全国一级城市。选择在一个城市开设体验中心时，从选址、装修到渠道宣传、销售培训、客户服务，再到物流培训，都有非常标准的操作体系，就像很多国际连锁机构一样，确保网店可以为每个城市的消费者提供标准化的服务与体验。

在产品方面，为了让消费者100%放心，“钻石小鸟”每一颗钻石都需要支付额外42美元的GIA证书费，以确保每颗钻石的质量和品质。在品牌建设方面，不断为“钻石小鸟”增加新的品牌内涵，当市场还处在价格时代的时候，“钻石小鸟”正在走向品牌时代，它的目标就是让“钻石小鸟”成为中国最有价值的网络珠宝品牌。

推出提升品牌的活动，“2008钻石小鸟广告代言人选拔大赛”就是钻石小鸟整个品牌塑造中的一环，从“钻石小鸟”的用户中选出形象代言人，这也体现了“钻石小鸟”网络品牌的草根特点，以及钻石小鸟对始终支持的广大网友的尊重。

2008年年底，“钻石小鸟”的营业额将实现破亿的目标；在未来2年内，体验中心将覆盖全国所有一级城市；在未来 3～5 年时间内，将实现上市的计划。而"钻石小鸟"最远大的目标是成为真正属于平民的珠宝品牌，来自平民，为平民服务，受平民喜爱。

案例点评：从这个案例可以看到，"钻石小鸟"网店从小逐渐做到大，经历了一个发展的过程，其中几个关键点对网店的发展非常重要：① 网店的客户定位准确，② 网店的商品认证和证书保障网店的信誉，③ 网店品牌的培养是网店做强的关键，④ 网店的个性化钻石定制体验销售方式的使用，适应了客户网上个性化购物需求。

5.5 实践任务

1. 实践内容

（1）电子商务购物网站评述：到中国几家较大的鲜花网进行注册和购物流程体验，对他们的网店风格、功能和用户购物体验进行重点关注，完成网店体验报告，对网店风格、功能、商品特色、网站使用流程等方面进行总结（要求详细列举所访问的网店的名称及网址）。

（2）网店规划实践：网店的建立有一个发展和经营提升的过程，不是只要在平台上建立一个店面就能得到认可，要从多方面进行考虑和规划，才能更好地保证网店的成功。一个好的网店规划就是开店的出发点。选取一个主题进行开店实践，请根据开店主题列表进行选择，也可以不限于以下列表，自己选择主题。

开店主题列表：

- 个性鲜花店；
- 婴儿用品店；
- 宠物店；
- 枕头专卖店；
- 个性娃娃店；
- 网上数码店。

实践中需要完成如下工作。

① 制定开店规划，规划书的组成内容见 3.附录。

② 要求在规划中进行同行相关产品商业价格特征分析。其中对网上同行产品进行分析，可以从价格水平、价格弹性、标价成本、价格差异进行分析，可以对网上同类商品价格差异原因分析，如产品的不可比较性、购物的便利程度及购物经验、商家的知名度、品牌和公众对商家的信任度、锁定顾客、价格歧视等方面，完成网上相关商业价格特征分析报告。

③ 在实践规划中重点体现出网店品牌形象策划的内容。

④ 实施网上开店准备：组织网上开店的基础资料，在网上建立网店，进行基本店面的管理。

（3）网店推广实践。考察淘宝为平台上的网店提供了哪些推广方法，C2C 电子商务平台的信用机制包括哪些内容。完成淘宝电子商务平台推广及信用机制调研报告。

2. 实践要上交报告

（1）网店体验报告。

（2）完成开店规划书。

（3）开店实施报告。

要求：对开店中遇到的具体问题和解决方法进行学习和总结，如在哪里开设网上商店更适合自己网店的发展，哪些原因导致大多数消费者在网上购买同种商品时不选择开价最低的，网店进货方式的问题和解决途径，网店装修过程遇到的问题，网店开设过程中对商品图片如何处理更好，商品描述中要注意哪些问题。

（4）淘宝电子商务平台网店推广及信用机制调研报告。

3. 附录

网店开店规划内容如下。

（1）网店项目策划（说明网店目标和定位）。

（2）经营环境与客户分析（确定目标客户群、潜在客户群、行业特点）。

（3）网店经营策略（网店营销策略分析、价格、品牌、营销推广）。

（4）产品（服务）设计。

（4）渠道建立（供应商比较和选取）。

（5）网店实施（网店选址、推广计划、网站信息基础设施估算（建店、装修等）、经营成本预估（如分期的资金投入））。其中的内容可以有侧重地选取，要从实现目标、运营机制、项目策略等方面进行总体策划。

第 3 篇

电子商务网站建设

第 6 章 电子商务网站规划

电子商务网站是企业开展电子商务的基础设施和信息平台，是电子商务系统运转的承担者和表现者。电子商务网站的建立是企业是否能顺利开展网上业务的保障之一，电子商务网站规划成为企业进行电子商务实施的重要工作，本章从电子商务网站规划的几个部分对网站规划需要掌握的实训内容进行了阐述，包括电子商务网站需求分析、电子商务平台方案内容、网站内容设计要点、网站内容实现几个方面的实践进行了详细的描述，并提供相关实践任务，通过该部分的实践任务来提高学生进行网站规划建设的能力。

6.1 电子商务网站规划概述

6.1.1 电子商务网站

1. 商务网站概述

1）概念

商务网站是指公司、企业或机构在互联网上建立的站点，其目的是为了宣传企业形象、发布产品信息、宣传经济法规、提供商业服务等。互联网上的商务网站建设覆盖了市场、商业、金融、管理、人力资源等各方面。在网上做生意正在成为一种新兴的贸易方式。上网建站有很多优势，这主要表现在以下几点：用户数量加大、与客户的联系增强、商业信息提供快捷、建立 24 小时服务中心提供高效率客户服务。

电子商务的实质是对信息进行收集、处理、加工分析，存储于各种商务应用所需的数据库，并将信息流转换为物流和资金流的过程。电子商务网站是企业开展电子商务的基础设施和信息平台，是实施电子商务的公司或商家与服务对象之间的交互界面，是电子商务系统运转的承担者和表现者。电子商务应用系统是承载商务信息流和信息流转化为物流、资金流的重要载体。

2）网站的类型

网站的类型可以有许多分类方法，这里按照网站的主体分类。

（1）门户网站。门户网站（Portal Site）集合了众多内容，提供多样服务，并使其尽可能地成为网络用户的首选。比较知名的中文门户网站有几类：一类是完全由国内网络公司经营的网站，网站内容除了搜索引擎外，还包括新闻、娱乐、游戏、文化、体育、健康、科技、财经、教育等若干版块，以及网上短信、个人主页空间、免费邮箱等服务项目，如新浪、搜狐、网易；第二类是境外投资的网站，网站内容以新闻和娱乐为主，少数提供免费信箱、在线聊天等服务项目，如中文雅虎、美国在线等；第三类是国内传统媒体办的网站，以提供新闻和时事评论为主，如人民网、新华网、央视国际等。另外，对于某个行业，可以有其门户网站，如锦程物流网、中国冷链网等；企业信息门户，如微软、IBM、联想等。

（2）普及型网站。企事业单位和个人根据自身要求建立和发布的以介绍其基本情况、通信地址、产品和服务信息、供求信息、人员招聘及合作信息等为主旨的网站属于普及型网站。通过访问该网站，可以及时了解这些单位的业务范围、最新动态、产品及价格，并可以通过网站提供的用户咨询服务与相关部门进行在线信息交流。该类网站以向客户、供应商、公众和其他一切对该网站感兴趣的人推介自身，并以树立企业形象为目的，网站内容比较全面。此类网站包括企业网站、大学网站、政府网站及数量众多的个人网站。

（3）电子商务类网站。电子商务类网站可分为 B2B（商家对商家）、B2C（商家对个人客户）、C2C 3 种，按照交易过程可分为商品检索、商品采购、订单支付 3 个阶段。此类网站应该具有商品发布、商品选购、采购订单管理、在线交易功能、商品交接、资金结算等功能。从 B2B 的中国电子商务服务市场看，近年多数综合性 B2B 服务商实现了赢利，阿里巴巴、中国制造、环球资源、慧聪在国内占到了主要的市场份额。B2C 的电子商务市场中，当当、卓越排在前列。C2C 在中国淘宝网稳居首位，占 80%以上。B2B 依然是电子商务市场的主流，交易占整体交易额的 90%以上。

（4）媒体信息服务类网站。媒体信息服务类网站是报社、杂志社、广播电台、电视台等传统媒体为了树立自己的网上形象，方便服务对象而建立的网站，主要功能包括：信息发布、电子出版、客户在线咨询、网站管理。服务机构电子商务网站，如中国互联网信息中心（CNNIC）。

（5）办公事务管理网站。办公事务管理网站是企业事业单位为了实现办公自动化而建立的内部网站，包括以下主要功能模块：无纸办公事务管理、人力资源管理、财务资产管理和网站管理。

（6）商务管理网站。商务管理网站是企业内部为了进行广告及商品管理、客户管理、合同管理、营销管理等目的而建立的网上办公平台。

清楚了网站的类型，在进行网站系统规划时，关键是找到准确的定位。不同类型的网站不仅内容不同，主要的功能、营销的策略都有区别。商务模式决定企业网站的类型，确定企业网站的类型是规划企业网站的开端。

2. 网站建设目标和方式

1）网站建设目标

（1）交流与沟通，是企业建立网站利用网络信息资源的一个基本目标，网站可以帮助企业与上游供应商、下游经销商、中介机构、物流企业等合作伙伴建立快捷的交流渠道，使企业和客户的沟通更顺畅，使企业获取外部信息资源，交流目标是企业电子商务发展初始阶段的主要目标。

（2）宣传与推广，是电子商务发展初始阶段的目的之一，是企业建立网站的基础标志。通过 Internet 可以达到宣传企业的形象、展示企业产品和服务，发布企业最新动态和经营状态，扩大宣传渠道的目的。目前，许多企业将宣传与推广产品、服务作为建立网站的出发点。

（3）在线支持，利用网络实时迅速的功能使企业在线为客户提供产品信息咨询，销售服务中的售前及售后技术支持，提高服务效率和质量，并且降低服务成本。

（4）网上商务，即在网上进行商务交易，其中包括通过网络接收客户订单，实现网上原材料采购，实现网上支付和结算，进行物流配送。

（5）提高企业信息化水平，通过网站的运营和网上交易的实现，可以促进企业内部业务流程的更新和信息化水平。对于企业内部，通过网站可开拓销售信息网络，提高销售业绩，建立服务信息网络，及时发现情况并进行处理，提高管理信息的准确度。可以促使企业建立生产、销售、人事、财务等全面的企业资源管理系统，提高企业信息共享，降低企业运营费用。对于企业外部，建立电子采购，提高与供应商业务配合程度，降低外部成本，建立批发代理的支持与管理，降低管理与流转成本，增强企业掌握市场的能力。

2）网站建设方式

网站建设的工作内容复杂，使得电子商务系统的构建方式有许多种，常见的方式有自主开发、外包方式和购买方式 3 种。

（1）自主开发（In-house Development）是指包括规划、分析、设计、实施等电子商务系统建立过程中的主要工作都由企业的内部人员完成，而外部人员没有或很少参与系统建设的方式，自主开发方式是一种较为传统的方式，很多企业在信息化建设时都习惯采用此种方式。

自主开发方式优点体现在几个方面：一般企业需要的系统具有独立性和差异性，自主研发的系统其他企业相对难以模仿，这有助于保证企业在竞争中的差异性优势；相对于企业外部人员，企业内部信息技术人员更了解和熟悉企业自身的业务，并且他们和业务部门的沟通交流比较容易，能够更好地把握系统的需求；自主开发系统可以较好地满足企业已有的系统环境和条件引起的约束，如与其他系统的接口、新系统需要利用已有设备、新系统需要与原有系统共享软件平台等；自主开发过程中可以锻炼自己的人才队伍，保证系统建立后完全由企业自主进行系统维护，责任明确，同时也利于日后的升级等工作。

（2）外包方式（Outsourcing）是指企业以合约形式，将系统开发与运行维护工作交给其他能够提供相关专业服务的企业来承担的方式。根据外包内容的不同，外包可以分为外包开发和租用。外包开发是企业将电子商务系统的开发工作部分或全部交给承包商完成，建立的系统交企业自主运营，这里的开发通常是涵盖了系统分析、设计和实现环节，但不包括系统运行。租用方式是指开展电子商务的企业并不具有或不完全拥有相关技术设备、应用软件，而是通过向应用服务提供商（Application Service Provider，ASP）租用设备和软件的使用权，开展自己的电子商务活动，在此方式下，承租企业不仅不用考虑系统开发和建设，甚至包括系统运行支持中的大部分工作，如系统维护、性能优化等也都要交给 ASP 来完成，承租企业只要使用相关的软件、硬件即可，最多只是负责与自身业务相关的简单维护工作。

通常企业无论是选择哪种方式，至少要考虑两个问题，即成本和技术。租用方式近年来得到了迅速的发展，包括电子商务系统中主机托管是其中的创建形式之一，此外还有一种新的产业模式 SAS（Software as Services），有些企业专门提供基于 Web 的具有较强大交易功能的软件服务，如订单处理、财务结算和客户关系管理等。

选择外包方式要着重考虑几个内容，包括：选择外包模式的企业自身的电子商务建设和运营人才的储备和积累少，企业要权衡这是否有利于企业长期发展策略，选择外包时，一定要对承包企业的技术实力、稳定性和经营状况进行认真考察，因为企业电子商务的运行很大程度要依赖承包企业的支持；选择租用方式的企业要将企业的经营、交易和生产等包括商业机密的信息录入系统，在一定程度上存在商业失密的风险；基本功能能够保障，但企业的特色服务和营销方式可能难以得到充分体现。

（3）购买方式是指企业通过向其他软件提供商付费，以换取成熟和商业化的软件产品，并以此为核心，开展电子商务的方式。这种方式有两个选择，一种是购买电子商务解决方案，另一种是购买一些独立的软件包，前者往往不仅包含与企业相关的业务，还包括涉及其他相关业务，如生产、库存管理，这类软件通常只有一些大型软件企业能够提供，价格比较昂贵，一般要根据企业的需要进行定制，这适用于有一定经济实力的大中型企业。后者是针对某些特定业务如订购管理、客户管理等，这适用于业务相对简单处于起步阶段的小型企业。

选择购买方式可以节省开发时间，软件的可靠性和性能有较强的保障，不需要强大的开发团队，由于开发商把软件成本分散到众多用户身上，相对于自主开发的同类产品费用低。这种方式也是当前建立电子商务网站的一种选择。图 6-1 所示是中国互联的报价。

案例

AWS（Amazon Web Services）是 Amazon 公司提供的一个平台，人们可以通过该平台，使用如获取商品信息、列出商品目录、下订单等相关展示、购买和交易管理的功能，卖家相当于借助 Amazon 的资源来开展自己的电子商务活动，根据交易额付给 Amazon 佣金。这样的方式可以大大降低网站建设和运营的成本，这种方式为企业利用新技术来创造自己的电子商务经营方式提供了一个好的范例。

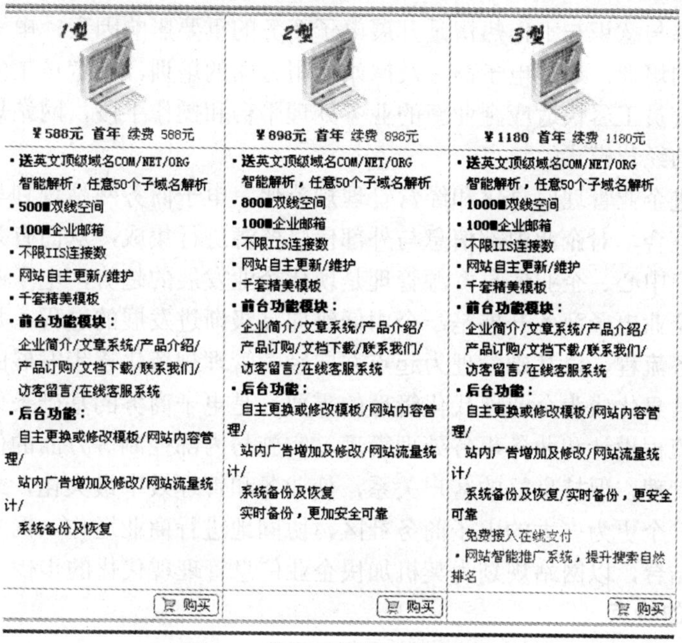

图 6-1　中国互联智能建站报价

6.1.2　电子商务网站规划的内容

1. 网站规划的意义

网站规划是指在网站建设前对市场进行分析，确定网站的目的和功能，并根据需要对网站建设中的技术、内容、费用、测试、维护做出规划。网站规划对网站建设起到计划和指导的作用，对网站的内容和维护起到定位作用。

网站规划是企业电子商务战略管理的需要，电子商务的根本目的是通过提高企业生产效率、降低经营成本、优化资源配置，从而实现社会财富的最大化，电子商务要求的是整个企业经营管理方式价值链的改变，是利用信息技术实现商业模式的创新与变革，因此电子商务不是传统业务的简单电子化，也不能脱离传统企业业务的商务电子化，完整的电子商务交易包含了商品信息查询、电子合同、电子支付和快速配送等过程，每个阶段都影响电子商务的发展，存在高风险。电子商务网站不仅要展示与推广企业或机构的服务与产品，达到与合作伙伴与用户的实时信息交流与沟通，实现信息流、资金流和物流的协调有序的流动，而且还要体现企业的管理理念、品牌形象。如果没有一个清晰的战略思想，没有深入的实施计划，匆忙构建了网站，可能连点击率都很少，更不用说获得经济效益了。电子商务战略规划、商业经营模式策划、电子商务网站架构设计、电子商务网站运营中信息资源的管理是企业管理者必须认真考虑的，电子商务网站规划不仅是电子商务发展的战略需要，更是企业经营管理的需要，它是企业电子商务战略管理的重要内容，通过规划要明确电子商务的目标，制订可行的电子商务实施方案，并依据方案开展电子商务战略。

企业员工的参与意识与工作热情是开展电子商务的重要影响因素，电子商务网站规划中包含对企业员工的培训，通过电子商务及网站应用方面的培训，拓宽员工的眼界，更新原有的工作观念，促使员工尽快适应企业新的业务处理平台和操作手段，网站规划的进行是发动全体员工关心新的经营模式的起点。

网站规划促进企业管理信息化和经营管理规范化，电子商务网站规划与管理是对企业内部业务流程进行整合，对企业内部信息与外部信息资源进行集成，从而有效开展企业经营和管理的过程。客户中心、企业信息资源管理是现代企业发展的趋势，电子商务是为企业经营管理变革服务，企业电子商务开展是一个由低级向高级渐进发展的过程，是一个确认新的管理理念、重组业务流程、以基础管理为起点并向经营管理规范化逐步发展的。企业基础管理的科学规范化和信息化成为企业现代化管理的需要，是电子商务的基础条件。通过企业基础数据、基本业务流程设计和业务事务处理管理、实施与内部控制等方面的信息化建设，实施企业间的供应链管理，保持良好的客户关系，使业务和管理效率最大化，最后真正进入电子商务时代，形成一个更为广大的电子商务社区，协同地进行商业运作。网站规划必须和企业信息化建设有机结合，以网站规划为契机加快企业信息管理现代化的步伐。

2. 网站规划的特点

企业电子商务网站规划的特点包括以下几个方面。

（1）规划工作中，高层管理人员（包括信息管理人员）是工作的主体。因为规划不在于解决项目开发中的具体业务问题，而是为整个系统建设确定目标、战略、系统总体结构方案和资源计划，因而整个工作过程是一个管理决策过程。

（2）网站系统规划也是技术与管理相结合的过程，它确定利用现代信息技术有效支持管理决策的总体方案。网站规划人员对管理与技术环境的理解程度、对管理与技术发展的见解与务实态度是规划工作的决定因素。

（3）规划工作的结果是要明确回答规划工作内容中提出的问题，描绘出网站的总体概貌和发展进程，它在网站建设中起到指导作用，是后续各阶段工作的依据。规划工作为网站的发展制定一个合理的目标，而不是代替后续阶段的工作。

（4）规划工作是面向未来的、全局性的和关键性的问题，因此它非结构化程度较高，具有较强的不确定性。电子商务网站规划必须纳入整个企业的发展规划，并应根据发展进行修正，从而达到网站建设的目标，为网站建设提供可行性计划。

依据网站规划的特点，网站规划的原则要把握住几个方面：首先要支持企业发展的总目标，在着眼于高层管理的同时兼顾各管理层的需求；其次要尽量摆脱商务网站系统对组织机构的依从性，建立网站运营机制；第三要使系统结构有良好的整体性，方案要便于分步实施，技术手段强调实用和先进性。

3. 电子商务网站规划的基本过程

1）电子商务网站规划基本步骤

电子商务网站规划是根据企业经营业务及建立网站目的、用途，进行分析、策划，对网站的形象、功能、目标客户予以定位，以及对网站的信息结构、导航体系进行设计，进行栏目设置、页面总量统计等内容，制订出一套能充分体现出企业形象和网站风格的网站建设策划方案。电子商务网站规划的主要任务包括制定网站的发展战略、制订网站的总体方案，安排项目开发计划、制定网站建设的资源分配规划。

电子商务网站规划的基本过程包括：网站的规划与分析、网站的内容设计与开发、网站管理的总体结构确定和网站的测试与推广几部分。

网站的规划与分析包括：网站需求分析、网站方案可行性分析和网站方案确定。网站需求分析中进行企业现状和环境分析，企业网站开展的业务分析，确定建站目的并进行客户分析、市场定位分析、竞争对手分析等内容。网站方案可行性分析包括技术、经济、实施可行性分析。电子商务网站方案包括运行环境和技术及工具的选择；开发方案的选择；域名注册、虚拟空间或主机托管。

网站的内容设计与开发包括：网站内容的结构设计；网站主页的设计；网站可视化设计；网站链接设计；网页模版及网页的创建；网站管理系统的设计与开发。

网站管理的总体结构确定包括：文件管理、内容管理、客户管理、安全管理、综合管理、在线管理系统的建立。

网站的测试与推广包括：网站的测试、网站系统运行调整、网站营销推广。

根据网站规划的内容，一般来说规划的步骤如图 6-2 所示。

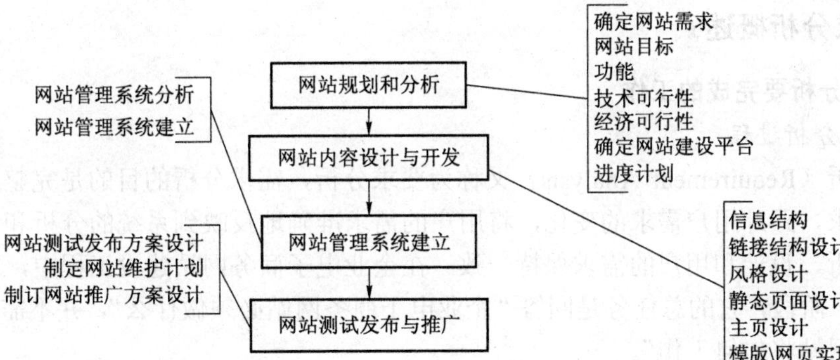

图 6-2　网站规划步骤

2）网站规划成果

网站规划成果包括：需求及可行性研究报告和方案建议书，有些情况下包括招投标文件。

（1）需求及可行性研究报告包括：企业开展电子商务模式的战略目标、电子商务模式和经营策略、市场调查与竞争力分析、系统建设目标、网站建设内容、技术可行性分析、经济可行性分析、风险分析、建设方式、进度计划、人员组织、资金投入计划。

（2）方案建议书包括：背景、电子商务战略目标和经营策略、系统组成、主要性能和功能、软件平台、硬件组成及网络拓扑结构、网站建设预算、实施建议、网站内容设计方案、网站实施方案、网站推广方案。

（3）招投标文件。如果网站建设需要外包或购买实现，就涉及招标问题。

招标文件是系统建设方（即甲方）组织管理人员、业务人员、IT 人员、法律顾问等领域专家进行编写。其中除了投标邀请、投标人须知、投标文件要求、合同条款等商务方面的内容外，还包括一项重要的内容，即投标技术方案。技术方案中重点以功能和性能需求的角度提出投标方案应满足的条件。描述这些条件时，应控制其详尽程度，不能漏过关键内容，也不能对投标方案形成过多的约束，给投标方一定的空间进行发挥。这样可以避免投标方案过于实质化而不利于评标，也有利于通过投标得到最优方案。商务方面的内容可以由招标方的代理公司代办，技术方案要技术方面的专家与业务方面的专家共同负责讨论和起草。

投标文件是竞标单位（即乙方）依据招标文件的要求自行编制，作为招标文件的应答。与招标文件相同，包括商务方面的内容和技术方面的内容。商务部分主要为资质、报价说明、商务承诺等内容。技术部分重点是逐一解答招标文件中的要求，承诺自己能够满足招标文件的要求，逐一提出解决方案的思路，一般情况下，技术方案要尽可能满足招标文件的所有要求，若与招标内容不一致的地方，应尽可能详尽地说明原因，以证明自己坚持方案的理由。无论是商务部分还是技术部分，在投标文件中最好明确“满足/不满足”“同意/不同意”“包含/不包含”等意见。

6.2 电子商务网站需求分析

6.2.1 需求分析概述

1. 需求分析要完成的工作

1）需求分析过程

需求分析（Requirement Analysis）又称为要求分析，需求分析的目的是完整、准确地描述用户的需求，跟踪用户需求的变化，将用户的需求准确地反映到系统的分析和设计中，并使系统的分析、设计和用户的需求保持一致。在企业电子商务网站建设工程中，需求分析作为建站的第一阶段，它的总任务是回答“企业电子商务网站必须做什么”，并不需要回答“企业电子商务网站将如何工作”。

需求分析一般来说需要有一个需求分析的团队，如用户代表、系统分析人员、开发人员、需求管理人员等，他们的分工不同，各有侧重点。电子商务网站需求分析过程中要完成的一些具体工作包括：确定企业电子商务网站系统的综合要求，确定企业电子商务网站系统的 3 种模型、提供文件及审查等 3 项。

（1）确定企业电子商务网站系统的综合要求。企业电子商务网站的综合要求包括：电子商务网站的市场定位分析；电子商务网站的功能要求和性能要求；企业电子商务网站运行环境的要求；企业电子商务网站系统要求进行软件或硬件升级、换代等。

（2）确定企业电子商务网站系统的 3 种模型。3 种模型包括：电子商务网站的商业模型、电子商务网站技术模型和企业电子商务网站物理模型。

模型具有简明性和直观性，便于明确系统需求。建立模型可以消除用户和电子商务网站设计人员之间认识上的鸿沟。因为开发过程中重复和返工费用可观，建立模型能够尽量避免网站开发的返工。

（3）提供文件及审查。经过需求分析确定了电子商务网站必须具有的业务流程、网站功能和性能，下一步就要把需求分析用正式的文件记录下来，建立网站建设的初始文件。

2）需求分析阶段完成的文件资料

很多客户对自己的需求并不是很清楚，需要不断引导和帮助分析，挖掘出其潜在的、真正的需求。配合客户写详细的、完整的需求说明会花很多时间，但这样做是值得的，而且一定要让客户满意并签字认可。把好这一关可以杜绝很多因为需求不明或理解偏差造成的失误和项目失败。糟糕的需求说明不可能有高质量的网站。需求分析阶段一般完成 3 份主要的文件资料，具体如下。

（1）电子商务网站系统的功能说明文件。主要描述目标系统的全貌、要实现的功能、要达到的性能指标、运行环境及将来的维护和扩充功能。

（2）电子商务网站用户对系统描述的文件。这份文件从网络使用人员的角度来描述目标。电子商务网站系统内容一般包括对整个电子商务网站的功能和性能的简要说明，使用企业电子商务网站的主要步骤和操作方法，以及网络用户的责任等。这份文件相当于一份企业电子商务网站用户使用指南。

（3）电子商务网站的开发计划。计划书中包括：成本估算、资源使用计划、开发进度计划和开发人员配备等。

需求部分的说明书要达到的标准包含下面几点。

① 正确性：每个功能必须清楚描写交付的功能。

② 可行性：确保在当前的开发能力和系统环境下可以实现每个需求。

③ 必要性：功能是否必须交付，是否可以推迟实现，是否可以在削减开支情况发生时删减掉。

④ 简明性：不要使用专业的网络术语。

⑤ 检测性：如果开发完毕，客户可以根据需求检测。

2. 确定企业网站的 3 种模型

1）电子商务网站商业模型

网站是公司进行商业活动的平台，首要任务是为公司的商业活动提供各种网络服务，还要处理商业事务，因此应从公司商业需求的角度来设计电子商务网站。商业模型需要有网络技术模型和物理模型的支持，其间的管理如图 6-3 所示。

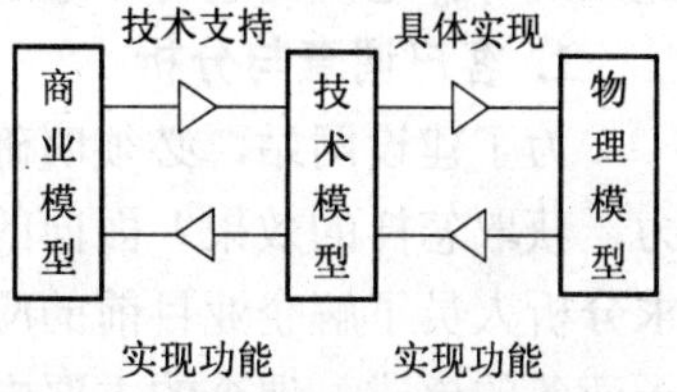

图 6-3　电子商务网站模型间关系

一个企业的商业事务处理是建立在其数据管理结构、应用结构和网络结构上的，商业模型不应该是纯粹的计算模型，而应集中描述公司的业务工作流程，即企业各种业务是怎样处理的。建立商业模型的步骤也是由整体到细节，先建立业务的总流程，然后再细化到各个部门的工作流程。尽量细化到由哪个部门的哪个小组来完成某项业务，明确不同部门的责任。

2）技术模型

建立技术模型，必须考虑两个方面，首先要考查企业已有的计算机系统，大多数企业在开展电子商务前都有业务处理系统，这些系统一般是独立地完成各自的任务，由于企业各个部门使用的硬件设备不同，使用的软件系统也各自不同，相对分散，在考查企业已有系统的基础上，根据企业财力适当采用先进的技术，实现电子商务的整合规划。然后，确定企业电子商务网站的需求，电子商务网站最终是给用户使用的，网站的可用性、易用性通常是由用户来评价，在建立技术模型时，从用户的观点看待系统需求是非常重要的。

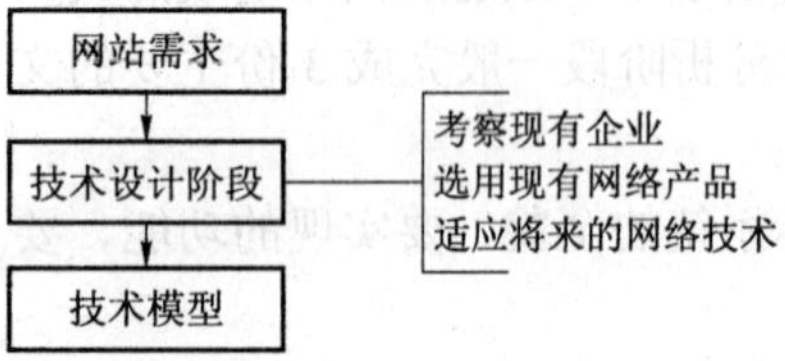

图 6-4　建立技术模型过程

确定企业电子商务网站需求总体上要从系统的功能和性能考虑，对企业已有软、硬件尽可能适用于新的企业电子商务网站网络环境，要考虑数据传送量、网站响应时间、网站可用性和可扩充性。在建立技术模型时，还应为企业网络将来采用新技术留有余地。考查目前使用的技术中哪些几年后就会过时，哪些可以延续较长时间，过时的技术准备用什么新技术来改进。图 6-4 所示给出了建立技术模型的一般过程。

3）物理模型

电子商务网站网络技术模型仅仅是扼要地描述企业电子商务网站网络需求的实现方案，而物理模型则是对整个企业网络进行非常详尽的说明，建立网络的物理模型就是对企业网络技术模型的具体描述。物理模型包括企业网络实现时需要什么联网设备和网络产品，这些联网设备将安装在何处，联网设备如何连接企业商务网站。

6.2.2　企业现状和环境分析

建设一个成功的商务网站应该考虑企业现状和环境，内容包括：了解目标客户和市场的情况；了解市场环境，竞争对手情况；了解产品服务和品牌；了解有没有建立完善的配送物流系统等。这些问题可以通过进行用户调查和市场调查方式来完成分析。

1. 客户调查与分析

为了建设网站，必须明确自己的网站定位，建设网站的目的是什么？希望达到何种影响力，获取怎样的效果？面向的对象是哪种人？计划投资多少人力物力？客户调查可以帮助需求分析人员了解企业目前的应用系统状况、对网站的各种基本需求及网站目标，从而确定电子商务的模式。调查的主要内容如下。

（1）网站当前及日后可能出现的功能需求。

（2）客户对网站的性能（如访问速度）的要求和可靠性的要求。

（3）确定网站维护的要求。

（4）网站的实际运行环境。

（5）网站页面总体风格及美工效果（必要的时候用户可以提供参考站点或由公司向用户提供）。

（6）主页面和次级页面数量，是否需要多种语言版本等。

（7）内容管理及录入任务的分配。

（8）各种页面特殊效果及其数量（JavaScript，Flash 等）。

（9）项目完成时间及进度。

（10）明确项目完成后的维护责任。

用户调查结束以后，需要编写《客户调查报告》，其要点包括：调查概要说明、调查内容说明和调查资料汇编。

客户调查结束后要进行目标客户的调查与分析，进行分析时要对客户群分类，分为原有的与潜在的客户、个人与公司客户。对原有客户群的年龄层、是否喜爱新技术和经常上网、受教育程度、未来的购买趋向等进行了解和分析；对目前我国大多数网民网上购物的倾向、区域分布、未来的发展趋势与本企业产品服务的接近程度进行分析；关注网民对待网上交易的态度、选择的主要付款方式、主要送货方式等。对原有公司客户的上网情况、业务流程与网络结合的程度、对网上交易的主要需求、所处的商业环境、公司员工的业务素质与文化程度及对新技术的接受能力等进行分析。对目前我国大多数上网公司的目的、所处的行业状况、区域分布也要进行分析。

通过客户调查和分析，找出客户表面的、内在的各种需求，挖掘出客户在需求信息方面的各种要求，如信息来源、信息数量、信息内容、信息记录与表达形式、信息浏览与检索习惯、信息传递与反馈等。

对网上的目标客户进行分析，需要借用传统与现代的分析方法，可以通过专门的咨询公司，如互联网研究与发展中心（CII）、赛迪资讯顾问有限公司、时代财富科技公司等，或自己进行实地调查以获取第一手资料，也可以利用 ISP 或有影响的行业网站进行网上调查与研究，还可以定期跟踪与分析 CNNIC（www.cnnic.net.cn）的统计报告，以了解网民的变化情况与网上购物的发展趋势，分析企业原有的客户资料并与 CNNIC 所做的统计报告进行比较，得到几方面的分析信息。

2. 竞争对手和市场定位调查分析

1）竞争对手的调查与分析

在进行电子商务网站的规划时，竞争对手的分析是不可少的内容，同传统商务一样，竞争对手的产品和服务是影响着企业的经营和生产的，尤其是竞争对手已经在网上开展了业务，竞争对手在网上的运行优势可能是后来企业的重要屏障，竞争对手分析的主要内容包括：确认网上的竞争对手，分析竞争对手的优势与劣势，研究对手的网站运营和商务运营效果，从而制订自己的发展策略和网站设计方案。

竞争对手的选择可以依据行业标准和市场标准，通过行业标准选择是指从一群提供一种或一类彼此密切相关的产品中寻找，通过市场标准选择是指从一些力图满足相同客户群的需求或服务于同一客户群的企业中寻找。另外可以通过互联网寻找，确定网上竞争对手的方法可以通过产品模糊查找，搜索引擎从分类或关键词入手进行查找，或者通过行业协会网站的链接进行访问。

对网上竞争对手的研究要了解竞争对手电子商务的战略和所开展的主要网上业务，研究竞争对手网站的设计架构与运行效果，分析对手的网站，分析其功能、商务模式、产品特点、服务特色、业务流程、客户服务的效率和网站的更新情况。

2）市场定位分析

如果企业的竞争对手已经开展网上业务，甚至赢得了目标客户的注意力，那么企业的电子商务如何开展？在网上市场中处于何种定位？网站如何建设？推出哪些区别于竞争对手的产品与服务？

随着市场需求、国际和地区经济环境、技术发展的趋势、市场所在地区互联网设施准备等因素的变化，电子商务网站的定位也要随之变化。市场定位即在目标客户的心目中为本企业和产品及服务创造一定的特色，赋予一定的形象，以满足与适应客户一定的需求与偏好。它是以客户定位和竞争对手分析为基础进行的，用来寻求企业竞争优势的分析方法。

市场定位分析的内容包括以下几点。

（1）竞争分析。传统经营条件下的竞争优势包括：同等条件下是否出价低，是否提供特色产品和服务。竞争优势在网络经营环境下取决于什么？网络经营环境下，竞争优势取决于商务模式是否合理、流程设计的特色、网站的风格、网站的易用性、功能的完善性、信息发布与管理的效率、推广途径等。竞争性分析是分析同类产品市场的最大容量和在网上可以推广的程度，了解竞争者的实力和地位，同时研究消费者对各企业提供产品和服务的接受程度，从而找出自己的优势与劣势，确定自己的市场定位，因此，竞争性分析实际是确定本企业的竞争优势。

（2）产品市场开拓分析。了解产品投入市场后的客户反映，了解产品在不同地区的销售情况，调查不同消费层面的客户对产品需求的特征，从而确定本产品未来发展方向，研究与策划本企业推出新产品的用户定位及销售方式。

（3）网站内容结构与运行效果分析。深入了解和跟踪竞争对手的网站，分析其网站的信息结构，系统运行效果，确定该网站的成功关键因素，从而确定本企业网站构建的架构。

6.2.3 企业网站开展的业务

1. 网上可开展的业务

要建设一个怎样的网站？网上业务与传统商务有什么区别？有哪些优越性？如何赢利？这些问题都需经过仔细考虑和论证。商业领域赢利是第一目标，亏损的电子商务网站是无法生存的。网站业务首先要处理好与供应方的关系，对于进货的品种、数量、价格要有预见性，不要造成库存积压和货品短缺。还要做好物流和仓储管理环节，以期收到最大利益。与客户建立良好的关系、以客户为中心、尽可能满足客户的需求是比较重要的。建立明确电子商务网站经营的内容，有明确的经营目标，这样才能建立一个赢利的电子商务网站。

企业建立网站，不可能将所有的业务都搬到网上，特别是对于传统企业，在上网之初企业只能选择典型的业务进行实施，然后通过与内部信息资源的整合逐步实现电子商务的战略。业务分析是构建企业电子商务应用系统和功能模块的基础，企业一般将自身的商务需求、产品特色及行业特点作为选择的出发点，通过自身商务需求来分析可以上网开展的业务。

分析现有的业务流程和模式能够仔细研究商务需求可能来自于哪里，内部需求来自于哪些环节，外部需求来自于哪个方面，电子商务是否是这些需求的最佳解决方案，当转入电子商务后是否会给业务带来好处。网上业务如何能和企业的传统业务相关联。通过研究这些问题，解决电子商务的运行模式和哪些业务可以尽快在网上展开。

根据商品特点、行业特点，选择可以在网上开展的业务，从行业上看，电子商务在不同行业的应用，因行业特点存在差异，电子商务影响较大的行业包括计算机软硬件、出版和音像、信息咨询、银行保险、商业贸易公司等，投资电子商务可以给这些行业带来远远高于成本的收益，服务业中的旅游、体育、娱乐、休闲与租赁等也逐渐普及。

在企业生产经营的商品中，不同的商品对于消费者来讲，在选购和决定购买的行为上是有区别的，如日用品等低价消费品，消费者在选取时的随意性大，消费者对于中档消费品的选择就比较慎重，要看品牌、价格、经销商等因素，消费者对于高档品的选购就更关注品牌、质量和厂商等因素。根据商品特色设计网站的购买流程，如书刊、数码产品、音像和通信产品等都属于标准化产品，且配送方便，是电子商务交易的主要产品。服装、化妆品、饰品也是网上比较受青睐的产品，如果一个企业是某个行业的优势竞争者，并且品牌知名度很高，那么企业考虑建立自己的销售网站，并通过企业网站提升企业的服务和扩大用户的范围。如果产品不是标准化的产品，如配送等方面不利于完成网上销售的企业，在建立网站时要充分考虑其业务流程的实施问题。

2. 业务流程

在进行了可开展业务分析后，对于商务网站的建立，就要关注网上业务的流程，根据企业的商务模式和产品特点及经营策略，流程是有差异的，在此部分主要对采用标准购物流程的业务过程进行简要说明。

（1）注册会员：网站采用会员制形式，只要进行会员注册，提供会员信息即可拥有本站的会员身份。提交会员信息后，管理员发出会员确认邮件，给出会员登录入口，会员可以通过邮件提供的会员入口进入会员管理页面。会员用户可以进行订单查询或修改注册信息等。

（2）会员登录：进入网站，顾客可在主页上直接进入分类商品专柜进行购物，客户去收银台时系统会提醒客户进行登录（非会员购物前先要注册），给出登录页面进行登录；或者在主页的登录版面直接进行登录后再购物，两种方式都可以进行会员登录。

（3）购物：网站采用商家加盟制，由加盟商家提供商品，在网上开设分类商品专柜进行商品展卖。在主页上直接进入各分类商品专柜进行购物。为每个购物者准备了一辆购物车，购物时可以点击购物车图标，随时查看或更改已选购的商品数量（商品数量更改后务必请按“确认”/“更改”按钮）。在浏览各类商品专柜时可以点击商品名称，查看商品的详细说明及图片，选中商品后可点击“订购”按钮将其放入购物车中（默认值为 1），然后可以查看购物车，更新、确认所选购商品数量或继续购物。选购完毕，确定后可去收银台提交订单并结账。

（4）收银台及订单提交：所有商品选购完毕并确认无误后，可按“去收银台”按钮进入收银台。进入后，网页上将显示客户的购物车中已选商品的品种、数量、总金额等信息，然后顾客需要选择一种付款方式。单击相应按钮并进行相关操作后进入订单提交，填写送货方式、地址、时间、电话或手机（要求能立即联系上）等相关资料，完全确认后单击“提交”按钮，购物流程结束，购物车会自动清空，客户可继续订购想要的商品或继续浏览本网站的其他内容，如果刚刚提交订单货未发出，允许顾客提出取消订单操作（到订单管理中进行）。订单提交后，后台管理者就要进行订单的处理等操作了。

在以上这些过程中有些是客户完成的，有些是需要网站管理者完成的。涉及的主要流程包括客户购物流程、订单管理流程、管理者后台管理流程、发货处理流程、退货流程、换货流程等，图 6-5～图 6-8 所示列出一般情况下的客户购物流程、客户退货流程、管理员订单管理流程等，供参考。

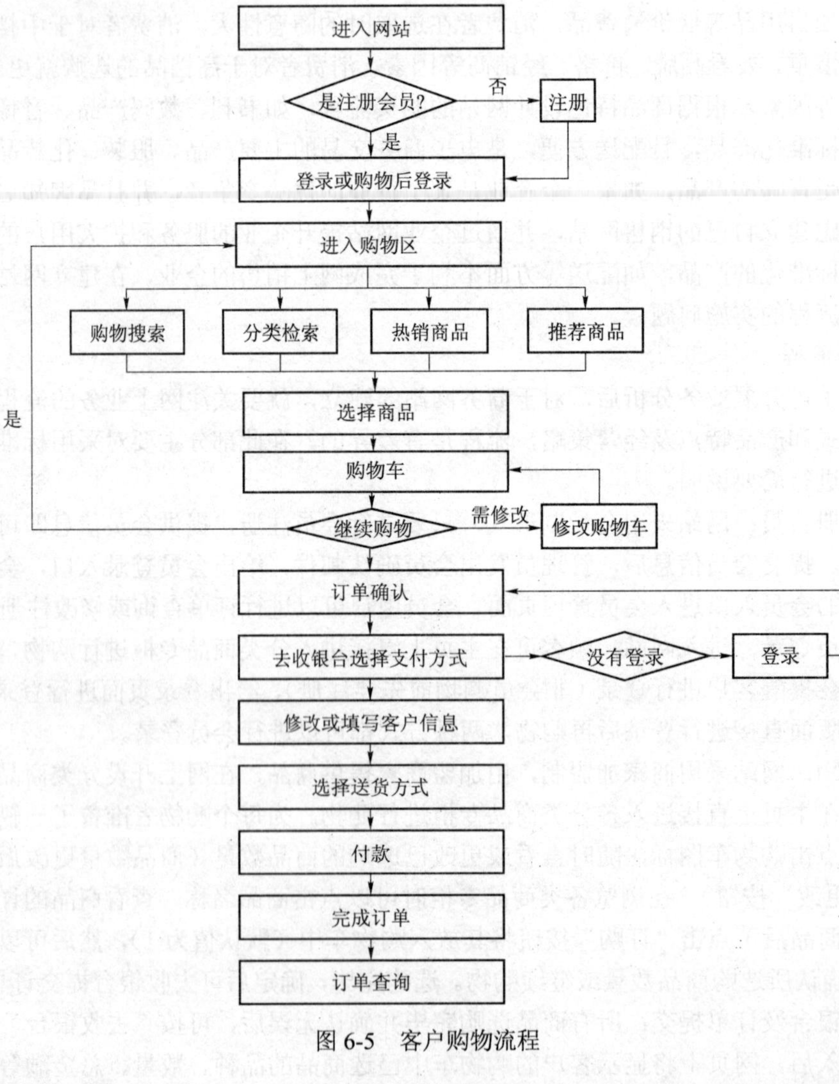

图 6-5 客户购物流程

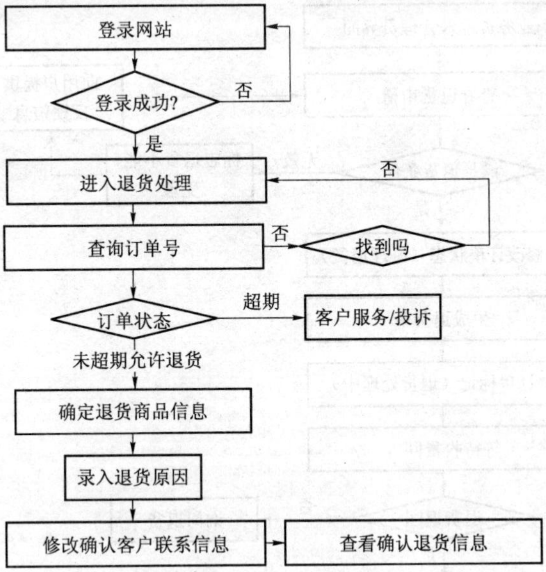

图 6-6　客户退货流程

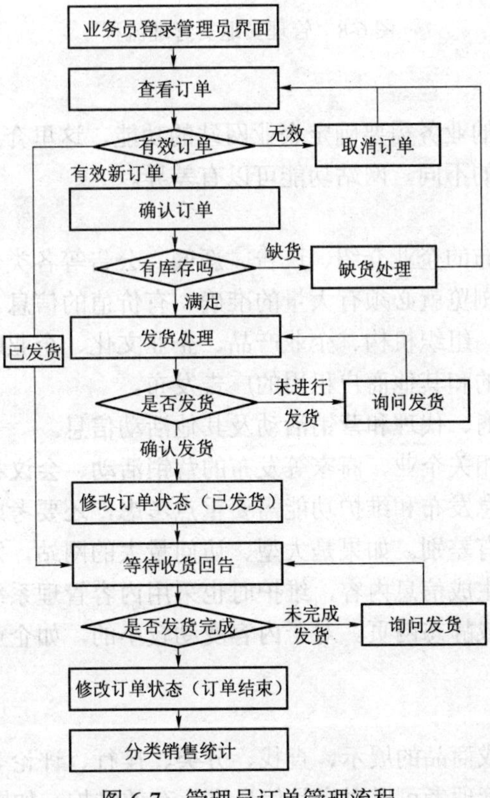

图 6-7　管理员订单管理流程

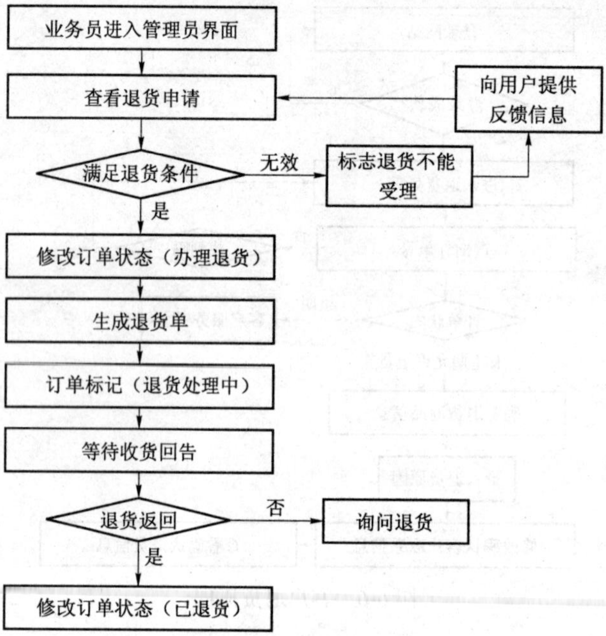

图 6-8 管理员退货管理流程

3. 业务功能分析

根据企业网站要实现的业务需要确定企业网站的功能，这里介绍典型电子商务网站功能设计。根据企业业务需求的不同，网站功能可以有差异。

1）信息发布

信息发布是指网站发布的企业介绍、广告、新闻、公告等各类信息，它是企业网站的基本功能之一，要吸引用户浏览就必须有大量的准确、有价值的信息。

企业介绍：企业情况、组织机构、企业产品、企业文化、企业研发信息等各类内容。

广告：包括企业自己的和其他商户租用的广告发布。

公告：包括招聘、招商、代理和营销活动及其他活动信息。

新闻发布：包括网站相关企业、商家等发布的营销活动、会议和其他管理信息。

信息发布功能除了信息发布和维护功能需要重点考虑，还要考虑网站的规模和访问量不同时期发布和维护形式也有差别。如果是大型、访问量大的网站，发布方式可以考虑使用静态网页，由内容管理系统生成信息内容，维护时也采用内容管理系统更新内容存储到数据库中，并能按给定的模版生成静态网页。对于内容变动较小的，如企业介绍，可以采用静态网页，通过手工维护网页。

2）商品管理

商品管理功能主要完成商品的展示、查找、分类、排行、评论等功能，使用户可以尽快发现和了解所需商品，使管理者可以对商品信息进行有效维护。如图 6-9 所示。

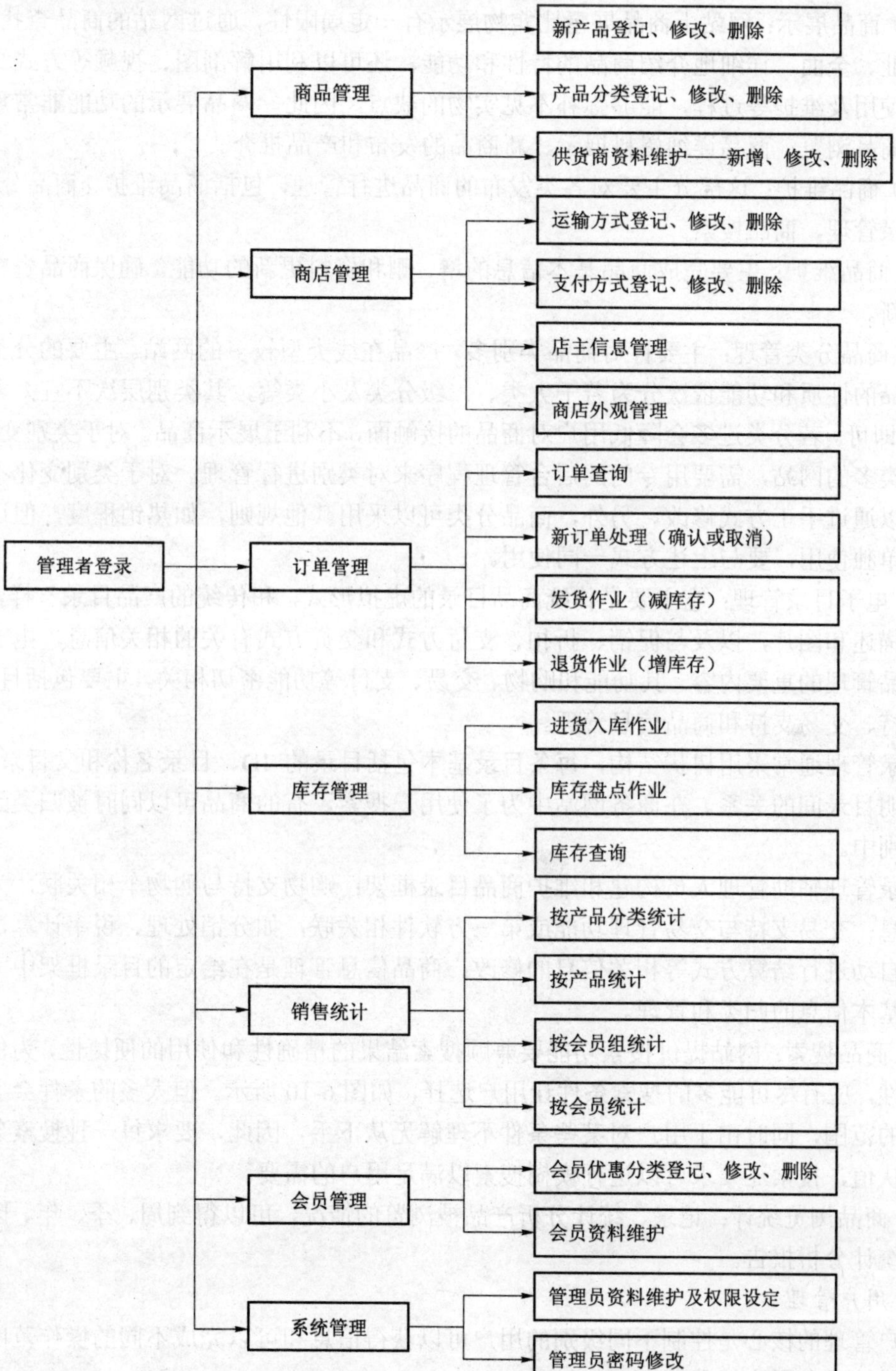

图 6-9　管理员进行的各种管理工作

（1）商品展示：网站上商品展示比实物展示有一定局限性，通过网站的商品查找和比较，可以专业、全面、详细地介绍商品的特性和功能，还可以利用解剖图、视频等方式综合展示产品的使用及维护等过程，能够弥补不见实物的缺点。因此，商品展示的功能非常重要，主要包括商品浏览、商品详细资料展示、新商品的发布和产品推介。

（2）商品维护：这部分主要对各类发布的商品进行管理，包括商品维护、商品分类管理、电子目录管理、商品搜索。

① 商品维护：主要完成商品基本信息的增、删和资料更新的功能，确保商品资料详细和实时更新。

② 商品分类管理：主要针对商品类别多，产品在线类型较多的网站。主要的分类方式是按照商品的性质和功能依次分为若干大类、二级分类及小类等，其类别层次不宜太多，一般3～4层即可。若分类过多会降低用户对商品的接触面，不利于展示商品。对于类别变化大的、商品种类多的网站，需要用专门的后台管理程序来对类别进行管理。对于类别变化不大的网站，可以通过手工方式修改。另外，商品分类可以采用其他规则，如热销程度，但这种方式一般不单独使用，要与上述方式一同使用。

③ 电子目录管理：它主要是传统商品目录的虚拟形式，和传统的产品目录一样，它也包含文字描述和图片，以及与促销、折扣、支付方式和交货方式有关的相关信息，电子目录管理是商品管理的重要内容。其功能和购物、交易、支付等功能密切相关，主要包括目录管理、购物支持、交易支持和商品信息管理。

目录管理通常采用树状结构，每条目录基本包括目录的 ID、目录名称和父目录的 ID，用来说明目录间的关系。在商务网站中为了使用户搜索，有的商品可以同时被归类到不同的目录类别中。

目录管理辅助管理人员构建和维护商品目录框架；购物支持与购物车相关联，为其提供商品信息；交易支持与交易管理功能或第三方软件相关联，如分销处理、税率计算，对费用变化，自动进行结算方式等相关信息的修改；商品信息管理是在给定的目录框架中完成各类商品的基本信息的归类和管理。

④ 商品搜索：网站提供搜索功能要兼顾搜索结果的精确性和使用的便捷性，为保证搜索的精确性，应有尽可能多的搜索条件让用户选择，如图 6-10 所示。但太多的条件会影响和限制搜索的范围，同时由于用户对某些条件不理解无从下手，因此，要求每一种搜索条件设置一个默认值，搜索还要求可以进行模糊搜索以满足用户的需要。

⑤ 商品浏览统计：记录、统计分析产品被浏览的情况，可以得到周、季、年、区域的商品访问统计分析报告。

3）用户管理

用户管理的核心是控制不同级别的用户可以获得信息和可以完成不同的操作范围，包括用户资料管理和用户权限管理。

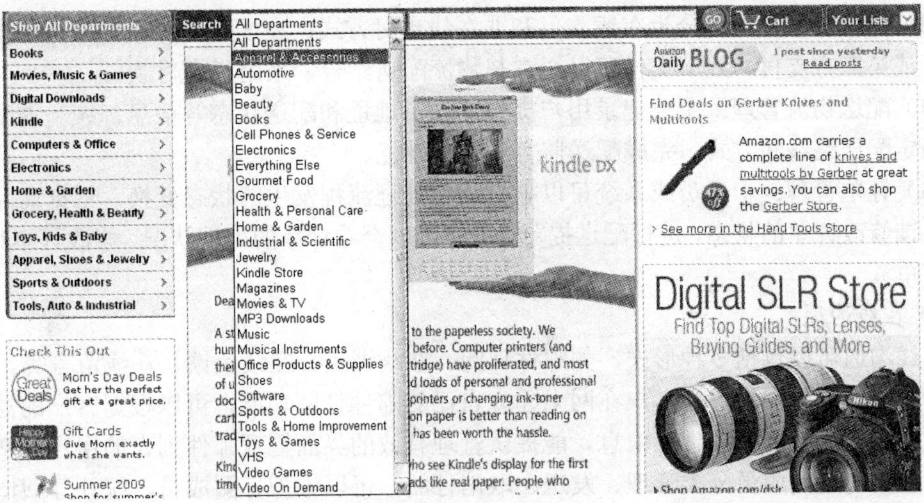

图 6-10　搜索条件设置

用户资料管理：主要完成用户信息的增、删和资料更新功能，一般系统中用户可以划分为普通会员、VIP 会员、匿名。其中会员和管理员可以按照其权限等进一步划分为多个级别。在管理过程中用户级别划分与其权限范围有关，系统可以按照权限规则（如用户积分）对用户权限进行升级和更新。

网站用户访问统计：统计来访者的 IP、访问来源、访问者系统信息、访问时间和访问链接地址等。

用户权限管理：用户登录管理和浏览中的权限进行控制，用户需要将网站中页面的访问权限分为几个级别，结合用户资料中设定的用户权限对访问用户进行审核，只有符合条件的用户才能查看相关资料或完成相应功能。一般要求在用户登录时和进入相关功能页面时都要进行权限控制。

4）交易管理

交易管理主要完成在线交易中涉及购买、支付、配送等系列功能。

（1）购买：实现用户购买或退货的商品相关信息的存储，以备用户以后提交购买请求时使用，各类网站中提供“购物车”是实现购买功能的方法。

电子购物车是一种订购处理技术，是典型的交易功能之一，顾客可以将他们要购买的商品放入购物车，继续采购。根据网站的需要，有的网站可以允许用户将购物车上的商品暂存，几天后再来确认和结账。目前购物车已经成为电子商务网站的标准方法。其功能主要包括：商品加入、删除、数量修改；商品类别和数量的统计和浏览；商品金额的计算。

（2）结算：在用户购买过程和提交购买请求时，根据用户提交购物请求时所选商品的种类、数量、价格、付款方式及打折、优惠券、客户级别等信息，计算用户所购商品的总价值，显示相关总价信息和优惠金额。本功能通常与购买结合，随时准确计算和显示总价值。

（3）支付管理：支付分为在线支付和非在线支付方式，在线支付可以选择电子支付、在线银行或第三方支付。线下支付可以通常与物流配送结合，采用货到付款。

（4）配送物流管理：主要记录用户提供的送货地址和配送状态等信息。统一调配配送资源，确定配送路线和方式，完成配送监督和评价功能。

（5）订单管理：管理员或系统可以根据货物处理流程发生的状态变换，依据商品发货和发货反馈修改订单的状态，进行配送提示。用户可以查看订单的处理状况，修改订单状态（如取消订单）。

5）在线沟通

在线沟通可以包括多种形式，如邮件订阅、在线调查、在线反馈、在线留言等。

（1）邮件订阅：能够让客户在网上建立自己的邮件订阅功能，可以根据客户的需求向订阅者发送新闻、杂志、公告等信息，能提供管理有效的界面管理邮件列表的用户。基本功能包括管理员对订阅成员分类管理、发送、取消订阅，可以维护订阅成员，统计订阅情况等，用户订阅管理可以订阅和取消订阅，并能够管理自己的订阅分组。

（2）在线调查：可针对产品、政策、企业行为进行网上投票，让决策者迅速了解市场意见或支持率，其功能包括问卷设置、问卷提交、问卷统计等。

（3）在线反馈：真正实现企业和客户的一对一沟通，及时处理客户意见，建立网上客服的良好交互界面，其功能包括客户咨询、即时答复、邮件回复等功能。

（4）在线留言：企业可以通过留言板搜集客户反馈意见，其功能包括：用户发表言论、统计查询功能、留言板维护功能。

6.2.4 方案经济可行性分析

经济可行性分析是指对将开发的项目进行投入成本估算和产出效益评估，其中需关注电子商务网站的成本构成和电子商务网站的收益分析。

1. 电子商务网站的成本构成

1）网站建设项目的成本测算

网站建设项目的成本测算就是根据待开发的信息系统的成本特征及当前能够获得的有关数据和情况，运用定量和定性分析方法对项目生命周期各阶段的成本水平和变动趋势作出尽可能科学的预测，对建设项目的时间进度作出尽可能准确的估计。网站建设项目成本的构成及测算的一般过程，常用的估算方法有 4 种。

（1）参照已经完成的类似项目估算待开发项目的软件开发成本和工作量。

（2）将大的项目分解成若干小的子系统，在估算出每个子系统软件开发成本和工作量之后，再估算整个项目的软件开发成本。

（3）将软件按网站建设的生命周期分解，分别估算出软件开发在各个阶段的工作量和成本，然后再把这些工作量和成本汇总，估算出整个软件开发的工作量和成本。

（4）根据实验或历史数据给出软件开发工作量或成本的经验估算公式。

2）网站的费用

成本估计一般指估算企业安装网络所需的直接费用，它包括：购买网络软、硬件产品的费用，网络设计和开发的费用。

估计电子商务网站运行费用。这类费用的估计比较困难，因为电子商务网站系统有一个特点，就是运行费用通常是建网费用的 3～4 倍。它包括网络运行、技术支持、维护和管理等费用。

网站的费用估算是企业非常关心的问题，从某种意义上看，合理的费用估算直接影响到企业的决策，并关系到企业网站的建设进度是否能够有效控制，一般网站建设的费用包括以下几方面。

（1）网站建设前的准备费用。包括市场调查费用、域名注册费用、资料收集费用、网站规划（设计）费用、硬件购置或空间租赁费用、软件购置费和其他费用。

其中硬件和软件投资的费用占了前期费用的绝大部分（约 2/3），域名注册费用一般较少，每年不超过 1 000 元；资料和素材准备的费用在不同类型的网站差别较大。如果向专业机构购买需要投资较大。硬件能按照规模分，小规模网站 4 万元/年、中规模网站 20 万元/年、大型网站 120 万元/年。如果选主机托管方式是要按照 10 MB 共享、10 MB 独占、100 MB 共享和 100 MB 独占，其费用相距较大，从几万元到上百万元不等。

如果采用自建服务器方式，基本硬件平台、网络通信费用包括：一次性投资和长期运转费用，一次性投资，硬件平台、网络设备（路由器或交换机、集线器、基带 Modem 等），服务器（DNS 服务器、备份服务器、数据库服务器、防火墙服务器等）、工作站和其他设备（打印机、扫描仪、摄像机等）。长期运转每年需支付的费用包括 DDN 线路费用、Internet 流量通信费、房租、维护人员工资、其他运转开支等。

（2）网站开发的费用。这部分主要是开发的人力成本，是任何网站都必须支付的，网站如果是自行开发或外包形式，费用计算是不同的。外包形式一般费用较高，适用于相对功能维护变化小的网站。网站的开发费用是最难计算的，一般开发费用是按照人员工资、各项费用和利润率来计算，总价=（工资＋费用）×利润。

例如，公司月付工资 5 000 元，费用为 4 000 元，希望利润 20%，一个月工作时间为 22 天共 176 小时，除去 25%的其他工作，制作网页实际工作时间为 176×（1–25%）=132，得到每小时的成本为（5 000＋4000）×（1＋20%）/132=81.82。

目前开发费用有多种计算方法，可以参考电子商务服务商的报价，计算费用通常有套餐法、项目评估法和时间法，套餐法实际是页面法，指定明确的页面数量、图片数量、链接数量和功能等，这种方法很通用，但并不是一个好方法，因为按页面计费对于功能要求的解释很含糊。项目评估法是将整个网站建设分成一个一个小的工作，评估工作技能和难度，计算完成时间，再进行每小时的成本计价。时间法是按照每小时费用计算成本。

网站建设项目时间估算，对一个项目所需要的时间进行估算时，需要分别估计项目包含的每一种活动所需要的时间，然后根据活动的先后顺序来估计整个项目所需要的时间。一般来说，建设网站时间表应该包括以下几项内容：电子商务网站建设各项工作内容及其时间安排；月度和年度工作安排时间规划；网站各工作人员工作内容及其时间安排（由其本人完成）；工作人员讨论交流会时间安排。

（3）网站宣传的费用。根据选取的宣传方案不同，费用发生不同。包括一般的广告宣传费用外，还可能包括搜索引擎付费、付费邮件列表等方式，也可以选取专门的网络营销公司提出的推广方式付费。

（4）网站维护和更新的费用。包括：内容维护费用、网站软硬件维护的费用、网站功能更新维护的费用。

2. 电子商务网站的收益分析

电子商务网站的收益是指来源于网站运营的经济收入。商务网站的收益主要有直接收益和相关收益。

直接收益是直接来源于电子商务网站的经济效益，如信息销售收入、网站功能收益等。直接收益的手段包括直接收费、上网卡收费、会员费等。

相关收益包括通过其相关业务而获得的收益，如网上宣传和推介、网上采购、业务推广等，这里还包括品牌收益，网站把知名度、点击率作为网站的初级经营目标，品牌既对网站有影响，又不可脱离网站的内容和功能而独立存在，品牌收益实际上更多取决于网站的内容和功能。

3. 电子商务网站建设项目风险分析

企业电子商务网站的风险分析，可以从两个角度来进行，一个是技术风险分析，另一个是商业风险分析。技术风险分析就是分析企业电子商务网站系统外在的危险，估计这些危险的严重性，然后计算网络服务失效带来的损失，以便电子商务网站设计者在网络设计阶段考虑预防和补救措施。

6.3　网站建设平台方案

6.3.1　域名选择和申请

1. 域名选择

域名是由人、企业或组织申请的网站使用的 Internet 标识，并对提供服务或产品的品质进行承诺和提供信息交换或交易的虚拟地址。

域名命名的一般规则如下。

① 域名中使用的字符只能包含 26 个英文字母、数字 0～9 和“_”、“-”、“～”。

② 域名中字符的组合不区分英文字母的大小写，域名的长度有一定限制。

③ 各级域名之间用实点（.）连接，各级中文域名长度不得超过 20 个字符。

④ 域名应该便于记忆，朗朗上口，不得使用或限制使用某些名称。如果用户看到域名就

能够想到公司或个人的形象就再好不过了。

网站名称选取要响亮、易记，可以选用企业已有商标或企业名称，对网站的形象和宣传推广也有很大影响。规划好域名是设计一个网站的第一步，也是很重要的一部分。在确定企业电子商务网站域名的命名时除了要考虑域名的命名规则还应考虑几个方面：网站名称要合法、合理，可以是单位名称的中英文缩写、与企业的广告语一致的中英文内容、企业产品的注册商标、与企业的网上定位相符合的名称，如“haier.com”；名称要有特色，简单易记，如果能体现一定的内涵，给浏览者更多的想象则更好，如“优酷网”、“framedia.com”；名称可以是纯数字的，如“8848.com”、“5688.com”；避免过长的域名，一般超过 12 个字符就很难被人们记住；域名中最好不使用特殊字符，如“_”、“-”、“～”。

2. 域名注册

域名的注册可以分为国际和国内域名注册，国内域名注册可以通过由中国互联网络信息中心（CNNIC，www.cnnic.net.cn）授权的代理进行，国际域名注册可通过国际互联网络信息中心（INTERNIC，www.internic.net）授权的代理机构。登录中国互联网络信息中心的网站可以了解有关域名注册、变更、注销、转让的方法。国际域名的注册是单位和个人都可以提交申请的，但国内域名的申请人必须是依法登记并且能够独立承担民事责任的组织。

目前，申请域名的形式有两种：一种是收费的，另一种是免费的。实际上，大多数域名是收费的，免费的域名已经越来越少了，而且使用时往往有时限。

提供收费域名的 ISP（Internet Service Provider）很多。采用收费域名的最大优点是服务有保证，功能比较齐全。如中国万网、中国互联等。

免费域名只提供域名，不提供主页空间，因此这种域名实际上只提供一种转向功能，不能真正发布网页。常见的提供免费域名的网站地址有：我的酷网（http://mycool.net）等。

申请域名的步骤（见图 6-11），申请国际或国内域名有所区别，不过大体步骤包括：查询域名；用户资料提交；提交订单确认并支付；域名注册成功信息反馈。通常缴纳一定的域名注册费用后域名即可开通。

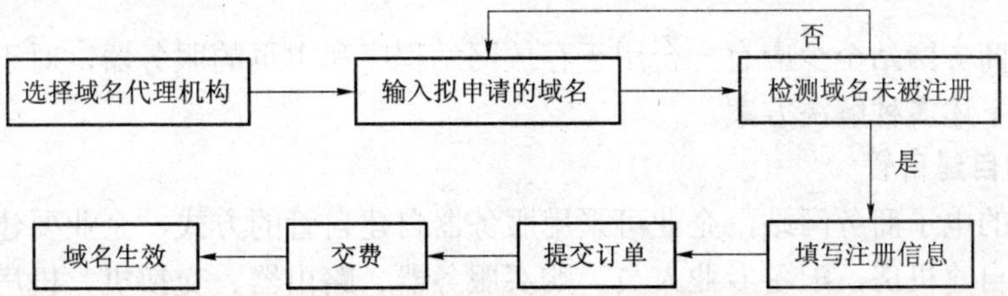

图 6-11 申请域名的步骤

查询域名：在申请注册之前，用户必须先检索一下自己选择的域名是否已经被注册，最简单的方式就是上网查询。国际顶级域名可到国际互联网络信息中心（http://www.internic.net）的网站上查询，国内顶级域名可到中国互联网络信息中心（http://www.cnnic.net.cn）的网站上查询。其他查询方式可以利用 Whois 查询。

例如，用户可以先登录 CNNIC 查询一下自己选择的国内顶级域名。在查询框内输入想要查询的域名，如 dianyigroup.com.cn，单击提交。如果已经被他人注册，将会出现域名、域名注册单位、管理联系人、技术联系人等提示信息。如果没有被他人注册，将会出现“你所查询的信息不存在”的提示信息。这时用户就可以开始注册了。

申请注册时用户可以通过两种方式填写注册申请表：用 Web 方式，用户可以在 ISP 的网站上在线填写域名注册申请表并提交；用 E-mail 方式，从 ISP 网站上下载域名注册申请表，填好后发 E-mail 给服务商进行注册审批。

申请域名注意事项：① 如果用户需要委托公司代办注册，需要注意考察委托公司的实力和可信度，确认不会因为该公司倒闭而使用户遭受不可估量的损失；② 填写申请表时，所申请域名的管理联系人及信箱一定要是自己单位的，否则可能会失去域名的控制权，代办的 ISP 或 ICP 最好有自己的网络，包括 DNS 服务器、网站等，而不是其他网站的虚拟主机用户。③ 要注意“先申请先注册”的原则，因为 CNNIC 对域名注册采用“先申请先注册”的原则，没有预留服务，即使注册者是著名品牌、大公司，其域名一旦被别的公司抢注就没有办法挽回了。另外域名注册要采用主流域名，如.cn、.com.cn、.com 等，网站首页为顶级域名而不是多级层次，如 www.shiyu.cn，不是 www.shiyu.cn/cn/html/index.aspx；一个网站对应一个主域名，如果有多个域名应统一。

3. 经营性网站的许可证

《增值电信业务经营许可证》简称 ICP，是网站经营的许可证。根据国家《互联网管理办法规定》，经营性网站必须办理 ICP 证，否则就属于非法经营。经营性网站是通过互联网向上网用户提供有偿信息、网上广告、代制作网页、电子商务及其他网上应用服务的公司必须办理的网络经营许可证。国家对经营性网站实行 ICP 许可证制度。申请 ICP 许可需要到工业和信息化部（http://www.miibeian.gov.cn）进行。

6.3.2 服务器管理方式比较和方案选定

一个电子商务网站至少应有一台用于存放网站程序和主页的服务器，对于确定网站的服务器，目前有下述多种解决方案。

1. 服务器自建自管

建立独立的电子商务网站，企业可采用服务器自建自管的方式，企业要建立一个电子商务网站，需要自建机房，配备专业人员，购买服务器、路由器、交换机、机房的辅助设备、网管软件等。在服务器上还要安装相应的网络操作系统和开发使用 Web 服务程序，设置各项 Internet 服务功能，包括架设 DNS 服务器、WWW、FTP 服务器及电子邮件服务器，建立自己的数据库查询服务系统等，再向电信部门申请专线连接 Internet，这样便可建立一个完全属于自己独立管理的、专有的电子商务网站。

网络接入条件准备，网站采用服务器自管方式时，需要考虑如何将服务器连接到 Internet，目前一般采用的方法是向 Internet 服务接入商（如网通、电信）申请专线接入方式，目标网络服务商提供专线方式一般有 DNN、FR、ATM、SDN、光纤以太网等几种方式，见表 6-1。

表 6-1　常见的专线方式比较表

接入方式	技术特点	速率	应用范围
DDN	满足语音、数据和图像业务传输，可分时管理	9.6 Kbps～2 Mbps	安全性要求高的低速网络
FR	支持网络突发传输，组网灵活、采用虚拟电路技术	64 Kbps～2 Mbps	短时突发流量高的低速网络
ATM	方便客户网络管理、支持突发传输、组网灵活	256 Kbps～155 Mbps	短时突发流量高的高速网络
SDH	提供透明传输通道、传输速率高、网络自愈功能	2 Mbps～2.5 Gbps	实时性要求高的高速网络
光纤以太网	传输率高、组网灵活、接入方便	2 Mbps～1 Gbps	实时性高的高速网络

一般大中型商务网站推荐使用 SDH 和光纤以太网方式接入，对于中小网站来说，可以采用 XDSL 方式，网通和电信公司一般采用 ADSL 专线方式，通过这种方式，用户可以获得 1 个或多个静态 IP 地址和 512 Kbps～2 Mbps 的带宽，可以保持 24 小时在线，且价格比较便宜，专线方式适合中小企业网站用来在 Internet 上建设自己 WWW、Mail 服务器，但由于要利用公共电话网络来实现，因此采用此方式的前提是电话服务网络已覆盖企业所在地。用户需申请的带宽可以根据网站的类型、用户访问量及各页面的访问频率等因素共同确定，一般中小网站（除了需要流媒体或大量软件下载）1～2 M bps 左右就可以满足日常访问了，对于大型网站及流媒体和大量下载的网站来说，需要具体测算。

企业建立自己的电子商务网站的主要缺点是成本较高。但是，如果预计网站会有较大的访问流量，企业业务数据处理要求保密，企业在经济上比较有实力，建立独立的站点也是很有必要的，因为这样可真正控制自己的网站，使用维护起来也相应方便，这种方案适合于对信息量和网站功能要求较高的大中型企业。

2. ISP 解决方法

互联网服务提供商（Internet Service Provider，ISP），即向广大用户综合提供互联网接入业务、信息业务和增值业务的电信运营商。ISP 是经国家主管部门批准的正式运营企业，享受国家法律保护。ISP 服务商通过自己拥有的服务器和专门的路线 24 小时不间断地与互联网连接，当企业需要实现对网站的维护，只要先通过电话网络与 ISP 端的服务器相连就可以了。ISP 的服务应该包括接入服务（Internet Access Provider，IAP）和信息内容服务（Internet Content Provider，ICP），如新浪、搜狐、网易。IAP 专门从事为终端用户提供网络接入服务和有限的信息服务的服务提供商，ICP 是指那些在互联网上提供大量的实用信息服务的服务提供商，它允许专线、拨号上网等各种方式访问自己的服务器，为用户提供全方位的各类信息服务。随着经营范围的拓展，IAP 和 ICP 的有机结合是 ISP 的主要发展方向。

IDC 起源于 ICP 对网络高速互联的需求，而且美国仍然处于世界领导者位置。在美国，运营商为了维护自身利益，将网络互联带宽设得很低，用户不得不在每个服务商处都放一台服务器。为了解决这个问题，IDC 应运而生，保证客户托管的服务器从各个网络访问速度都没有瓶颈。IDC 为互联网内容提供商（ICP）、企业、媒体和各类网站提供大规模、高质量、安全可靠的专业化服务器托管、空间租用、网络批发带宽及 ASP、EC 等业务。IDC 是对入驻（Hosting）企业、商户或网站服务器群托管的场所；是各种模式电子商务赖以安全运作的基础设施，也是支持企业及其商业联盟（其分销商、供应商、客户等）实施价值链管理的平台。IDC 有两个非常重要的显著特征：在网络中的位置和总的网络带宽容量，它构成了网络基础资源的一部分，就像骨干网、接入网一样，它提供了一种高端的数据传输的服务，提供高速接入的服务。因而电信运营机构在这方面有着得天独厚的优势。

建立自己的站点需要的投资较大，每年的运营费用较高，对信息量和网站功能要求不高的中小企业也可以选择 ISP 所提供一些比较经济的服务器解决方案。

想建立一个自己的网站，就要选择合适的网站空间。一个网站需要多少空间呢？这是网站建设者十分关心的问题。以企业网站为例，一个企业网站的基本网页 HTML 文件和网页图片需要 1～3 MB 的空间，产品照片和各种介绍性页面的大小一般为 10 MB 左右，另外，企业需要存放反馈信息和备用文件的空间，再加上一些剩余硬盘空间（否则容易导致数据丢失），一般一个企业网站总共需要 20～30 MB 的网站空间（即虚拟主机空间）。当然，如果用户打算专门从事网络服务，有大量的内容要存放在网站中，这就需要更大的空间。

ISP 有 3 种方式可以帮助企业建立自己的网站空间，分别是租用虚拟主机、服务器托管和免费空间。

1）租用虚拟主机

虚拟主机是使用计算机软件技术把一台运行在 Internet 上的服务器主机分隔成多台“虚拟”的主机，每一台虚拟主机都各自具有独立的域名或 IP 地址，如同独立的主机一样，它们也具备比较完整的 Internet 服务器功能，如 WWW、FTP、E-mail 等功能。如图 6-12 所示。采用虚拟主机方式建立电子商务网站具有投资小，建设速度快，安全可靠，无须软硬件配置及投资，无须拥有技术支持等特点。

由于多台虚拟主机共享一台真实主机的资源，所以分摊到每个用户的硬件费用、网络维护费用、通信线路的费用均大幅度降低；而且对硬件设备的维护用户不用操心，基本上不需要管理和维护虚拟主机。采用虚拟主机技术的用户只需对自己的信息进行远程维护，而无须对硬件、操作系统及通信线路进行维护。因此虚拟主机技术可以为中小型企业或首次建立网站的企业节省物力并减少了一系列烦琐服务器管理工作，是企业发布信息较好的方式。

虚拟主机与 Internet 的连接一般采用高速宽带网，用户与虚拟主机的连接可采用公共电话网 PSTN、一线通 INDN、ADSL 等。

由于多个不同的站点共享一台服务器的所有资源，虚拟主机是入门级的站点解决方案。如果虚拟主机所在的服务器上运行了过多的虚拟主机，系统就会容易过载，性能下降，从而直接影响浏览网站的效果。

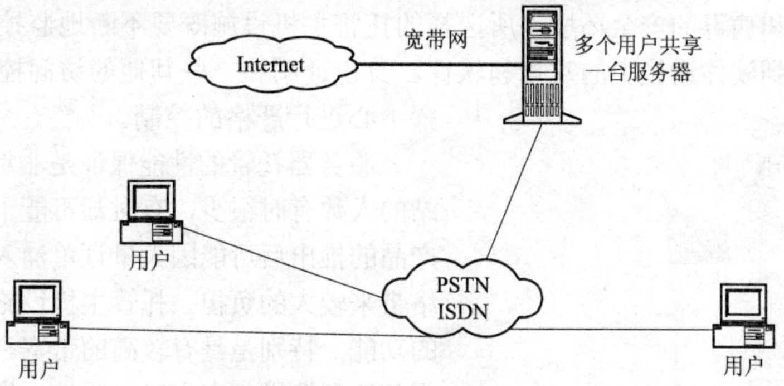

图 6-12　虚拟主机连接

2）服务器托管

随着网络资源服务市场的成熟，除了虚拟主机的方案以外，还可以选择服务器整机托管的方案来建立电子商务站点。服务器托管（指用户将自己的独立服务器寄放在互联网服务商的机房，日常系统维护由互联网服务商进行，可为企业节约大量的维护资金）也称主机托管。主机托管就是客户把属于自己的一台服务器放置在某个经营"整机托管"业务网站的数据中心的机房里，客户不用常去机房对自己的服务器进行维护，因为网站机房的技术人员会每天 24 小时对客户的许多服务器进行精心"看护和照顾"。如图 6-13 和图 6-14 所示。整机租用在成本和服务方面的优势更为明显。

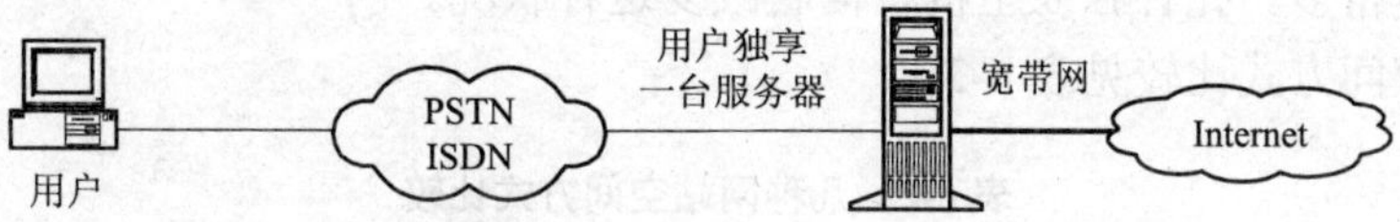

图 6-13　服务器托管示意

服务器托管的特点是灵活、稳定、安全且快捷。当企业的站点需要灵活地进行组织变化的时候，虚拟主机将不再满足企业的需要，虚拟主机不仅仅被共享环境下的系统资源所限，而且也被主机提供商允许在虚拟主机上运行的软件和服务所限。在共享的服务器环境下，一些功能和属性也不得不被禁止，受限制或不支持。Web 用户希望内容动态化、连接互动化，而这可依靠托管独立主机得到较好的解决。

服务器托管具有较高的可靠性，这是用户选择这种方式的最基本的原因。为了保持竞争力，企业服务器必须每时每刻都处于在线状态。这意味着主机服务设施要具备排除任何可能发生的故障的能力，从简单的断电到地震这样的重大事件。如果一个设施遇到问题，其功能可以由另一个设施来承担。如配备双重供电系统，主机服务设施通过两个途径链接到互联网上。

当一个企业将有价值的数据和服务置于企业大门之外，安全就会变成一个首要的问题。一个良好的主机服务设施可以提供一个安全基础设施，这个基础设施可以确保一个没有黑客入侵、没有故障和病毒的安全环境。所选择的托管主机设施既要不断地监控硬件设施，也要不断地监控进入到硬件设施中的数据和软件。身份证明和一些其他的访问控制可以对进入指挥中心进行严格的控制。

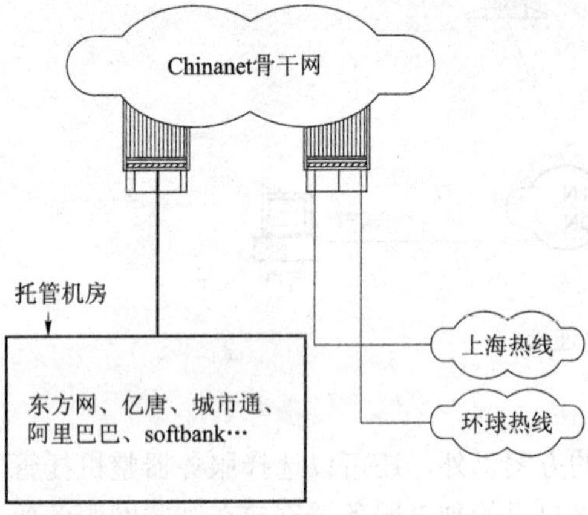

图 6-14 服务器托管示意

服务器托管的性能保证是非常重要的，访问网站的人数有时很少，有时却可能十分拥挤。一个新产品的推出后可能因大量订单涌入而给服务器和网络带来较大的负担。托管主机设施应具备提供潜在的功能，特别是具有较高的带宽。同时，所有这些服务器和管道都有实时的监控。指挥中心能够及时发现问题和解决问题，为客户提供高质量的服务。

在虚拟主机共享服务器的环境下，当某个网站遭到攻击，那么其他的站点也会被牵连。另外，如果有用户执行了有问题的程序，可能会由此造成整个服务器瘫痪。而在独立主机的环境下，就可以对行为和程序严密把关、精密测试，将服务器的稳定性提升到最高。虚拟服务器主机是非常容易被黑客和病毒袭击的，因为有多个用户对这台服务器有不同的权限。另外，如果服务商没有处理好安全问题，可能其他用户可轻易通过程序来进行浏览、删除、修改等操作。而托管服务器极少会出现这样的问题。虚拟主机因为是共享资源，因此服务器响应速度和连接速度都较独立主机慢得多。托管独立主机将彻底改变这种状况。

几种网站空间方式比较见表 6-2。

表 6-2 几种网站空间方式比较

类 型	实 现 方 法	优 点	缺 点	适 用
服务器自管	企业自购服务器并自己管理和维护，通过专线接入互联网	信息可控、安全并容易和企业的内部管理信息系统相连	费用高，需要专门人员维护，管理复杂	信息安全要求高，有维护能力的企业；要和企业内系统紧密相连；大型电子商务企业
租用虚拟空间	所有者向服务商租用空间，与其他网站共享服务器，一般用基于域名的虚拟服务器技术实现网站相互区分	费用低，服务器运行及宽带有保障	与其他网站共享服务器性能受限，信息安全相对较低	小型网站
服务器托管	网站自己购置服务器交由专门网络服务商或直接租用网络服务商提供的服务器	软硬件维护有保障，服务带宽相对较高，利于提高网站运行的质量	与企业内部业务系统连接不便，信息安全性相对较低	可独立运行的大中型网站

3）免费空间

目前有些网络服务提供商为了自身的营销需要，提供一些免费空间，想要将自己建立的网站发布到互联网上的用户，可以通过申请免费空间实现网站发布，但一般这样的空间是有时间限制的，到了限定的时间后如果要网站继续运营，就要通过付费方式到网站空间。这类服务提供商如虎翼网、常来网、网信科技等。

目前搜索引擎都不愿收录位于免费主页空间上的网站。其理由是，既然认为自己的网站重要，那么没有理由还将它放在免费服务器上。更何况免费主页通常速度较慢，会影响大家搜索信息的效率。当然如果免费空间的网站确实优秀，也有可能被搜索引擎接受，不过条件相当情况下，排名会永远跟在那些拥有独立域名的网站后面。

6.3.3　电子商务网站硬件平台

建立一个电子商务网站通常要考虑很多因素。一个网站运行好坏，硬件起着很重要的作用，硬件是整个电子商务网站正常运行的基础，这个基础的稳定可靠与否，直接关系着网站的访问率及网站的扩展、维护和更新等问题。电子商务网站的硬件构成主要有两大部分：网络设备、服务器。

1. 网络设备

网络设备主要用于网站局域网建设、网站与 Internet 连接。网络访问速度的快慢，很大程度上与网络设备有关。网络设备中的关键设备有 3 种：路由器、交换机和安全设备。

（1）路由器（Router）是一种连接多个网络或网段的网络设备，是将电子商务网站联入广域网的重要设备。路由器能对不同网络或网段进行路由选择，并对不同网络之间的数据信息进行转换，它还具有在网上传递数据时选择最佳路径的能力。路由器市场中，Cisco 产品占有绝对的优势，国产路由器中华为、桑达等分别占有一席之地。

由于广域网和局域网种类繁多，需要根据实际情况进行选择或配置。对于广域网端，接入线路种类繁多，如 DDN 方式、帧中继方式、ISDN 方式、ADSL 方式、Cable Modem 方式、以太网光纤方式。路由器的广域网端口有很多种，可以满足接入不同数字线路的需求。对于局域网端，路由器会提供以太网、ATM 网、FDDI 和令牌环网接口，常见的是以太网口，如 10Base-T、100Base-T 或千兆以太网接口，路由器需要根据实际进行选择或配置，ATM 接口类型支持单、多模光纤，物理接入速率有 2 MB、34 MB、155 MB，能满足多种业务的需求。目前大多数路由器都是模块化的，因此在选择路由器时，除品牌、型号外，还要根据路由器两边的端口不同，选择不同的模块来适应不同的网络端口和通信速率。

（2）交换机（Switch）是局域网组网的重要设备，它将大的网络分割成许多小的网段，每个网段享有一定的带宽，由较少用户共享，以获得较好的性能。交换机可以在计算机数据通信时，使数据的传输做到同步、放大和整形，而且可以过滤掉短帧和碎片，对通信数据进行有效的处理，保证数据传输的完整性和正确性。交换机在工作的时候，发出请求的端口和目的端口之间相互响应而不影响其他端口，因此交换机就能够隔离冲突域和有效地抑制广播风暴的产生。另外，交换机的每个端口都有一条独占的带宽，交换机不但可以工作在半双工模式下，而且可以工作在全双工模式下。多台不同的计算机可以通过交换机组成网络。交换机的传输速度比路由器快，其类型包括低速以太交换机、高速 FDDI 交换机、快速以太交换机、令牌环网高速交换机和 ATM 高速交换机。

（3）防火墙（Firewall）是一个由软件、硬件或软硬件结合的系统，是电子商务网站内部网络和外部网络之间的一道屏障，可限制外界未经授权的用户访问内部网络，管理内部用户访问外部网络的权限。电子商务网站中存放着大量的重要信息，如客户资料、产品信息等，网站开通之后，系统的安全问题除了考虑计算机病毒之外，更主要的是防止非法用户的入侵，而目前预防的措施主要靠防火墙技术完成。目前已开发出很多防火墙的产品。这部分可以参考有关防火墙更详细的资料。

2. 服务器

（1）服务器的选择。电子商务系统功能和性能的发展对服务器的性能、功能提出了更多、更高的要求。选择服务器是电子商务网站建设极其重要的环节，必须要选择一个性能好、成本低、可扩展、安全可靠的服务器。由于电子商务系统一般是包括了数据库服务器、Web 应用服务器等 3 层 B/S 结构。硬件决策、操作系统的选择和应用服务器的选择密切相关，它们共同决定了 WWW 的系统性能。选择服务器的一个重要原则是服务器的硬件是否能够升级，并需要它能够连上更多的服务器。数据库服务器要比 WWW 或应用服务器所用的计算机有更大的处理能力和内存空间，否则会降低 WWW 服务器的响应时间。应用服务器一般是指位于互联网和企业后端服务器中间的软、硬件。

（2）服务器的性能和类型选择：服务器的性能选择要注意其性能指标，如运算能力、存储能力、可靠性、可用性（不停机时间）、备份/恢复能力、可扩展/伸缩性。服务器的性能配置，如 CPU 性能、CPU 个数/最大 CPU 个数、内存/最大内存、硬盘/最大硬盘、硬盘的可靠性技术（是否能支持热插拔，RAID）、数据 I/O 带宽等。

按规模来分，服务器有 PC 机、小型机及小型机以上的计算机系统。PC 机服务器一般运行 Windows 操作系统，小型机及小型机以上的计算机一般运行 UNIX 操作系统。

PC 服务器的优点是：价格低、易管理、便于使用，应用软件丰富。PC 服务器大体可分为工作组级、部门级和企业级。P4 新至强处理器的出现，标志着服务器处理器的全面升级。杰出的性价比及在应用领域的优势，使得 P4 至强处理器成为低端服务器领域中的主流产品。在性能上，采用 P4 至强处理器的服务器处理速度快，而且安全性、稳定性、易维护性等方面都有所提高。P4 至强处理器为服务器产品引入了许多新技术，如从原有的 133 MHz 系统总线跃升到 400 MHz 系统总线，引入了双通道 DDR 存储器以平衡 3.2 Gbps I/O 带宽的系统总线，采用 PCI-X 64 bit/100 MHz 接口获得更高传输速度等，是网络安全、流量管理和 Web 高速缓存等需要更高 I/O 吞吐速率和内存性能的通信解决方案的最佳选择之一。

运行 UNIX 的小型机系统主要应用在大型商业、金融等各方面性能都要求较高的网站。不考虑价格，UNIX 服务器在性能上占有较大优势，在可靠性、总线技术、I/O 速率、海量数据处理、支持多路 CPU 等方面都比 PC 服务器领先许多。

选择服务器的原则应该视实际情况而定，如电子商务网站的规模、能够接受访问量的大小、今后的扩展计划及经营何种类型商品等。而且要考虑到随着时间的推移，服务器的价格会下降，性能更好的服务器会不断上市。

6.3.4 电子商务网站的软件平台

在完成了域名注册，确定了服务器解决方案后，接着需要解决的一个问题是在网站的硬件平台上运行什么样的软件系统。电子商务网站的软件主要包括操作系统、服务器软件、数据库软件等。运行这些软件与网站提供的服务有关。以下分别简要介绍这些软件的概况。

1. 操作系统软件

目前比较流行的、能够用于电子商务网站的操作系统主要有 Windows NT、UNIX、Netware 和 Linux 等。如果服务器设备选用小型机，多数的小型机服务器都选用 UNIX 操作系统，如 IBM 公司的 RS6000 使用 AIX 操作系统，HP 公司使用 HP UNIX，Sun 公司的 Enterprise 系列使用 Solaris 等。其中，Sun 公司的 Enterprise 系列的 UNIX 服务器在 Web 服务器市场上占有较大的份额，很多著名企业的网站都使用了 Solaris 系统。如果网站选用 PC 服务器，操作系统可在 Windows 2000、Linux、SCO UNIX、Solaris 中选择。下面简要介绍几种流行的操作系统。

（1）UNIX 操作系统。UNIX 操作系统的主要特点是技术成熟、开放性好、可靠性高、网络功能强大。UNIX 操作系统能运行于各种机型上，在网站建设中主要用于小型机。UNIX 最重要的特点是它不受任何计算机厂商的垄断和控制，并提供了丰富的软件开发工具。UNIX 具有强大的数据库开发环境，所有大型数据库厂商，包括 Oracle、Infomix、Sybase、Progress 等，都把 UNIX 作为主要的数据库开发和运行的平台。

UNIX 分类机适用机型：Sun Lolaris 适用于 x86；IBM AIX4 适用于 IBM RS/6000、PowerPC；SCO UNIXWare 适用于 x86。

（2）Linux 操作系统。Linux 操作系统是所有类 UNIX 操作系统中最出色的一种，由于它是自由的、没有版权限制的软件，所以是计算机市场中装机份额增长得最快的操作系统之一，目前全球已有 800 多万用户，Linux 操作系统适用于 x86 机型。

Linux 操作系统源代码公开，完全免费，适应多种硬件平台的多任务和多用户，具有强大的网络功能、易于移植、稳定性好。Linux 操作系统在受到全球众多个人用户认同的同时，也赢得了一些跨国大公司的喜爱，如 Infomix、Netscape、Oracle 等公司宣布了对 Linux 的支持，并推出了基于 Linux 的软件产品。Oracle 公司 1999 年推出 Linux 版本的各种企业应用软件和 Web 服务器程序。一些计算机供应商还在自己销售的计算机中为用户预装了 Linux。

Linux 操作系统是 UNIX 在微机上的完整实现，它性能稳定、功能强大、技术先进，是目前最流行的微机操作系统之一。有一个基本的内核（Kernel），一些组织或厂商将内核与应用程序、文件包装起来，再加上安装、设置和管理工具，就构成了直接供一般用户使用的发行版本。

（3）Windows 2000 操作系统。Windows 2000 的主要优点在于其技术先进、操作方便，能很好地兼容 Windows 丰富的应用软件，也有利于软件厂商开发新的应用。Windows 2000 拥有可伸缩的解决方案（需求式分页虚拟内存、均衡的并行处理、大型卷册或文件等），能够安全简单地访问 Internet，它捆绑了 DNS、DHCP、Gopher、Web、FTP 服务器，并提供了对等的 Web 服务（Personal Web Server，PWS）功能，Windows 2000 还提供点对点通信协议的支持。另外，与 Windows 2000 Server 紧密地捆绑在一起的服务器软件 IIS 是 Microsoft 公司的一种集成了多种 Internet 服务功能的服务器软件。另外微软公司的 Windows NT 和 Windows 2000 适用机型为 x86、Alpha。

（4）Net ware 操作系统。Net ware 是世界上第一个真正的微机局域网操作系统，1998 年增加了使用互联网的功能，使 Netware 成为开发和配置网络应用程序的一个系统平台。由于 Net ware 在通用性、可靠性和扩展性等方面具有许多特点，以及它在局域网领域中举足轻重的地位，使 Novell 网获得了相当广泛的应用。目前 Net ware 在我国仍然是使用较多的一个网络操作系统。

其他操作系统如 IBM 公司的 OS/2Warp 适用于 x86 机型；OS/400 适用于 AS/400 机型。

2. Web 服务器软件

一些主流的 Web 服务器产品包括 Apache、Sambar、NCSA 和 CERN 等都是比较著名的免费 Web 服务器软件。Apache 是目前最为流行的，能提供快速、可靠的 WWW 服务器，源代码完全公开，完全胜任每天数百万人次访问的大型网站，支持 UNIX、Windows 和 Mactonish 等多种操作系统平台。Sambar 则是一种综合性的 Internet 服务器软件，支持动态 HTML、HTTP、SMTP、POP#、IMAP4 及 FTP 服务器。

如果选择微软的 Windows 平台，Web 服务器最好选用 IIS。IIS 提供了一套完整的、易于使用的 Web 站点架设方案。它与 Windows NT/2000 Server 紧密结合，除了用于架设 Web 站点的 HTTP 服务器，还集成了用于文件传输的 FTP 服务器，用于邮件发送的 SMTP 服务器和用于提供新闻组服务的 NNTP 服务器，是一个多功能的 Internet 服务器软件。IIS5.0 是 Windows 2000 Server 内置的 Web 服务器，新增功能有助于 Web 管理员创建可升级的、灵活的应用程序。在安全性方面，它新增了简要验证（摘要式身份验证）、SSL（安全套接字协议层）和 TLS（传输协议层安全）、AGC（服务器网关加密）、安全向导、Kerberos5 身份验证协议相容性、Frotezza（美国政府安全标准）等特性。在管理方面，它支持重启动 IIS 备份和还原 IIS、进程限制、远程管理等功能。在可编程性能方面，它支持 Active Server Pages 3.0、ADSI2.0 等特性。在对 Internet 标准的支持方面，符合 HTTP1.1 标准，支持一个 IP 地址多个站点、Web 分布式创作与版本管理（WebDAV）、SMTP 服务、NNTP 服务、PICS 分级、FTP 重新启动和 HTTP 压缩等新特性。

选择 Web 服务器时，在考虑目前需求的同时兼顾网站发展的需要。选择 Web 服务器时，还需要和操作系统联系起来考虑，大多数 Web 服务器主要是为一种操作系统进行优化的，有的只能运行在一种操作系统上，所以对于 Web 服务器的性能要考虑以下几个方面。

（1）响应能力：即 Web 服务器对多个用户浏览信息的响应速度。响应速度越快，单位时间内可以支持的访问量就越多，用户单击的响应速度也就越快。

（2）与后端服务器的集成：Web 服务器担负服务器集成的任务，这样客户机就只需用一种界面来浏览所有后端服务器的信息。Web 服务器将不同来源、不同格式的信息转换成统一的格式，供客户机浏览器浏览。

（3）管理的难易程度：Web 服务器的管理包含管理 Web 服务器和利用 Web 界面进行网络管理。

（4）信息开发的难易程度：信息是 Web 服务器的核心，信息是否丰富直接影响 Internet 的性能，信息开发是否简单对 Web 信息是否丰富影响很大，即它所支持的开发语言是否满足要求。

（5）稳定性和可靠性：Web 服务器的性能和运行都要非常稳定。如果 Web 服务器经常发生故障，将会产生严重影响。

（6）安全性：包括 Web 服务器的机密信息是否泄密及要防止黑客的攻击。

（7）网站设计的技术路线：网站设计采用什么技术路线是网站策划的一部分，在动手制作网页之前，应该首先明确网站的定位，从而选择适当的技术路线。对用户来讲应选择最合适的 Web 平台，一个简单方法是视 Web 服务器的硬件平台而定。如果选择 PC 服务器，下面是几种比较常见的搭配方式：

① Windows 2000＋IIS＋ASP＋SQL Server；

② Linux＋Apache＋PHP＋MySQL；

③ NetWare＋Novell Web Server；

④ Solaris for Intel＋iPlanet Web Server＋JSP＋Oracle。

其中前两个是比较流行的解决方案。由于 Linux 和 Apache 都是自由软件，Linux＋Apache 方案就具有最高的性价比。如果选择了 IBM 公司的 UNIX 服务器，如 RS（～）00 系列，最好使用 IBM 公司提供的 Websphere 套件；如果是 Sun 公司或 HP 公司的 UNIX 服务器，那么 Netscape 的 iPlanet Web Server 则是最佳选择。除了平台问题，还需要考虑网站规模、群集及负载平衡、开发环境、内容管理等问题。

3. 数据库软件

电子商务网站建设和 Web 网络技术、数据库技术密切相关。Web 数据库中关系型数据库占据了主流地位。随着 Internet 应用的普及，关系型数据库做了适应性调整，增加了面向对象成分及处理多种复杂数据类型的能力，还增加了各种中间件，如 CGI、ISAPI、ODBC、JDBC、ASP 等技术，相关的数据产品也非常多，如 Oracle、SQL Server、DB2、Informix、Sybase、MySQL 等。

Oracle 是一种适用于各种类型包括大型、中型和微型计算机的关系数据库管理系统，使用 SQL（Structured Query Language）作为数据库语言；SQL server 是微软公司开发的一个关系数据库管理系统。SQL Server 采用二级安全验证、登录验证及数据库用户账号和角色的许可验证；DB2 是 IBM 公司开发的关系数据库管理系统，它有多种不同的版本，可运行在 OS/2、Windows NT、UNIX 操作系统上；Sybase 是世界上第一个真正基于 Client/Server 结构的 RDBMS 产品；MySQL 是一个多用户、多线程 SQL 数据库，其存储记录文件和图像快速灵活，且源码开放，如果网站是建立在 Linux 或 UNIX 系统下，Mysql 可以作为选择之一；微软公司的 Access 数据库也是个人网站使用的数据库，通常对系统要求不高，维护比较简单，费用低。

6.4 网站内容设计

6.4.1 网站内容设计流程

随着网络技术的不断发展和用户对网站功能需求的不断提高，网站设计已经不是简单地利用 HTML 文件实现若干网页的技术事件，网站的设计和开发涉及的领域越来越广，越来越像一个软件工程，项目的管理也越来越复杂。网站的设计和开发已经进入一个需要强调分工的时代，因此只有建立规范的、有效的、健壮的流程开发机制，才能适应用户不断变化的需要，达到预期的计划目标。电子商务网站的外观设计与策划是根据网站的开发目标、运行机制、服务对象、实现的功能和所涉及的商业领域来考虑的，主要包括网站的形象设计、风格设计、字体设计、总体布局设计和目录结构设计等。

网站内容设计的流程经过下列步骤，如图 6-15 所示，在网站总体规划基础上，收集网站

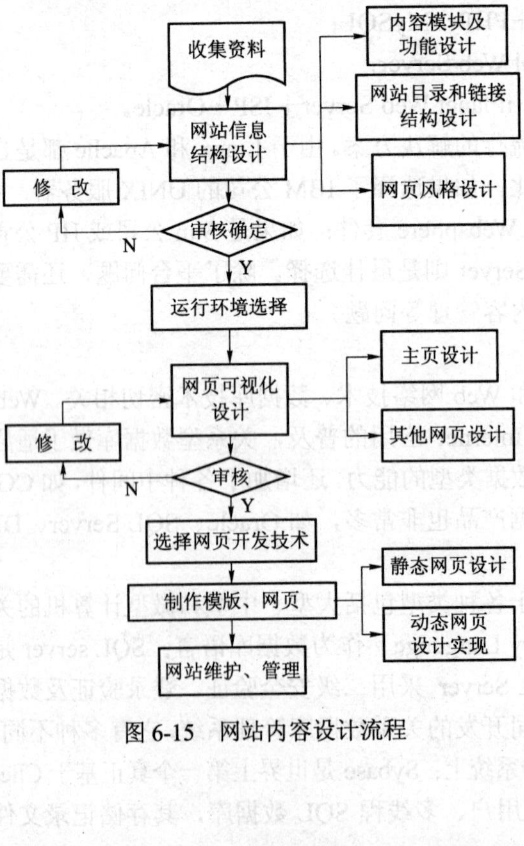

图 6-15 网站内容设计流程

主题相关信息；确定网站的信息结构：根据网站的内容功能设计网站的栏目，链接结构设计；网页可视化设计：版面设计、导航设计、色彩设计、图文设计；首页设计；制作模版和网页；网站测试维护和管理。在这个流程执行过程中，要让部分顾客、员工和领导提出方案的反馈意见，根据需要修改不合适的地方。此部分的成果是网站内容设计的计划书。

6.4.2　网站风格设计

1. 网站风格

网站题材和名称的定位是设计一个网站的第一步，也是很重要的一步。一个好的电子商务网站和普通公司一样，需要有特色的形象包装和设计，有创意的形象设计非常重要。网站的整体风格及其创意设计是网站设计者最希望掌握，但也是最难掌握的技术。因为它没有一个固定的方式可供参照或模仿。"这个站点很 cool，很有个性！"是什么让浏览者觉得很 cool 呢？这实际上就是网站的风格问题。风格（style）是抽象的，它是指站点的整体形象给浏览者的综合感受。风格是独特的，是站点与其他网站不同的地方。色彩、技术、交互方式等，能让浏览者明确分辨出这是此网站独有的。

有些网站让浏览者看到的是堆砌在一起的信息，只能用理性的感受来描述，如信息量大小，浏览速度快慢。但有些网站在浏览后，能有更深一层的感性认识，如站点有品位，印象深刻，这就是网站风格的区别。

2. 网站风格识别

1）企业形象识别系统

企业网站风格设计需要和企业形象识别系统相结合。CIS（Corporate Identity System）就是企业形象识别系统，它是企业形象的体现，是提高企业形象的一种经营手段。企业形象是指企业的关系者对企业的整体感觉、印象和认知。企业尝试 CI，通过视觉元素的展现，较好地体现了企业经营理念和经营风格。

CIS 包括 3 部分，即 MI（理念识别）、BI（行为识别）、VI（视觉识别）。其中核心是 MI，它是整个 CIS 的最高决策层，给整个系统奠定了理论基础和行为准则，并通过 BI、VI 表达出来。理念设计包括：企业精神、座右铭、企业风格、经营战略策略、企业歌曲、员工的价值观等。所有的行为活动与视觉设计都是围绕着 MI 这个中心展开的，成功的 BI 与 VI 就是将企业富有个性的独特的精神准确地表达出来。BI 直接反映企业理念的个性和特殊性，包括对内的组织管理和教育，对外的公共关系、促销活动、资助社会性的文化活动等。VI 是企业的视觉识别系统，包括基本要素（企业名称、标志、标准字、标准色、企业象征图案、企业宣传标语、口号、吉祥物等）和应用要素（产品造型、办公用品、服装、招牌、旗帜、标识牌、建筑外观、橱窗、衣着制服、交通工具、产品、包装用品、广告传播、展示、陈列等），通过具体符号的视觉传达设计，给人留下对企业的视觉影像。

企业网站建设与企业的 CI 策划密切相关，已经导入 CI 的企业，网站建设时为了使网站更好地反映企业文化，通过网站真正达到宣传的目的，一般需要采用的 CI 资料有公司 VI 系统资料，如徽标及标准色等，公司介绍性 MI 资料，如公司简介、形象图片、宗旨、口号等；公司业务资料，如产品的文字资料，产品及图片、包装样品、市场资料等。

2）电子商务网站 CI

电子商务网站 CI（Corporate Identity）是指通过网站上的网页视觉来统一企业的形象。风格设计包含的内容很多，最为重要的内容包括 Logo、标准色彩字体、宣传标语。

（1）首先需要设计制作一个网站的标志即 Logo，就如同商标一样，Logo 是网站的标志，是网站特色和内涵的集中体现，将网站 Logo 尽可能地放在每个页面最突出的位置。网站有代表性的人物等，可以作为设计的蓝本，加以卡通化和艺术化；网站有专业性的，用本专业有代表的物品作为标志，如奔驰汽车标志。最常用和最简单的方式是用自己网站的英文名称做标志。

（2）其次，要考虑网站的标准色彩，标准色彩是指能体现网站形象和延伸内涵的色彩。如 IBM 的深蓝色、雀巢的红色，Windows 视窗标志上的红蓝黄绿色块。还有设计网站的标准字体，如标志、标题、主菜单的特有字体。

（3）最后是设计网站的宣传标语，其中包含网站的精神，网站的目标。类似实际生活中的广告句。宣传标语要制作在广告条（Banner）里，或者放在醒目的位置，告诉浏览者网站的特色。例如，雀巢的“味道好极了”。众所周知，广告是最有力的宣传途径。特别是对刚发布的网站来说，广告的意义更为重大。在 Internet 上，广告的表现形式即广告条。站点的广告条可分为两类：一类是宣传站点本身的广告条；另一类是宣传其他站点的广告条。这里主要讲的是宣传站点本身的广告条。评价一个广告条是否优秀有两个标准：一是能否引起访问者的注意；二是注意到之后是否能激发访问者点击这个广告条。

风格是建立在有价值的内容之上的，网站有风格而没有内容，是不会吸引浏览者重新访问的。设计网站风格时，首先必须保证内容的质量和价值。

6.4.3 信息结构设计

1. 栏目设计

网站内容的组织方法是栏目设置，并不是现成的企业简介和产品目录的翻版。很多企业的网站并没有很好地组织网站的内容，这是造成网站访问量低的一个重要原因。

网站内容的组织原则：① 要考虑内容的清晰、简洁、直奔主题，非常有效地讲清楚内容。网站栏目实质是一个网站内容的大纲索引，应该引导浏览者寻找网站里最主要最有用的东西。在设置栏目时，要认真考虑内容的相关性，合理安排，突出重点。② 创造性，网站观点和信息是否能使访问者产生共鸣和认同，这是访问者判断公司网站是否有实力，进而影响到购买动机的重要因素。③ 网站栏目设置一定要突出重点、方便用户，即突出产品的优点和特色，突出帮助访问者辨识和判断同类产品优劣方面的内容。在划分栏目时要尽可能删除与主题无关的栏目，并将网站最有价值的内容列在栏目上。

网站栏目设计中一般应包括：企业简介、产品介绍、服务内容、价格信息、联系方式、网上订单等基本内容。另外，电子商务类网站还应该提供会员注册、详细的商品服务信息、信息搜索查询、订单确认、付款方式、相关帮助等内容。为了方便网站的访问者和网站管理者，在网站的栏目设计上一般还要设定一个可以双向交流的栏目，设定一个信息下载栏目，设定站点地图和站内资源搜索栏目，这些栏目对网站实现与浏览者的互动是很重要的。

如果网站内容庞大、层次较多，建议设计"本站地图"栏目，可以帮助来访者在众多的栏目中快速找到想要的内容。

站点的栏目规划简单地说就是确定站点的内容结构，确定站点的内容与服务栏目后，还要做另一件重要的事，即对各个栏目进行更细的栏目规划，需要做的主要有设定栏目的名字、确定栏目所含页面的内容与逻辑关系、设定每个栏目的关键词等。

2. 链接设计

通常把网站的结构大体上分为两种结构：逻辑结构和物理结构。逻辑结构描述的是网页文件间的链接关系，而物理结构描述的是网页文件的实际存储位置。如果说逻辑结构是为用户而设计的，那么物理结构就是为管理员而设计的。

网站的链接设计是指网站页面之间相互链接的拓扑结构。它建立在目录结构的基础上，但可以跨越目录。形象地说，每个页面都是一个固定点，链接则是在两个固定点之间的连线。一个点可以和一个点连接，也可以和多个点连接。网站的链接结构有几种基本方式：线形、树状结构和星状结构。

（1）线形结构：最简单的线形模型如图 6-16 所示，它是按顺序展现各个页面的内容。这种形式有个很大的好处就是提供了许多预见性，因为设计者确切知道用户下一步要去访问哪个网页。

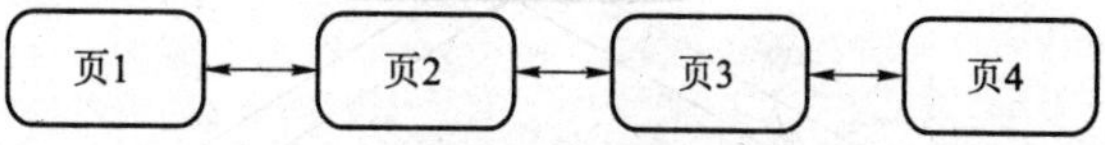

图 6-16　线形模型

在纯线形的基础上进行扩展，从而演变出更具灵活性的线形结构。带选择的线形，可以根据用户不同的抉择，如回答"yes"或"no"来访问不同的下一个网页。带选项的线形可以使用户跳过一些不必要的页面，但是整体上又保证是顺序访问的。如当某个用户在某个站点第二次购买商品时，可以不需要再填写一次送货地址、支付方式等的订单信息。

（2）树状链接结构（也称为层次结构）：如图 6-17 所示，用户要通过树从上到下一级一级访问，才可能最终访问到最底层的网页。层次模型让站点的网页组成一棵树，最大的好处就在于使得站点内容划分得十分清晰，用户在访问某个网页时，很容易就知道自己处于站点的哪个栏目的哪个子页面中。但是这种组织形式会将很多信息隐藏起来，使得用户不容易发现这些信息，在访问较低层的页面时变得有些困难，解决这个问题有两种方法：一种是缩小站点的层次，如 2～3 层，这时相当于从顶层网页发散出许多分支；另一种是建立一个良好的站点导航系统。

首页链接指向一级页面，一级页面链接指向二级页面。树状链接结构类似于 DOS 的目录结构，首页链接指向一级页面，一级页面链接指向二级页面。其优点是条理清晰，访问者明

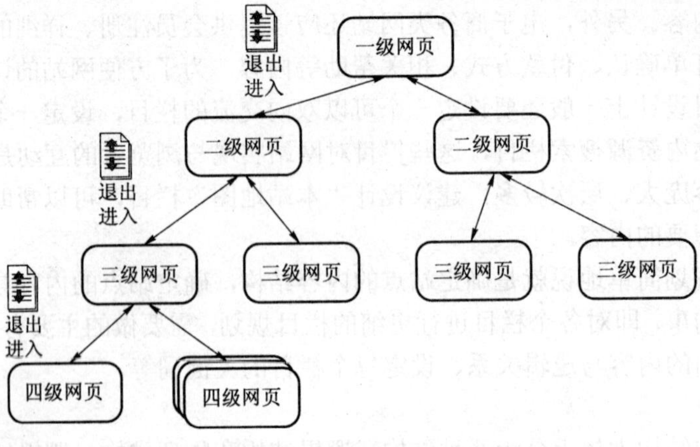

图 6-17 树状链接结构

确知道自己在什么位置，不会“迷路”。其缺点是浏览效率低，从一个栏目下的子页面到另一个栏目下的子页面，必须绕经首页。

（3）星状链接结构（一对多）：类似网络服务器的链接，每个页面相互之间都建立有链接。此种结构是指多个网页之间都有相互链接的一种结构，如图 6-18 所示，在任意一个网页上都可以通过一次点击就到达其他任何一个页面。网络型是在所有的网页上都保留其他网页的链接。这种结构的好处是显而易见的，它能使用户更方便地在站点上浏览，但同时也带来一个庞大链接的问题。

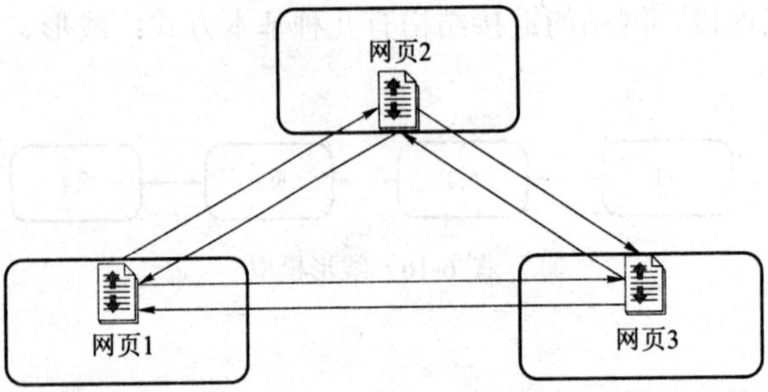

图 6-18 星状链接结构

有些电子商务站点的内容庞大，分类明细往往有五六级甚至更多级数的目录页面，为帮助浏览者明确自己所处的位置，网站设计师往往在页面里显示导航条。如“您现在的位置是：首页>新闻>热点信息>产品发布>玩偶花束”。星状链接结构的优点是浏览方便，随时可以到达自己喜欢的页面。其缺点是链接太多，容易使浏览者“迷路”，搞不清自己在什么位置，看了多少内容。

另外还有混合型，就是把上面所介绍的 3 种模型混合在一起。图 6-19 所示就是一个简单的混合型结构图。几乎所有大的站点都是采用混合型的结构来进行组织。如果网站规模庞大，链接结构复杂，可以通过几种链接方式组合。

网站的链接结构也建立在目录结构基础之上，但可以跨越目录。形象地说，每个页面都是一个固定点，链接则是在两个固定点之间的连线。一个点可以和一个点连接，也可以和多个点连接。更重要的是，这些点并不是分布在一个平面上的，而存在于一个立体的空间中。从网站的几种链接结构中看到，树状链接结构（一对一）条理清晰，但浏览效率较低，网状

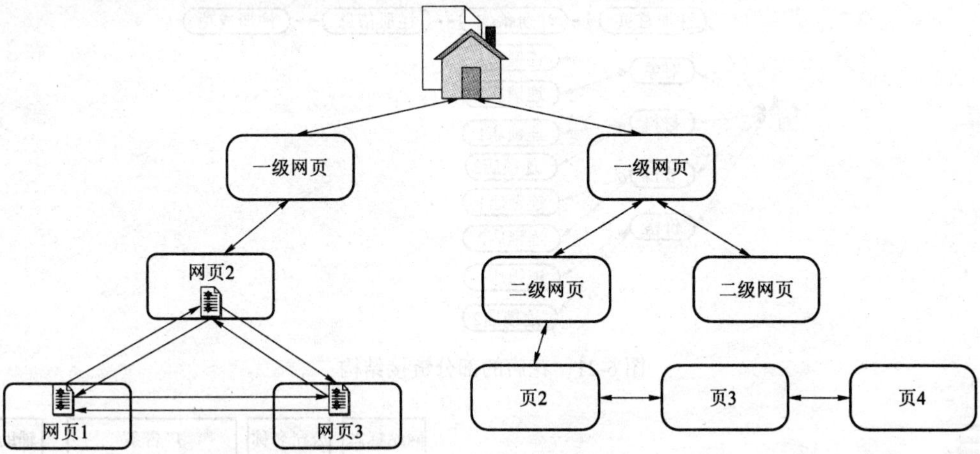

图 6-19　混合型链接

链接结构（一对多）方便浏览，但链接太多，容易迷路，可首页与一级网页之间用网站链接结构，一级网页与二级网页之间用树状结构，超过三级，在顶部设导航条。

3. 网站信息设计的案例

建设一个有关鲜花连锁销售的电子商务站点，其信息设计要从信息结构的设计开始，进而进行栏目设计中的链接设计、网站的逻辑结构和网页结构设计。

要建设一个连锁形式的电子商务站点，考虑其信息结构如图 6-20 所示。根据信息结构可以考虑设计的栏目间的链接结构包括：用户注册与登录和鲜花分类栏目，可以先按照用途、选材、对象、价格、节日专题等方式分为不同的栏目，每个栏目又可以按不同地区的连锁店分子栏目，从而确定其链接结构，如图 6-21 所示，设计出主页和各个栏目之间的层次结构，例如，按选材包括玫瑰、康乃馨、郁金香、百合、马蹄莲、扶郎、花篮、果篮、礼篮、绿植、瓶插花、公仔（毛绒玩具）；按用途包括爱情、生日、友情、祝福、婚庆、探望、慰问、道歉、开业、商务、庆典等分栏目。由于购买商可能需要同时订购多种类型的鲜花，所以各鲜花的分类栏目采用网络型结构，使其更容易在不同的类别中进行切换。这样，这个站点的基本链接结构就规划出来了，根据站点的功能需要和栏目需要再规划出站点的逻辑结构，如图 6-22 所示。最后还要精心确定网站的各级页面结构图，如图 6-23 所示。

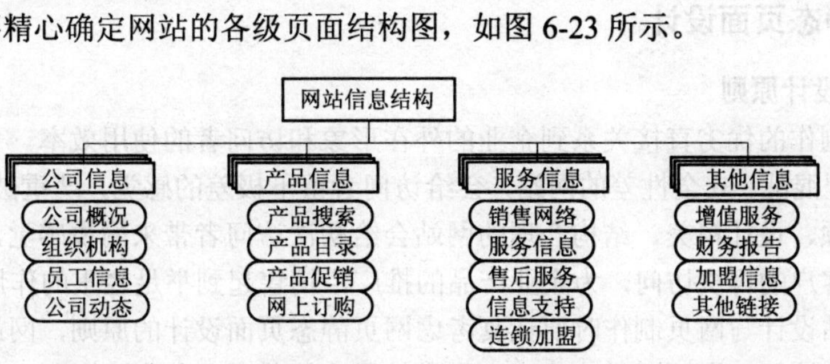

图 6-20　网站信息结构示例

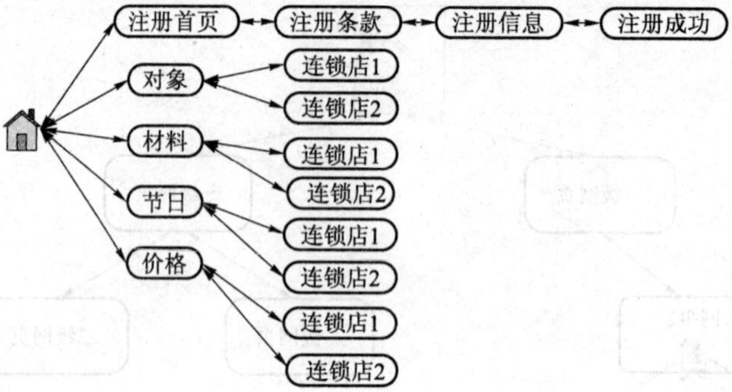

图 6-21 花店的部分链接结构

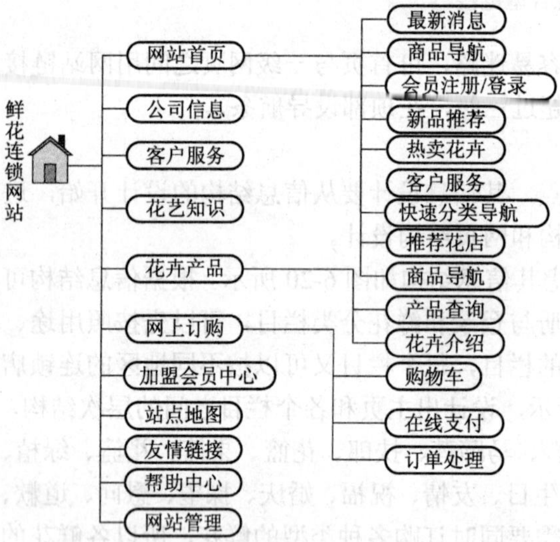

图 6-22 网站逻辑模型图（部分）

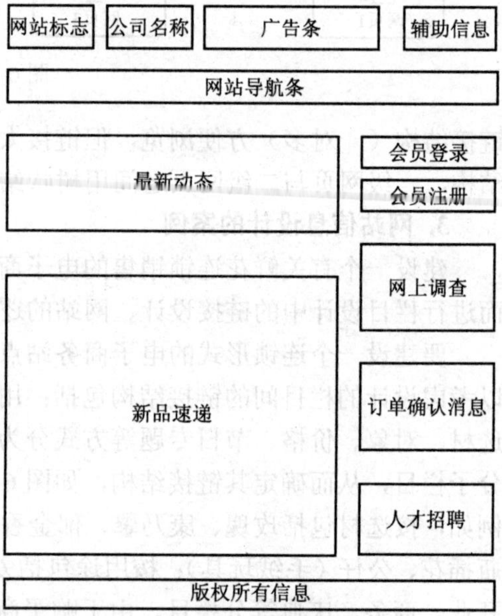

图 6-23 网页结构图

6.4.4 网页静态页面设计

1. 可视化设计原则

网站设计制作的优劣直接关系到企业的外在形象和访问者的使用效率。一个界面粗糙、内容单一、流程混乱、安全性差的网站，会给访问者留下极差的感觉，严重破坏企业的形象。而一个创意新颖、设计精美、结构合理的网站会给初次访问者带来愉悦感觉，留下深刻的印象，并会吸引客户的再次访问，为企业产品的推广、销售起到举足轻重的作用。

在实现网站设计与网页制作时要认真考虑网页静态页面设计的原则，网站的版式设计要确保页面的导览性好；网页要易读，注意视觉效果，规范网页色彩，网页风格统一；合理利用多媒体功能，不宜使用太多的动画；页面长度要适中，网页容量要注意，包括图像在内的网页字节数最好不要超过 50 KB。体型庞大的网页下载速度慢；合理运用网页技术，如 Java 程序少用为宜。另外网页设计要有利于搜索引擎优化，这就要注意几项内容。

（1）框架结构（Frame Sets）的使用要慎重，有些搜索引擎（如 FAST）是不支持框架结构的，引擎的“蜘蛛”程序无法阅读这样的网页。

（2）图像区块（Image Maps）链接对于许多引擎是不支持的，尽量不要设置图像区块链接。

（3）特效链接，如单击某个项目会展开下层链接等，这些效果一般通过 Java Script 实现，视觉新颖，但在“蜘蛛”程序中无法解读这种链接。为了让搜索引擎顺利检索到网页内容链接，建议还是尽量少用特效链接。

（4）Flash 制作的网页视觉效果好，但被搜索引擎索引少。可以提供 Flash 与普通网页两种选择，这样既增加了网页的观赏性，又满足了搜索引擎优化的要求。

（5）网站中减少动态网页（Dynamic Pages），动态网页通常由 ASP、JSP、CGI、PHP 等程序产生，技术上先进，但不适合搜索引擎的“蜘蛛”程序。虽然有的大型搜索引擎（如 Google）已具备检索动态网页的能力，但许多引擎还是不支持的。不采用动态网页生成技术，而尽量使用静态网页为好。

（6）网页加密要慎重，除非不希望被搜索引擎检索，否则不要给网页加密。

2. 版面布局

1）网页布局的基本知识

（1）网页显示尺寸。在浏览器中显示的网页，要考虑屏幕本身的分辨率限制，网页的显示区可以说相当有限。所以如果想在一屏之内显示更多的信息，就应该了解屏幕的分辨率和页面的显示尺寸。一般来说显示器的分辨率可以设置为 640×480、800×600 和 1 024×768 三种，较常用的是 800×600 和 1 024×768。同一个网页显示在不同的分辨率下会有很大差别，所以在制作网页的时候，一定要考虑不同分辨率的支持问题。

表 6-3　不同分辨率下的页面尺寸

分辨率	页面显示尺寸
1 024×768	1 007×600 像素
800×600	776×430 像素
640×480	620×311 像素

版面是指用户在浏览器中看到的完整页面。由于浏览器的分辨率不同，整版网页的大小不同，分辨率越高，页面尺寸就越大，显示的内容就越多。在网页设计过程中，浏览器滚动条向下拖动是使网页内容显示范围更多的方法，但应当注意，尽量不要让浏览者拖动页面超过 3 个屏幕，如果内容过长的网页要加锚点，便于浏览者定位。

（2）页面的重点区域。从人们的浏览习惯上说，通常网页上有两个区域最引人注目，即页面的左上角和页面的中央位置。人们在浏览一个网页时，往往第一眼都会停留在页面的左上角或中间的地方，然后才是整体的页面。一般来说，站点的标志放在页面的左上角，让访问者第一眼就能看见。把页面中最吸引人的一些栏目内容放在页面的中央，以便能快速吸引访问者访问站点。如阿里巴巴网站，页面的中央位置罗列了站点的分类目录信息。

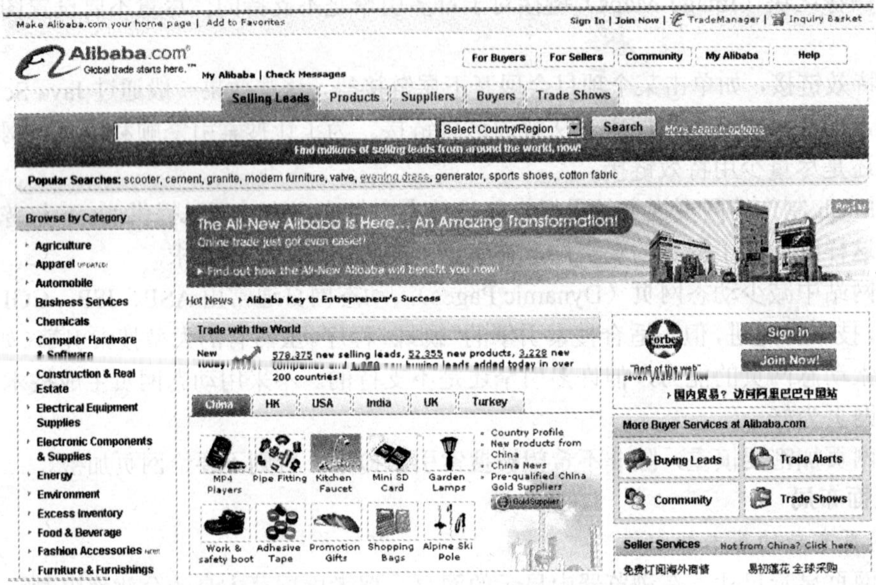

图 6-24　阿里巴巴分类目录

2）常见的网页布局

常见的网页布局如图 6-25 所示，包括以下几种。

（1）“T”形布局，这是网页设计中用得最广泛的一种布局方式，该布局上面是标题及广告横幅，接下来的左侧是一窄列链接等内容，右面是很宽的正文，最下面也有一些网站的辅助信息。在这种布局中，左侧一般是导航链接。其优点是页面结构清晰，主次分明。缺点是规矩呆板，缺少创意。

（2）“口”形布局，也可以称为“国”字形，这种布局最上面是网站的标题及横幅广告条，接下来就是网站的主要内容，左右分列一些小条内容，左部为主菜单、右部是一些栏目链接或友情链接，中部是主要信息内容，与左右一起罗列到底，最下面是网站的一些基本信息、联系方式、版权声明等。这种布局是网上最常见的一种布局类型。其优点是信息量大、页面充实，是综合性网站常用的版式。缺点是灵活性小，四边留白多，中部拥挤。

（3）“对称框架型”布局，采取左右或上下对称的布局，一般采用对比色，一半深色，一半浅色，设计型站点比较多，一般左面（上面）是导航链接，有时最上面会有一个小的标题或标志，右面（下面）是正文。优点是视觉冲击力强，缺点是将两部分有机地结合比较困难。

(4)“海报”布局，页面布局像一张宣传海报，以一张精美图片作为页面的设计中心，一般出现在一些网站的首页，由一些精美的平面设计结合一些小的动画组成，在页面中放上几个简单的链接或仅仅是一个“进入”的链接，甚至直接在图片上加上链接而没有任何提示。这种布局需要精心设计，能给人带来赏心悦目的感觉。优点是页面色彩亮丽，引人注目。缺点就是网页下载速度慢。

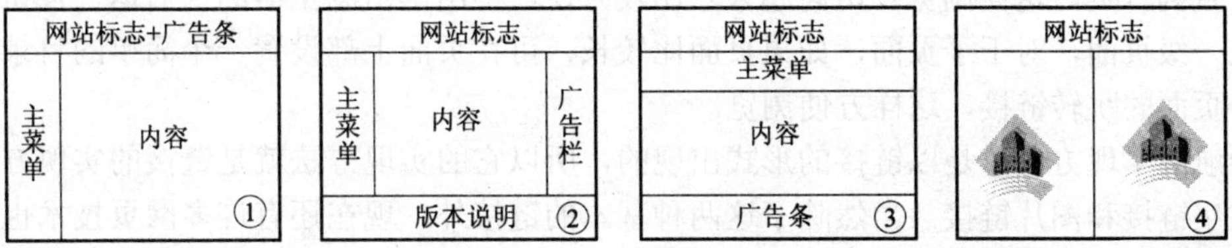

图 6-25　常见的网页布局

3）布局设计

布局是以最适合用户浏览的方式将图片文字排放在页面的不同位置。网站页面的布局规划是决定网站美感的一个重要方面，通过合理的、有创意的布局，可以把文字、图像等内容完美地展现在浏览者面前，而布局的好坏在很大程度上取决于设计者的艺术修养水平和创新能力。网站的页面必须清晰明快、布局合理、重点突出，才能吸引浏览者的关注，布局设计的成功可以吸引更多浏览者。网站的重要信息应放在突出醒目的位置上，对主要商品的描述应该尽量细致，让浏览者能在最短的时间内了解商品的信息。

网页版面布局的一般步骤包括：构思、初步填充内容和细化。布局要根据网站内容的整体风格，设计版面布局建立初始方案，不讲究细节，先用粗框架进行划分，确定网页的架构，再进一步确定网页中功能栏目的位置，注意平衡和重点，将网站标志、广告条、主菜单等重要的部分放到突出位置，之后考虑次要模块，将初步布局细化、具体化。网页布局的技术包括框架布局、表格布局和层布局，在其后的 6.5.2 节讲述。

3. 导航设计

1）站点导航

站点导航对于一个站点来说非常必要，它能帮助用户快速地找到自己所需的信息。导航是整个网站设计中的一个独立部分，是网页设计中的重要部分。导航的设计是根据站点栏目设计的逻辑关系，实现一个网站栏目间导航的重要方法。一般网站的导航在网站中各个页面出现的位置是固定的，风格较为统一。导航的设计目标就是让访问者能快速有效地在站点内找到他们所需要的信息。网站的导航机制是网站内容架构的体现，是否拥有一个好的导航也是一个站点成功的关键因素。网站导航是否合理是网站易用性评价的重要指标之一。

2）导航的位置与实现方法

导航的位置对于网站的结构及各个页面的布局起着举足轻重的作用。导航可以出现在页面上的任何一个位置，它并没有特别的要求，完全取决于站点设计者的品位与要求。但是人们总是有一种从左到右、从上到下的阅读习惯，而且网页的一般扫描方向也是从左到右、从上到下，所以大多数站点都会将用于栏目的并列式导航放在页面的左边或上边。导航的位置一般有 4 种常见的显示位置，在页面的左侧、右侧、顶部、底部。有的在一个页面中用多种导航形式，如在顶部设置主导航菜单，在页面的左侧设置折叠菜单，当进入不同栏目时，导航栏的内容随之变化，可以增强网站的可访问性。子页面的导航设计一定要有上一级目录的链接，直到首页，这样浏览者访问起来才比较方便，不用单击浏览器的“后退”按钮回到首页或上一级页面，对于子页面，如果页面比较长，可在页面上部设置一个简单的目录，并设置几个页面的跳转链接，这样方便浏览。

导航的实现方法总是以链接的形式出现的，所以它的实现方法就是链接的实现方法。通常是文字链接和图片链接。当然除了这两种基本的链接外，现在还有许多网页技术也可以实现链接，如 Flash、Java Applet 等。在网站中设置导航栏目、设置下拉菜单、设置网站地图、设置站内搜索、显示所在位置等都是解决导航的好办法。

3）导航的种类

导航设计要避免的内容包括：使用移动的图片，因为不容易找到可点击的区域，移动的图片常会使浏览者产生放弃感；采用“很酷”的表现技巧，如把导航藏起来，只有当鼠标停留在相应位置才会出现，这样不利于人们直接看到要选择的内容；导航没有文字提示，目前国内较多网站喜欢使用图片或 Flash 来构筑站点的导航，从视觉角度上更别致醒目一些，但是它对提高网站易用性没有好处。

正确的网站导航要做到便于用户的理解和使用，让用户对网站形成正确的空间感和方向感，不管来到网站的哪一页，都很清楚自己所在的位置。网站的导航一般体现网站结构的、对用户进行引导的因素，包括全局导航、辅助导航、站点地图等。

（1）全局导航（Persistent Navigation）又称主导航。它是出现在网站的每一个页面上一组通用的导航元素，以一致的外观出现在网站的每一页，是对用户最基本的访问方向的指引。

对于大型电子商务网站来说，全局导航还应包括搜索与购买工具两大要素，以方便用户在任意页面均能执行产品搜索和与顾客有关的活动，如购物车。一般全局导航包括站点 Logo，Logo 必须加上回首页的链接；每个全局导航条左边同样位置要有回首页的提示及链接；全站基础栏目链接（一级栏目），如戴尔网站的全局导航，如图 6-26 所示。

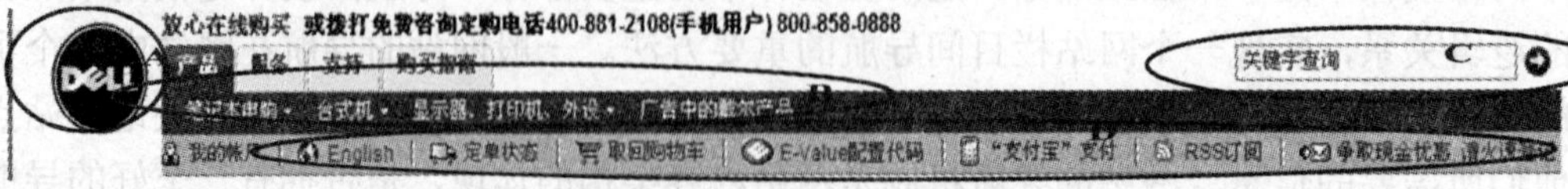

图 6-26 网站的全局导航

图 6-26 中 A 部分即站点的 Logo，单击 Logo 也可以返回到首页，B 是网站的栏目设置，C 是站内搜索，D 是与顾客行为有关的常用工具。

（2）辅助导航也称面包屑路径或层级菜单，体现为内页的“当前位置”提示。辅助导航的作用是无论用户身处站内何处，均不会迷路，当网站的栏目层次较多时，正确的辅助导航的设置尤为重要。它是对全局导航的有效补充，反映了网站的结构层次。如图 6-27 所示。

图 6-27　戴尔辅助导航栏

辅助导航出现在戴尔网站的每一页靠主导航条下的位置，以“>”来对层级进行分隔，简单而形象地从视觉上暗示了浏览层次的前进方向；末尾的“台式机”和当前所在页面的名称一致，并用不同的颜色加以突出，让浏览者对当前所在的位置一目了然。

辅助导航设计出现的位置在全局导航之下、正文内容之上的过渡空间处。层级关系体现要正确，用户通过当前页面可以依次返回上一页，直至首页，不出现缺链、错链的情况。链接实现形式采用文本链接，而不是图片。

（3）网站地图（SiteMap）将网站深层次的链接关系以一个平面的页面形式展现，地图让用户对网站的内容与结构能够全局快速了解。图 6-28 所示就如大卖场指示图一样让用户对各个卖场的区域划分具体位置有整体的了解。结构合理的网站地图不但能让浏览者对整个网站的结构内容有个初步印象，同时也是对搜索引擎友好的表现。如 http://www.flowercn.com/help/sitemap.htm。

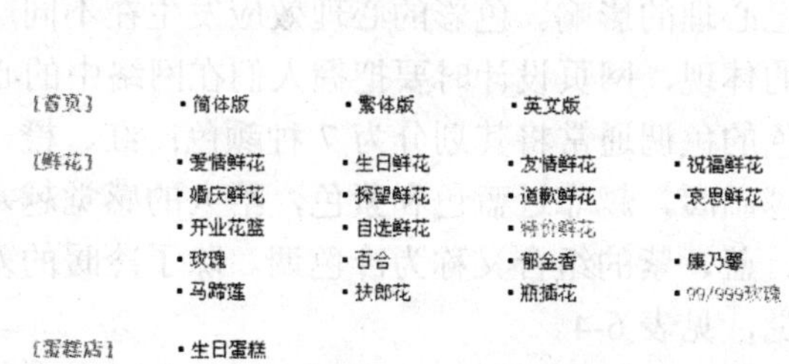

图 6-28　站点地图示例

网站地图放弃所有虚饰性图片，有层次感的设计将栏目结构层次清晰地呈现出来，并对重要栏目有简述说明，对用户起到很好的指引作用。网站地图的设计要注意：地图页是快速加载页面，因此去除任何图片；地图页内容要有层次感，而不是密密麻麻堆砌链接；呈现的层次不宜过多或过少，一般呈现到主导航下的二级菜单；要采用文本链接方式，不用图片方式。

4. 色彩设计

1）色彩的表示

在物理学中，颜色是因为光的折射而产生的，红、绿、蓝是自然界的三原色，它们不同程度地组合在一起可以形成各种颜色。在网页中，也就用它们的颜色值来表示各种颜色。网页中的颜色通常采用 6 位 16 进制的数值来表示，每两位代表一种颜色，从左到右依次表示红色、绿色和蓝色。颜色值越高表示这种颜色越深。如红色，其数值为“#FF0000”，白色为“#FFFFFF”，黑色为“#000000”。也可以采用 3 个以“，”相隔的 10 进制数来表示某一颜色，如红色（255，0，0）。图 6-29 所示为色谱图。

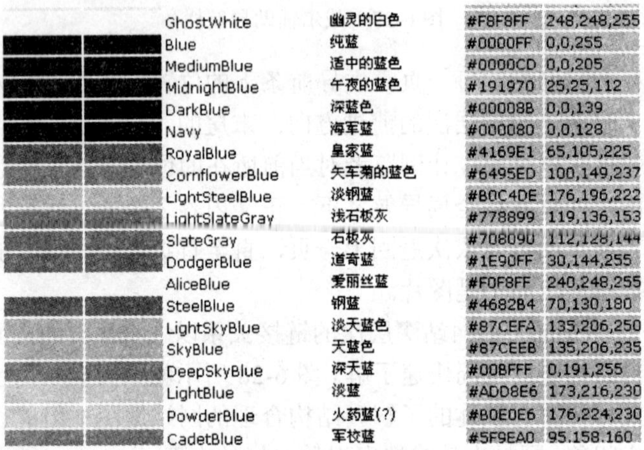
GhostWhite 幽灵的白色 #F8F8FF 248,248,255
Blue 纯蓝 #0000FF 0,0,255
MediumBlue 适中的蓝色 #0000CD 0,0,205
MidnightBlue 午夜的蓝色 #191970 25,25,112
DarkBlue 深蓝色 #00008B 0,0,139
Navy 海军蓝 #000080 0,0,128
RoyalBlue 皇家蓝 #4169E1 65,105,225
CornflowerBlue 矢车菊的蓝色 #6495ED 100,149,237
LightSteelBlue 淡钢蓝 #B0C4DE 176,196,222
LightSlateGray 浅石板灰 #778899 119,136,153
SlateGray 石板灰 #708090 112,128,144
DodgerBlue 道奇蓝 #1E90FF 30,144,255
AliceBlue 爱丽丝蓝 #F0F8FF 240,248,255
SteelBlue 钢蓝 #4682B4 70,130,180
LightSkyBlue 淡天蓝色 #87CEFA 135,206,250
SkyBlue 天蓝色 #87CEEB 135,206,235
DeepSkyBlue 深天蓝 #00BFFF 0,191,255
LightBlue 淡蓝 #ADD8E6 173,216,230
PowderBlue 火药蓝(?) #B0E0E6 176,224,230
CadetBlue 军校蓝 #5F9EA0 95.158.160

图 6-29 色谱图

2）色彩给人的感觉

人们能感受到色彩对自己心理的影响。色彩的心理效应发生在不同层次中。网络是高效率、快节奏的现代生活方式的体现，网页设计时要把握人们在网络中的心理需求。

太阳光是彩色的，按颜色的色调通常将其划分为 7 种颜色：红、橙、黄、绿、青、蓝、紫。越靠近红色给人的感觉越温暖，越靠近蓝色和紫色，给人的感觉越寒冷。所以红、橙、黄的组合又称为暖色调，青、蓝、紫的组合又称为冷色调。除了冷暖的差别外，不同的单个颜色也会给人带来不同的感觉，见表 6-4。

表 6-4 颜色给人的感受

色名	颜　色	带给人的感觉
红色		给人以冲动、愤怒、热情和活力感觉的颜色
橙色		具有轻快、欢欣、热烈、温馨和时尚效果的颜色
黄色		充满快乐、希望、智慧和轻快，它也是最亮的一种颜色

续表

色名	颜　色	带给人的感觉
绿色		介于冷暖两种色彩的中间，显得和睦、宁静、健康、安全。它和金黄，淡白搭配，可以产生优雅，舒适的气氛
蓝色		最具凉爽、清新、专业的色彩。它和白色混合，能体现柔顺、淡雅、浪漫的气氛
白色		给人以洁白、明快、纯真和干净的感觉
黑色		通常是深沉、神秘、寂静、悲哀和压抑的代表
灰色		具有中庸、平凡、温和、谦让、中立和高雅的感觉，它可以和任何一种颜色进行搭配

3）网页色彩设计的考虑

网页的用色不是非常单纯的运用，还要考虑诸多因素，如访问者的类别、社会背景、心理需求和场合的差异等，分析网站受众的不同，并且要多听取反馈信息综合考虑。社会背景不同、目的不同的人对色彩的感受也不同，所以网站的用色就要考虑到多方面的需求，尽可能地吸引各种注意力。访问者如果大多是素质较高的人，就应该考虑用色考究，要有一定的品位，有所偏向。网页设计要在色彩上形成一个统一和谐的整体，需要注意主色与辅色、色系等的运用。

站点的色彩是最影响站点整体风格的因素，一般要对网站的标准色彩进行设计，标准色彩是指能体现网站形象和延伸内涵的色彩。如 IBM 的深蓝色、雀巢的红色，Windows 视窗标志上的红蓝黄绿色块。网站的标志、大标题、导航栏等应与网站的基本色彩协调，一般可采用固定的色彩搭配，给客户一种熟悉的感觉。

一般来说网站的色彩搭配标准色彩不超过 3 种，太多则让人眼花缭乱。标准色彩要用于网站的标志、标题、主菜单和主色块。给人以整体统一的感觉。至于其他色彩也可以使用，只是作为点缀和衬托，绝不能喧宾夺主。适合于网页标准色的颜色有蓝色、黄或橙色，黑、灰、白色三大系列色。

1）网站的主色调

站点在配色时，首先应当依据站点的性质来选取站点主色调，以便让访问者首先在色彩的视觉效果上对站点、站点的公司或站点所宣传的产品有一个较深的印象。

蓝色是给人以非常专业感觉的颜色，所以许多高科技公司都喜欢使用蓝色作为公司和公司站点的颜色。典型的如 IBM 和微软公司，蓝色使人对其产品有更多的信任感。微软的每一个网页都是制作的样板。从网页上人们就可看出微软公司的风格、作风，以及雄厚的实力。背景颜色使用蓝色 RGB 为（0，151，254），菜单为黑色 RGB（0，0，11），菜单为灰色 RGB（200，200，200），字体为黑色 RGB（0，0，0），如图 6-30 所示。

图 6-30 网页色彩搭配示例

2）网页的色彩搭配

网页设计中应考虑许多方面的色彩搭配问题，如背景色、文字颜色、表格颜色、图颜色等之间的相互搭配，往往一个细节也会影响整个网页的色彩均衡。网页的色彩搭配没有固定的模式与步骤，但是如果从整体到细节去搭配颜色，会使得这项工作更轻松一些。

在具体设计中都存在主色和辅助色之分，主色存在于视觉的冲击中心点上，是整个画面的重心点，它的明度、大小、饱和度都直接影响到辅助色的存在形式及整体的视觉效果。而辅助色在整体的画面中则应该起到平衡主色的冲击效果和减轻其对观看者产生的视觉疲劳度，起到一定量的视觉分散的效果。所谓“一定量”，是指在一个成功的作品中，在整体形态组织确定的时候，辅助色所应起的具体作用和存在方式就已经得到了确定。

3）黑、灰、白的辅助效果

在配色中无论什么色彩间的过渡，黑、灰或白都能起到很好的过渡作用。但黑、白起到的大都是间断式过渡，灰度则能比较好地实现色彩间的平稳过渡。在利用它们作为辅助色时，不要忽略了它们的过于稳定对整个画面所造成的影响，在运用黑、白时，由于它们的特性使它们在视觉的辨别中比其他色彩更容易成为视觉的中心。

5. 图文设计

1）有关网站设计的图片

网站视觉元素包括文字、图片、标签、表单、列表、多媒体等，是网站外观设计的组成部分，服从于网站的整体风格需要。页面上有醒目的图像和新颖的画面，与页面和谐搭配的字体，令人印象深刻。网站设计中的图文设计关系到网站的整体效果。用好网站视觉元素，能更好地指导和协助用户完成网站上的任务流程，使用户获得良好的在线体验。

页面上图片也是版式的重要组成，正确地运用图片可以帮助用户对信息加深印象，引导用户的行为，与网站整体风格协调的图片能帮助网站营造独特的品牌氛围，加深浏览者的印象。图片有强化视觉效果、营造网页气氛、活泼版面的作用，处理时要注意，使用统一的图片处理效果，图片阴影方向、厚度、透明度都必须一致，图片的色彩与网页的标准色彩搭配也要适当。网站中图片的主要作用大致有 banner 广告图片、产品展示图片、修饰性图片 3 种。

网站的图片和图像格式一般是 GIF、JPEG、PNG 和 FlashPix 格式，将照片转换为 100×100 像素或更小的图标时可以考虑 GIF 格式，漫画、平铺式图案背景通常也可用 GIF 格式，艺术照和商品细节照片可以采用 JPEG 格式。图片大小是影响网页速度的一个因素，处理图片时要尽可能地缩小图片文件大小，对于 GIF 文件在保持图像质量的情况下使用较少的颜色，对于 JPEG 文件，在保持图像质量的情况下尽量采用小的压缩比。在进行网页制作前应该有专门的图片处理环节，对各级网页、首页上的图片和商品展示中用到的各种图片进行有效的处理，注重图片的背景色彩尽量采用与主色一个色系的色彩以达到统一风格的效果。

图像可以弥补文字陈述的不足，但不能取代文字，有些用户为了更多地浏览信息，将浏览软件设定为略去图像模式，所以在制作网页时，一定要将图像的信息内容注释或链接到指定的说明网页，另外，说明文字对网页内容的搜索引擎优化有好处。

图片运用不合理的情况通常有：图片尺寸过大、动态图片过多、应该使用文本的地方错用了图片。在设计网页使用图片上应注意的内容包括：考虑浏览者的网速，尽量使用小图片；有节制地使用 Flash 和动画图片；使用分割图片，慎用背景图片；使用缩略图片，使用透明与半透明图片；出现的位置和尺寸合理，不对信息获取产生干扰，喧宾夺主；形象图片注重原创性。

2）网页中的字体

字体是帮助用户获得与网站的信息交互的重要手段，因而文字的易读性和易辨认性是设计网站页面时的重点。不同的字体会营造出不同的氛围，同时不同的字体大小和颜色也对网站的内容起到强调或提示的作用。正确的文字和配色方案是好的视觉设计的基础。网站上的文字受屏幕分辨率和浏览器的限制，但是仍有通用的一些准则：文字必须清晰可读，大小合适，文字的颜色和背景色有较为强烈的对比度，文字周围的设计元素不能对文字造成干扰。尽可能少用游动文字、图形文字。

网站的主要信息内容是文字，网站的文字内容要有统一的约定。网站的标准字体是指用于标志、标题、主菜单的特有字体。一般网页默认的字体是宋体。为了体现站点的特有风格，可以根据需要选择一些特别字体。网站上的文字受屏幕分辨率和浏览器的限制，但是仍有通用的一些准则，具体如下。

（1）文字必须清晰可读，大小合适，不要使用太大或太小的字体，文字太大或太小用户看起来都不舒服，一般来说，网页标题字体要比正文的大。文字的对齐方式一般是左对齐，但标题要居中设置。

（2）字体不要太多，一般不要超过 3 种，字体太多显得网页内容杂乱。

（3）设计时要考虑链接字体的规范，包括链接过后的字体、字色都要依据网页的色彩和背景有所设计。网页的文字作为网页的前景，色彩要和背景有所对比，易看，避免制造视觉疲劳。

（4）另外，文字的颜色和背景色有较为强烈的对比度，文字周围的设计元素不能对文字造成干扰，尽可能少用游动文字、图形文字。要避免文字闪烁，一个网页的重点区域中的闪烁文字不要超过 3 处，否则会使网页看起来凌乱。

网站的标准文字设定好后，要通过建立的各种文字样式来实现网页文字统一和规范化。

6.4.5 主页设计

1. 主页

在网站规划工作完成后，进行了网站的栏目和链接设计及网页中布局和色彩文字的设计，现在可开始设计各级网页了。首先需要设计首页。首页（也叫主页）是网站的形象页面、网站的灵魂，一定要在首页上多下工夫，然后再设计一级页面、二级页面，将一级页面、二级页面做成模版或库进行保存，然后在设计其他一级、二级页面时即可从模版新建网页或插入库项目，这样维护更新较为方便，设计网页速度也较快。

网站的主页（Homepage）就好比一本书的封面，是给人的第一印象，它的风格在很大程度上就体现了站点的风格。从风格设计的角度上讲，主页设计包括以下几个方面：版面布局、色彩搭配、文字及链接的设置、图片和动画的应用、各类控件（如按钮）的风格设置、广告条的使用。

2. 首页设计要遵循的原则

快捷、信息概括能力强、易于导航，并包含企业识别系统的形象标志，要符合网页制作规范，如全尺寸旗帜广告（Banner Advertising）为 468×60 像素（pixels）的 SWF、GIF 或 JPG 格式文件。

首页是全网站内容的目录，但只列出目录是不够的，还要注意以下内容。

（1）选择在主页上实现哪些内容是首页设计要确定的。首页中要体现主要网站的内容，主页模块要实现的主要内容一般包括提供产品与服务分类的信息、站点名称（Logo）、广告条（Banner）、菜单（Menu）、新闻（What's new）、搜索（Search）、友情链接（Links）、计数器（Count）、版权（Copyright）和一些互动栏目，如邮件列表（Mailist）、投票等。

（2）突出主题，要使用户通过网站了解企业是网站的主要目的，在文字图像中明确设置主题句，只要屏幕上出现与之相关信息，人们就能知道企业是谁，主要业务内容是什么，如柯达公司每期首页列出的摄影经典和“再拍一张”的主题句，在其主页的左上角以醒目的字体显示出来。

（3）尽可能缩短下载时间，网页上包含的公司图标、产品图像等各类媒体图片可能导致下载时间过长，主页下载时间不超过 30 秒，并且越短越好。图像越大、颜色越深使得文件传输越慢，设计时要规定页头部分的每个图像文件最好在 10 KB 左右大小，一般每张缩略图片可选择 36×36、72×72、100×100、144×144、200×200 像素 5 种选项。

总之，商业站点首页设计对于企业网站的成功很重要，主页上要努力创造良好的商务形象，便于产品显示、购物导航方便、注意网站主题内容与商业内容的比例。在技术细节上要在表达网站的主题的同时尽量简洁。

6.4.6 网页设计与制作服务市场

目前市场上有很多从事网站网页设计和制作的服务商，服务价格五花八门，从几百元、几千元到几万元不等，一般来说，企业网站设计需要的成本和技术的难度将随网站内容的多少、实现功能的多少及网页界面设计的不同级别而变化。

网页设计和制作包括以下几方面。

（1）模版式制作，类似于 Office 中的模版，快速方便，但有局限性，适用于网页内容少、对设计没有个性化要求的用户。

（2）大众化制作，页面由用户确定，页面风格由设计人员设计，设计后修改少，设计周期短，但用户的个性化表达受限制。

（3）个性化制作，设计人员根据用户提出的设计思路，如企业网站定位、风格、可视化感受、同业竞争目标等，提出的根据自身企业和企业产品的特色个性化要求，设计内容和风格在设计人员完成几种设计方案后，需要由用户确定和认可，根据企业的营销方案，可以给网站在不同的销售季节有所变换。

某服务商提供的客户网页设计套餐，从中可以看出服务商提供网页设计服务的内容。

案例

权网（http://www.quan-net.com/webdesign.asp）网站建设流程及报价。如图 6-31 所示。

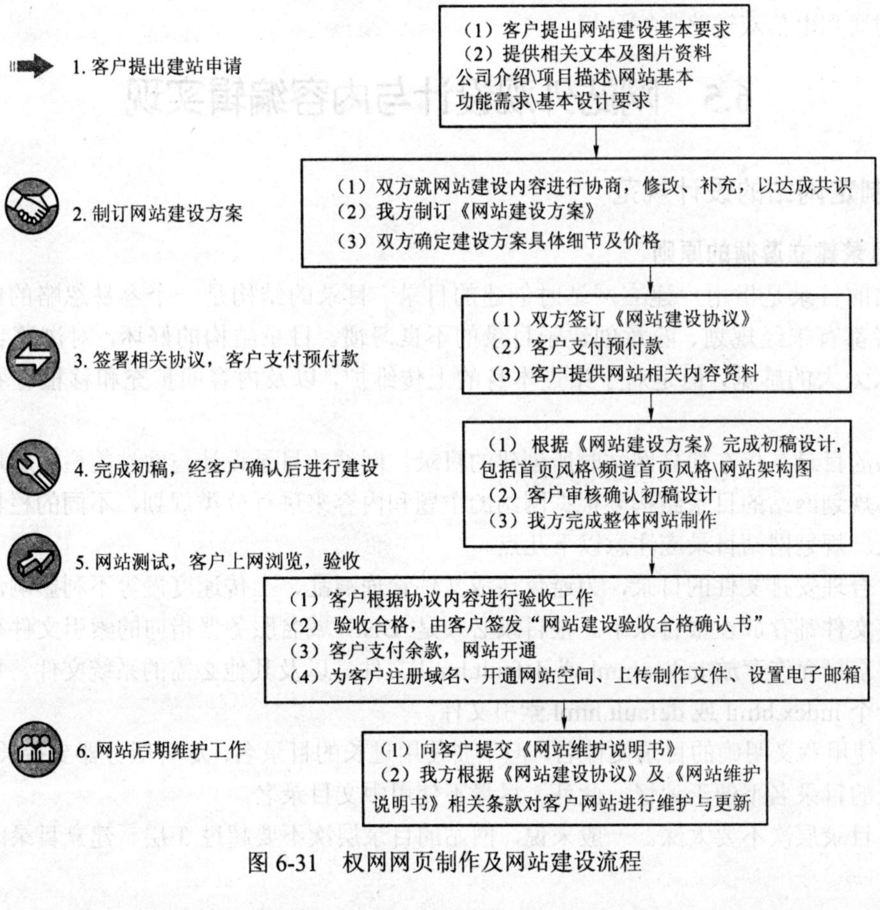

图 6-31　权网网页制作及网站建设流程

产品编号：QM-1000

产品名称：豪华型超值套餐

产品价格：1 350 元/年

详细内容：

（1）配置：双至强 P4 3.0　CPU/3GB Reg ecc/36GB SCSI 硬盘/Windows 2003 Server；

（2）网通和电信双链路带宽环境，高品质数据中心，1 000 MB 共享带宽，提供 FileUpLoad、JMail 组件；

（3）700 MB 高速虚拟主机空间，支持 Html/ASP/.NET 编写的程序；

（4）支持 Access/MSSQL/MYSQL；

（5）QH1000 MB 虚拟空间＋赠送 200 MB 企业邮局（不占 Web 空间，需要捆绑国际域名支持）；

（6）送一国际域名，此款不支持论坛，700 MB 网页空间 Windows 2003 server 平台/支持 Html/ASP/.NET 编写的程序 Access 网页空间共享 Redhat 平台支持 Html/PHP/JSP 300 MB 数据库，Windows 2003 平台 MSSQL/Redhat 平台 MYSQL 任选，200 MB 邮局空间，支持创建 20 个邮箱网通和电信双链路带宽环境。

6.5　网站外观设计与内容编辑实现

6.5.1　制定网站的设计规范

1. 目录建立遵循的原则

网站的目录是指用户建立网站时创建的目录。目录的结构是一个容易忽略的问题，许多设计者都有未经规划、随意创建子目录的不良习惯。目录结构的好坏，对浏览者来说并没有什么太大的感觉，但是对于站点本身的上传维护，以及内容的扩充和移植有着重要的影响。

网站的目录是指在建立网站时所创建的目录，网站的目录设计与网站的栏目版块设计密切相连，规划网站的目录结构要根据网站的主题和内容来进行分类规划，不同的栏目对应不同的目录。规划网站目录应注意以下几点。

（1）合理安排文件的目录，为避免造成文件管理混乱、上传速度慢等不利影响，尽量不要将所有文件都存放在根目录下。根目录必须是 DNS 域名服务器指向的索引文件存放的目录。根目录只允许存放 index.html 或 default.html 文件，以及其他必需的系统文件。每一目录下包含一个 index.html 或 default.html 索引文件。

（2）使用意义明确的目录文件名，但不要使用过长的目录名，尽管服务器支持长文件名，但是太长的目录名不便于记忆。此外，尽量不使用中文目录名。

（3）目录层次不要太深。一般来说，网站的目录层次不要超过 3 层。建立目录时一般不要使用中文来建立文件夹和文件，这样便于设计者维护管理。

按栏目内容建立子目录，子目录的建立应按主菜单栏目建，如企业站点可以按公司简介、最新动态、产品介绍、在线订单、反馈联系等建立相应目录。而其他次要栏目，如友情链接等内容较多或需要经常更新的可以建立独立的子目录；一些相关性强，不需要经常更新的栏目，如关于本站、关于站长、站点经历等可以合并放在一个统一的目录下。所有程序一般都存放在特定的目录中。如 CGI 程序放在 cgi-bin 目录下，这样便于维护管理。所有需要下载的内容也最好放在一个目录下。

（4）网站公用图片应存放在根目录或各自语言版本目录（如果同时存在两种及以上语言版本）下的 images 目录中，根目录下的 images 目录最好只用来放首页和一些次要栏目的图片。在每个一级目录或二级目录下都建立独立的 Images 目录，这样方便管理，每个主要功能的私有图片也只能存放于各自独立目录下的 images 目录中。

（5）所有数据库建立一个单独的文件夹，CSS 存放样式文件，Media 存放多媒体文件。站点目录结构策划设计例子如图 6-32 所示。

名称	大小	类型	修改日期
about us		文件夹	2009-4-25 16:46
businessFlower		文件夹	2009-4-25 16:44
byjsq		文件夹	2009-4-21 18:01
cake		文件夹	2009-4-25 16:43
chat		文件夹	2009-4-25 16:49
css		文件夹	2009-4-21 18:01
florist		文件夹	2009-4-25 16:44
flower		文件夹	2009-4-29 10:28
giftbasket		文件夹	2009-4-25 16:44
Images		文件夹	2009-4-21 18:05
intro_info		文件夹	2009-4-25 16:50
join in		文件夹	2009-4-25 16:49
maps		文件夹	2009-4-25 16:47
Member		文件夹	2009-4-21 18:01
plant		文件夹	2009-4-25 16:44
Profile		文件夹	2009-4-21 18:02
static1		文件夹	2009-4-21 18:02
system		文件夹	2009-4-21 18:01
Templates		文件夹	2009-4-25 16:45
toys		文件夹	2009-4-25 16:44
uploadpic		文件夹	2009-4-21 18:01
worldflora		文件夹	2009-4-25 16:44
index	114 KB	ASPX 文件	2009-4-25 15:42
index	114 KB	HTML Document	2009-4-25 16:37

图 6-32　花店网站的目录结构

2. 网站文件命名规范

网页命名要遵循的原则包括：以最少的字母表达最容易理解的意义；文件名称统一用小写的英文字母、数字和下划线的组合来命名；尽量按单词的英语翻译为名称，不要用中文作为文件名或文件夹名；每个网站都有而且只有一个首页，浏览者在访问该站点时首先访问这个文件，首页文件的名字一般可命名为 index.htm、index.asp 等；首页文件 index.htm 应该放在站点的根文件夹下。一般需要建立网站文件清单及其说明文件。

3. 网页 head 区代码规范

head 区是指网页中 HTML 代码的<head>和</head>之间的内容。应该将不可见信息、title 标签、meta 标签、link 标签、script 标签等放置在 head 区。

在 head 区可以放置网页的不可见信息，其格式为：<!---XXXXXX --->，此部分放置版权信息、注释等。如<!---此网站由时雨公司于 2008 年 12 月 28 日设计制作 --->

可以设置网页的描述，类似<meta name=“Description” content=“描述信息”>的语句。描述信息可以描述该页面内容被搜索引擎搜索的主要内容关键字。

4. 制定内容发布过程管理规范

制定内容发布过程管理规范的目的在于加强标准化管理、合理分配权限，确保按时、按质量标准、按工作流程和审批流程完成任务。规范包括：制作规范（标题、正文、图片等）、上传规范（发布内容、发布方式）、审批规范（制作人员、责任编辑、负责人）、更新规范（时间、更新流程、更新方式）、权限管理（信息编辑、信息审核、信息签发（二审）、上传、发布）、栏目分类与设置、模版管理、主页管理、多媒体库管理和网站统计分析。

6.5.2 网页制作

1. 素材收集与处理

网站制作在目录、导航、链接策划后，需要搜索准备网站资料，为动手进行网站设计作准备。素材的收集和处理是一项非常重要的繁重工作，但又是必不可少的基础工作。在搜集资料时可以先搜集其他经典网站的页面布局技巧、导航设计技巧、链接设计技巧、网站色彩处理技巧及网站具体内容等作为参考。收集和处理文字、图像、动画、声音等网页制作所需要的基本元素。文字素材中有些是现有的，如产品介绍等，但大多的文字需要根据网站栏目设计的内容进行搜集、分类和整理。文字素材准备中，需要注意语言要和网站整体风格一致，准备过程中要对内容按照网站的层次结构的不同主题进行标记并要分别处理和存储，最好存放在与主题一致的不同目录中。

图片收集可以通过获取原始图片资料或拍照的方式，图片包含网页的修饰图片、动画、按钮、产品图片等。产品图片拍摄和处理要求有一定的设计，要完整清晰且细节突出，还要注意背景细节。产品图片是网站展示产品的重要途径，图片的质量可能决定用户是否购买的行为，图片处理后要对图片进行规范的命名，要按照使用的主题、格式等存放到相应的文件夹中。另外音乐、动画的收集和处理工作与图片处理过程基本相同。

图像收集包括：网站站标、广告条及导航条背景使用的 GIF 图像；公告字幕、新闻文字前边的 GIF 图像；新产品中的产品细节 JPEG 图像；留言板中使用的留言板 GIF 图像、特殊效果的菜单或按钮的图像等。

在 Dreamweaver 中可以进行网站资源的管理，包括图像、色彩、Flash、音乐等，如图 6-33 所示。

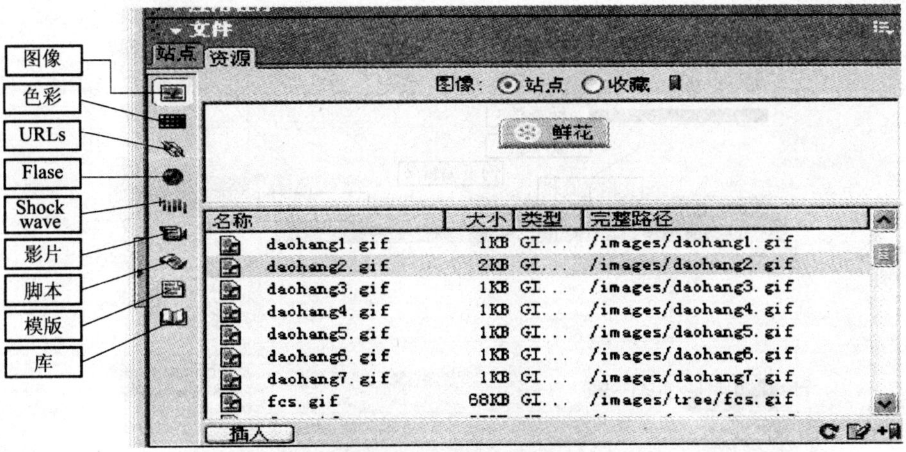

图 6-33 网站资源的管理

2. 网页设计工具 Dreamweaver 简介

1）Dreamweaver 简介

网页开发工具很多，如 Dreamweaver、FrontPage、HomeSite、Visual Studio.Net、EditPlus、HotDog、Netscape Gold 等。Dreamweaver 是 Adobe 公司发布的集网页设计、代码开发、网站创建和管理于一体的软件。它提供了可视化的布局工具、快速的 Web 应用程序开发及广泛的代码编辑支持。Dreamweaver 可帮助用户生成 Web 页的拖放功能，提供了功能全面的编码环境，其中包括代码编辑工具（如代码颜色、标签完成、“编码”工具栏和代码折叠）；有关层叠样式表（CSS）、JavaScript、ColdFusion 标记语言（CFML）和其他语言的参考资料。它对 ASP、JSP、CFML、ASP.NET、PHP 等动态网页的支持，可以实现完整的数据库的编写。它包括网页可视化设计、图像编辑、全局查找和替换、处理 Flash 等媒体格式和动态 HTML、基于团体的 Web 创作。Dreamweaver 可以完全自定义，用户可以创建自己的对象和命令，修改快捷键，甚至编写 JavaScript 代码，用新的行为、属性检查器和站点报告来扩展 Dreamweaver 的功能。

使用 Dreamweaver 不仅可以轻松设计网站前台的页面，而且也可以方便地实现网站后台的各种复杂功能。它与 Flash、Fireworks、Freehand 配合使用，功能更加强大。

Dreamweaver 的工作环境灵活、方便、实用，工作区窗口由标题、菜单栏、文件工具栏、状态栏、网页文件编辑区和浮动面板等基本部分组成（见图 6-34）。

在进行网站规划中了解建站的目的，收集各种有关资料，并确定站点的主题、风格、网站要提供的服务和网页要表达的主要内容。要利用 Dreamweaver 实现网站设计一般步骤如下。

（1）创建站点、设置站点属性。

（2）创建站点的基本结构：在计算机中创建本地站点的根文件夹及存放各种资料的子文件夹，配置好所有系统的参数和站点测试路径。

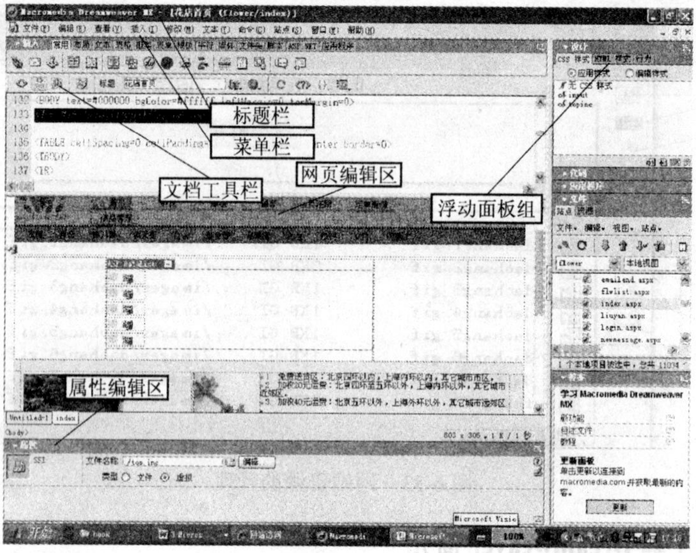

图 6-34 Dreamweaver 工作环境

（3）网页设计：充分利用收集到的数据资料，合理地运用 Dreamweaver 提供的技术，制作网页模版、各种样式、色彩图文库，最后，完美地设计出能表达网站中心思想的 Web 页面。

（4）测试站点的链接。

2）其他网页制作工具简述

（1）HomeSite。HomeSite 是一个小巧而全能的 HTML 代码编辑器，有丰富的帮助功能，支持 CGI 和 CSS 等，并且可以直接编辑 Perl 程序。HomeSite 工作界面繁简由人。根据个人习惯，可以将其设置成像记事本那样简单的编辑窗口，也可以在复杂的界面下工作。

HomeSite 具有良好的站点管理功能，链接确认向导可以检查一个或多个文件的链接状况。HomeSite 更适合进行比较复杂和精美页面的设计。如果用户希望能完全控制页面制作的进程，那么 HomeSite 是最佳选择。

（2）Visual Studio.Net。程序编辑器应当支持相应程序的自动语法检查，最好还应当支持程序的调试与编译。Visual Studio.Net 无疑是非常强大的编辑器。

Visual Studio.Net 内置有 VB.Net、VC++.Net、C#等程序开发工具，集程序的调试、编译等功能于一身，并且还提供了详细的帮助，这是任何一款其他软件都不能比拟的。但是，由于 Visual Studio.Net 本身带有的部件太多，需要计算机有比较高的配置，否则运行速度会非常缓慢。

（3）EditPlus。任意文本编辑器都可以用于编写动态网站应用程序，最常见的文本编辑器就是 Windows 自带的记事本。但是毕竟记事本的功能太少，远远不能满足程序编写的要求。一个好的文件编辑器将会起到事半功倍的作用。

EditPlus 是目前非常流行的一款功能强大的文本编辑器，该软件功能强大、易于使用、兼容性强，支持几乎所有程序语言的代码色彩显示。它的缺点就是不支持程序的调试。

3. 网页布局定位技术

1）*布局设计*

随着网页技术的发展，可以在网页上嵌入越来越多的对象，如视频、Flash 动画、ActiveX 控件等，但是在网页布局的时候，最基本的元素仍然是文字和图片。进行网页布局可以使用专业制图软件来进行布局，如使用 Photoshop。Photoshop 是一个非常优秀的图片处理工具。用它可以像设计一幅图片或一幅广告一样去设计一个网页的界面，然后再考虑如何用网页制作工具去实现这个网页。通常网页布局有 3 种技术，分别是框架（帧）布局、表格布局和层布局。无论采用哪种方式布局网页，遵循网页规范设计，整个网站中在新窗口打开或原窗口打开网页的规则一致。

（1）使用表格显示内容。表格（Table）在 HTMT 语言中对应（table）标记。表格布局是最常用的一种页面布局技术，是用于在页面上显示表格式数据及对文本和图形进行布局的强有力的工具。现在大部分的网页都采用表格作为基本的布局技术。表格最大的好处就在于可以根据需要将页面分成任意大小的单元格，而且在单元格内可以嵌入任何网页对象，包括表格本身，并且在对每个单元格中的对象单独操作时，不会影响其他单元格中的对象。

多数网页都是依靠表格来布局版面和组织元素的。合理地设置表格属性在网页布局中起着非常重要的作用，如以像素为单位的表格和以“%”为单位的表格在浏览器中显示就不一样，前者为固定大小，而后者则可以随着浏览器窗口的大小改变而变换。

Dreamweaver 提供了两种查看和操作表格的方式：在“标准”模式中，表格显示为行和列的网格，而“布局”模式将表格用作基础结构的同时在页面上绘制、调整方框的大小及移动方框。

（2）使用 CSS、层布局页面。层（layer）是一个较新的概念。层最大的优点就在于将布局从平面扩展到空间，可以像三明治一样将层一个个重叠起来。而且层可以用像数为单位精确地定位其在页面中的位置。还可以通过一定的设置来控制层是否显示及层与层之间的叠加次序。

在 Dreamweaver 中，可以使用 CSS 样式对页面进行布局。可以手动插入 div 标签并对其应用 CSS 定位样式，也可以使用 Dreamweaver 层来创建布局。Dreamweaver 中的层是被分配了绝对位置的 HTML 页面元素。Dreamweaver 会将具有绝对位置的所有 div 标签视为层，即使未使用“层”绘制工具创建那些 div 标签也是如此。

无论使用层、表格还是框架对页面进行布局，Dreamweaver 都用标尺和网格来作为布局中的可视化指导。Dreamweaver 还提供跟踪图像功能，可以使用该功能来重新创建已经使用图形应用程序创建的页面设计。如果熟悉表格的使用，也可以尝试在页面布局中使用表格或“布局”模式。

（3）使用框架。帧（Frame 也称框架）对应的是 HTML 语言中的（frame）标记。框架能够将一个浏览器窗口划分为互不重叠的多个区域，每个部分是一个帧，每个帧对应一个网页，每个区域都可以显示不同的 HTML 文件。采用这种布局最大的好处就在于可以随意调整各个帧在页面中所占的比例，并且在网页显示时，拖动一个帧的滚动条只会滚动该帧的网页而不会影响其他帧。使用框架的最常见的情况就是，一个框架显示包含导航控件的文件，而另一个框架显示含有内容的文件。

由于框架技术的兼容性问题，框架结构的页面不太受欢迎。但从布局上考虑，框架结构不失为一个好的布局方法。在大多数网站上，在屏幕的左边有一个框架。但是使用框架时产生了许多问题，如果没有 17 英寸的显示屏几乎不可能显示整个网站。框架也使得网站内个人主页不能够成为书签，更重要的是搜索引擎常常被框架混淆，收录带有框架的网页。

2）*表格布局例子*

本例使用表格进行页面布局，利用表格的嵌套和表格“边框”属性值为 0，进行网页布局。网页布局如图 6-35 所示，制作过程简要描述如下。

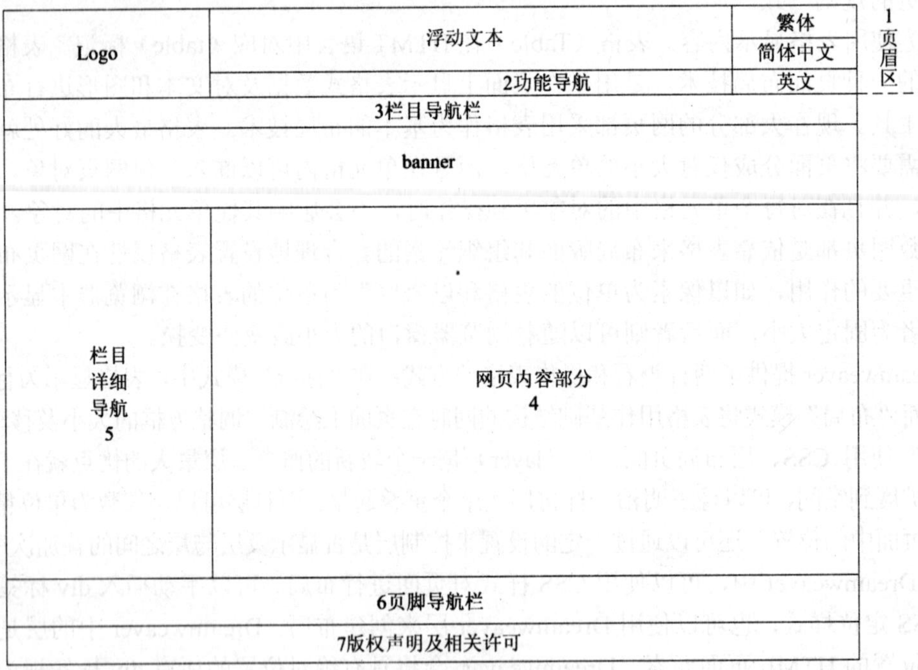

图 6-35 网站首页布局

（1）制作大的表格为 6 行 2 列。设定表格边框属性值为“0”。

（2）设计页眉区，页面属性：左、上边距均为 0，可插入固定大小占位符，以方便排版。如图 6-36 所示。

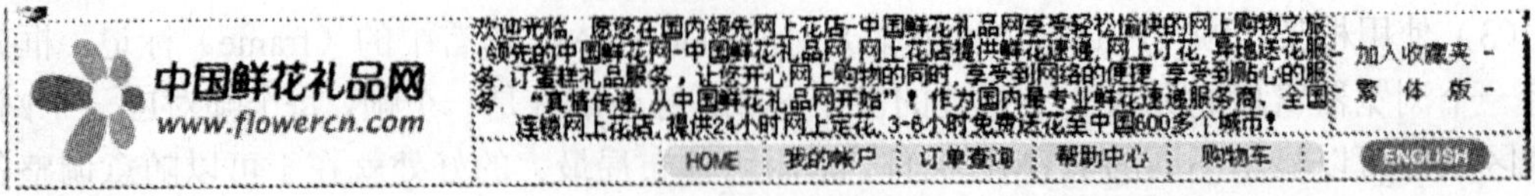

图 6-36 页眉区设计

（3）设计导航栏区（栏目导航栏）。栏目间的分隔符用 |，也可用其他特殊符号。如图 6-37 所示。

图 6-37　栏目导航栏设计

（4）设计内容区。拆分内容区为两行表格，再分别设置其上部和下部；设置内容区上部分用来放鲜花商品图片，如图 6-38 所示。

图 6-38　内容区——花卉商品图片区

设计内容区下部分用来放花卉知识介绍，如图 6-39 所示。

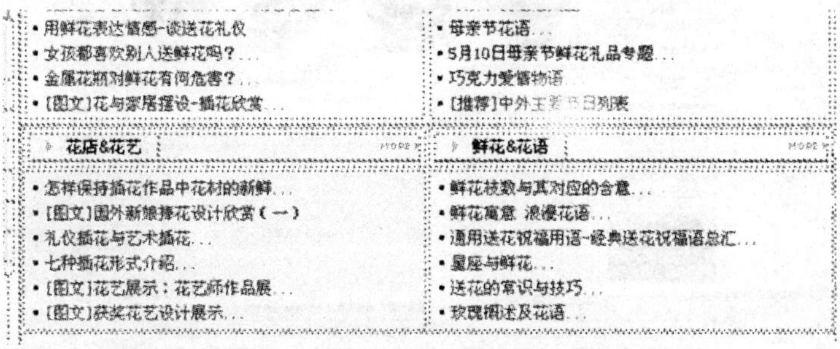

图 6-39　内容区——花卉知识介绍

（5）设置栏目详细导航部分，如图 6-40 所示。

（6）设置页脚导航、友情链接、版权区，如图 6-41 所示。

图 6-40 详细导航区

图 6-41 页脚导航、友情链接、版权区

最终的首页效果如图 6-42 所示。

图 6-42 页面完成的效果

3）层定位例子

图 6-43　花卉发布栏

层中可以插入任何在网页上允许出现的元素，如文字、图像、表格，甚至另一个层。通过对层的控制，制作网页的时候可以不受排版的约束，随心所欲控制各类网页元素的显示位置和顺序，赋予网页不同一般的视觉效果。

如利用层制作花卉发布栏，如图 6-43 所示。

（1）制作发布栏的背景层创建层，并在其“属性”面板中设置：层编号为 bg，宽 395 px，高 236 px，背景图像选择插入图片“bg.jpg”，如图 6-44 所示。

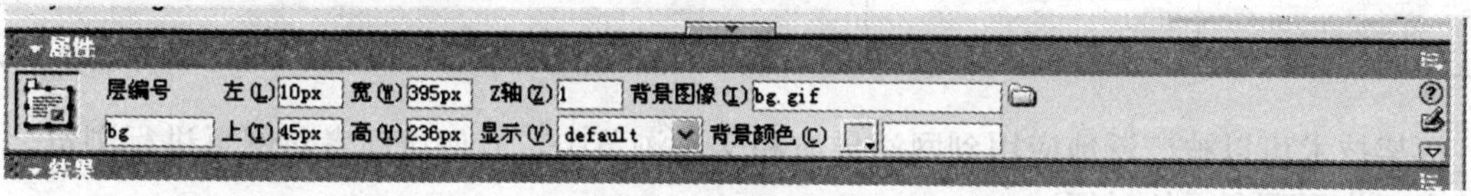

图 6-44　层属性设置

（2）制作包含花和花名的表格层。在层中插入 2 行 3 列的表格，表格边框属性值设置为“1”，在表格上面 3 个单元格中插入背景线，如图 6-45 所示。

（3）插入相应鲜花图片和名称，如图 6-46 所示。

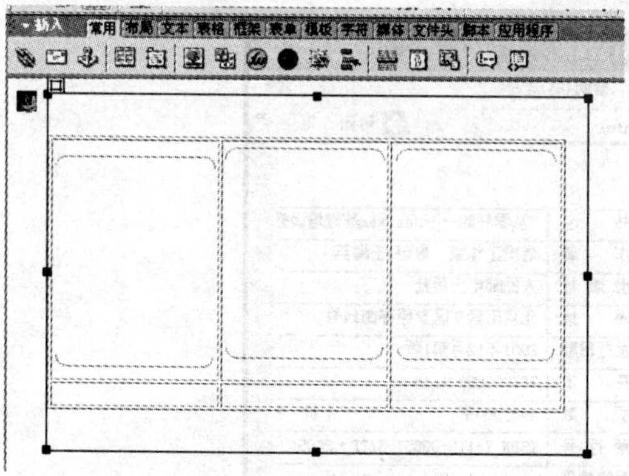
图 6-45　表格制作

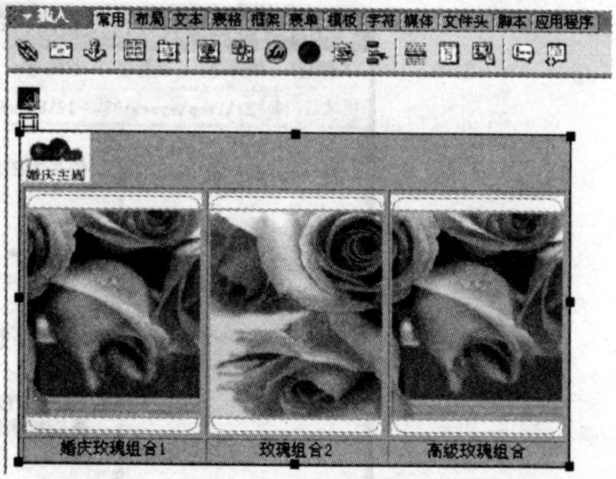

图 6-46　插入图片后

4）框架定位例子

据网页布局的调查，可看出（见表 6-5），采用两栏式布局的电子商务网站占到 8 成。由于两栏式布局一般都是采用左边导航，右边内容的设置，所以该布局的网站内容显得更少，操作更具有可预见性和可控性，具有更强的可用性。正是由于其可用性更强的优点而受到大部分电子商务网站的青睐。三栏式布局也有它的优势，如此布局可以放置更多的内容。不过内容越多也意味着用户需要接受的越多，用户学习成本高，所以在可用性方面显得稍差一点。框架网页本身就是一个网页，只不过它已被划分为若干个区域，分别显示不同的网页。

表 6-5 框架布局统计

布局方式	网站数/%	代表网站
3 栏左对齐	3	CVS http://www.cvs.com/
3 栏居中对齐	10	1800 Pet Meds http://www.1800petmeds.com/
3 栏宽屏	6	Amazon http://www.amazon.com/
2 栏居中对齐	47	Cafe Press http://www.cafepress.com/
2 栏左对齐	28	Neiman Marcus http://www.neimanmarcus.com/
2 栏宽屏	4	Ritz Camera http://www.ritzcamera.com/
1 栏居中对齐	2	abercrombie http://www.abercrombie.com/

框架技术可以被广泛地应用到网站导航和文件浏览中，方便访问者对网页进行浏览，并能减少下载页面所需的时间。

案例

图书信息的导航页面如见图 6-47 所示（注意：框架和框架集的保存同一般的网页不一样，除了保存相关的网页内容外，还必须把框架文件保存起来）。

图 6-47 图书信息的导航的框架结构

4. 网页模版制作与样式的使用

1）网页文件的格式化

网页文件格式化是修饰页面文字的一种操作，Dreamweaver 文字格式化主要有 4 种方式。

（1）手工格式化，是在文本属性面板中完成文字的格式化设置的方式。

（2）用 HTML 标记格式化，是用 HTML 标记来格式化文本。

（3）用 HTML 样式格式化，是将现有的多个 HTML 标记组合成 HTML 样式，然后将其保存在 HTML Style 浮动面板中。当需要对文本进行格式化时，可直接应用 HTML Style 浮动面板中定义好的 HTML 样式，实现对网页文本的格式化。

（4）CSS 样式格式化，CSS 样式是一种对网页文件内容进行精确格式化的方法，它可以使用许多 HTML 样式不能使用的属性。CSS 样式还可以同时对多篇文件进行格式化处理，可将创建好的样式保存在外部样式表中，若修改样式表，便可对相关网页做出相应的更新，能够实现对文本格式化自动化管理。

这 4 种格式化方式的优先级别由高到低，分别是手工方式、HTML 标记、HTML 样式、CSS 样式，也就是说用手工方式可以对用其他方式格式化过的文字重新格式化。

2）CSS 样式

CSS（Cascading Style Sheet，层叠样式表）技术是由 W3C（Word Wide Web Consortium）组织批准的一种网页元素定义规则，是一种可以对网页文件内容进行精确格式化控制的工具，是一种格式化网页的标准方式，它是 HTML 功能的扩展，使网页设计者能够以更有效的方式设计出更具表现力的网页效果。网页规范设计中要求保持整站 CSS 风格一致。

（1）CSS 的特点。虽然 HTML 为网页设计者提供了强大的格式设置功能，但必须在每一个需要设置的网页元素处使用格式标记，而不能为具有一定逻辑关系的内容设置统一的格式。HTML 样式在控制网页的外观上受到较多的限制。CSS 技术是 HTML 格式化的补充。

CSS 样式属性提供了比 HTML 更多的格式设置功能，CSS 能够控制大多数常用的文本格式属性，如字体、尺寸、对齐方式等，还可以控制位置、特殊效果、鼠标翻转等很多 HTML 样式不能控制的属性，可以加强网页的表现力。

使用 CSS 技术除了可以在单独网页中应用一致的格式，对于网站的格式设置和维护也有着重要意义，若将 CSS 样式定义到样式表文件中，在多个网页中都可应用样式表文件中的样式，就确保了多个网页具有一致的格式，并且可以随时更新样式表文件，以实现自动更新多个网页中的格式设置的目的，从而大大降低网站的开发与维护工作量，增强网站格式的一致性。CSS 样式表与 HTML 样式相比，它的优势在于能够同时控制多个文件的格式，简化网页格式设计，增强网页的可维护性。

利用 CSS 样式，可以使网页的内容与表现形式互相分开，从而简化网页代码，加快下载显示的速度。

（2）应用 CSS 设置网页例子。设置一组 CSS 样式分别用来规范网页的标题文字、正文文字和链接文字样式。应用这些样式规范网页中的文本和链接。

① 设置公司名称的样式。toptitle 设置字体为黑体，大小为 30 像素，颜色为黑色，无修饰，字母间距为 0.5 毫米。

② 设置网页内容的样式。left 设置字体为宋体，大小为 12 像素，行高为 20 像素，颜色

为蓝色，无修饰。

③ 设置链接文字的样式。

完成网页的链接文字样式，链接文字设为白色，鼠标移上后变成红色，且无下划线，如图 6-48 所示。

图 6-48　链接样式应用

在“新建 CSS 规则”对话框的选择器类型中选择“（ID、伪类选择器等）”，分别定义链接的初始状态“a:link”、访问过的状态“a:visited”和鼠标移上时的状态“a:hover”的规则定义，如图 6-49 所示。

```
a:link{ text-decoration: none; color: #333333; font-family: 宋体 }
A:visited {text-decoration: none; color: #333333; font-family: 宋体}
A:active {text-decoration: none; color: #FF0000; font-family: 宋体}
A:hover {text-decoration: underline; color: #FF0000}
```

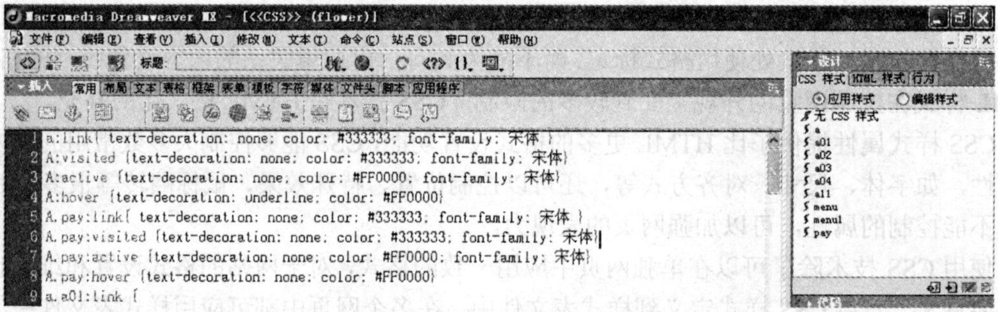

图 6-49　样式设计

④ 将样式应用到网页的相关文本。选中要应用样式的文本部分，右击，在快捷菜单中选择 CSS 样式中的某个需要应用的样式，如图 6-50 所示。

3）模版

在网页的制作过程中，常常会制作很多布局结构和版式风格相似而网页内容不同的页面。对于这种类型的网页，每个页面都要一次次制作，不但效率低而且很乏味。Dreamweaver 的模版是一种预先设计好的网页样式，在制作风格相似的页面时，只要套用这种模版便可以设计出风格一致的网页。Dreamweaver 模版是一种特殊类型的文件，用于设计实现确定的页面布局。页面布局设计好后，可在模版中创建锁定布局，然后可在基于模版的文件中设置编辑的区域。模版创建后，控制哪些页面元素可以由模版用户进行编辑。

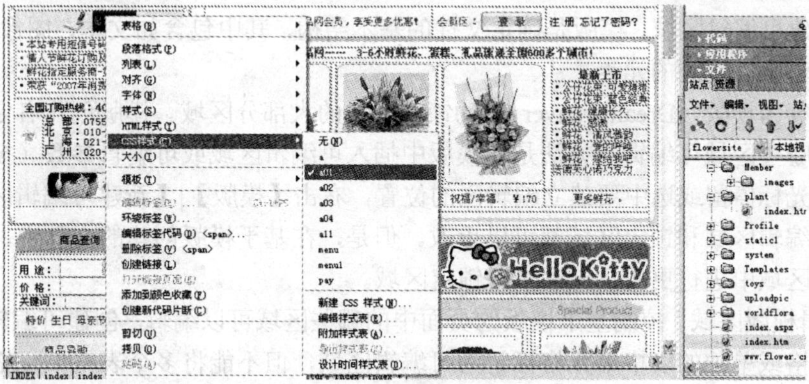

图 6-50　应用某个样式

模版技术可以帮助设计者把网页的布局和内容分离，快速制作大量风格布局相似的 Web 页面，使设计出的网页更规范，设计制作和更新维护网页的效率更高。模版最强大的用途之一在于一次更新多个页面。从模版创建的文件与该模版保持连接状态，除非用户以后分离该文件，否则可以修改模版并立即更新所有基于该模版的文件中的设计。模版控制基于模版的文件的可编辑区域和固定区域，可以在文件中包括数种类型的模版区域。

在编辑模版时，设计者可以修改模版的任何可编辑区域和锁定区域。而当设计者在修改基于模版的网页时，只能修改那些标记为可编辑的区域。新建模版时，必须明确模版是建在哪个站点中。模版文件都保存在本地站点的 Templates 文件夹中，模版文件的扩展名为.dwt。

模版使用举例。

（1）定义网页模版区域。确定模版文件的基本结构，其中包含如文本、图像、页面布局、样式和可编辑区域之类的元素。

将设计好的普通网页文件另存为模版时，Dreamweaver 自动锁定文件的大部分区域。模版创作者定义基于模版的文件中的哪些区域可编辑，方法是在模版中插入可编辑区域或可编辑参数。创建模版时，可编辑区域和锁定区域都可以更改。但是，在基于模版的文件中，模版用户只能在可编辑区域中进行更改，无法修改锁定区域。

（2）创建 Dreamweaver 模版。可以从现有文件（如 HTML、Macromedia ColdFusion 或 Microsoft Active Server Pages 文件）创建模版，或者从新建的空文件创建模版。

使用【文件】|【新建】菜单命令，打开“新建文件”对话框，【常规】选项卡中选择“类别”为“模版页”，“模版页”区域为“HTML 模版”，单击【创建】按钮，就可以在设计区建立新的模版文件了。

注意不要将模版移动到 Templates 文件夹之外或将任何非模版文件放在 Templates 文件夹中。此外，不要将 Templates 文件夹移动到本地根文件夹之外。这样做将在模版的路径中引起错误。如果将模版区域插入到一个尚未另存为模版的文件中，Dreamweaver 会告知文件将自动另存为模版。

（3）创建可编辑区域。模版是确定文件的基本结构，其中包含如文本、图像、页面布局、样式和可编辑区域之类的元素。

将文件存为模版，Dreamweaver 自动锁定文件的大部分区域。模版创作者定义基于模版的文件中的哪些区域可编辑，方法是在模版中插入可编辑区域或可编辑参数（插入可编辑区域的方法：光标停留或选中要建立编辑区的位置，右击【模版】|【新建可编辑区域】)。创建模版时，可编辑区域和锁定区域都可以更改。但是，在基于模版创建的文件中，模版用户只能在可编辑区域中进行更改，无法修改锁定区域。

“可编辑模版区域”控制基于模版的页面中的哪些区域可以编辑。创建可编辑区域时，可以将整个表格或单独的表格单元格标记为可编辑区域，但不能将多个表格单元格标记为单个可编辑区域。如果<td>被选定，则可编辑区域中包括单元格周围的区域；如果未选定，则可编辑区域将只影响单元格中的内容。

（4）编辑和更新模版。保存模版时，Dreamweaver 会询问它是否应该更新所有附着到该模版的文件。可以使用菜单【修改】|【模版】|【更新当前页】命令。Dreamweaver 在该模版所在的站点中更新基于模版的文件，Dreamweaver 将自动更新基于该模版的文件，包括基于正在更新的模版的嵌套模版。

4）库的应用

在多数网站中都会有这样的情况：在站点中的每个页面上都会有或多或少的内容是被重复使用的，如版权信息、公司地址、标题和页面页脚等。库用来存放页面元素，如图像、文本等对象。这些元素广泛地用在整个站点中，能够重复地被使用或需要经常更新，它们被称为库项目。

在 Dreamweaver 文件中，可以将任何元素创建为库项目。这些元素包括文本、表格、表单、Java 程序、插件、ActiveX 代控件、导航条及图像等。库项目文件的扩展名为.lbi。所有的库项目都被保存在一个文件中，且库文件的默认放置文件夹为“站点文件夹\Library”。

利用库同样可以实现对文件风格的维护。可以将某些文件中的共有内容定义为库，然后放置到文件中。一旦在站点中对库进行了修改，通过 Dreamweaver 的站点管理特性，可以对站点中所有放入该库项目的文件进行更新，实现风格的统一更新。

图 6-51 网页中使用资源库中的内容

5. 网页超级链接

1）超链接的方式

超链接是用准备好的各种对象，如文本、按钮、图像等，与其他对象建立链接，也就是在源端点和目标端点之间建立一种链接。源端点是超链接的起始端点，目标端点是链接的对象，也称为目标锚。

超链接按源端点的链接划分，分为超文本链接和非超文本链接两类。超文本链接的源锚文本下方有下划线。非超文本链接是用除文本之外的其他对象构建的链接，源锚可以是图像、表格、列表、表单、多媒体等对象。超链接按目标端点的链接划分，可分为外部链接、内部链接、电子邮件链接、局部链接、脚本链接等。

建立超链接中的重要内容是链接路径，链接路径是通过 URL 来确定的，根据使用的协议不同，URL 的形式包括 HTTP、FTP 和 File 等几种。

（1）HTTP 开头的 URL 通常指向 WWW 服务器，通常称为网址。

（2）FTP 开头的 URL 主要用于文件的传递，包括文件的上传和下载。

（3）File 开头的 URL 主要访问本地计算机中的文件信息。

超链接中的路径包括绝对路径和相对路径，使用完整的 URL 地址的链接路径称为绝对路径。绝对路径指明目标端点所在的具体位置，如 d:/net/filedown/file1.rar。指明目标端点与源端点的相对位置关系的路径称为相对路径，如 filedown/fiel1.rar。

2）创建超链接

（1）一般创建超级链接步骤是：首先选中需要建立链接的文本、图片、其他网页对象，并在其属性对话框中（见图 6-52）修改或选定目标端点，便可创建超链接。

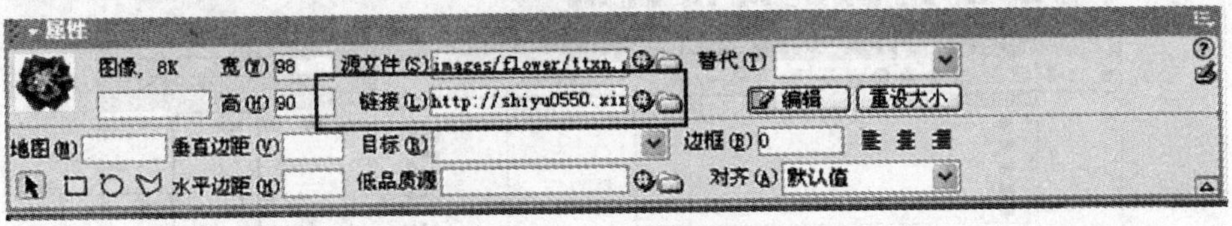

图 6-52　链接属性设置

（2）还可以通过创建导航条、创建跳转菜单、创建映射图链接、锚点链接、邮件链接的方法在 Dreamweaver 实现链接的创建。

通常在网页的首页上可设置一个导航条，这样既可为浏览者浏览网站提供一个索引，又能引导浏览者浏览整个网站的不同页面。导航条又称导航栏，可由一幅或多幅按钮图像组成，按钮图像的状态根据浏览者的鼠标动作而改变。当鼠标移到、移出或单击图像时，该图像就会被替换成另一幅图像。在创建导航条之前，应先准备好导航条中要用的图片。这些图片分别表示导航条某个按钮不同动作的状态。

跳转菜单是一个下拉式菜单，其中的每一个选项都是一个超链接。设计者可以用跳转菜单创建网站站点的各种链接，实现网页之间的跳转链接。

映射图链接是在一个图像中划分出几个不同的几何图形区域，然后分别为这个图像不同的几何图形区域建立超链接，图像中建立超链接的几何图形区域称为热区。浏览时，当热区被单击后就会完成相应的超链接操作，不同的热区对应于不同的超链接，这就是图像的映射图链接。

锚点链接是在要创建某个网页的某个指定位置的超链接。创建网页的锚点链接可分两步完成，首先在某个网页的某处指定位置创建链接的目标端点（即锚点），并为其命名，然后在源端点处建立该锚点的超链接。在浏览网页时，用鼠标单击源端点，光标就马上会移动到锚点的位置上。

电子邮件链接的方式在很多网页中都被广泛地采用，当浏览者单击该链接时，系统会启动电子邮件发送程序（如 Outlook Express），并将网页设计者的邮件地址放在“收件人”文本框中，为浏览者发送电子邮件做好准备，这种链接方式方便了信息的交流与反馈。建立邮件链接也可以在网页对象的“属性”面板中“链接”文本框中输入如“mailto：电子邮件地址”。

3）检测站点链接

在网站建设中，对于网站链接的设计和实现是直接关系到网站质量的，合理和正确的网站链接对用户访问网站的体验经历非常有利，所以网站的链接实现和测试在网站发布前必须要认真地对待，网页规范设计中超级链接有下划线或颜色的明显指示。网站链接的测试可以通过站点链接检查器来完成。图 6-53 所示中显示检测站点链接的步骤：① 在站点下拉菜单中选择【检查站点范围内的链接】（或按 Ctrl+F8 组合键）；② 在链接检查面板中选择链接测试类型（断掉的链接、外部链接或孤立文件）；③ 单击运行▶按钮检查站点链接，测试结果将显示在链接测试窗口和状态栏中。

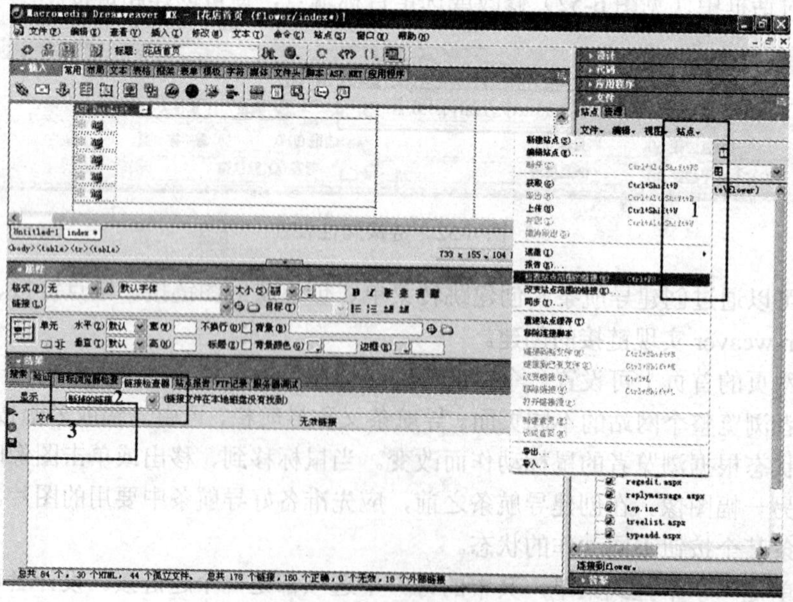

图 6-53 外部链接测试

6.6 实践任务

此部分的实践任务分为 3 部分，第一部分为电子商务网站平台实践，第二部分为网站内容设计，第三部分为网站建设综合实践。

6.6.1 网站平台实践

1. 实践内容

（1）电子商务网站平台方案实践：通过学习，确定某企业电子商务网站运行平台的基本构成，完成电子商务网站运行平台选取报告。在考虑电子商务网站的平台构成时，要依据电子商务网站运行平台构造技术的选择原则和电子商务网站运行环境的要求（见附录），在报告中要求对电子商务网站的平台（软件、硬件）构成进行小结，对电子商务网站运行平台构造技术的选择原则进行研讨，提出某企业网站的电子商务网站运行环境的具体要求（企业网站可以选取网上花店企业）。

（2）电子商务服务提供商的服务器管理方式实践：在网上查找 5 个提供虚拟主机服务和主机托管方式的网站建设服务提供商，对他们各自提供的建站服务器方案进行性价比较，完成关于网站服务器管理方式比较及选择的报告。

2. 实践要上交报告

电子商务网站平台方案比较及选择报告。

3. 附录

1）电子商务网站运行平台构造技术的选择原则

（1）符合各种主流的技术标准。

（2）符合企业信息化的整体技术战略。

（3）符合未来技术的发展方向。

（4）满足开放性、可扩充性的要求。

（5）与现有的应用系统具有良好的兼容性。

（6）具有成功的应用先例。

2）电子商务网站运行环境的要求

（1）网站必须有良好的可扩充性。

（2）高效的开发处理能力。

（3）强大的管理工具。

（4）具有良好的容错性能。

（5）与企业已有的资源整合。

（6）网站必须确保提供 7×24 小时的服务。

（7）能支持多种客户终端。

3）电子商务网站运行平台的基本构成

（1）网络接入部分。

（2）服务器部分。

（3）数据存储部分。

（4）应用服务器软件。

（5）商务应用软件。

（6）安全部分。

6.6.2 网站内容设计实践

1. 实践内容

（1）网站内容设计比较：请搜索几家（至少 3 家）表现较佳的同类企业网站（如服装行业），进行访问和记录，从风格、信息结构及网站的易用性等方面进行比较，针对网站内容设计的几个方面撰写某类企业网站内容设计比较分析报告，要说明为什么你认为某个网站的设计和网站内容表现好；并分别从网站的导航、网站的栏目设计、网站的首页设计、网站的风格几方面对这几个网站的内容设计进行评价。

（2）网站内容设计实践：以第 5 章的实践中选取的某个网店为背景，确定建立某个企业网站目标，依据网站内容设计的常规内容，设计一个具有自身特色的网站，完成某网站内容设计报告，内容设计报告的结构可以参考附录。

2. 实践要上交报告

网站内容设计报告。

6.6.3 建站综合实训内容

1. 实践内容

（1）网站功能和易用性实践：访问你所关心的某个行业有代表性的交易网站，对至少 2 个网站的信息结构和网站的功能进行归纳，了解其网站业务功能的流程，并对以上内容编写某网站的功能和易用性作分析报告，其中要对其网站的功能或流程等内容提出自己的建议和可以推荐的内容。

（2）网站建设服务商的网站建设流程及网站域名申请实践：上网了解电子商务网站服务提供商的网站建设服务流程，关注该服务商提供的建站、管理维护、空间、域名、网站推广等相关费用，如万网、亿速互联、威博网、创纪恒飞，服务商可以自己选取。对几个服务商提供的电子商务网站建设方案进行比较。

（3）电子商务网站规划的实践：从以下选题中选择一个主题，通过实际调查，完成网站需求调查，并且试编写某网站策划书。策划书分为几个部分：电子商务网站需求分析、网站建设平台方案、网站内容设计和网站推广计划（其中网站推广计划第 9 章再做）。

主题 1：玩具店，主营销售玩具、礼品、时尚生活家居产品，站点联合国内多家知名玩具礼品厂商及贸易公司共同打造。本着产品的新颖度、更新的频繁度，国内市场玩具零售的最低价格，吸引了大量的用户，深受广大网民的喜爱，同时有大批的中小型购货商、集团采购商、网上店铺商家、展会举办商等蜂拥而来洽谈订购业务。

主题 2：宠物玩具公司网站，提供不同宠物实物和虚拟宠物，根据宠物的特殊种类和使用物品进行销售。

主题 3：鲜花连锁网站，提供各种鲜花的批销和零售，允许同业网站进行加盟销售。

主题 4：特殊鞋公司网站，专为特殊体形的人个性定制特殊要求的鞋。

主题 5：其他主题的电子商务网站。

（4）网站实现实践：按照 6.6.2 实践完成的“网站内容设计报告”要求，实现网站的制作，要求网站的目录结构、网页的命名等要符合网站设计的要求，实施如下内容。

① 网站素材准备，包括网站中的文字、图片、Logo、banner 的简单制作。

可以在某网店中找到质量较好的商品图片，并拍几个自己的宝贝作为商品图片、处理商品图片，确定网页中各种商品图片的规格，不同图片规格要说明：尺寸、大约字节，并进行图片处理和存储。准备对应产品描述和关键词。

② 使用 Dreamweaver 建立自己的站点。

③ 制作网站首页、网站一级网页、二级网页的模版，网页模版中的导航设计要与前面内容设计部分的链接结构一致。

④ 制作 CSS 样式，分别设置几个样式，能够分别约定网页中的标题、文字链接的格式、正文的格式等。

⑤ 通过制作好的网页模版，初步建立静态网页的网站。网站内需要和数据库链接并实现一定的业务功能的动态网页部分，可以只预留栏目的形式体现在网站中。要求每个网页的标题、Mate 标志中的关键词等要和网站内容设计的部分一致。

⑥ 测试网站的链接，修改错误链接。

（5）网站空间申请及网站发布实践：上网申请免费空间，申请后空间提供的服务商会给用户一个 FTP 账号，用来管理给定空间，空间与域名绑定在一起；用户将网站文件上传到此空间目录中，就完成了网站发布。一般可以通过 FTP 上传工具（如 CuteFTP 工具）或 Dreamwear 发布工具，将网站上传到免费空间。

要求：记录申请免费空间的过程，记录利用 FTP 上传工具上传的过程，编写网站发布报告。（提供免费空间的网址，如我就试试网：http://www.5944.net/；虎翼网：http://www.51.net/ 空间可以免费试用，试用有时限。）

2. 参考说明

学生在完成实训内容过程中，可以关注和参考“企业网站建设指导规范纲要”，《中国互联网协会企业网站建设指导规范纲要》包括 8 个方面共计 72 条内容。提出了建立网站营销导向的企业网站应遵循的一般原则、基于网络营销导向企业网站的一般原则，企业网站建设（或升级改版）应包含的基本流程、网站功能等做了较完整的讲述，可以访问中国互联网协会

（http://www.isc.org.cn）查看相关内容。其他可参考如“网站易用性建设 A-Z”和“中国电子信息百强企业网站评价报告”。

6.6.4 附录：网站规划内容梗概

网站策划书的编写是一个比较复杂和烦琐的过程，需要设计者具有一定的市场经验、网络管理能力、程序设计能力和宣传策划技巧。同时，网站策划的内容也是因人而异、因事而异的，内容可繁可简，往往要视具体的项目要求和资金情况来确定。但是只要按照这几个大的方面来考虑，就能够根据需要撰写出合格的网站策划书的。

网站建设规划书内容包括几个部分，下面提供网站策划书内容简单举例。

1. 建设网站前的市场分析

目前行业的市场分析。目前市场的情况调查分析、市场有什么样的特点和变化，目前是否能够并适合在互联网上开展业务。

市场的主要竞争者分析。竞争对手上网情况及其网站规划、功能作用等。

公司自身条件分析．包括公司概况、市场优势，可以利用网站提升哪些竞争力，建设网站的能力——费用、技术、人力等。

2. 建设网站目的及功能定位

为什么要建立网站。为了宣传产品，进行电子商务，还是建立行业性网站?企业的需要还是市场开拓的延伸?

（1）网站功能。根据公司的需要和计划，确定网站的功能：产品宣传型、网上营销型、客户服务型、电子商务型等。

（2）网站的目标。根据网站功能，确定网站应达到的目的和作用。

企业内部网的建设情况和网站的可扩展性。

3. 可行性分析

1）技术可行性

根据网站的功能确定网站技术解决方案。

服务器——采用自建服务器，还是租用虚拟主机或主机托管的方式。

操作系统——选择操作系统，用 UNIX、Linux 还是 Windows，分析投入成本、功能、开发、稳定性和安全性等。

采用系统性的解决方案（如 IBM、HP 等公司提供的企业上网方案、电子商务解决方案）还是自己开发。

网站安全性措施，防黑、防病毒方案。

相关程序开发——网页程序 ASP、JSP、CGI、数据库程序等。

2）经济可行性

从投资、收益两方面进行说明。

3）社会可行性（略）

4. 网站内容规划

（1）网站整体形象设计。网站标志、网站的标准色调、网站的标准字体。

（2）网站的栏目设计。根据网站的目的和功能规划网站内容，一般企业网站应包括公司简介、产品介绍、服务内容、价格信息、联系方式、网上订单等基本内容。

电子商务类网站要提供会员注册、详细的商品服务信息、信息搜索查询、订单确认、付款、个人信息保密措施、相关帮助等。

（3）网站的链接结构。

（4）导航栏设计。

（5）信息搜索栏。

（6）主页设计。

（7）网站的目录结构。

5. 网页设计

网页美术设计要求，网页美术设计一般要与企业整体形象一致，要符合 CI 规范。要注意网页色彩、图片的应用及版面规划，保持网页的整体一致性。

在新技术的采用上要考虑主要目标访问群体的分布地域、年龄阶层、网络速度、阅读习惯等。

制定网页改版计划，如半年到一年时间进行较大规模改版等。

6. 网站维护

服务器及相关软硬件的维护，对可能出现的问题进行评估，制定响应时间。

数据库维护，有效地利用数据是网站维护的重要内容，因此数据库的维护要受到重视。

内容的更新、调整等。

制定相关网站维护的规定，将网站维护制度化、规范化。

7. 网站测试

网站发布前要进行细致周密的测试，以保证正常浏览和使用。网站测试主要内容如下。

（1）服务器稳定性、安全性。

（2）程序及数据库测试。

（3）网页兼容性测试，如浏览器、显示器。

（4）根据需要的其他测试。

8. 网站的发布与宣传推广

发布的公关、广告活动。

搜索引擎登记。

其他推广活动。

9. 网站建设日程表

各项规划任务的开始完成时间、负责人等。

10. 费用明细

各项事宜所需费用清单。

以上为网站策划书中应该体现的主要内容，根据不同的需求和建站目的，内容也会增加或减少。在建设网站之初一定要进行细致的规划，才能达到预期建站的目的。

第7章 电子商务系统分析与设计

要完成具有较复杂系统功能的网站开发，只有网站规划是不够的，要对网站的系统功能进行分析和设计，使网站的实现有系统分析作为依据，电子商务系统分析和设计的方法可以选取面向对象的建模方法，本章首先对面向对象的建模工具和建模过程进行介绍，并以B2C电子商务模式下的在线书店销售系统为背景进行系统分析与设计的建模，同时，提供了多个可选主题作为实践内容，推荐使用本书背景案例“网上连锁花店”作为系统分析和设计实践任务，通过该任务培养学生对电子商务网站系统的分析和设计的建模能力。

7.1 电子商务系统建模

电子商务网站是一个复杂的软件系统，开发涉及多个方面的人员参与、合作共同完成，它必须有完整的从分析、设计、实现、使用和维护的过程。因此，实现电子商务网站必须像传统工业产品一样建模，把一个复杂的系统按问题的不同方面以一种约定好的、为大家共同接受的描述方式分别进行全面而详尽的描述。如果整个系统的功能、原理和结构没有一个全面而详细的记载的话，将会对电子商务网站的开发、维护和升级产生不利的后果。

7.1.1 建模目的

面向对象的方法是采用构造模型的观点，利用实体、关系、属性等，同时运用封装、继承、多态等机制来构造模拟现实系统的方法。在系统的开发过程中，各个步骤的共同目标是建造一个问题域的模型。建模的使用是软件成功的一个基本因素。电子商务网站软件建模的基本目的包含以下几点。

1. 规范性

使用模型便于从整体上、宏观上把握问题，可以更好地解决问题。在系统分析和设计阶段，规范软件系统的各个组成部分规定其功能、结构和对外接口。

2. 可视化

模型帮助开发人员按照实际情况对系统进行可视化。便于展现系统，有助于软件规范的表达和交流。可以加强人员之间的沟通。可以更早地发现问题或疏漏的地方。

3. 构造

完整定义的软件规范可以实现通过模型向源代码的映射，给出了一个指导开发者构造系统的模版。

4. 建档

完整定义的软件模型详细说明系统的结构或行为，是反映软件系统的结构和实现的重要技术资料。软件模型将做出的决策进行文件化，并作为技术档案保存，以便后续产品或相关产品能有效地重用其中的成熟技术。

7.1.2 建模原则

1. 准确的原则

所建模型必须准确地反映软件系统的真实情况，在整个开发周期内模型必须和产品始终保持一致。

2. 分层的原则

在软件开发的不同阶段，有着不同的人员，如投资者、管理者、设计者、程序员、测试者和使用者，每种角色看待软件的侧重面有所不同。因此，在建模的过程中，必须以不同的抽象程度，建立不同的模型来反映系统的不同侧面。

3. 分治的原则

软件系统是复杂的，不可能用一个模型来反映整个系统的各个侧面；对于模型的任意一个侧面也不可能用一个模型来反映所有内容。需要把问题分解为不同的子模型，分别处理这些模型。子模型相对独立但又相互联系，综合起来构成一个完整的模型。

4. 标准的原则

系统建模的目的之一是交流，包括一个开发队伍内部的交流，同一个软件不同版本的开发队伍的交流，不同软件的开发队伍之间的交流，以实现最大程度的软件重用。交流需要语言，语言必须是通用的、标准的。因此，要求模型在某种程度上必须是通用的。

7.1.3 建模工具

UML 建模工具是按照 UML 的规则实现的，它提供了模型编辑、语法检查、生成代码及其逆向功能等功能。没有 UML 建模工具构建系统的 UML 模型，特别是复杂系统 UML 模型就成了非常困难的事情。目前支持 UML 的工具有很多，各有其特点，见表 7-1。

表 7-1 常见的 UML 工具

UML 工具	最新版本	所属公司及网址	特 点
Together	6.1	Borland www.borland.com/together	支持 UML 所有类型图，HTML 生成，代码调试，重构，Java 的双向工程、EJB 开发和部署，GoF 的设计模式
ArgoUML	0.14	Argouml.tigris.org	开放源码，可运行于几乎所有的平台，支持 OCL 语法
MagicDraw UML	7.0	No Magic www. magicDraw.com	支持 UML 所有类型图，XML 模式图，Web 应用图，WSDL 图，CORBA IDL 图等，支持 Java、C++、C#的双向工程

续表

UML 工具	最新版本	所属公司及网址	特　点
Visual UML	3.21	Visual Object Modelers www.visualuml.com	支持业务、数据、XML、Web 建模，支持 VB、Java、C++、C#的双向工程
Visio	2005	Microsoft www.microsoft.com/office/	支持各种各样科学和商务应用方面的图
Poseidon for UML	2.0	Gentleware www.gentleware.com	除了基本功能，利用插入件增强工具的功能
Rose	2003	Rational	针对企业信息系统建模，支持 VB、Java、C++的双向工程

7.1.4　建模过程

当采用面向对象技术设计系统时，首先是描述需求，然后根据需求建立系统的静态模型，以构造系统的结构，接着描述系统的行为。UML 的表示和规则能够用来为系统进行面向对象的建模，其开发过程包括需求分析、系统分析、系统设计、系统实现和系统测试 5 个阶段，如图 7-1 所示。

图 7-1　UML 建模的开发过程

7.2　需 求 分 析

需求分析的目的是尽可能完整、准确地捕捉系统的功能需求和其他要求，其主要工作是识别用例。用例图表述系统参与者希望系统提供的功能，通过确定系统边界、确定参与者、确定用例和确定参与者与用例的关系 4 个步骤建立用例图。如果需要，还可以采用活动图等对用例的动态特性进行辅助说明。

7.2.1　实例背景

随着 Internet 的发展，电子商务应用的领域越来越广泛，类型繁多且内容复杂，其中典型的是电子商务系统的 B2C（Business to Customer）模式。B2C 电子商务模式是电子商务按交易对象分类中的一种，即表示商业机构对消费者的电子商务。B2C 电子商务模式主要借助于 Internet 开展在线销售活动。B2C 即企业通过互联网为消费者提供一个新型的购物环境——网上商店，消费者通过网络在网上购物、在网上支付。这种模式节省了客户和企业的时间和空间，大大提高了交易效率。

B2C 电子商务模式下的网上购物系统的主要功能包括以下几点。

（1）用户管理需求：用户注册，系统登录验证，注册信息管理，系统维护等。

（2）客户需求：浏览产品，帮助用户搜索所需要的商品；为购买的产品下订单，查看订单，修改订单，撤销订单，订单状态跟踪；在线支付。

（3）销售商的需求：商品管理；处理订单；处理客户付款；跟踪产品销售情况；能够和物流配送系统建立接口等。

本章主要选取 B2C 电子商务模式下的在线书店销售系统进行系统分析与设计。网上书店系统是一个 B2C 的电子商务平台，用户通过 Internet 在线访问该系统。该系统能够按照用户购买过程中的各种需要，帮助用户更好地做出购物的选择。

7.2.2 业务建模

业务逻辑分析是将需求从具体到抽象的一个过程。根据 B2C 电子商务模式下的网上购物系统功能分析，可以提炼出在线书店销售的业务逻辑来。B2C 电子商务是指商家把有形或无形的商品通过互联网销售到消费者手中的过程。要完成一次网上购物交易，买卖双方必须经历以下 5 步过程。

（1）确定购买商品的内容。

（2）确定商品配送的方式。

（3）确定付款的方式。

（4）执行付款。

（5）商品配送。

普通的用户进入网站主页后，可以实现浏览资讯，模糊搜索商品的功能，要购买商品和留言则必须注册登录。会员登录成功后可以看到自己的管理中心导航，查看购物车和订单，进行相关操作。同时可以查看注册信息和修改登录密码。管理员主要负责后台的日常维护。登录后台管理系统后，通过导航进行不同模块的操作，包括商品管理、订单管理、用户管理、留言管理等。业务流程如图 7-2 所示。

7.2.3 需求建模

在系统分析和设计中用例代表一个系统或系统的一部分行为，是一组动作序列的描述，系统执行该动作来为参与者产生一个可观察的结果值，可以用用例来描述正在开发的系统想要实现的行为，对系统的需求进行建模。此阶段的主要任务是理解系统所要完成的工作，从中分离出系统的用户和相关的需求，以此为依据建立系统用例图，为后面的分析和设计奠定基础。

1. 用例图

用例图中包括：用例、参与者、用例间的关系等，它定义了系统应该具备的功能，它描述系统应该为用户解决的问题，即显示一组用例、参与者及它们之间的关系的图。

用例图的实现可分为以下 4 个步骤，具体如图 7-3 所示。

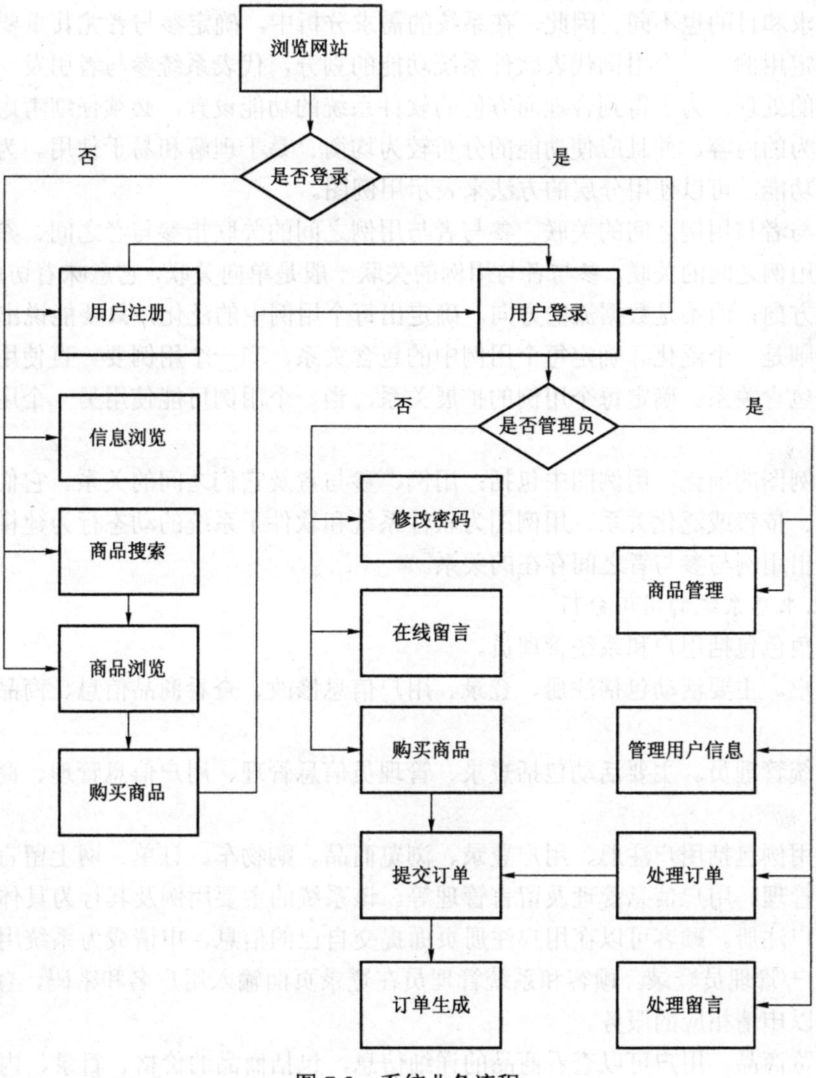

图 7-2　系统业务流程

图 7-3　用例图的实现步骤

（1）确定参与者。对于通用的软件产品，如文字处理软件、网络通信软件和图形绘制软件等，它们的使用者不需要进行分类。而对于一些专业化较强的软件系统，如 ERP 系统、学校的教务管理系统、进销存系统等，它们的使用者随着在软件应用领域的不同，对软件的使用方式、要求和目的也不同。因此，在系统的需求分析中，确定参与者尤其重要。

（2）确定用例。一个用例代表软件系统功能的划分，代表系统参与者引发一个事件而执行的一系列的处理。为了得到合理而方便的软件系统的功能设置，必须仔细考虑每个用例代表的动态行为的内容，并且应使功能的分布较为均衡、易于理解和易于使用。为了能清楚地描述系统的功能，可以使用分层的方法来表示用例图。

（3）参与者与用例之间的关联。参与者与用例之间的关联指参与者之间、参与者与用例之间和系统用例之间的关联。参与者与用例的关联一般是单向关联，它意味着访问是有向的，代表访问的方向，而不是数据流的方向。确定出每个用例中的泛化，只要能说出“A 项是 B 项的一种”则是一个泛化。确定每个用例中的包含关系，当一个用例要一直使用另一个用例时就确定为包含关系。确定每个用例的扩展关系，当一个用例可能使用另一个用例时就确定为扩展关系。

（4）用例图的细化。用例图中包括：用例、参与者及它们之间的关系。它们之间的关系可以是关联、依赖或泛化关系。用例图为软件系统和软件子系统的动态行为建模，用例图应清楚地描述出用例与参与者之间存在的关系。

1）网上书店系统的用例分析

该系统角色包括用户和系统管理员。

（1）用户。主要活动包括注册、登录、用户信息修改、查看商品信息、商品定制、订单查看等。

（2）系统管理员。主要活动包括登录、管理员信息管理、用户信息管理、商品管理、订单管理等。

该系统用例包括用户注册、用户登录、浏览商品、购物车、订单、网上留言、商品信息管理、销售管理、用户信息管理及留言管理等。该系统的主要用例及其行为具体如下。

（1）用户注册。顾客可以在用户注册页面提交自己的信息，申请成为系统用户。

（2）用户/管理员登录。顾客和系统管理员在登录页面输入用户名和密码，登录系统，成功登录后可以申请相应的服务。

（3）浏览商品。用户可以查看商品的详细信息，包括商品的价格、目录、内容简介等。

（4）订单。用户选择好商品后，可以向系统提交订单。系统会给客户一个订单确认信息。

（5）网上留言。用户可以进行网上留言，发表一些意见等。

（6）管理员信息管理。管理员对管理员信息进行管理。

（7）用户信息管理。管理员对系统用户信息进行管理，负责前台注册会员信息的审核，对于有效信息，网站准许其成为会员并购物。

（8）商品信息管理。管理员根据商品的内容，进行分类管理和具体信息的管理。

（9）订单管理。管理员跟踪并记录订单情况，包括订单处理记录和订单查询等功能。

（10）留言管理。管理员进行留言的查看、修改和删除等管理。

2）系统用例图

系统前台用例如图 7-4 所示。系统后台用例如图 7-5 所示。

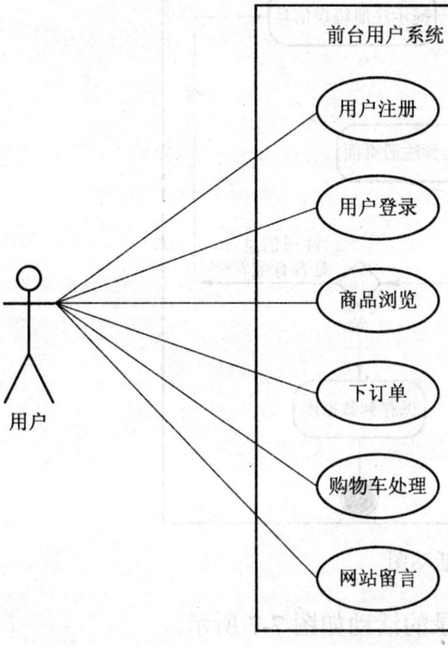

图 7-4　系统前台用例图

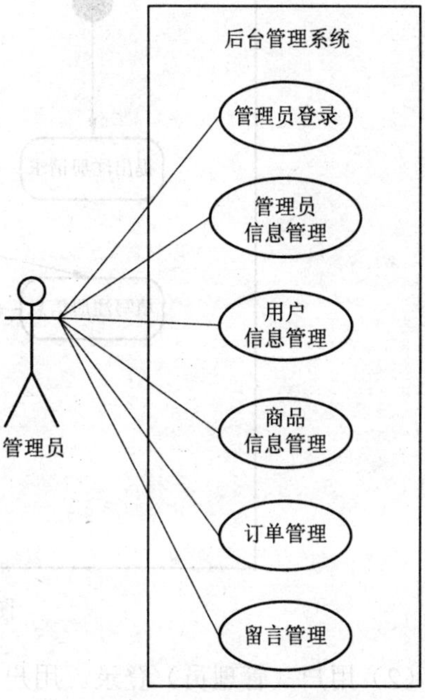

图 7-5　系统后台用例图

2. 活动图

活动图着重描述用例或对象内部的工作过程，即系统的工作流程和并发行为或一个操作的具体算法。活动图是由状态图变化而来的，活动图中一个活动结束后立即进入下一个活动图。在分析用例涉及多个用例的工作流和处理多线程的应用中，可以考虑使用活动图。

活动图中包括活动、分支、同步、泳道等概念。具体的实现步骤包括以下几个步骤。

（1）确定活动的上下文。

（2）确定活动图的起始点和结束点。

（3）确定活动；一个活动有多个转移时，必须对每个转移加以相应标示。

（4）泳道的划分。

（5）添加分支。

（6）确定并行活动，即当两个活动间没有直接的联系，而且它们都必须在第 3 个活动开始前结束，那它们是可以并行运行的。

（7）活动图的细化。

本系统的活动图如下所述。

（1）用户注册。用户注册的活动如图 7-6 所示。

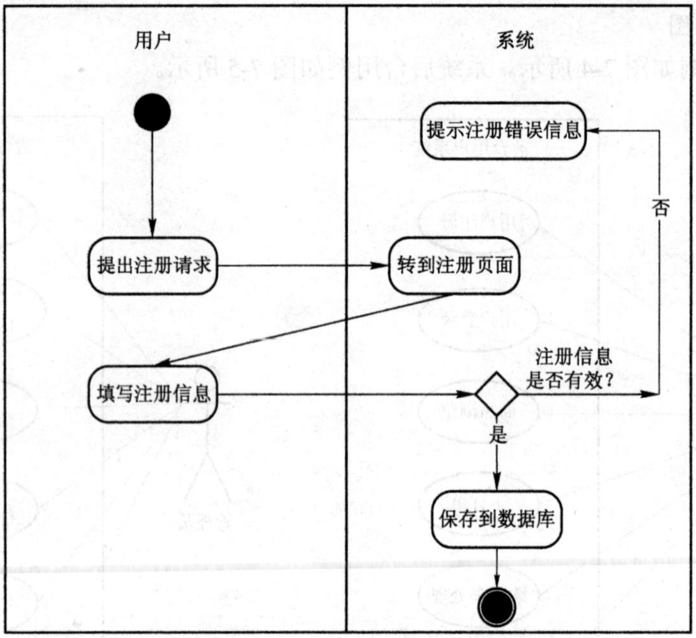

图 7-6 用户注册活动图

（2）用户（管理员）登录。用户（管理员）登录的活动如图 7-7 所示。

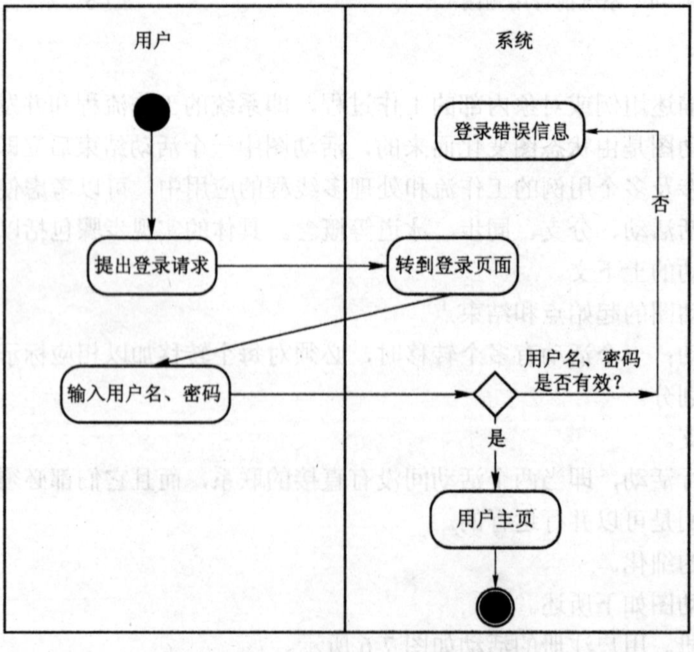

图 7-7 用户（管理员）登录的活动图

（3）购物车。购物车主要完成添加商品到购物车、购物车信息修改、结账。购物车的活动如图 7-8 所示。

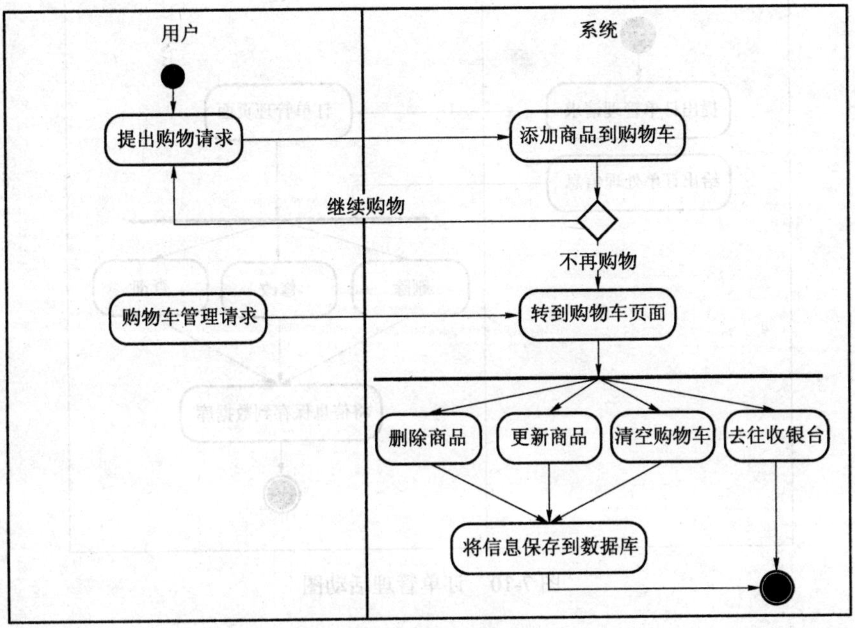

图 7-8　购物车的活动图

（4）商品信息管理。商品信息管理的活动如图 7-9 所示。

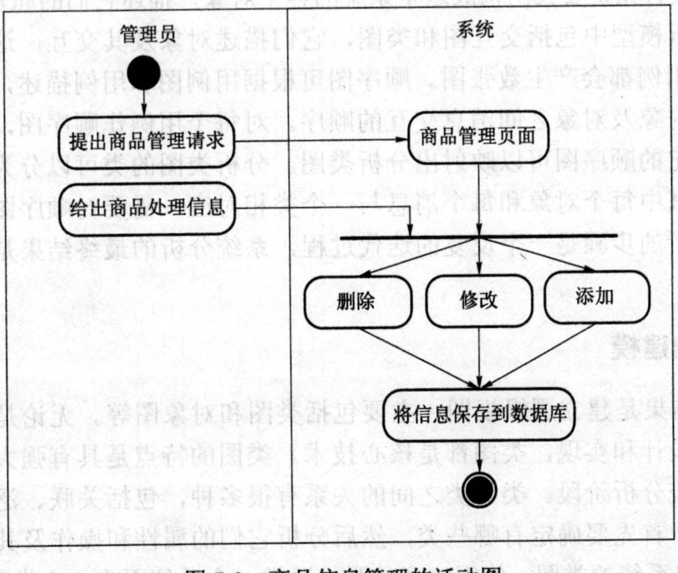

图 7-9　商品信息管理的活动图

（5）订单管理。订单管理的活动如图 7-10 所示。

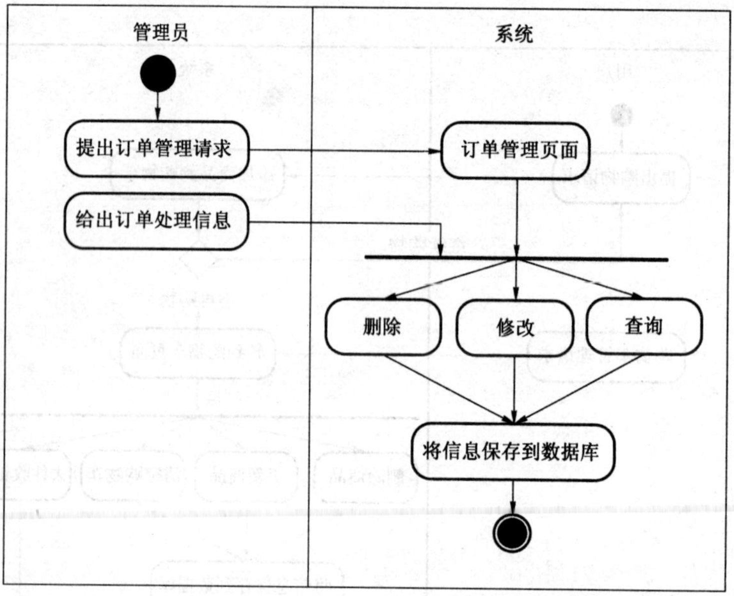

图 7-10　订单管理活动图

7.3 系 统 分 析

系统分析阶段首先是要找出构成这个系统的各个对象，描述它们的职责，确定它们之间的关系。系统分析模型中包括交互图和类图，它们描述对象及其交互。这些图按照用例模型来组织，每个用例都会产生数张图。顺序图可根据用例图和用例描述，描述某一用例场景中参与交互的对象及对象之间消息交互的顺序。对每个用例作顺序图，必要时生成其协作图，基于已确定的顺序图可以映射出分析类图。分析类图的类可以分为边界类、控制类和实体类。为使其中每个对象和每个消息与一个类相对应，需要对顺序图和协作图做必要的修正。系统分析的步骤是一个反复的迭代过程，系统分析的最终结果是得到系统的对象模型。

7.3.1 静态结构建模

静态建模的结果是建立逻辑视图，主要包括类图和对象图等。无论是面向对象的分析还是面向对象的设计和实现，类图都是核心技术。类图的特点是具有强大的表达能力，因此，它适用于系统分析阶段。类与类之间的关系有很多种，包括关联、泛化、聚集等。在设计类图的时候，首先要确定有哪些类，然后分析它们的属性和操作及其类与类之间的关系，从而最终画出系统的类图，值得注意的是，通常一个系统不止一个类图，要根据实际情况而定。

1. 用例图的细化

用例图中的用例只是用一个命名的椭圆标明了系统的一个功能，即系统做什么，但没规定怎么做，通常在用例图上配上结构化叙述的文本（用例文件）来分析用例的细节和处理流程。表 7-2 给出了“购物车”用例的描述文件。此外，系统中其他用例的用例描述就不详细介绍，其他用例的描述可自行完成。

表 7-2 “购物车处理”用例的描述

用例名称	购物车处理
用例描述	登录后的用户可管理购物车
参与者	登录后的用户
前置条件	用户已经登录
后置条件	用例成功后，购物车中商品状态信息发生变化
基本事件流	1. 选择“购物车”按钮，系统跳转到购物车管理页面； 2. 用户提出所需要的操作； 3. 所执行的操作包括：添加商品，删除商品，更新购物车，清除购物车，前往收银台
异常操作事件流	1. 提示错误信息，用户确认； 2. 返回到系统主页面

1）购物车用例

购物车用例如图 7-11 所示。

2）商品信息管理

商品信息管理用例如图 7-12 所示。其描述见表 7-3。

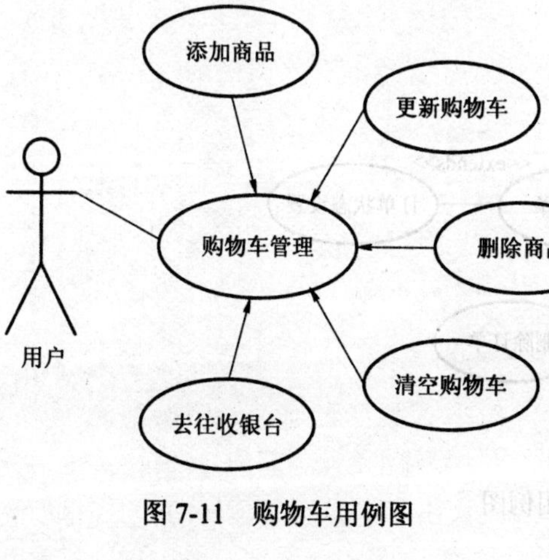

图 7-11　购物车用例图

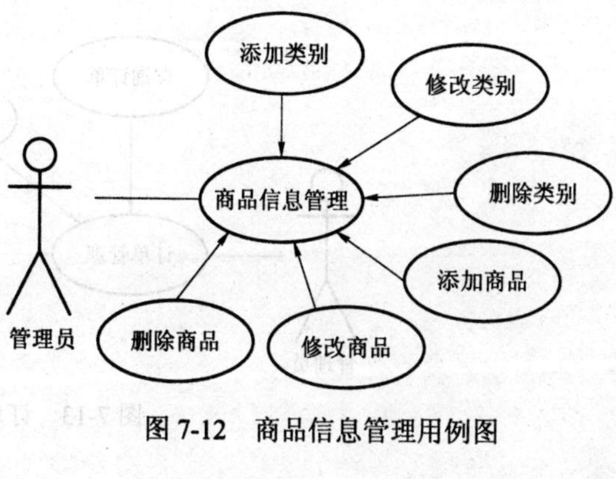

图 7-12　商品信息管理用例图

表 7-3 “商品信息管理”用例的描述

用例名称	商品信息管理
用例描述	管理员登录后商品信息的管理
参与者	管理员
前置条件	管理员已经登录
后置条件	用例成功后，商品类别和商品被添加、修改或删除
基本事件流	1. 管理员提出查看商品类别时，用例启动； 2. 系统列出所有符合该管理员要求的商品类别； 3. 管理员提出所要执行的操作： ● 如果管理员要添加商品信息，则执行分支流 S-1：添加商品类别信息； ● 如果管理员要修改商品信息，则执行分支流 S-2：修改商品类别信息； ● 如果管理员要删除商品信息，则执行分支流 S-3：删除商品类别信息； ● 如果管理员要添加商品信息，则执行分支流 S-4：添加商品信息； ● 如果管理员要修改商品信息，则执行分支流 S-5：修改商品信息； ● 如果管理员要删除商品信息，则执行分支流 S-6：删除商品信息
分支流	S-1：添加商品类别信息，进入商品类别添加页面，添加并保存； S-2：修改商品类别信息，进入商品类别修改页面，添加并保存； S-3：删除商品类别信息，单击删除按钮，删除商品类别并更新数据库； S-4：添加商品信息，进入商品添加页面，添加并保存； S-5：修改商品信息，进入商品修改页面，添加并保存； S-6：删除商品信息，单击删除按钮，删除商品并更新数据库
异常操作事件流	1. 提示错误信息，用户确认； 2. 返回到系统主页面

3）订单管理

订单管理用例如图 7-13 所示。其描述见表 7-4。

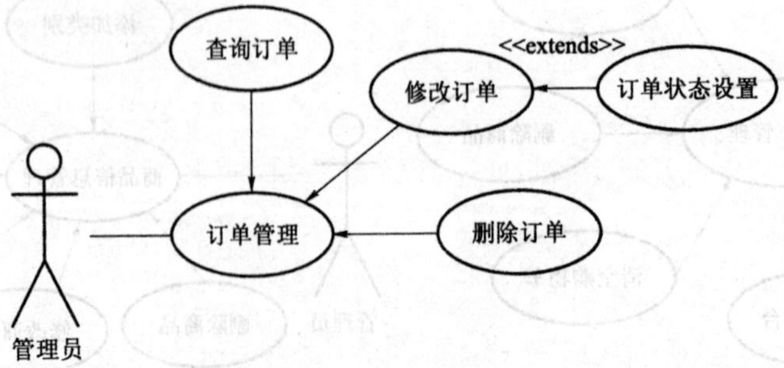

图 7-13 订单管理用例图

表 7-4 “订单管理”用例的描述

用例名称	订单管理
用例描述	管理员登录后商品类别的管理
参与者	管理员
前置条件	管理员已经登录
后置条件	用例成功后，订单信息被查询、修改或删除
基本事件流	1. 管理员提出查看订单时，用例启动； 2. 系统列出所有符合要求的订单； 3. 管理员提出所要执行的操作： ● 如果管理员要查询订单信息，则执行分支流 S-1：查询订单信息； ● 如果管理员要修改订单信息，则执行分支流 S-2：修改订单信息； ● 如果管理员要删除商品信息，则执行分支流 S-3：删除订单信息
分支流	1. S-1：查询订单信息，填写订单查询内容，显示结果； 2. S-2：修改订单信息，进入订单信息修改页面，添加并保存；扩展点，当订单发货、确认时，进行订单状态修改； 3. S-3：删除订单信息，单击删除按钮，删除订单信息并更新数据库
异常操作事件流	1. 提示错误信息，用户确认； 2. 返回到系统主页面

2. 分析类图

类图由类和类之间的关系构成。类图中可以包含接口、包、关系等建模元素，也可以包含对象、链等实例。与数据模型不同，类图不仅显示了信息的结构，还描述了系统的行为。

类图描述的是一种静态关系，在系统的整个生命周期里都是有效的，建立类图就是要抽象出系统中的类及类之间的关系。

类可以分为 3 种类型：实体类、边界类和控制类。

实体类要求放进永久存储体的信息，对应现实生活中的物体。实体类通常在事件流和交互图中，是对用户最有意义的类，通常采用业务领域术语命名，如学生类、教师类。

边界类位于系统与外界的交接处，包括所有窗体、报表、打印机和扫描仪等硬件的接口及与其他系统的接口。要寻找和定义边界类，可以检查用例图。每个角色和用例交互至少要有一个边界类。边界类使角色能与系统交互。

控制类负责协调其他类的工作。每个用例通常都有一个控制类来控制用例中事件的顺序。在交互视图中，控制类具有协调的责任。可能有许多控制类在多个用例间共用的情况。

建立类图的步骤如下。

（1）根据系统将需求阶段的用例模型中的用例分类。

（2）建立各子系统的类模型。根据系统需求，抽象出系统的类及它们的属性，主要抽取 3 种类：边界类、控制类和实体类。

（3）对类进行分析，找出类的属性、操作及类与类之间的关系。

（4）合并各子系统类模型得到系统分析模型。

1）分析类图

（1）用户登录。“用户登录”分析类图如图 7-14 所示。

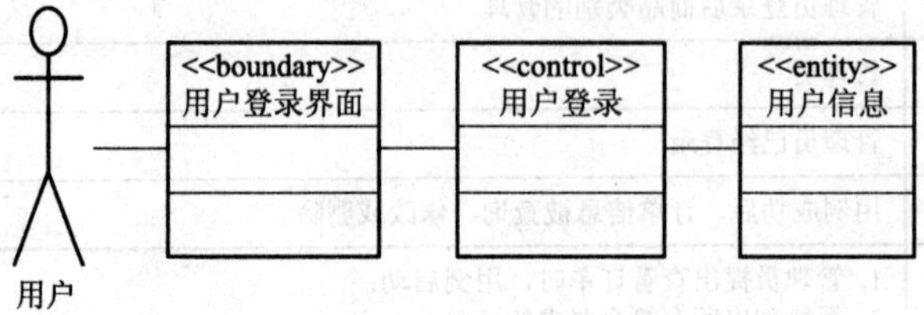

图 7-14 “用户登录”分析类图

说明：boundary 表示“边界类”；control 表示“控制类”；entity 表示“实体类”。以下图中的表示与此相同。

（2）商品管理。“商品管理”分析类图，如图 7-15 所示。

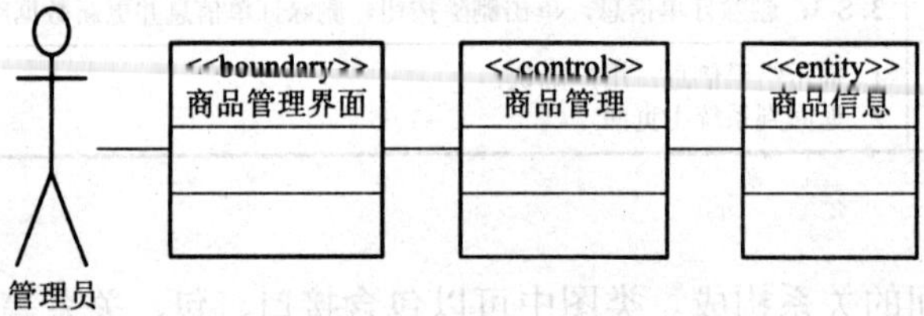

图 7-15 “商品管理”分析类图

（3）订单管理。“订单管理”分析类图如图 7-16 所示。

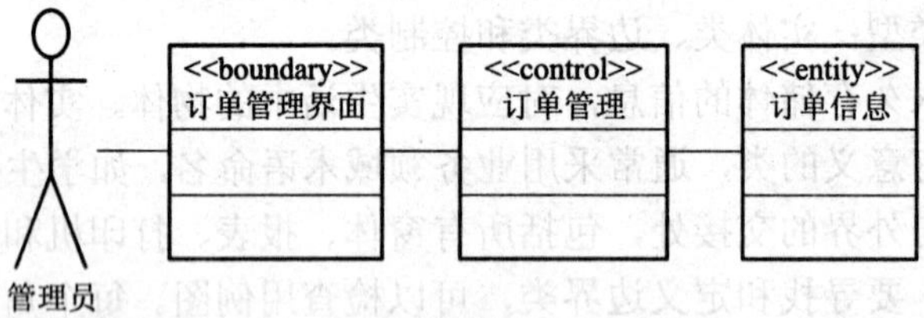

图 7-16 “订单管理”分析类图

2）本系统的类

对于本网上书店系统，经过上述的分析过程，可以抽象出以下一些主要的类。

（1）边界类。主界面（DefaultView）、用户注册界面（RegisterView）、用户登录界面（LoadingControlView）、用户资料管理界面（UpdateMemberView）、商品信息查看界面（GoodsListView）、商品搜索界面（GoodsSearchView）、购物车界面（ShopCartView）、下订单界面（CheckOutView）、管理员管理界面（MemberView）、用户管理界面（ManagerView）、商品类别管理界面（CategoryView）、商品管理界面（ProductView）订单管理界面

(OrderManageView)、订单查看界面（OrderView)、留言管理界面（WordManageView)。

（2）控制类。用户注册（RegisterAction)、用户登录（LoadingControlAction)、管理用户资料(UpdateMemberAction)、查看商品信息(GoodsListAction)、搜索商品(GoodsSearchAction)、查看购物车（ShopCartAction)、下订单（CheckOutAction)、管理管理员（MemberAction)、管理用户（ManagerAction)、管理商品类别（CategoryAction)、管理商品（ProductAction）管理订单（OrderManageAction)、查看订单（OrderAction)、管理留言（WordManageAction)。

（3）实体类。用户类（Member)、管理员类（Admin)、商品类别类（Class)、商品信息类（BookInfo)、订单信息类（OrderInfo)、订单明细类（Detail)、用户留言类（LeaveWord)、回复留言类（Replay)。

3. 包图

包就是包含一组模型元素的文件夹，它可包含从属包或仅是普通的模型元素。把所有的类都放在同一个类图中显示，会显得杂乱无章、难以理解，而且大型系统往往需要不同的开发小组协同合作，在小组成员之间分配任务变得十分困难。

对分析类进行打包处理，可以把相关的分析类分组到独立的包中，可以很容易地标识出那些在概念或功能上相似的类，可以方便地进行工作的划分，开发小组可以独立完成开发、测试和发布工作。

本系统的包图主要按照相似性进行划分，如图 7-17 所示。Web 包中存放的是边界类；Control 包中存放控制类；Model 包中存放实体类（数据类和数据管理类）。

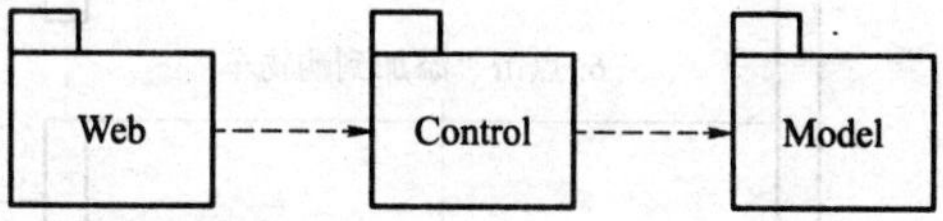

图 7-17 系统包图

7.3.2 动态行为建模

动态建模阶段的主要任务是分析系统中各种行为发生的时序状态和交互关系，各类实体的状态变化过程，从而动态描述系统行为，反映系统内部对象之间的动态关系。动态建模需要建立并发视图，包括顺序图、协作图、状态图。通常只选取其中 1～2 种图来说明问题，而不必全部罗列出来。

1. 顺序图

顺序图着重描述对象按照时间顺序的消息交换。

顺序图中包括：对象（参与者实例也是对象）、生命线、控制焦点、消息等概念。

顺序图的实现步骤包括以下步骤。

（1）确定交互过程的上下文。

（2）识别参与交互过程的对象。

（3）为每个对象设置生命线。

（4）在生命线之间自顶向下依次画出随后的各个消息。

（5）确定消息的控制焦点。

(6) 顺序图的细化(可以在消息旁边加上约束说明;可以为每个消息附上前置条件和后置条件)。

本系统的顺序图如下所述。

1)用户下订单

图 7-18 所示的是用户登录后购买商品并下订单的顺序图。

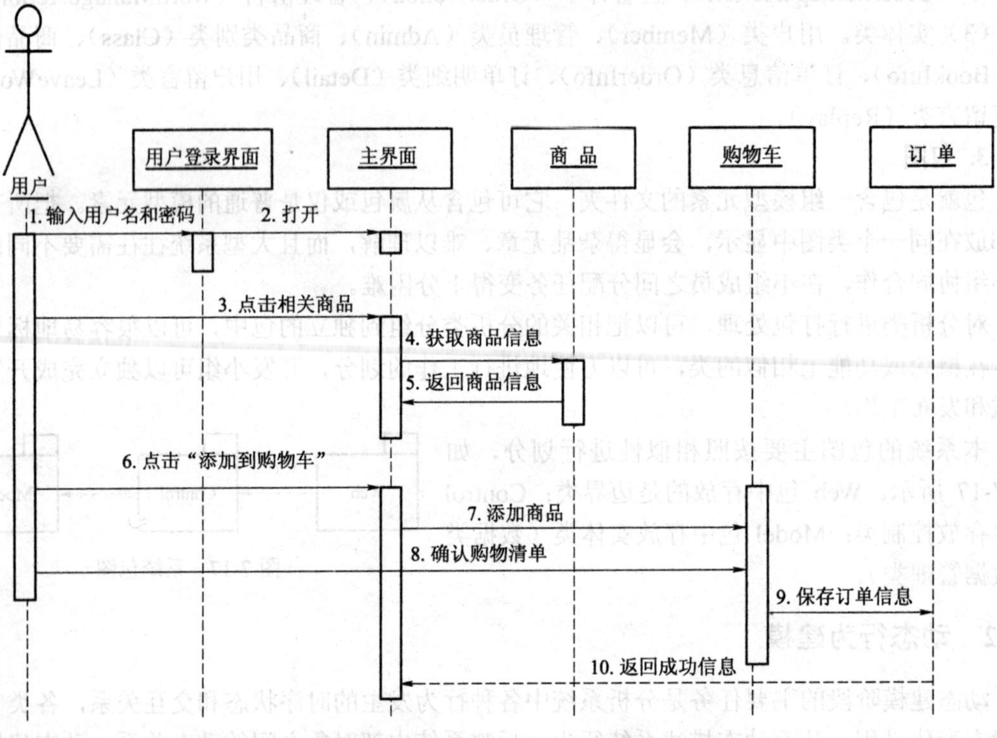

图 7-18 用户下订单顺序图

2)商品管理

图 7-19 所示的是管理员登录后商品管理的顺序图。

3)订单管理

图 7-20 所示的是管理员登录后订单管理的顺序图。

2. 协作图

协作图也是交互图的一种,着重描述系统成分如何协同工作。协作图和顺序图是语义等价的,这两种图在建立系统的模型时很有用,顺序图按照时间组织,协作图按照对象之间的联系来组织。

协作图中包括:对象(参与者实例也是对象)、对象链、消息等概念。协作图中消息的概念和顺序图中消息的概念一样,具体参照顺序图所述。

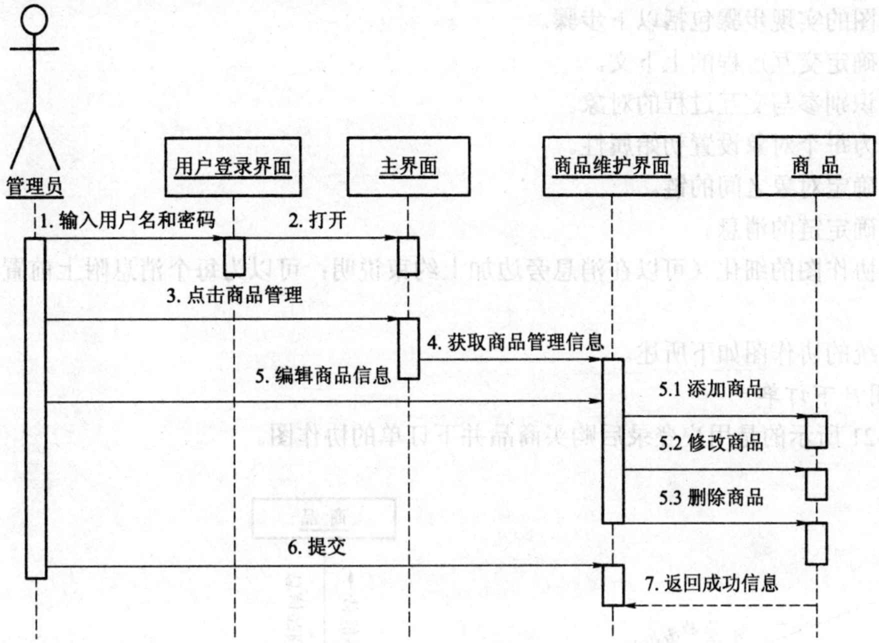

图 7-19　商品管理顺序图

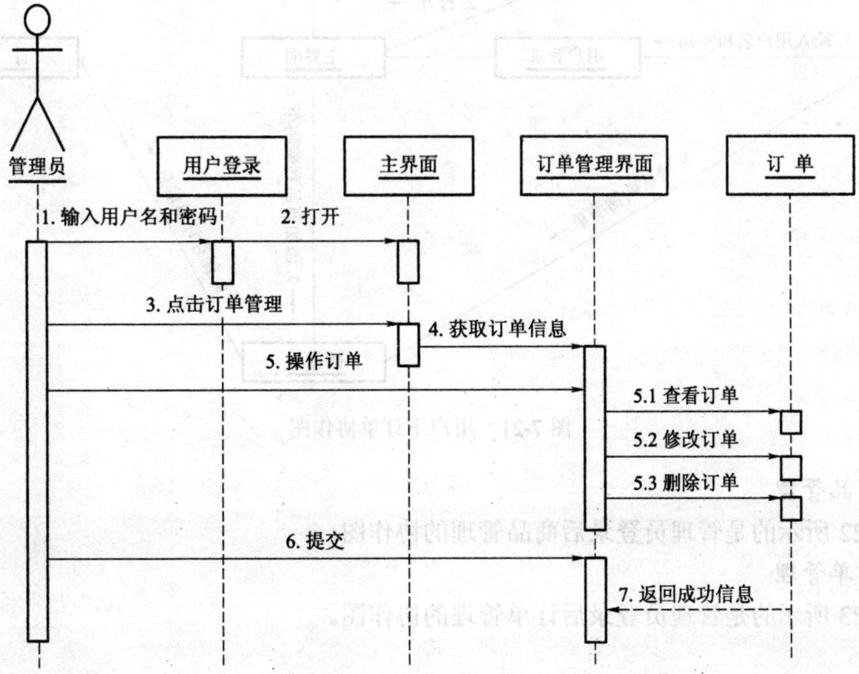

图 7-20　订单管理顺序图

协作图的实现步骤包括以下步骤。

（1）确定交互过程的上下文。

（2）识别参与交互过程的对象。

（3）为每个对象设置初始属性。

（4）确定对象之间的链。

（5）确定链的消息。

（6）协作图的细化（可以在消息旁边加上约束说明；可以为每个消息附上前置条件和后置条件）。

本系统的协作图如下所述。

1）用户下订单

图 7-21 所示的是用户登录后购买商品并下订单的协作图。

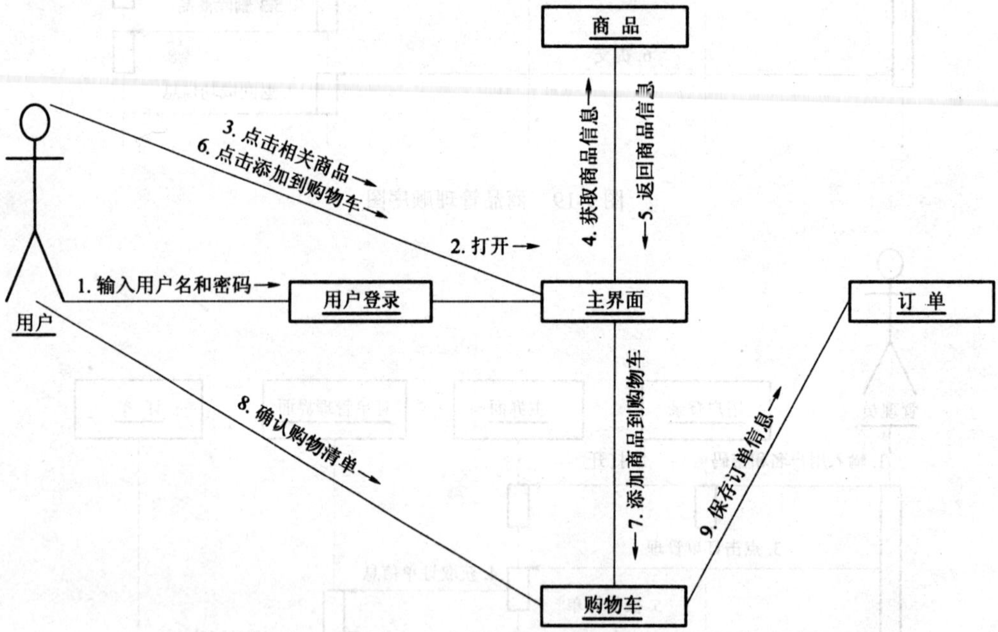

图 7-21 用户下订单协作图

2）商品管理

图 7-22 所示的是管理员登录后商品管理的协作图。

3）订单管理

图 7-23 所示的是管理员登录后订单管理的协作图。

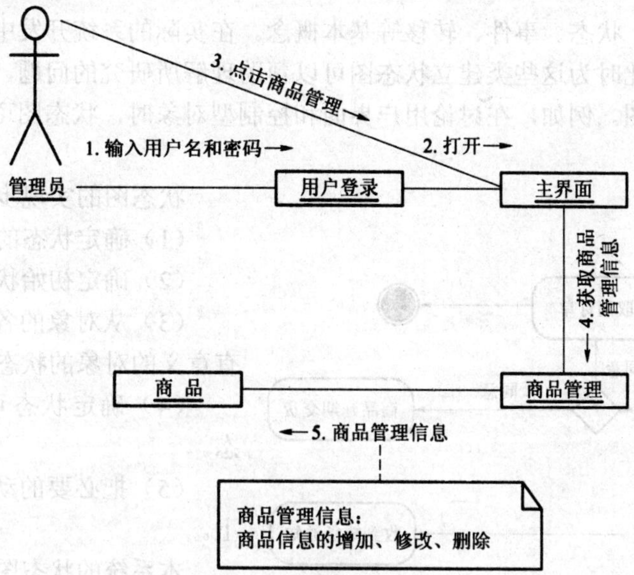

图 7-22　商品管理协作图

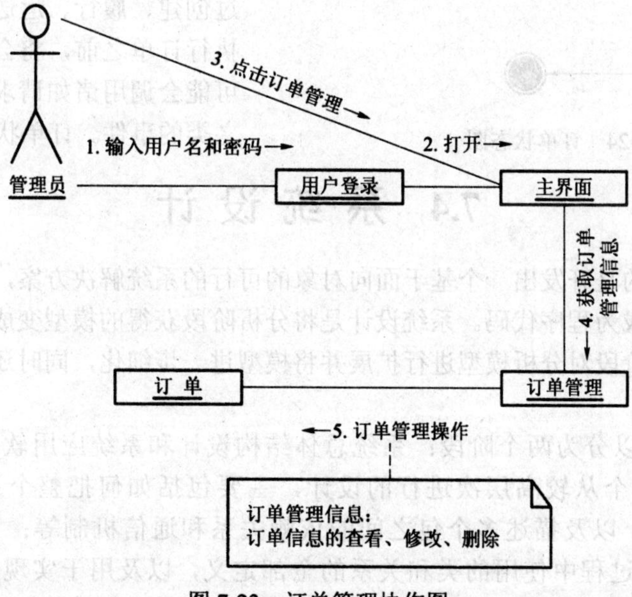

图 7-23　订单管理协作图

3. 状态图

状态图着重描述一个对象在其生存期间的动态行为。通过状态图可以了解一个对象所能达到的所有状态及对象所涉及的事件（消息、超时、错误、条件满足）对对象状态的影响，可以了解不同的当前状态下行为之间的差别及事件是如何改变对象的状态。

状态图中包括：状态、事件、转移等基本概念。在实际的系统开发中，人们往往关心某些关键类的行为，此时为这些类建立状态图可以帮助理解所研究的问题，并不需要为系统中所有的类建立状态图。例如，在讨论用户界面和控制型对象时，状态图可以帮助或加深理解所讨论的问题。

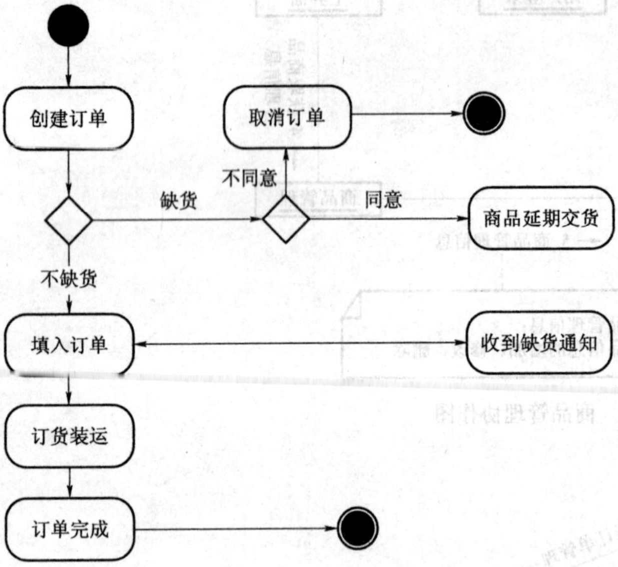

图 7-24 订单状态图

状态图的实现步骤包括以下步骤。

（1）确定状态的上下文。

（2）确定初始状态和最终状态。

（3）从对象的各种状态找出对问题有意义的对象的状态。

（4）确定状态可能转移到哪些状态。

（5）把必要的动作加到状态或转移上。

本系统的状态图如下所述。

在网上购物系统中，“订单”对象经过创建、履行、运送及终结等状态。在执行订单之前，将会检查实际库存，这可能会调用诸如请求客户许可发货延迟之类的事件。订单状态如图 7-24 所示。

7.4 系统设计

系统设计的目的是开发出一个基于面向对象的可行的系统解决方案，以便编程人员能够很方便地将其转变成为程序代码。系统设计是将分析阶段获得的模型变成抽象的系统实现方案的过程。在设计阶段对分析模型进行扩展并将模型进一步细化，同时还要考虑技术细节和各种限制条件。

系统的设计可以分为两个阶段：系统总体结构设计和系统应用软件设计阶段。系统总体结构设计是一个从较高层次进行的设计，主要包括如何把整个系统划分为多个包（子系统）的策略，以及描述多个包之间的依赖关系和通信机制等；系统应用软件设计主要是决定在实现过程中使用的类和关系的全部定义，以及用于实现操作的各种方法的算法和接口。所有的类都尽可能地进行详细描述，给编写代码的程序员一个清晰的规范说明。

7.4.1 系统总体结构设计

系统总体结构设计包括系统设计原则，系统软件平台的设计，系统组成结构设计，系统网络环境设计几个方面。

1. 系统设计原则

电子商务系统设计的结果是后续开发和实施的基础。系统设计受制于许多因素，如技术条件、业务的规模、设计人员对系统的理解等。

系统的设计原则包括以下几点。

（1）技术的先进性。

（2）符合企业信息化的整体技术战略。

（3）满足开放、可扩充的要求。

（4）与现行应用具有良好的兼容性。

（5）安全性。

2. 系统软件平台的设计

（1）操作系统。目前支持电子商务系统的主流操作系统有 Windows 系列和 UNIX/Linux 系列。Windows 系列是目前市场上最为常见的操作系统，同时它还具有便于安装和配置的特点。本电子商务系统选择使用 Windows 2003 作为服务器上运行的操作系统。

（2）数据库管理系统。目前的数据库管理系统有 Oracle、SQL Server、DB2、Informix、Sybase、MySQL 等。Oracle 和 DB2 是大型的数据库管理系统，操作复杂，价格昂贵。MySQL 虽然免费，但却是小型的数据库管理系统，而且没有实现图形化操作，使用起来相对困难。因此选择 SQL Server 2005 作为本系统的数据库管理系统。

（3）Web 服务器。本系统的操作系统选择微软的 Windows 平台，Web 服务器最好选用 IIS。IIS 提供了一套完整的、易于使用的 Web 站点架设方案。

（4）开发工具。Visual Studio 是一套完整的开发工具集，用于生成 ASP.NET Web 应用程序、XML Web Services、桌面应用程序和移动应用程序。Visual Basic、Visual C++、Visual C# 和 Visual J# 全都使用相同的集成开发环境 （IDE），利用此 IDE 可以共享工具且有助于创建混合语言解决方案。另外，这些语言利用了 .NET Framework 的功能，通过此框架可使用简化 ASP Web 应用程序和 XML Web Services 开发的关键技术。因此本系统选择 Visual Studio 2005 作为系统的开发工具。

3. 系统组成结构设计

系统组成结构主要说明目标系统内部的组成部分，以及系统内部与外部环境的相互关系。在实际工作中，组件图已经得到了广泛的使用，主要用与表示系统中各个功能组件之间的依赖和调用关系。组件图给开发者提供了将要建立的系统的最高层次的架构视图，将帮助开发者建立实现的路标，并决定关于任务分配及增进需求的方法。通过组件图可以显示编译、链接或执行时组件之间的依赖关系，以及组件的接口和调用关系。

组件是软件系统的一个物理单元，它不仅将系统如何实现包装起来，而且提供一组实现了的接口。组件的类型包括以下几种。

（1）部署组件：dll 文件、exe 文件、COM+对象、CORBA 对象、EJB、动态 Web 页、数

据库表等。

（2）工作产品组件：源代码文件、数据文件等。

（3）执行组件：系统执行后得到的构件，只有执行组件才能建立实例，运行在节点上。

组件图的作用在于可以对源代码文件之间的相互关系和对可执行文件之间的相互关系进行建模；可以使客户看到最终系统的结构；可以让开发者有一个工作目标。本系统的组件如图 7-25 所示。

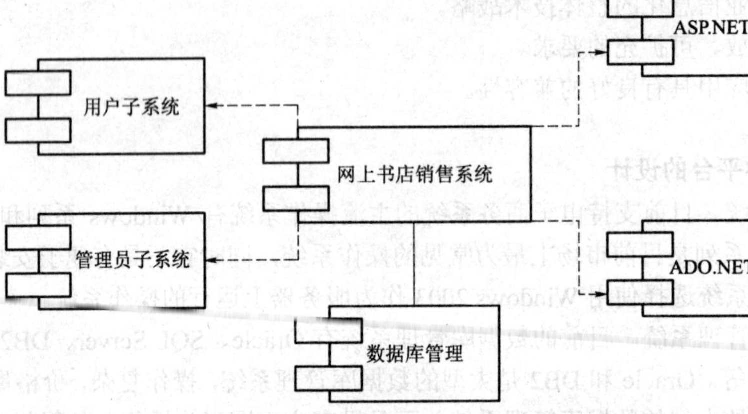

图 7-25 系统组件图

4. 系统网络环境设计

电子商务系统是一个基于网络的系统，用部署图来显示计算节点的拓扑结构和通信路径、节点上运行的软组件、软组件包含的逻辑单员（对象和类等）。

节点表示各种计算资源。各个节点的安置不受地理的限制。

连接表示节点之间的连线，表示系统之间进行交互通信路径。两个节点间的通信路径则仅仅表明节点之间存在着联系，该连接可以采用不同的通信协议。

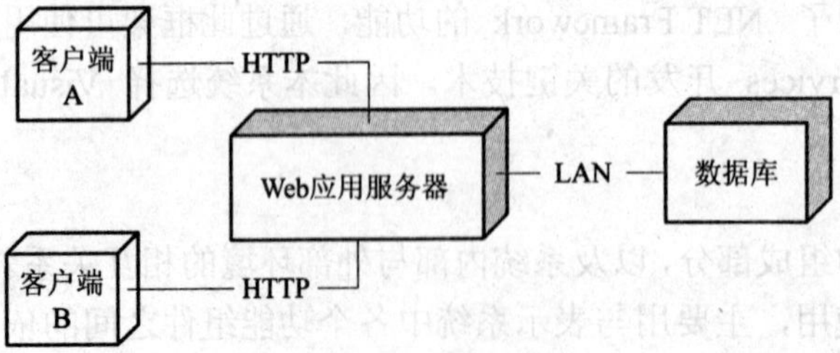

图 7-26 系统部署图

一个系统模型只有一个部署图，部署图常常用于帮助理解分布系统，一般由体系结构设计师、网络工程师、系统工程师给出。部署图在描述复杂系统的物理拓扑结构时很有用。本系统的组件如图 7-26 所示。

7.4.2 系统应用软件设计

1. 子系统的设计

系统的划分按照功能模块进行，各个模块的功能在规划和分析阶段已经进行了详细的说明。在设计阶段要对各个子系统进一步细化，最终可以指导编码。

本电子商务网站系统分为前台用户系统和后台管理系统。各子系统所包含的功能如下所述。

前台用户系统对访问本系统的用户提供服务，包括：用户登录/注册模块、商品浏览模块、购物车模块、订单模块、用户留言模块。

后台管理系统对网站后台操作的综合管理，包括：系统管理员模块、用户管理模块、商品管理模块、订单管理模块、留言管理模块。

2. 设计类图

通过分析阶段对系统的了解和掌握，可以对分析的类图进行进一步细化，从中得到设计类图。设计类图的目的是指导具体编码，因此设计类图的细节应该接近编码的水平。本系统的类图如图 7-27 所示。

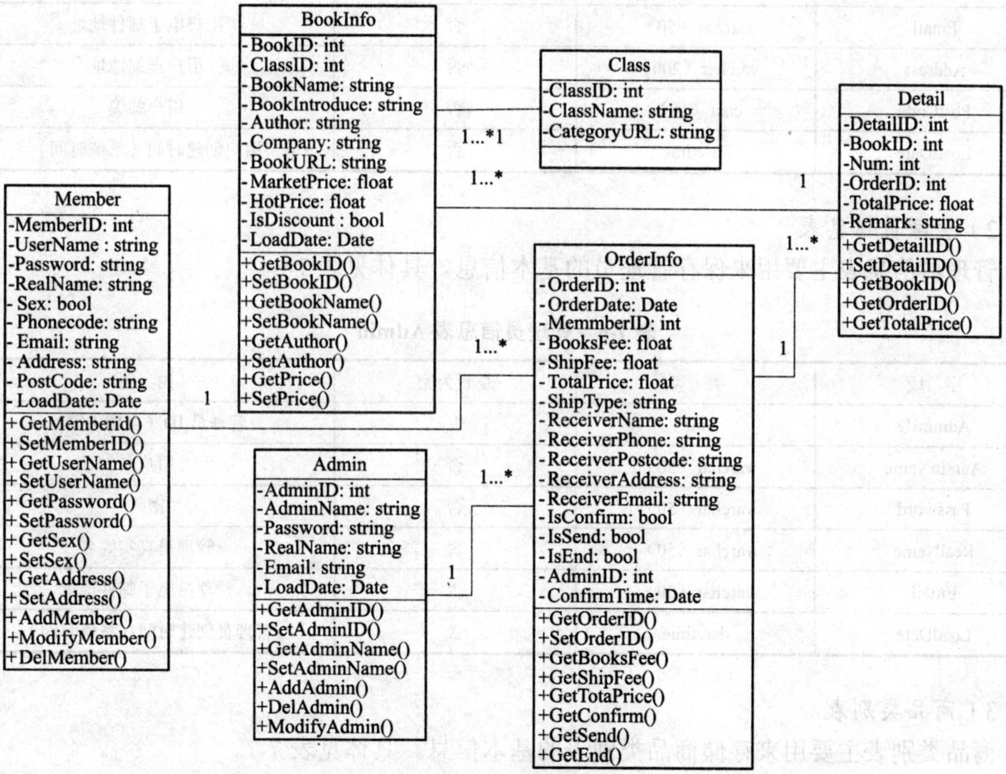

图 7-27　系统实体类图

3. 数据库设计

本系统中的表包括：用户信息表、管理员信息表、商品类别表、商品信息表、订单信息表、订单明细表、用户留言信息表和回复留言信息表。以下列举部分表的设计。

1）用户信息表

用户信息表主要用来存储注册会员的基本信息。具体见表 7-5。

表 7-5 会员信息表 Member

字 段	类 型	是否为空	说 明
MemberID	int	否	用户 ID（自增主键）
UserName	varchar（50）	否	用户名
Password	varchar（50）	否	密码
RealName	varchar（50）	否	用户真实姓名
Sex	bit	否	用户性别
Phonecode	varchar（20）	否	用户电话号码
Email	varchar（50）	否	用户电子邮件地址
Address	varchar（200）	否	用户详细地址
PostCode	char（10）	否	用户邮编
LoadDate	datetime	否	用户创建时间（系统时间）

2）管理员信息表

管理员信息表主要用来保存管理员的基本信息。具体见表 7-6。

表 7-6 管理员信息表 Admin

字 段	类 型	是否为空	说 明
AdminID	int	否	管理员 ID（自增主键）
AdminName	varchar（50）	否	用户名
Password	varchar（50）	否	密码
RealName	varchar（50）	否	管理员真实姓名
Email	varchar（50）	否	管理员电子邮件地址
LoadDate	datetime	否	管理员创建时间（系统时间）

3）商品类别表

商品类别表主要用来存储商品类别表的基本信息。具体见表 7-7。

表 7-7 商品类别表 Class

字段	类型	是否为空	说 明
ClassID	int	否	商品类别 ID（自增主键）
ClassName	varchar（50）	否	商品类别名称
CategoryUrl	varchar（50）	否	商品类别图片

4）商品信息表

商品信息表主要用来存储商品的基本信息。具体见表 7-8。

表 7-8　商品信息表 BookInfo

字　段	类　型	是否为空	说　明
BookID	int	否	商品 ID（自增主键）
ClassID	int	否	商品类别号
BookName	varchar（50）	否	商品名称
BookIntroduce	ntext	否	商品简介
Author	varchar（50）	否	主编
Company	varchar（50）	否	出版社
BookUrl	varchar（200）	否	图片
MarketPrice	float	否	市场价
HotPrice	float	否	热销价
IsDiscount	bit	否	是否打折
LoadDate	datetime	否	进货日期（系统时间）

5）订单信息表

订单信息表主要用来存储会员购买商品生成的订单信息。具体见表 7-9。

表 7-9　订单信息表 OrderInfo

字　段	类　型	是否为空	说　明
OrderID	Int	否	订单 ID（主键）
OrderDate	Datetime	否	订单生成日期
MemberID	Int	否	用户 ID
BooksFee	Float	否	商品费用
ShipFee	Float	否	运输费用
TotalPrice	Float	否	订单总费用
ShipType	varchar（50）	否	运输方式
ReceiverName	varchar（50）	否	接收人姓名
ReceiverPhone	varchar（20）	否	接收人电话
ReceiverPostCode	char（10）	否	接收人邮编
ReceiverAddress	varchar（200）	否	接收人详细地址
ReceiverEmail	varchar（50）	否	接收人电子邮件
IsConfirm	Bit	否	是否确认

续表

字 段	类 型	是否为空	说 明
IsSend	Bit	否	是否发货
IsEnd	Bit	否	收货人是否验收
AdminID	Int	是	跟单员的 ID 号
ConfirmTime	Datetime	是	确认时间（系统时间）

6）订单明细表

订单明细表主要用来存储订单中的商品的详细信息。具体见表 7-10。

表 7-10 订单明细表 Detail

字 段	类 型	是否为空	说 明
DetailID	int	否	订单详细表 ID 号（自增主键）
BookID	int	否	商品代号
Num	int	否	商品数量
OrderID	int	否	该项对应的订单号
TotailPrice	float	否	该商品总金额
Remark	varchar（200）	否	备注

7）数据表之间的关系

以上各个数据表之间主要有以下几个关系。

（1）一对多。用户信息表（Member）与订单信息表（OrderInfo），表示一个用户对应多个订单信息表，一个订单信息表只能是一个用户的。

订单信息表（OrderInfo）与订单明细表（Detail），表示一个订单对应多个订单明细表，一个订单明细表只能是一个订单的。

商品类别表（Class）与商品信息表（BookInfo），表示一个商品类别对应多个商品，一个商品只能对应一个商品类别。

（2）多对多。商品信息表（BookInfo）与订单明细表（Detail），表示一个订单明细表可以对应多个商品，而一个商品可以在多个订单明细表中。

7.5 实践任务

1. 实践内容

从以下选题中选择一个主题，在完成第 6 章实践内容的基础上，利用 UML 建模的方法，对所选主题的网站进行系统分析和设计，使网站的实现有理论的依据，从而为系统实现奠定基础。

具体选题如下。

主题 1：鲜花连锁网站，提供各种鲜花的批销和零售，允许同业网站进行加盟销售。

主题 2：宠物玩具公司网站，提供不同宠物实物和虚拟宠物，根据宠物的特殊种类和使用物品进行销售。

主题 3：玩具店，主营销售玩具、礼品、时尚生活家居产品。

主题 4：特殊鞋公司网站，专为特殊体型的人个性定制特殊要求的鞋。

主题 5：其他主题的电子商务网站。

实践要求如下。

（1）分析所选主题企业商务运作过程中的基本业务环节。

（2）分析所选主题电子商务对企业商务活动各个环节的影响。

（3）描述所选主题企业各项业务活动的数据流程和相关处理过程。

（4）对系统功能进行必要的描述。

（5）绘制系统的主要模型图（用例图、活动图、分析类图、包图、顺序图、协作图、状态图等）。

（6）模型图要有说明性文字解释。

（7）所选主题进行系统总体结构设计。

（8）所选主题进行系统应用软件设计。

2. 实践要上交报告

针对以上所选主题，撰写系统的系统分析与设计报告。

3. 附录 1：系统分析与设计报告说明

1）概述

编写说明：描述系统的开发背景；系统目标；新系统的业务模式；用户组织机构的设置情况；用户的业务现状，以便使需求更易于理解。

2）用户需求

编写说明：用户对系统要完成的业务处理的要求，对其中的关键业务处理稍加描述，如销售、采购、支付等不同业务的业务流程，可借用相应工具用图形方式描述，如活动图。性能需求，对系统总体性能指标的规定，依据应用的类型分别考虑；其他需求，用户对软件的操作界面，对应用体系结构等需求；用户平台要求（可选），由用户提出对支持应用软件运行的相关环境的要求，软件将运行的主机网络环境，支撑软件，外部接口等。

3）系统分析

编写说明：用例图的细化，对每个用例作顺序图，必要时生成其协作图，基于已确定的顺序图可以映射出分析类图。

4）系统设计

编写说明：系统设计包括软件平台的设计；组成结构的设计；网络环境的设计；子系统的设计；设计类图；数据库设计。

4. 附录 2：用 Microsoft Office Visio 绘制 UML 图

绘制 UML 图有多种工具，Visio 只是其中一种，Visio 操作简单，容易掌握。

（1）启动 Visio。启动 Visio，选择菜单【文件】|【新建】|【软件】|【UML 模型图】进入到 UML 作图状态。这时画面至少应该包含 3 个部分：形状窗口、绘图区域和模型资源管理器。可以通过选择【视图】|【形状窗口】来表示和隐藏形状窗口。模型资源管理器必须通过【UML】|【视图】|【模型资源管理器】来进行。

（2）创建各种图面。在模型资源管理器中选择【静态模型】|【顶层包】，右击，从弹出菜单中选择【新建】|【静态结构图】即可创建用于制作类结构图的图面了；如果从弹出菜单中选择【新建】|【序列图】即可创建用于制作序列图的图面。

（3）设定对象的属性。设定对象的详细信息的大部分操作是通过属性对话框实现的。通过在对象上双击或右击并选择属性来表示属性对话框。

第8章

电子商务网站实现与测试

系统开发技术的选取和系统功能的实现是完成一个网站功能的重要环节，本章中采用.NET 技术实现电子商务网站的开发，通过对网上书店的实现事例对系统功能实现中的公共文件设计、前台系统功能实现、后台系统功能实现进行了具体的讲解，并根据实例中的系统功能进行了系统测试内容的讲解，对系统实现中的安全问题进行了示范。最后针对本章的系统实现和测试内容提出了实训任务。

8.1 系统开发概述

系统的开发涉及系统的开发技术，系统的开发原理和系统功能模块的划分几个方面，具体如下所述。

8.1.1 系统开发技术简介

1. .NET 框架

.NET 的核心技术包括分布式计算、XML、组件技术、即时编译技术等。在系统架构中，.NET Framework 的位置位于.NET 工具（如 Visual Studio.NET）之下，而在.NET 所用的通信协议（如 XML、SOAP）之上。.NET Framework 使开发人员可以更容易建立网络应用程序和 Web Services，它提供了生成、部署、扩展和维护这些 Web Services 的途径。

.NET 对于各种语言是完全独立的，它简化了在高度分布式 Internet 环境中的应用程序开发。它具有两个主要组件：通用语言类型库和基本类库。通用语言类型库是.NET 框架的基础，是一个在执行时管理代码的代理，它提供核心服务，如内存管理、线程管理和远程处理等。.NET 框架的另一个主要组件是类库，它是一个综合性的面向对象的可重用类型集合。.NET Framework 的组成如图 8-1 所示。

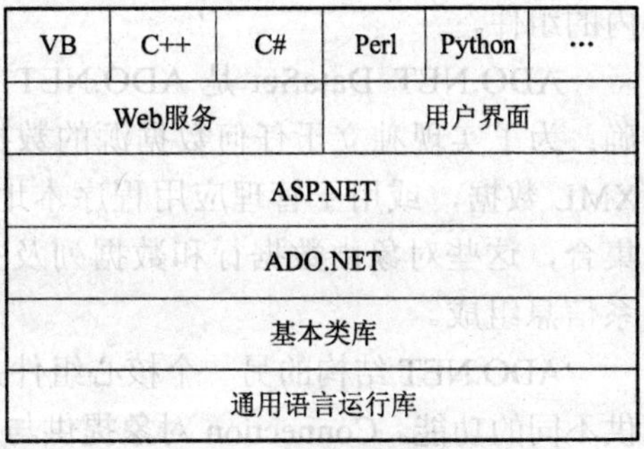

图 8-1 .NET Framework

2. ASP.NET

ASP.NET 是一种建立动态 Web 应用程序的技

术。它是.NET 框架的一部分，用户可以使用任何.NET 兼容的语言来编写 ASP.NET 应用程序。编写的 ASP.NET 页面（Web Forms）进行编译后可以提供比脚本语言更出色的性能表现。微软为 ASP.NET 设计了这样一些策略：易于写出结构清晰的代码、代码易于重用和共享、可用编译类语言编写等，目的是让程序员更容易开发出 Web 应用，满足计算向 Web 转移的战略需要。

（1）ASP.NET 网络表单。网络表单控件负责生成用户接口，典型情况是在 HTML 表单中。网络表单支持传统的将 HTML 内容与脚本代码混合的 ASP 语法，但是它提出了一种将应用程序代码和用户接口内容分离的更加结构化的方法。引入的网络表单控件用于为封装通用用户接口元素提供了一种机制。

（2）ASP.NET 组件。.NET 的基于组件的设计使所有环境中的组件交互变得容易而有效。ASP.NET 组件通过调用各自的方法和设置属性访问页面特征并进行交互。ASP.NET 服务器控件基本上有两个系列，分别是 HTML 服务器控件和 Web 服务器控件。除系统自带的服务器控件以外，用户也可以使用与编写 Web 窗体页面类似的方式来开发控件，这种控件称为用户控件，可以像普通控件一样使用。此外，开发人员还可以开发自定义控件。

（3）ASP.NET 网络服务。Web 服务是一种通过简单对象访问协议（SOAP），在互联网上展露其功能、极为公开的服务。SOAP 是一种基于 XML 语言制定的协议。利用这种模式，能够把系统在网络上众多的应用程序进行集成，大大提升了应用程序的价值。Web 服务是建立可互操作的分布式应用程序的新平台，它是一套标准，定义了应用程序如何在 Web 上实现用户操作性。无论任何编程语言，任何操作系统，只要保证遵循 Web 服务标准，就能够实现对服务进行查询和访问。

（4）ADO.NET 技术。ADO.NET 提供对 Microsoft SQL Server 等数据源及通过 OLE DB 和 XML 公开的数据源的一致性访问。数据共享使得用户可以通过应用程序使用 ADO.NET 连接到这些数据源，并检索、操作和更新数据。设计 ADO.NET 组件的目的是为了从数据操作中分解出数据访问。ADO.NET 的两个核心组件会完成此任务：DataSet 和.NET Framework 数据提供程序，后者是一组包括 Connection、Command、DataReader 和 DataAdapter 对象在内的组件。

ADO.NET DataSet 是 ADO.NET 的断开式结构的核心组件。DataSet 的设计目的很明确：为了实现独立于任何数据源的数据访问。因此，它可以用于多种不同的数据源，用于 XML 数据，或用于管理应用程序本地的数据。DataSet 包含一个或多个 DataTable 对象的集合，这些对象由数据行和数据列及主键、外键、约束和有关 DataTable 对象中数据的关系信息组成。

ADO.NET 结构的另一个核心组件是.NET Framework 数据提供程序，其中有多种对象提供不同的功能。Connection 对象提供与数据源的连接。Command 对象使用户能够访问用于返回数据、修改数据、运行存储过程及发送或检索参数信息的数据库命令。DataReader 从数据源中提供高性能的数据流。最后，DataAdapter 提供连接 Dataset 对象和数据源的桥梁。

3. C#语言

Microsoft .NET 开发框架支持多种语言，包括 Visual Basic .NET、C++、C#和 JScript.NET，但是 ASP.NET 页面限于用单一编程语言编写的代码。这些语言生成的网页被转换成了类，并被编译成了一个 DLL。C#是.NET 的关键性语言，它是整个.NET 平台的基础。与 C#相比，.NET 所支持的其他语言显然是配角身份。C#是由 Microsoft 开发的一种新型编程语言，微软强力推荐其作为.NET 编程语言。

8.1.2　系统的开发原理

系统的总体目标就是通过研究微软公司的.NET 环境，充分利用其新的特性，规划开发实现一个电子商务系统，实现商家对消费者的 B2C 的交易，让用户便利地实现网上电子交易。其设计方案为 3 层 B/S 模式，它易于维护和升级，同时有良好的开放性和可扩展性。

1. 3 层 B/S 模式

B/S 结构即 Browser/Server（浏览器/服务器）结构，用户界面完全通过浏览器实现，一部分事务逻辑在前端实现，主要事务逻辑在服务器端实现，形成 3 层或多层分布式结构，分别为表示层、中间层和数据层。

（1）表示层。表示层用来实现在客户浏览器中显示的用户界面。该层需要以适当的形式显示由中间层动态传送的数据信息，同时，还要负责获得用户录入的数据完成对录入数据的校验，并将录入数据传送给中间层。本系统中 ASP.Net Web 页面主要包含：首页、用户注册和登录、浏览搜索商品页面、查看购物车等页面。

（2）中间层。中间层是整个分层模型的中介，与系统具体业务相关联，它是系统数据处理的最高层。这一层为表示层提供功能调用，同时它又调用数据层所提供的功能来访问数据库。它的处理与具体的用户界面和交互无关，而仅仅是核心的商业规则和逻辑。该层需要根据整个系统的设计，构造系统中关键的几个对象，从而实现其大部分逻辑控制功能。当 Web 服务器接收对某 ASP.NET 页面的请求时，由.NET Framework 负责编译执行该页面，并把执行结果输出给浏览器。系统中间层主要有：客户按商品种类浏览商品、搜索商品及多项购物与简单订购等功能。

（3）数据层。数据层是整个分层体系的最底层，它主要用来实现与数据库的交互。数据访问通过中间层中的数据访问组件与 SQL Server 交互，所有的数据获取依靠存储过程来进行。本系统数据层对数据的操作全部由存储过程来实现。通过存储过程自动获得客户号、商品号、订单号等。

（4）3 层 B/S 模式的优势。3 层 B/S 模式作为系统结构具有以下优势。

① 无须开发客户端软件，维护和升级方便。

② 可跨平台操作，任何一台机器只要装有 WWW 浏览器软件，均可访问系统。

③ 具有良好的开放性和可扩充性。

④ 可采用防火墙技术来保证系统的安全性，有效地适应了当前用户对信息系统的新

需求。

2. 工作流程

所有的功能都将在 Web 服务器上实现，这样在客户端与数据库之间就加入了一个“中间层”（通常由.cs 文件编译而成的.dll 控件构成），所有的业务规则、数据访问等工作都将放到中间层处理。本系统至少需要的数据组件有：Common.cs，DB.cs，Goods.cs，Order.cs 和 User.cs。它们分别应用在客户管理、商品管理、订单管理、购物车等模块的程序实现中。

用户通过在浏览器中输入统一资源定位符（URL）访问查询系统 .aspx 页面（表示层），通过在前端输入相应的信息，向“中间层”传递参数，Web 服务器接收请求通过 ASP.NET 模块（名为：asp.net_isapi.dll）处理将应答结果传送至客户端浏览器，若需要查询标准信息库，ASP.NET 模块将会通过.NET Framework 中的数据访问技术 ADO.NET 访问数据库，这样数据库层通过中间层来连接及操作，并将动态查询结果经 Web 服务器后以 HTML 流的形式返回至客户端浏览器，从而完成信息传递。通常情况下表示层不与数据库层进行交互，其工作原理如图 8-2 所示。

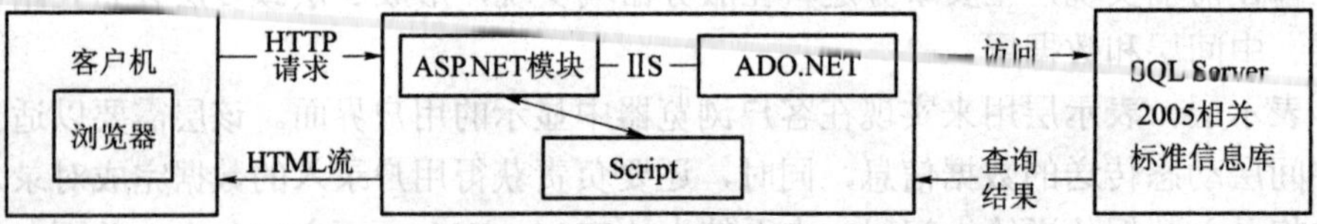

图 8-2　系统工作原理图

8.1.3　系统功能模块

本电子商务系统共分为两大功能模块：前台用户系统和后台管理系统。此两大模块又分别包含各自的众多子模块。

1. 前台用户系统

前台用户系统详细功能描述如下所述，图 8-3 所示为前台用户系统功能模块图。

（1）用户登录/注册模块。处理会员注册、登录、查看用户个人信息、密码修改等功能。

（2）商品浏览模块。浏览该网站所提供的商品，显示的信息包括商品名称、商品种类、商品价格等信息。

（3）购物车模块。添加商品到购物车、购物车信息的修改等功能。

（4）收银台模块。确认购买信息、确认送货的相关信息，结账等功能。

（5）用户留言模块。注册会员可以通过留言的方式，提出自己的意见和建议，也可以就某个相关话题进行讨论等。

2. 后台管理系统

后台管理系统详细功能描述如下所述，图 8-4 所示为后台管理系统功能模块图。

（1）系统管理员模块。管理员查看管理员个人信息和密码口令，添加管理员等。

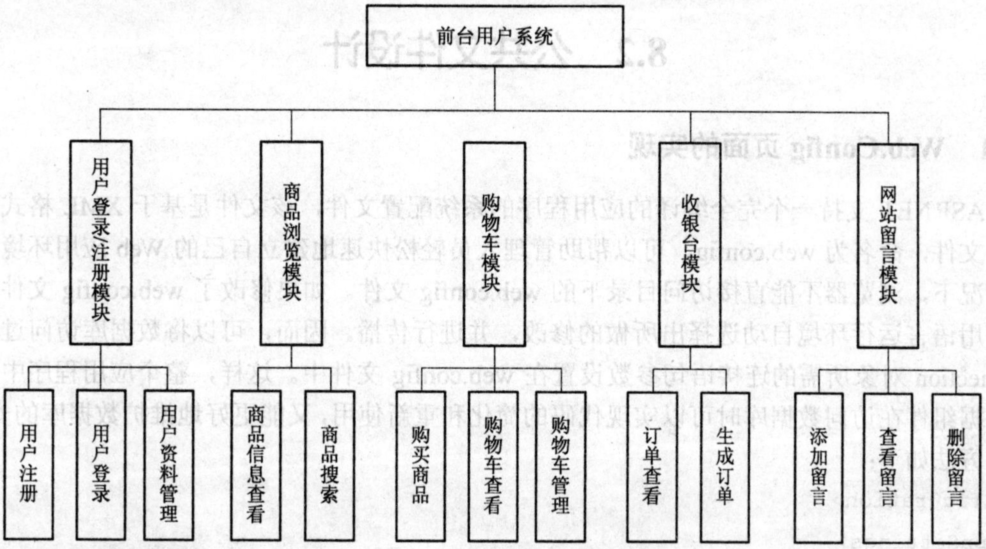

图 8-3　前台用户系统功能模块图

（2）用户管理模块。包括用户信息查询、修改、删除等操作。

（3）商品管理模块。包括商品类别和商品的添加、查看和修改。

（4）订单管理模块。包括订单的查询、浏览、状态等操作。

（5）留言管理模块。包括用户留言的查询、删除等操作。

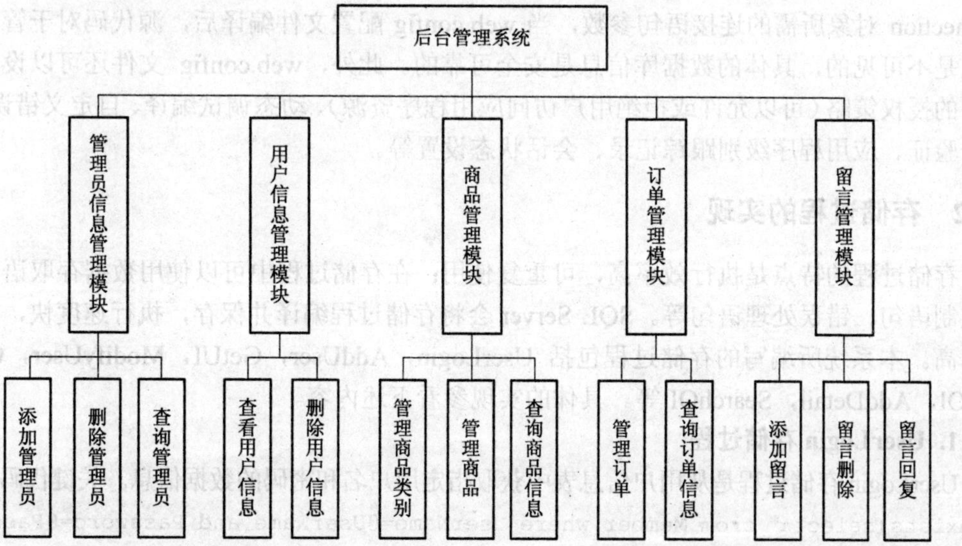

图 8-4　后台管理系统功能模块图

8.2 公共文件设计

8.2.1 Web.Config 页面的实现

ASP.NET 支持一个完全编译的应用程序的系统配置文件，该文件是基于 XML 格式的纯文本文件，命名为 web.config，可以帮助管理人员轻松快速地建立自己的 Web 应用环境。默认情况下，浏览器不能直接访问目录下的 web.config 文件。如果修改了 web.config 文件，将由通用语言运行环境自动选择出所做的修改，并进行传播。因而，可以将数据库访问过程中 Connection 对象所需的连接语句参数设置在 web.config 文件中。这样，整个应用程序中所有的数据组件在访问数据库时可以实现代码的简化和重新使用，又能更好地维护数据库的安全。设置方法如下：

```
<configuration>
  <appSettings>
   <add key="ConnectionString" value="server=a\B2C;database=BookShop;UId=sa;
password=''"/>
  </appSettings>
……
</configuration>
```

其中，key=“ConnectionString”中的“ConnectionString”为所有数据访问 ADO.NET 中 Connection 对象所需的连接语句参数，当 web.config 配置文件编译后，源代码对于管理人员来说是不可见的，具体的数据库信息是安全可靠的。此外，web.config 文件还可以设置应用程序的授权策略（可以允许或拒绝用户访问应用程序资源）、动态调试编译、自定义错误信息、身份验证、应用程序级别跟踪记录、会话状态设置等。

8.2.2 存储过程的实现

存储过程的特点是执行效率高，可重复使用；在存储过程中可以使用数据存取语句、语句控制语句、错误处理语句等。SQL Server 会将存储过程编译并保存，执行速度快，重复使用率高。本系统所编写的存储过程包括 UserLogin，AddUser，GetUI，ModifyUser，GCN，AddOI，AddDetail，SearchOI 等。具体的实现参看下述内容。

1. UserLogin 存储过程

UserLogin 存储过程是从用户信息表中获取指定用户名和密码的数据信息。关键代码如下：

```
if exists(select * from Member where UserName=@UserName and Password=@Password)
//判断查询的用户信息是否存在
   begin
```

```
        select * from Member
        where UserName=@UserName and Password=@Password
    end
```

2. GetUI 存储过程

GetUI 存储过程是从用户信息表中查询指定用户的 ID 号的相关信息。关键代码如下：

```
if exists(select * from Member where MemberID=@MemberID)
    begin
        select * from Member
        where  MemberID=@MemberID
    end
```

3. DeleteMemberInfo 存储过程

DeleteMemberInfo 存储过程是从用户信息表中删除指定的用户。关键代码如下：

```
delete from tb_Member where  MemberID=@MemberID
```

4. 其他存储过程简介

其他一些存储过程所实现的功能如下所述，具体代码可参考本书相关的资料。

- AddUser 存储过程：向用户信息表中插入用户的相关信息。
- AddDetail 存储过程：向订单明细表中插入订单中商品的详细信息。
- AddCategory 存储过程：向商品类别表中插入商品的类别信息。
- AddOI 存储过程：向订单信息表中插入订单信息，并输出订单 ID 号。
- GetGoodsInfo 存储过程：从商品信息表中获取商品信息。
- UpdateGoodsInfo 存储过程：更新商品信息表。
- ModifyUser 存储过程：通过用户 ID 修改用户信息表中的相关信息。
- GCN 存储过程：从商品类别信息表中，获取指定商品类别号的商品类别名。
- SearchOI 存储过程：从订单信息表中，详细查找订单信息。

另外一些存储过程，不详细阐述，可参考本书相关的资料。

8.2.3　公共操作类的实现

在 B2C 电子商务网站中以类的形式来组织、封装一些常用的方法和事件，不仅可以提高代码的重用率，而且也方便了代码的管理。本系统中所编写的公共类主要包括 Common.cs，DB.cs，Goods.cs，Order.cs 和 User.cs。

1. Common.cs 类

Common.cs 类主要用于管理在项目中用到的公共方法，主要包括 MessageBox 方法和 MessageBoxPage 方法。下面以 MessageBox 方法为例，其他可参考本书相关的资料。

MessageBox 方法用来在客户端弹出对话框，关闭对话框返回指定页。参数说明：TxtMessage 表示对话框中显示的内容，Url 表示对话框关闭后跳转的页。代码如下：

```
    public string MessageBox(string TxtMessage,string Url)
   {   string str;
       str = "<script language=javascript>alert('" + TxtMessage + "');location='"
+ Url + "';</script>";
       return str;
   }
```

2. DB.cs 类

DB.cs 类主要用于管理在项目中对数据库进行的各种操作，主要包括 GetConnection 方法、ExecNonQuery 方法、ExecScalar 方法、GetDataSet 方法、GetCommandProc 方法、GetCommandStr 方法和 GetDataSetStr 方法。在编写 DB.cs 之前，需要引入命名空间 System.Data.SqlClient，以便使用该命名空间中包含的类。下面重点介绍几个方法的关键代码，其他可参考本书相关的资料。

1）GetConnection *方法*

GetConnection 方法用来连接数据库，并返回 SqlConnection 类对象。代码如下：

```
    public SqlConnection GetConnection()
   {   string myStr = ConfigurationManager.AppSettings["ConnectionString"].
ToString();
       SqlConnection myConn = new SqlConnection(myStr);
       return myConn;
       }
```

2）ExecScalar *方法*

ExecScalar 方法用来执行查询，并返回查询所返回的结果集中第一行的第一列。所有其他的列和行将被忽略。代码如下：

```
    public string ExecScalar(SqlCommand myCmd)
    { ......
            strSql=Convert.ToString(myCmd.ExecuteScalar());
            return strSql ;
   ...... }
```

3）GetDataSet *方法*

GetDataSet 方法主要用来从数据库中检索数据，并返回数据集的表的集合。返回值是数据源的数据表，参数 myCmd 表示执行 SQL 语句命令的 SqlCommand 对象，参数 TableName 表示数据表名称。代码如下：

```
    public DataTable GetDataSet(SqlCommand myCmd, string TableName)
    { ......
           adapt = new SqlDataAdapter(myCmd); //实例化qlDataAdapter对象
           adapt.Fill(ds,TableName); //使用SqlDataAdapter对象的Fill方法填充到
```

```
DataSet数据集
        return ds.Tables[TableName]; //返回结果集DataSet的表的集合
  ……    }
```

4）GetCommandProc 方法

GetCommandProc 方法用来执行存储过程语句，并返回 sqlCommand 类对象，参数 strProcName 表示存储过程名称。代码如下：

```
public SqlCommand GetCommandProc(string strProcName)
{   SqlConnection myConn = GetConnection();
    SqlCommand myCmd = new SqlCommand();
    myCmd.Connection = myConn;
    myCmd.CommandText = strProcName;
    myCmd.CommandType = CommandType.StoredProcedure;
    return myCmd;
}
```

3. Goods.cs 类

Goods.cs 类主要用于管理对商品信息的各种操作，其主要方法包括 DLBind 方法、DLClassBind 方法、DLDeplayGI 方法和 GetClass 方法等。在编写 Goods.cs 之前，需要引入命名空间 System.Data.SqlClient，需要实例化 DB 类对象。下面重点介绍几个方法的关键代码，其他可参考本书相关的资料。

1）DLBind 方法

DLBind 方法用于对 DataList 控件进行绑定。参数 dlName 表示 DataList 控件名称，参数 dsTable 表示数据集 DataSet 的表的集合名称。代码如下：

```
public void DLBind(DataList dlName,DataTable dsTable)
 { if (dsTable != null)
    {   dlName.DataSource = dsTable.DefaultView;
        dlName.DataKeyField = dsTable.Columns[0].ToString();
        dlName.DataBind();
  } }
```

2）DLDeplayGI 方法

DLDeplayGI 方法用于从商品信息表中查询符合条件的商品信息，并调用 DLBind 方法，将检索的商品信息绑定到 DataList 数据控件中。参数 IntDeplay 表示商品分类标志，参数 dlName 表示绑定商品的 DataList 控件，参数 TableName 是数据集标志。代码如下：

```
public void DLDeplayGI(int IntDeplay, DataList dlName, string TableName)
  {   SqlCommand myCmd = dbObj.GetCommandProc("DeplayGI");
      SqlParameter Deplay = new SqlParameter("@Deplay", SqlDbType.Int, 4);
```

```
//添加参数
        Deplay.Value = IntDeplay;
        myCmd.Parameters.Add(Deplay);
        dbObj.ExecNonQuery(myCmd); //调用DB类的ExecNonQuery方法执行SQL语句
        DataTable dsTable = dbObj.GetDataSet(myCmd, TableName);
        //调用DB类的GetDataSet方法填充数据集，并返回数据集的表的集合
        dlBind(dlName, dsTable);//调用DLBind方法绑定数据控件DataList
      }
```

3）GetClass 方法

GetClass 方法用于从商品类别表中查询指定类别号的商品类别名，并返回商品类别名。代码如下：

```
public string GetClass(int IntClassID)
    {   SqlCommand myCmd = dbObj.GetCommandProc("GCN");
        SqlParameter classID = new SqlParameter("@ClassID", SqlDbType.Int, 4);
//添加参数
        classID.Value = IntClassID;
        myCmd.Parameters.Add(classID);
        return dbObj.ExecScalar(myCmd).ToString();//调用DB类的ExecScalar方法执行
SQL语句
        }
```

4. Order.cs 类

Order.cs 类主要用于管理对购物订单信息的各种操作，其主要方法包括 AddOrder 方法、AddDetail 方法、OrderSearch 方法等。在编写 Order.cs 之前，需要引入命名空间 System.Data.SqlClient，需要实例化 DB 类对象。下面重点介绍几个方法的关键代码，其他可参考本书相关的资料。

1）AddOrder 方法

AddOrder 方法主要用于对订单信息表插入订单信息，并返回订单号。参数 fltBooksFee 表示商品总费用，参数 fltShipFee 表示运输总费用，参数 strShipType 表示运输方式，参数 strName 表示接收人姓名，参数 strPhone 表示接收人电话，参数 cPostCode 表示接收人邮编，参数 strAddress 表示接收人详细地址，参数 strEmail 表示接收人 E-mail。代码如下：

```
public int AddOrder(float fltBooksFee,float fltShipFee,string strShipType,string
strName,string strPhone,string strPostCode,string strAddress,string strEmail)
    {   SqlCommand myCmd = dbObj.GetCommandProc("AddOI");
        //添加商品总费用参数
        SqlParameter booksFee = new SqlParameter("@BooksFee", SqlDbType.Float ,8);
        booksFee.Value = fltBooksFee;
```

```
    myCmd.Parameters.Add(booksFee);
    //添加其他参数
      ……
    SqlParameter orderID = myCmd.Parameters.Add("@OrderID", SqlDbType.Int, 4);
    orderID.Direction = ParameterDirection.Output;
    dbObj.ExecNonQuery(myCmd); //调用DB类的ExecNonQuery方法执行SQL语句
    return Convert.ToInt32(orderID.Value.ToString());//返回订单号
    }
```

2）OrderSearch 方法

OrderSearch 方法主要用于从订单信息表中详细查找订单信息，并返回数据源表 DataTable。其中参数 IntOrderID 表示订单号，参数 IntNF 表示标志是否填写收货人的姓名，参数 strName 表示收货人的姓名，参数 IntIsConfirm 表示是否确认，参数 IntIsSend 表示是否发货，参数 IntIsEnd 表示是否归档。代码如下：

```
public DataTable OrderSearch(int IntOrderID,int IntNF,string strName,int
IntIsConfirm,int IntIsSend,int IntIsEnd)
  { SqlCommand myCmd = dbObj.GetCommandProc("SearchOI");
    SqlParameter orderId = new SqlParameter("@OrderID", SqlDbType.Int, 4);
//添加订单号参数
    orderId.Value = IntOrderID;
    myCmd.Parameters.Add(orderId);
    //添加其他参数
    ……
    dbObj.ExecNonQuery(myCmd); //调用DB类的ExecNonQuery方法执行SQL语句
    DataTable dsTable = dbObj.GetDataSet(myCmd, "OrderInfo"); //调用DB类的
GetDataSet方法
    return dsTable;   //返回数据集的表集合
  }
```

5. User.cs 类

User.cs 类主要用于管理对用户信息的各种操作，其主要方法包括 Login 方法、AddUser 方法、GetUser 方法和 ModifyUser 方法等。在编写 User.cs 之前，需要引入命名空间 System.Data.SqlClient，需要实例化 DB 类对象。下面重点介绍几个方法的关键代码，其他可参考本书相关的资料。

1）Login 方法

Login 方法主要是判断用户是否能登录，从用户信息表中查询指定用户的用户名和密码，并将查询的结果填充到数据集 DataSet 中，然后返回包含在该数据集的表的集合。其中参数

strName 表示用户名，参数 strPwd 表示用户密码，代码如下：

```
public DataTable UserLogin(string strName,string strPwd)
{   SqlCommand myCmd = dbObj.GetCommandProc("UserLogin");
    //添加用户名参数
    SqlParameter Name = new SqlParameter("@UserName",SqlDbType.VarChar,50);
    Name.Value = strName;
    myCmd.Parameters.Add(Name);
    //添加密码参数
    ......
   SqlParameter ReturnValue = myCmd.Parameters.Add("ReturnValue",
SqlDbType.Int, 4);
    dbObj.ExecNonQuery(myCmd); //调用DB类的ExecNonQuery方法执行SQL语句
    DataTable dsTable = dbObj.GetDataSet(myCmd, "Member");//调用DB类的
GetDataSet方法
    return dsTable; //返回数据集的表集合
    }
```

2）AddUser 方法

AddUser 方法主要是在用户数据表中插入用户信息。其中参数 strName 表示会员名，参数 strPassword 表示密码，参数 strRealName 表示真实姓名，参数 blSex 表示性别，参数 strPhonecode 表示电话号码，参数 strEmail 表示 E-Mail，参数 strAddress 表示会员详细地址，参数 strPostCode 表示邮编，代码如下：

```
public int AddUser(string strName, string strPassword, string strRealName, bool
blSex, string strPhonecode, string strEmail, string strAddress, string
strPostCode)
{   SqlCommand myCmd =dbObj.GetCommandProc("AddUser");
    //添加用户名参数
    SqlParameter name = new SqlParameter("@UserName", SqlDbType.VarChar, 50);
    name.Value = strName;
    myCmd.Parameters.Add(name);
    //添加其他参数
  ......
    SqlParameter ReturnValue = myCmd.Parameters.Add("ReturnValue",
SqlDbType.Int, 4);
    ReturnValue.Direction = ParameterDirection.ReturnValue;
    dbObj.ExecNonQuery(myCmd);//调用DB类的ExecNonQuery方法执行SQL语句
```

```
    return Convert.ToInt32(ReturnValue.Value.ToString());//返回是否成功值
    }
```

3）GetUser 方法

GetUser 方法主要是通过用户 ID，获取用户的详细信息，其中参数 IntMemberID 表示用户 ID 号，代码如下：

```
public DataTable GetUserInfo(int IntMemberID)
{   SqlCommand myCmd = dbObj.GetCommandProc("GetUI");
    SqlParameter memberId =new SqlParameter("@MemberID",SqlDbType.Int, 4);
//添加参数
    memberId.Value = IntMemberID;
    myCmd.Parameters.Add(memberID);
    dbObj.ExecNonQuery(myCmd); //调用DB类的ExecNonQuery方法执行SQL语句
    DataTable dsTable = dbObj.GetDataSet(myCmd, "Member"); //调用DB类的
GetDataSet方法
    return dsTable; //返回数据集的表的集合
    }
```

4）ModifyUser 方法

ModifyUser 方法主要通过用户的 ID 号修改用户表的信息。其中参数，strName 表示会员名，参数 strPassword 表示密码，参数 strRealName 表示真实姓名，参数 blSex 表示性别，参数 strPhonecode 表示电话号码，参数 strEmail 表示 E-Mail，参数 strAddress 表示会员详细地址，参数 strPostCode 表示邮编，参数 IntMemberID 表示用户的 ID 号。代码如下：

```
public void ModifyUser(string strName, string strPassword, string strRealName,
bool blSex, string strPhonecode, string strEmail, string strAddress, string
strPostCode, int IntMemberID)
   {   SqlCommand myCmd = dbObj.GetCommandProc("proc_ModifyUser");//执行存储过程
       //添加参数-用户名
       SqlParameter name =new SqlParameter("@Username", SqlDbType.VarChar, 50);
       name.Value = StrName;
       myCmd.Parameters.Add(name);
       //添加其他参数（密码、真实姓名、性别等）
       ...... //略
      //添加参数-用户的ID号
       SqlParameter memberId =new SqlParameter("@MemberId", SqlDbType.Int, 4);
       memberId.Value = IntMemberID;
       myCmd.Parameters.Add(memberId);
```

```
dbObj.ExecNonQuery(myCmd);//执行SQL语句
}
```

8.2.4 前台母版页的实现

本系统在设计前台功能模块时，使用了母版页的设计，这样使整个网站保持风格的一致，即美观又实用。模版页上可以包含母版页，封装了页面中的公共元素，还可以包含普通的.aspx页面。在运行过程中，ASP.NET将两种页面内容合并执行，将最后的执行的结果发给客户端的浏览器。母版页的设计如图 8-5 所示（本书中有关界面的设计给出设计状态下的界面，具体设计步骤不做详细叙述，可参考其界面的控件布局）。

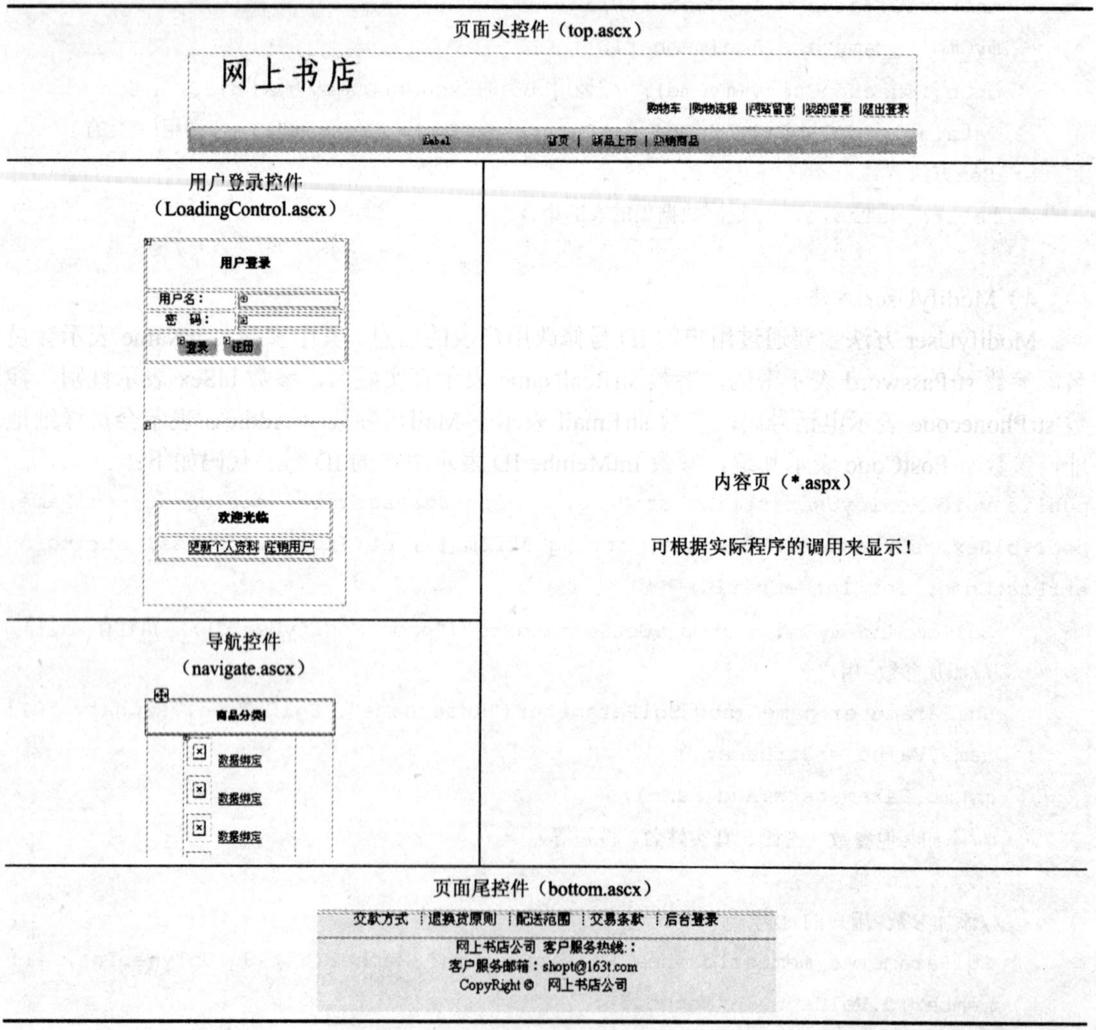

图 8-5 前台母版页的布局

上述前台母版页布局中的页面头控件（top.ascx），用户登录控件（LoadingControl.ascx），导航控件（navigate.ascx），页面尾控件（bottom.ascx）的设计，具体参看本书所提供的相关资料。

8.3　前台用户系统的实现

前台用户系统包括：用户登录/注册模块，商品浏览模块，购物车模块，收银台模块，具体的实现过程参看以下内容，页面的设计给出相应的设计界面，以供参考。

8.3.1　用户登录/注册模块

用户登录/注册模块主要完成用户注册、登录、查看用户个人信息、密码修改等功能。

1. 用户注册功能的实现

为了确保交易信息的有效性和网站功能拓展，本电子商务系统需要以注册用户机制运作，浏览者必须成为本系统的注册用户，才能够在网站中购物。该模块通过与浏览者的交互，记录浏览者的基本信息，通过后台审核确定其信息的有效性。注册使用户的个人信息输入数据库，注册成功后，将显示用户已经通过了注册，是合法的购物用户。如图 8-6 所示。

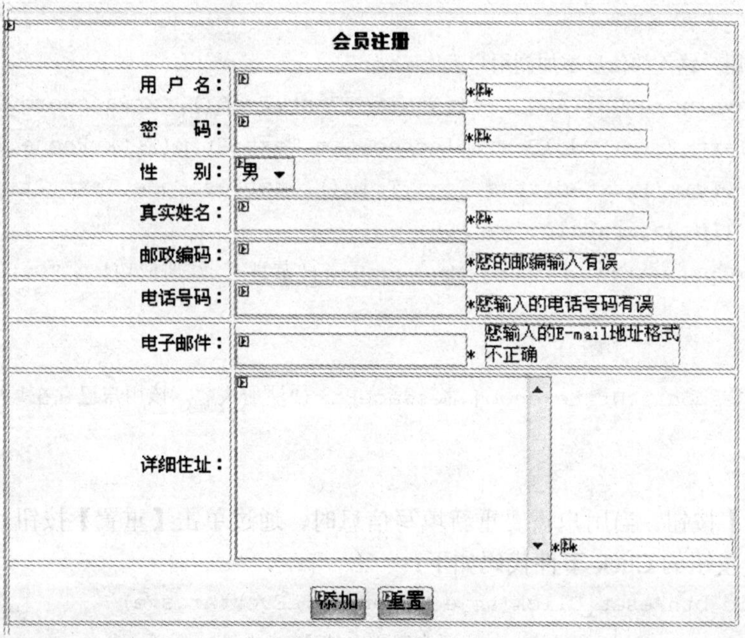

图 8-6　用户注册页面

1）相关页面文件

前台页面设计文件：Register.aspx。

后台功能代码文件：Register.aspx.cs。

2）相关代码

在后台功能代码文件 Register.aspx.cs 中，编写以下主要内容。

（1）定义公共类对象。定义相关的公共类对象，以便在编写代码时调用该类中的方法。代码如下：

```
    Common ccObj = new Common();
    UserClass ucObj = new User();
```

（2）【添加】按钮。当用户填写完必要的信息后，通过单击【添加】按钮，将用户输入的信息添加到用户信息表 tb_Member 中。【添加】按钮的 Click 事件代码如下：

```
protected void btnSave_Click(object sender, EventArgs e)
    {   //判断用户是否输入填写了必要的信息
        if (this.txtPostCode.Text.Trim() == "" && this.txtPhone.Text.Trim()=="" &&
this.txtEmail.Text.Trim() == "")
        {
            Response.Write(ccObj.MessageBoxPage("请输入必要的信息！"));
        }
        else
        { //将用户输入的信息添加到用户表Member中
Int IntReturnValue=ucObj.AddUser(txtName.Text.Trim(),txtPassword.Text.Trim(),
txtTrueName.Text.Trim(),ddlSex.SelectedItem.Text.Trim(),txtPhone.Text.Trim(),
txtEmail.Text.Trim(),txtAddress.Text.Trim(), txtPostCode.Text.Trim());
            if (IntReturnValue == 100)
            { Response.Write(ccObj.MessageBox("恭喜您，注册成功！", "Default.aspx"));
            }
            else
            { Response.Write(ccObj.MessageBox("注册失败，该用户已存在！"));
            }
        }
```

（3）【重置】按钮。当用户需要重新填写信息时，通过单击【重置】按钮，清空已填入的内容。【重置】按钮的 Click 事件代码如下：

```
protected void btnReset_Click(object sender, EventArgs e)
    {   this.txtName.Text = "";     //用户名清空
        ……
        }
```

2. 用户登录功能的实现

已经注册过的用户可以直接登录网站进行购物。登录时只需输入用户名与密码，提交给服务器，服务器查询用户信息库，若身份合法，将标识登录成功，设置 Session 变量，通过设置 Session 变量，用户在各页面跳转时，程序可通过 Session 来得到用户信息。如图 8-7 所示如无此用户，将重定向到重新登录界面。

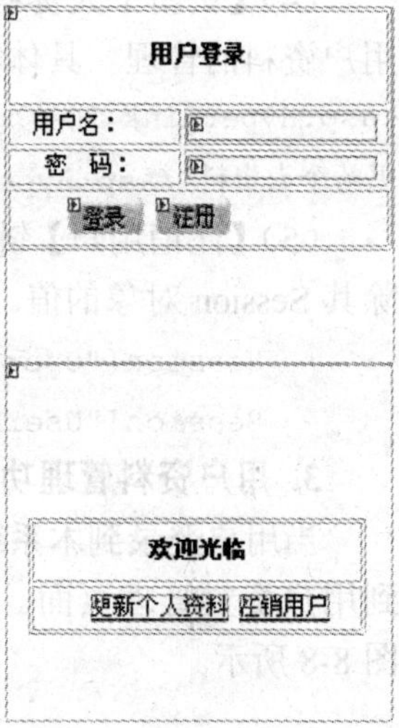

图 8-7　用户登录页面

1）相关页面文件

前台页面设计文件：LoadingControl.ascx。

后台功能代码文件：LoadingControl.ascx.cx。

2）相关代码

在后台功能代码文件 LoadingControl.ascx.cx 中，编写以下主要内容。

（1）页面加载事件。运行该页面文件时，判断用户是否登录，如果用户未登录则显示【用户登录】面板，隐藏【欢迎光临】面板。Page_Load 事件代码如下：

```
    if (Session["UserID"] != null)  //判断用户是否登录
     {  this.tabLoad.Visible = true;  //显示【欢迎光临】面板
        this.tabLoading.Visible =false ; //隐藏【用户登录】面板       }
```

（2）【登录】按钮。当用户输入用户名和密码信息后，通过单击【登录】按钮，登录该系统中。【登录】按钮的 Click 事件代码如下：

```
      //调用UserClass类的UserLogin方法判断用户是否为合法用户
  DataTable dsTable = ucObj.UserLogin(this.txtName.Text.Trim(),
this.txtPassword.Text.Trim());
        if (dsTable!=null) //判断用户是否存在
        { Session["UserID"] = Convert.ToInt32(dsTable.Rows[0][0].ToString());
//保存用户ID
          Session["Username"] = dsTable.Rows[0][1].ToString(); //保存用户登录名
          Response.Redirect("Default.aspx"); //跳转到当前请求的虚拟路径
          }
        else
          {    Response.Write(ccObj.MessageBoxPage("登录信息有误，请核对！"));
          }
```

（3）【注册】按钮。当用户单击【注册】按钮，将会跳转到用户注册页面。【注册】按钮的 Click 事件代码如下：

```
        Response.Redirect("Register.aspx");
```

（4）【更新个人资料】链接。登录用户可以通过此链接打开【更新个人资料】页面，进行用户资料的管理。具体实现在 LoadingControl.ascx 中，设置相应的链接。

```
<asp:HyperLink ID="hpLinkUser" runat="server" NavigateUrl="~/UpdateMember.aspx">
更新个人资料</asp:HyperLink>
```

（5）【注销用户】链接。登录本网站的用户，可以单击【注销用户】安全退出本系统，清除其 Session 对象的值。【注销用户】按钮的 Click 事件代码如下：

```
    Session["UserID"] = null;  //清空用户ID的Session对象
    Session["UserName"] = null; //清空用户名的Session对象
```

3. 用户资料管理功能的实现

当用户登录到本系统后，可以在【欢迎光临】面板中，单击【更新个人资料】按钮跳转到用户资料管理页面。在该页面中，用户可以查看自己的相关信息，并修改相关信息。如图 8-8 所示。

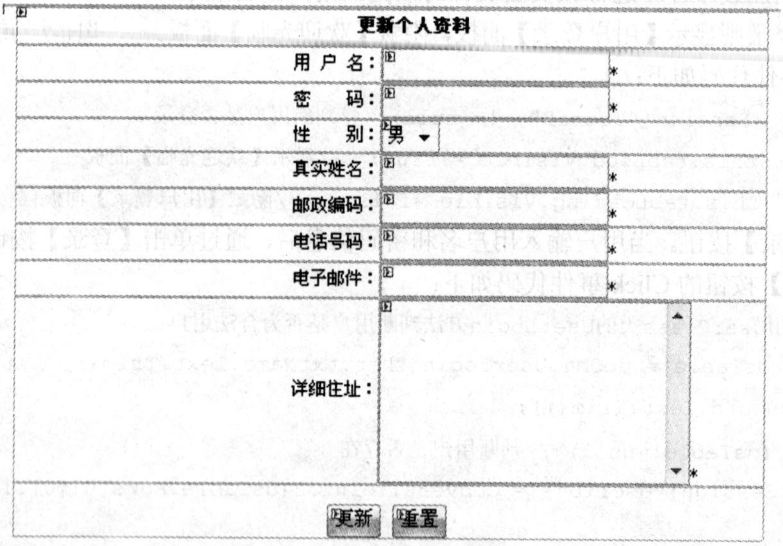

图 8-8 用户资料管理面

1）相关页面文件

前台页面设计文件：UpdateMember.aspx。

后台功能代码文件：UpdateMember.aspx.cs。

2）相关代码

在后台功能代码文件 UpdateMember.aspx.cs 中，编写以下主要内容。

（1）页面加载事件。运行该页面文件时，通过用户的 Session["UserID"]获取用户的相关信息，并将其显示出来。Page_Load 事件代码如下：

```
//调用User类的GetUser方法,通过用户的Session["UserID"]获取用户的相关信息
DataTable dsTable = ucObj.GetUser(Convert.ToInt32(Session["UserID"].ToString()));
this.txtName.Text = dsTable.Rows[0]["UserName"].ToString();    //姓名
this.txtPassword.Text = dsTable.Rows[0]["Password"].ToString();//密码
this.txtTrueName.Text = dsTable.Rows[0]["RealName"].ToString();//真实姓名
……
```

(2)【更新】按钮。当用户修改完信息后，单击【更新】按钮，更新用户表的信息。【更新】按钮的 Click 事件代码如下：

```
if (this.txtName.Text.Trim() == "" && this.txtPassword.Text.Trim() == "" &&
this.txtTrueName.Text.Trim() == "" && this.txtPhone.Text.Trim() == "" &&
this.txtEmail.Text.Trim() == "" && this.txtAddress.Text.Trim() == "" &&
this.txtPostCode.Text.Trim() == "") //用户必需输入的信息
       { Response.Write(ccObj.MessageBoxPage("请输入完整信息！"));
       }
       else
       { if (IsValidPostCode(txtPostCode.Text.Trim()) == false)
          {  Response.Write(ccObj.MessageBoxPage("邮编输入有误！"));//验证邮编输入
是否正确
             return;
          }
       //验证电话号码和E-mail输入是否正确
          ……
          else
          {//调用User类的ModifyUser方法,更新用户信息表Member
ucObj.ModifyUser(txtName.Text.Trim(), txtPassword.Text.Trim(),
txtTrueName.Text.Trim(),ddlSex.SelectedItem.Text.Trim(),txtPhone.Text.Trim(),
txtEmail.Text.Trim(), txtAddress.Text.Trim(), txtPostCode.Text.Trim(),
Convert.ToInt32(Session["UserID"].ToString()));
             Session["Username"] = "";
             Session["Username"] = txtName.Text.Trim();
             Response.Write(ccObj.MessageBox("更新成功！", "Default.aspx"));
          }
```

8.3.2　商品浏览模块

用户可以在网站前台首页中浏览商品的信息，或在商品分类导航条单击【商品类别】

进入商品浏览页面，用户还可以根据自己的兴趣查看商品的详细信息。如图 8-9 和图 8-10 所示。

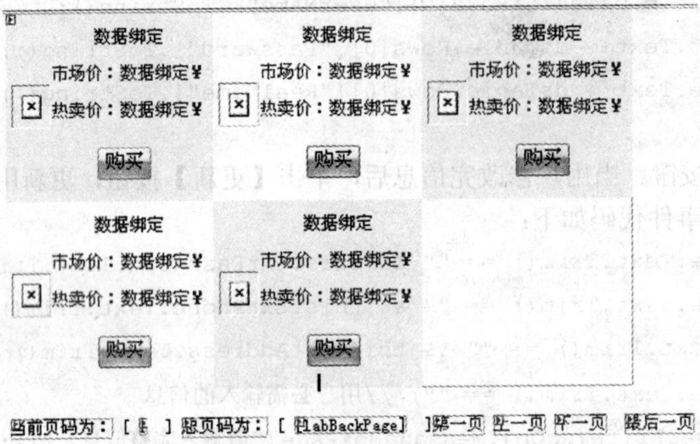

图 8-9 商品信息查看页面

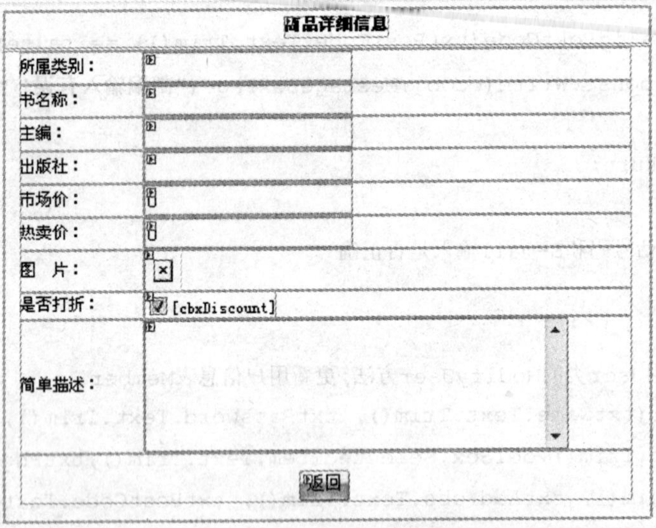

图 8-10 商品详细信息查看页面

1. 相关页面文件

前台页面设计文件：goodsList.aspx，showInfo.aspx。

后台功能代码文件：goodsList.aspx.cs，showInfo.aspx.cs。

2. 相关代码

1）后台功能代码文件：goodsList.aspx.cs

（1）页面加载事件。调用自定义方法 dlBind 和 deplayTitle 分别用于显示浏览的商品信息和当前页所在位置。Page_Load 事件代码如下：

```
   dlBind();        //显示浏览的商品信息
   deplayTitle();   //显示当前页浏览商品的位置
```

（2）dlBind( ) 方法。dlBind 方法用于绑定相关的商品信息，如果 Request["var"]的值为 1，表示单击头控件中的“浏览商品”、“特价商品”导航到该浏览页，否则，表示单击分类导航条中的商品类别名导航到该浏览页。

```
if (this.Request["var"]=="1")
{dlBindPage(Convert.ToInt32(Request["id"].ToString()), 0);  //分页显示浏览商品/特
价商品}
else
{dlBindPage(0, Convert.ToInt32(Request["id"].ToString()));//分页显示某个商品类别的
商品信息}
```

（3）dlBindPage 方法。dlBindPage 方法实现的主要功能是分页显示商品信息。具体实现参看以下内容。

```
     SqlCommand myCmd = dbObj.GetCommandProc("GIList");//获取数据源的数据表
     SqlParameter Deplay = new SqlParameter("@Deplay", SqlDbType.Int, 4);
//添加参数
     Deplay.Value = IntDeplay;
     myCmd.Parameters.Add(Deplay); //添加参数
     SqlParameter Class = new SqlParameter("@ClassID", SqlDbType.Int, 4);
     Class.Value = IntClass;
     myCmd.Parameters.Add(Class);
     dbObj.ExecNonQuery(myCmd); //调用DB类的ExecNonQuery方法
     DataTable dsTable = dbObj.GetDataSet(myCmd, "Bookinfo");//调用DB类的
GetDataSet方法
       int curpage = Convert.ToInt32(this.labPage.Text);
       PagedDataSource ps = new PagedDataSource();
       ps.DataSource = dsTable.DefaultView;
       ps.AllowPaging = true; //是否可以分页
       ps.PageSize = 15; //显示的数量
       ps.CurrentPageIndex = curpage - 1; //取得当前页的页码
       this.lnkbtnUp.Enabled = true;
       this.lnkbtnNext.Enabled = true;
       this.lnkbtnBack.Enabled = true;
       this.lnkbtnOne.Enabled = true;
```

```
        if (curpage == 1)
        {   this.lnkbtnOne.Enabled = false;//不显示第一页按钮
            this.lnkbtnUp.Enabled = false;//不显示上一页按钮
        }
        if (curpage == ps.PageCount)
        {   this.lnkbtnNext.Enabled = false;//不显示下一页
            this.lnkbtnBack.Enabled = false;//不显示最后一页
        }
        this.labBackPage.Text = Convert.ToString(ps.PageCount);
        this.dLGoodsList.DataSource = ps;
        this.dLGoodsList.DataKeyField ="BookID";
        this.dLGoodsList.DataBind();
  }
```

（4）deplayTitle( ) 方法。自定义 deplayTitle() 用于显示当前浏览商品信息的位置。如果 Request["var"]的值为 1，表示单击头控件中的“浏览商品”、“特价商品”导航到该浏览页，否则，表示单击分类导航条中的商品类别名导航到该浏览页。

```
        if (this.Request["var"] == "1")//获取浏览方式
        { switch (this.Request["id"])//判断是浏览商品，还是特价商品
            {  case "1":
                    this.labTitle.Text="首页/浏览商品";
                    break;
                case "2":
                    this.labTitle.Text = "首页/特价商品";
                    break;
            }
        }
        else
        {string strClassName =
gcObj.GetClass(Convert.ToInt32(this.Request["id"].ToString()));
            this.labTitle.Text = "首页/商品分类/" + strClassName;
        }
```

（5）操作分页设计。当用户单击用于操作分页的 LinkButton 控件时，程序根据当前页码执行指定操作。用于控制分页的 LinkButton 控件的 Click 事件代码如下：

```
 protected void lnkbtnOne_Click(object sender, EventArgs e)
   {   this.labPage.Text = "1";//第一页
```

```
        this.dlBind();
    }
    protected void lnkbtnUp_Click(object sender, EventArgs e)
    { this.labPage.Text = Convert.ToString(Convert.ToInt32(this.labPage.Text) -
1); //上一页
      this.dlBind();
    }
    protected void lnkbtnNext_Click(object sender, EventArgs e)
    {this.labPage.Text = Convert.ToString(Convert.ToInt32(this.labPage.Text) +
1); //下一页
     this.dlBind();
    }
    protected void lnkbtnBack_Click(object sender, EventArgs e)
  {this.labPage.Text = this.labBackPage.Text; //最后一页
     this.dlBind();
}
```

2）后台功能代码文件：showInfo.aspx.cs

（1）页面加载事件。调用自定义方法 GetGoodsInfo 用于显示选定商品的详细信息。Page_Load 事件代码如下：

```
    GetGoodsInfo();//调用GetGoodInfo方法显示商品详细信息
```

（2）GetGoodsInfo( ) 方法。GetGoodsInfo 方法首先从数据库中获取指定的商品信息，然后将商品信息显示在界面上。

```
//指定商品的查询sql
string strSql = "select * from BookInfo where BookID=" +
Convert.ToInt32(Request["id"].Trim());
SqlCommand myCmd = dbObj.GetCommandStr(strSql); //调用DB的GetCommandStr方法
DataTable dsTable = dbObj.GetDataSetStr(strSql, "tbBI");//调用DB的GetDataSetStr方法
this.txtCategory.Text =
gcObj.GetClass(Convert.ToInt32(dsTable.Rows[0]["ClassID"].ToString()));//商品
类别
this.txtName.Text = dsTable.Rows[0]["BookName"].ToString();//书名
……
}
```

（3）【返回】按钮。当用户单击【返回】按钮，则返回到上一页中。【返回】按钮的 Click 事件代码如下：

```
string strUrl = Session["address"].ToString();//上一页的地址
Response.Redirect(strUrl); //返回到上一页中
```

8.3.3 购物车模块

用户对于有意要选购的商品，在购买前临时存放在购物车中，并可以随时增减购物车中的商品种类和数量，计算购物金额，以提高购物效率。实现购物车功能可分为添加商品到购物车，编辑购物车中的商品数量，删除购物车中的商品，继续购物和清空购物车功能，可对购物车在结算之前任意步骤进行查询和修改，购物结束后进入收银台进行结账。

1. 添加商品到购物车的实现

当用户单击商品的【购买】按钮，可以将商品添加到购物车，具体实现如下。

1）相关页面文件

前台页面设计文件：Default.aspx。

后台功能代码文件：Default.aspx.cs。

2）相关代码

（1）自定义方法 RefineBind( )。自定义方法 RefineBind( ) 用于 Goods 类的 DLDeplayGI 方法，绑定商品信息。

```
gcObj.DLDeplayGI(1, this.dLRefine, "Refine");//绑定“浏览商品”的商品
```

（2）查看商品详细信息和单击【购物车】按钮。在“浏览商品”显示框中，用户可以通过单击任一商品名，查看商品的详细信息，然后单击该商品下的【购物车】按钮，将商品放在购物车中。在 DataList 控件的 ItemCommand 事件中编写如下代码。

```
if (e.CommandName == "detail")//查看商品的详细信息
{ AddressBack(e);
}
else if (e.CommandName == "buy")//添加到购物车
{ AddShopCart(e);
}
```

（3）自定义方法 AddressBack( )。自定义方法 AddressBack( ) 实现的主要功能是跳转到商品详细信息页。

```
Response.Redirect("~/showInfo.aspx?id="+Convert.ToInt32(e.CommandArgument.ToString()));
```

（4）自定义方法 AddShopCart( )。用户在购物时，不同的用户拥有不同的购物车，购物车不能混用，当用户退出系统则其购物车也随之消失。因此在自定义方法 AddShopCart( )中，主要利用 Session 对象的特性，在用户登录期间传递购物的信息。购物功能的实质是增加一个(商品，商品个数)的(名，值)对，该结构正是一个哈希表的结构，所以用哈希表(Hashtable)来表示用户购买的情况。自定义方法 AddShopCart( )的关键代码如下：

```
Hashtable hashCar;        //定义哈希表Hashtable对象
if (Session["ShopCart"] == null)
 {//如果用户没有分配购物车
   hashCar = new Hashtable();              //新生成一个
   hashCar.Add(e.CommandArgument, 1); //添加一个商品
   Session["ShopCart"] = hashCar;      //分配给用户
  }
else
  { //用户已经有购物车
   hashCar = (Hashtable)Session["ShopCart"];//得到购物车的hash表
   if (hashCar.Contains(e.CommandArgument))//购物车中已有此商品，商品数量加1
     { int count = Convert.ToInt32(hashCar[e.CommandArgument].ToString());//得
到该商品的数量
       hashCar[e.CommandArgument] = (count + 1);//商品数量加1
     }
    else
        hashCar.Add(e.CommandArgument, 1);//如果没有此商品，则新添加一个项
 }
```

2. 购物车管理的实现

购物车管理包括对商品及数量的管理，具体实现如下。

1）相关页面文件（见图 8-11）

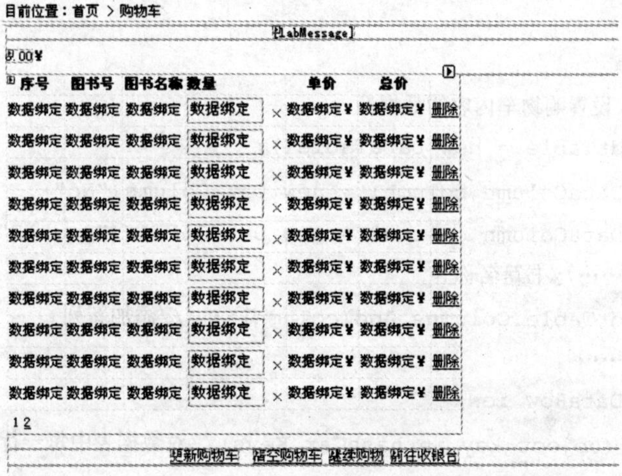

图 8-11　购物车管理页面

前台页面设计文件：shopCart.aspx.。

后台功能代码文件：shopCart.aspx.cs。

2）相关代码

（1）页面加载事件。创建一个自定义数据源，并将其绑定到 GridView 控件中，显示购物车中的商品信息。Page_Load 事件代码如下：

```
if (Session["ShopCart"] == null)
    { //如果没有购物，则给出相应信息，并隐藏按钮
        this.labMessage.Text = "对不起，没有购物！";
        this.labMessage.Visible = true;         //显示提示信息
        this.lnkbtnCheck.Visible = false;       //隐藏"前往收银台"按钮
        this.lnkbtnClear.Visible = false;       //隐藏"清空购物车"按钮
        this.lnkbtnContinue.Visible = false;    //隐藏"继续购物"按钮
    }
    else
    {   hashCar = (Hashtable)Session["ShopCart"]; //获取其购物车
        if (hashCar.Count == 0)
        {//如果没有购物，则给出相应信息，并隐藏按钮
            this.labMessage.Text = "对不起，购物车中没有商品！";
            this.labMessage.Visible = true;         //显示提示信息
            this.lnkbtnCheck.Visible = false;       //隐藏"前往收银台"按钮
            this.lnkbtnClear.Visible = false;       //隐藏"清空购物车"按钮
            this.lnkbtnContinue.Visible = false;    //隐藏"继续购物"按钮
        }
        else
        { //设置购物车内容的数据源
            dtTable = new DataTable();
            DataColumn column1 = new DataColumn("No");          //序号列
            DataColumn column2 = new DataColumn("BookID");      //书籍ID号
            ……//书籍名称等
            dtTable.Columns.Add(column1); //添加新列
            ……
            DataRow row;
      foreach (object key in hashCar.Keys)//对数据表中每一行进行遍历，给每一行的
新列赋值
            {   row = dtTable.NewRow();
                row["BookID"] = key.ToString();
```

```
                row["Num"] = hashCar[key].ToString();
                dtTable.Rows.Add(row);
            }
            DataTable dstable;  //计算价格
            int i = 1;
            float price;//商品单价
            int count;  //商品数量
            float totalPrice = 0; //商品总价格
            foreach (DataRow drRow in dtTable.Rows)
            { strSql = "select BookName,Price from BookInfo where BookID="
+ Convert.ToInt32(drRow["BookID"].ToString());
                dstable = dbObj.GetDataSetStr(strSql, "GI");
                drRow["No"] = i;//序号
                drRow["BookName"] = dstable.Rows[0][0].ToString();//书籍名称
                drRow["price"] = (dstable.Rows[0][1].ToString());//单价
                price = float.Parse(dstable.Rows[0][1].ToString());//单价
                count = Int32.Parse(drRow["Num"].ToString());
                drRow["totalPrice"] = price * count; //总价
                totalPrice += price * count; //计算合价
                i++;
             }
        this.labTotalPrice.Text = "总价：" + totalPrice.ToString();//显示所有
商品的价格
        this.gvShopCart.DataSource = dtTable.DefaultView; //绑定GridView控件
        this.gvShopCart.DataKeyNames = new string[] { "BookID" };
        this.gvShopCart.DataBind();
      }
    }
```

（2）【删除】的实现。当用户需要删除购物车中某一类商品时，可以在购物车显示框中单击该类商品后面的【删除】按钮，将该商品从购物车中删除。【删除】按钮的 Click 事件代码如下：

```
    hashCar = (Hashtable)Session["ShopCart"];//获取其购物车
 //从Hashtable表中，将指定的商品从购物车中移除，其中，删除按钮(lnkbtnDelete)的
CommandArgument参数值为商品ID代号
    hashCar.Remove(e.CommandArgument);
```

```
    Session["ShopCart"] = hashCar; //更新购物车
    Response.Redirect("shopCart.aspx");
```

（3）【更新购物车】的实现。当用户修改购物车中某一类商品的数量时，单击【更新购物车】按钮，购物车中的商品数量将会被更新。首先将包含在 Session["ShopCart"]类对象中的购物信息赋给 Hashtable 类对象，然后利用 Foreach 循环语句在购物信息显示框中获取修改后的商品数量，并对 Hashtable 类对象作相应的更改，最后将修改后的 Hashtable 类对象重新赋值给 Session["ShopCart"]类对象。【更新购物车】按钮的 Click 事件代码如下：

```
    hashCar = (Hashtable)Session["ShopCart"];  //获取其购物车
    //使用foreach语句，遍历更新购物车中的商品数量
    foreach (GridViewRow gvr in this.gvShopCart.Rows)
    {  TextBox otb = (TextBox)gvr.FindControl("txtNum"); //找到用来输入数量的
TextBox控件
        int count = Int32.Parse(otb.Text);//获得用户输入的数量值
        string BookID = gvr.Cells[1].Text;//得到该商品的ID代码
        hashCar[BookID] = count;//更新hashTable表
    }
    Session["ShopCart"] = hashCar;//更新购物车
    Response.Redirect("shopCart.aspx");
```

（4）【清空购物车】的实现。当用户单击【清空购物车】按钮，所有商品从购物车中删除。【清空购物车】按钮的 Click 事件代码如下：

```
    Session["ShopCart"] =null;
    Response.Redirect("shopCart.aspx");
```

（5）【继续购物】的实现。当用户单击【继续购物】按钮，将会跳转到商品浏览页面，继续购买所需商品。【继续购物】按钮的 Click 事件代码如下：

```
    Response.Redirect("Default.aspx");
```

（6）【去往收银台】的实现。当用户已购买完商品，可以单击【去往收银台】按钮，跳转到收银台页面，进行结算和提交订单。【去往收银台】按钮的 Click 事件代码如下：

```
    Response.Redirect("checkOut.aspx");
```

8.3.4 收银台模块

用户在购买完所有商品后，就可以在“收银台”结账并填写相关信息。用户填写完信息后，确认购买后生成订单，系统会自动生成并交给客户一个唯一的订单号。如图 8-12 所示。

前台页面设计文件：checkOut.aspx

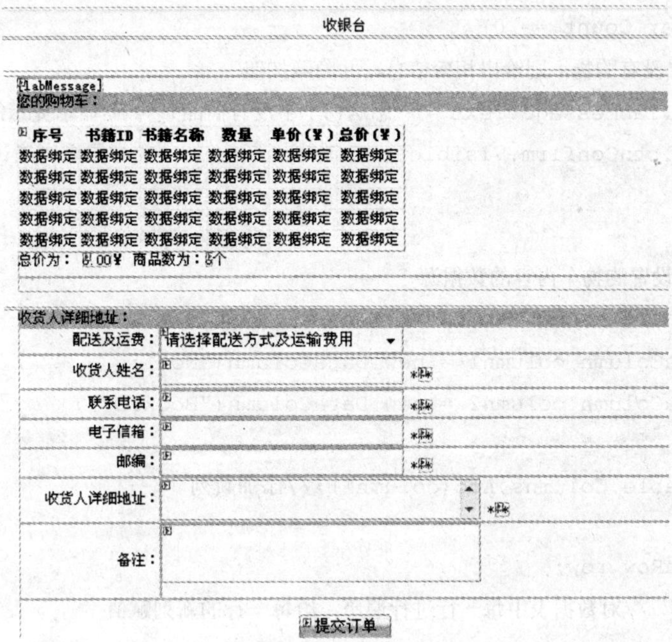

图 8-12　收银台页面

后台功能代码文件：checkOut.aspx.cs。

1. 查看购物车信息的实现

此事件中创建一个自定义数据源，并将其绑定到 GridView 控件中，显示购物车中的商品信息。Page_Load 事件代码如下：

```
if (Session["Username"] != null)
   {//如果用户已登录，则显示用户的基本信息
      DataTable dsTable = ucObj.GetUserInfo(Convert.ToInt32(Session["UserID"].
ToString()));
      this.txtReciverName.Text = dsTable.Rows[0][1].ToString();  //收货人姓名
      …… //收货人电话号码等信息
    }
if (Session["ShopCart"] == null)
    {//如果没有购物，则给出相应信息，并隐藏按钮
      this.labMessage.Text = "您还没有购物！"; //显示提示信息
      this.btnConfirm.Visible = false;       //隐藏“确认”按钮
    }
else
    { hashCar = (Hashtable)Session["ShopCart"];  //获取其购物车
```

```
    if (hashCar.Count == 0)
        {//如果没有购物，则给出相应信息，并隐藏按钮
          this.labMessage.Text = "您购物车中没有商品！";//显示提示信息
          this.btnConfirm.Visible = false;          //隐藏“确认”按钮
        }
    else
        { //设置购物车内容的数据源
         dtTable = new DataTable();
         DataColumn column1 = new DataColumn("No");         //序号列
         DataColumn column2 = new DataColumn("BookID");     //书籍ID代号
         ……
         dtTable.Columns.Add(column1);//添加新列
          ……
         DataRow row;
                //对数据表中每一行进行遍历，给每一行的新列赋值
                foreach (object key in hashCar.Keys)
                {   row = dtTable.NewRow();
                    row["BookID"] = key.ToString();       //商品ID
                    row["Num"] = hashCar[key].ToString(); //商品数量
                    dtTable.Rows.Add(row);
                }
                //计算价格
                DataTable dstable;
                int i = 1;
                float price; //商品单价
                int num;      //商品数量
                float totalPrice = 0; //商品总价格
                int totailNum = 0;     //商品总数量
                foreach (DataRow drRow in dtTable.Rows)
                {……//同shopCart.aspx.cx            }
                this.labTotalPrice.Text = totalPrice.ToString();  //显示所有商品
的价格
                this.labTotalNum.Text = totailNum.ToString();      //显示商品总数
                this.gvShopCart.DataSource = dtTable.DefaultView; //绑定GridView
控件
```

```
                this.gvShopCart.DataBind();
            }
        }
```

2. 生成订单的实现

【提交订单】按钮。当用户填写完相关信息后，可以单击【提交订单】按钮，提交相关资料，并生成订单。首先判断输入的相应信息是否合法，如果输入相关资料正确，则调用 Order 类 AddOrder 方法，将商品信息插入订单表，并获取订单号，然后再将订单中的每一类商品信息插入到订单明细表。最后将购物车清空。

```
 //得到用户输入的信息
     if (IsValidPostCode(this.txtReceiverPostCode.Text.Trim()) == true) //邮编是否合法
          {  strZip = this.txtReceiverPostCode.Text.Trim();          }
      else
          {  Response.Write(ccObj.MessageBox("输入有误！"));
              return;
           }
      ……//验证其他信息是否合法，方法同上
      string strName = this.txtReciverName.Text.Trim();       //收货人姓名
      ……//收货人详细地址，备注，商品总数，运输总费用
          //将订单信息插入订单表中
int IntOrderID = ocObj.AddOrder(float.Parse(this.labTotalPrice.Text), fltTotalShipFee, this.ddlShipType.SelectedItem.Text, strName, strPhone, strZip, strAddress, strEmail);
      int IntBookID; //商品ID
      int IntNum;    //购买商品数量
      float fltTotalPrice;
   foreach (GridViewRow gvr in this.gvShopCart.Rows)  //对订单中的每一个商品插入订单详细表中
      {   IntBookID = int.Parse(gvr.Cells[1].Text);
              ……
              ocObj.AddDetail(IntBookID, IntNum, IntOrderID, fltTotalPrice, strRemark);
       }
       //设置Session
      Session["ShopCart"] = null;  //清空购物车
      Response.Redirect("PayWay.aspx?OrderID=" + IntOrderID);
```

8.4 后台管理系统的实现

后台管理系统对网站后台操作的综合管理，包括系统管理员模块、用户管理模块、商品管理模块、订单管理模块、留言管理模块。具体的实现过程参看以下内容。页面的设计给出相应的设计界面，以供参考。

8.4.1 系统管理员模块

系统管理员模块包括管理员添加，管理员浏览和管理员删除的模块，主要功能的实现如下所述内容。

1. 添加管理员的实现

1）相关页面文件（见图 8-13）

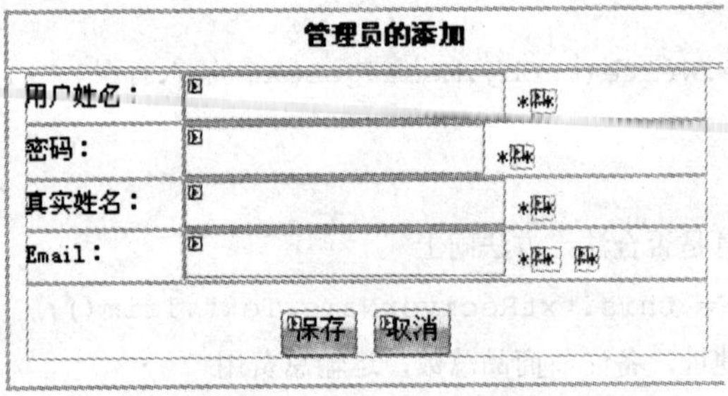

图 8-13　管理员添加页面

前台页面设计文件：MemberAdd.aspx

后台功能代码文件：MemberAdd.aspx.cs

2）相关代码

```
//查询要添加的管理员是否存在
string strSql = "select * from Admin where AdminName='"+this.txtName.Text.
Trim()+"'";
DataTable dsTable = dbObj.GetDataSetStr(strSql, "Admin");
if (dsTable.Rows.Count > 0)
  { Response.Write(ccObj.MessageBoxPage("该用户名已存在！"));      }
else
  {  //如果该用户名不存在，获取填写的信息
 string strName=this.txtName.Text.Trim();
 ……
 string strAddSql = "Insert into Admin(AdminName,PassWord,RealName,Email)";
```

```
strAddSql += "values('" + strName + "','" + strPwd + "','" + strTrueName + "','"
+ strEamil + "')";
    SqlCommand myCmd = dbObj.GetCommandStr(strAddSql);
    dbObj.ExecNonQuery(myCmd); //调用DB类的ExecNonQuery方法
    Response.Write(ccObj.MessageBoxPage("添加成功！"));
  }
```

2. 浏览管理员的实现

1）相关页面文件（见图 8-14）

管理员的管理

代号	用户名称	密码	真实名	Email	加入日期	
数据绑定	数据绑定	数据绑定	数据绑定	数据绑定	数据绑定	删除
数据绑定	数据绑定	数据绑定	数据绑定	数据绑定	数据绑定	删除

图 8-14　管理员管理页面

前台页面设计文件：Member.aspx

后台功能代码文件：Member.aspx.cs

2）相关代码

该模块的功能是浏览管理用户信息表中的信息，关键代码如下：

```
    string sqlStr = "select * from Admin";//sql语句
    DataTable dsTable = dbObj.GetDataSetStr(sqlStr, "Admin");//返回数据集的表
的集合
    this.gvAdminList.DataSource = dsTable.DefaultView;
    this.gvAdminList.DataKeyNames =new string[]{"AdminID"};
    this.gvAdminList.DataBind();
```

3. 删除管理员的实现

相关页面文件与“浏览管理员”的实现一样，具体实现如下。

该模块的功能是删除管理员信息表中某些用户的信息，关键代码如下：

```
//查询当前订单表中是否有准备删除的管理员的信息
    int IntID = Convert.ToInt32(gvAdminList.DataKeys[e.RowIndex].Value.ToString());
    string strSql = "select count(*) from OrderInfo where AdminID=" + IntID;
    SqlCommand myCmd = dbObj.GetCommandStr(strSql); //GetCommandStr方法用来执
行sql语句
    if (Convert.ToInt32(dbObj.ExecScalar(myCmd)) != 0)
    {   Response.Write(ccObj.MessageBox("该用户名正被使用，无法删除！"));
```

```
        return;
    }
    Else //如果管理员名没有被使用则删除管理员的信息
    {   string sqlDelStr = "delete from Admin where AdminID=" +IntID;
        SqlCommand myDelCmd = dbObj.GetCommandStr(sqlDelStr);
        dbObj.ExecNonQuery(myDelCmd); //调用DB类的ExecNonQuery方法
        gvAdminBind();
    }
```

8.4.2 用户管理模块

用户管理模块负责前台注册会员信息的审核，对于有效信息，网站准许其成为会员并购物；否则可以进行清理。同时该模块存储了会员的一些信息，是一个非常有价值的客户信息库。

前台页面设计文件：Manager.aspx

后台功能代码文件：Manager.aspx.cs

1. 浏览用户信息的实现

该模块的功能是浏览用户信息表中的信息，关键代码如下：

```
string strSql = "select * from Member";//sql语句
DataTable dsTable = dbObj.GetDataSetStr(strSql, "Member");//返回数据集的表的集合
this.gvMemberList.DataSource = dsTable.DefaultView;
this.gvMemberList.DataKeyNames = new string[] {"MemberID" };
this.gvMemberList.DataBind();
```

2. 删除用户信息的实现

该模块的功能是删除用户信息表中某些用户的信息，关键代码如下：

```
string strSql = "delete from Member where
MemberID="+Convert.ToInt32(gvMemberList.DataKeys[e.RowIndex].Value.ToString());
 //sql语句
SqlCommand myCmd = dbObj.GetCommandStr(strSql);
dbObj.ExecNonQuery(myCmd); //调用DB类的ExecNonQuery方法
gvMemberBind();
```

8.4.3 商品管理模块

1. 商品类别管理的实现

商品类别管理确定了网上商品的结构框架，将商品按照预定的类别进行归类编辑，如新到商品需要添加；在网站中所看到的商品分类不是固定的，后台管理员可以根据自己商品种

类的变化来对目前的分类进行编辑修改，如是否需要增加类别，修改类别或删除类别。主要功能实现如下。

1）添加类别

（1）相关页面文件如图 8-15 所示。

图 8-15　商品类别的添加

前台页面设计文件：CategoryAdd.aspx

后台功能代码文件：CategoryAdd.aspx.cs

（2）相关代码。按照字段名，增加商品类别表中字段的所有记录信息，关键代码如下：

```
//查询当前类别表是否有该类别名
string sqlStr = "select * from Class where ClassName='"+this.txtName.Text.
Trim()+"'";
DataTable dsTable = dbObj.GetDataSetStr(sqlStr, "tbClass");
if (dsTable.Rows.Count > 0)
   { Response.Write(ccObj.MessageBoxPage("该商品类别名已存在！"));
   }
else//当前类别表没有该类别名
   { string strAddSql="Insert into tb_Class(ClassName,CategoryUrl) values
('"+this.txtName.Text.Trim()+"','"+this.ddlUrl.SelectedValue.ToString()+"')";
    SqlCommand myCmd = dbObj.GetCommandStr(strAddSql);
    dbObj.ExecNonQuery(myCmd); //调用DB类的ExecNonQuery方法
    Response.Write(ccObj.MessageBox("添加成功！"));
   }
```

2）删除类别

（1）相关页面文件。

前台页面设计文件：Category.aspx

后台功能代码文件：Category.aspx.cs

（2）相关代码。该模块的功能是删除商品类别表中某些类别的信息，关键代码如下：

```
//查询当前商品表是否有该类别名
int IntClassID = Convert.ToInt32(gvCategoryList.DataKeys[e.RowIndex].Value);
string strSql = "select count(*) from BookInfo where ClassID=" + IntClassID;
```

```
SqlCommand myCmd = dbObj.GetCommandStr(strSql);
if (Convert.ToInt32(dbObj.ExecScalar(myCmd)) != 0)
  {Response.Write(ccObj.MessageBox("该类别名正被使用，无法删除！"));
   return;
   }
else//当前商品表没有该类别名，则删除
   {string strDelSql = "delete from tb_Class where ClassID=" + IntClassID;
    SqlCommand myDelCmd = dbObj.GetCommandStr(strDelSql);
    dbObj.ExecNonQuery(myDelCmd); //调用DB类的ExecNonQuery方法
    gvBind();
   }
```

2. 商品信息管理的实现

商品信息管理确定了网上商品的具体名称，本模块的功能对商品进行增加、修改、搜索和删除。主要功能实现如下。

1）添加商品

（1）相关页面文件如图 8-16 所示。

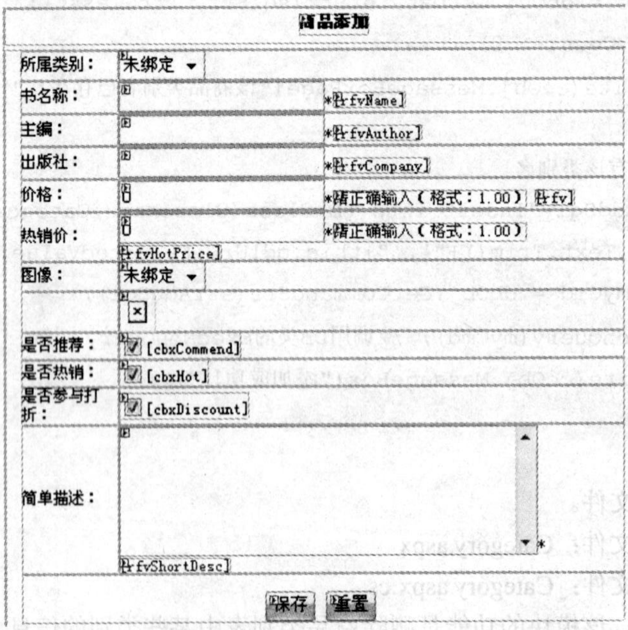

图 8-16　商品的添加

前台页面设计文件：ProductAdd.aspx

后台功能代码文件：ProductAdd.aspx.cs

（2）相关代码。在 Page_Load 事件中，绑定商品的类别，在添加商品信息时先选择所属的类别，具体如下：

```
ddlClassBind(); //绑定商品类别
```

ddlClassBind（）的关键代码如下：

```
string strSql = "select * from Class";
DataTable dsTable = dbObj.GetDataSetStr(strSql, "Class");
  //将商品类别信息绑定到DropDownList控件中
  this.ddlCategory.DataSource = dsTable.DefaultView;
  this.ddlCategory.DataValueField = dsTable.Columns[0].ToString();//绑定商
  品类别号
  this.ddlCategory.DataTextField = dsTable.Columns[1].ToString();//绑定商品
  类别名
  this.ddlCategory.DataBind();
```

商品信息的添加时，用户需要先输入完商品的相关信息后，单击【保存】按钮，将商品信息输入到商品信息表中。关键代码如下：

```
int IntClassID=Convert.ToInt32(this.ddlCategory.SelectedValue.ToString());//商品类别号
string strBookName=this.txtName.Text.Trim();                        //商品类别名
 //商品简短描述，作者，出版社等信息
......
string strSql="select * from BookInfo where BookName='"+strBookName+"'and
Author='"+strAuthor+"'and Company='"+strCompany+"'";//sql语句
DataTable dsTable=dbObj.GetDataSetStr(strSql,"BI");
if(dsTable.Rows.Count>0) //该商品已经存在
  {  Response.Write(ccObj.MessageBox("该商品已存在！")); }
else
  { //将商品信息插入数据库中
string strAddSql = "Insert into
BookInfo(ClassID,BookName,BookIntroduce,Author,Company,BookUrl,Price,HotPrice,
IsDiscount)";
  strAddSql += "values ('" + IntClassID + "','" + strBookName + "','" + strBookDesc
+ "','" + strAuthor + "','" + strCompany + "','" + strBookUrl + "','" + fltPrice
+ "','" + fltHotPrice + "','" + blDiscount + "')";
  SqlCommand myCmd = dbObj.GetCommandStr(strAddSql);
  dbObj.ExecNonQuery(myCmd);
  Response.Write(ccObj.MessageBox("添加成功！"));
   }
```

2）查询和删除商品

管理员在管理商品时可以查询、删除相关的商品，还可以通过单击商品的“详细信息”链接到商品的详细信息页面。

（1）相关页面文件（见图 8-17）。

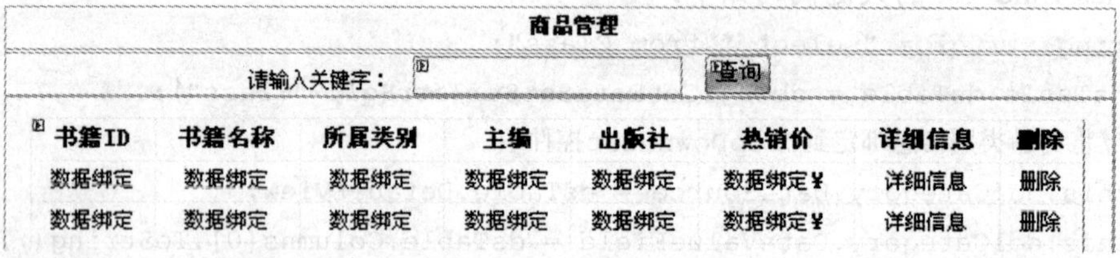

图 8-17　商品管理

前台页面设计文件：Product.aspx

后台功能代码文件：Product.aspx.cs

（2）相关代码。在 Page_Load 事件中，调用自定义方法 gvBind，显示商品的信息，具体如下：

```
ViewState["search"] = null; //判断是否已点击“查询”按钮
gvBind();//显示商品信息
```

gvBind( )方法，首先从商品信息表中获取商品的信息，然后将获取的商品信息绑定到 GridView 控件中，代码如下：

```
string strSql = "select * from BookInfo";
DataTable dsTable = dbObj.GetDataSetStr(strSql, "BI");
this.gvGoodsInfo.DataSource = dsTable.DefaultView;
this.gvGoodsInfo.DataKeyNames = new string[] { "BookID"};
this.gvGoodsInfo.DataBind();//绑定所有商品的信息
```

当用户输入关键信息后，单击【查询】按钮，将会触发该按钮的事件，在该事件下调用自定义方法 gvSearchBind 方法绑定查询后的商品信息。在此方法中调用 Goods 类的 Search 方法，查询符合条件的商品信息，并将其绑定到 GridView 控件。

```
DataTable dsTable = gcObj.search(this.txtKey.Text.Trim());
this.gvGoodsInfo.DataSource = dsTable.DefaultView;
this.gvGoodsInfo.DataKeyNames = new string[] { "BookID" };
this.gvGoodsInfo.DataBind();
```

在 GridView 控件的 PageIndexChanging 事件下，实现分页功能，如果选择了“查询”功能则调用 gvSearchBind( )方法绑定查询后的商品信息。

```
gvGoodsInfo.PageIndex = e.NewPageIndex;
if (ViewState["search"] != null)
```

```
    {  gvSearchBind();//绑定查询后的商品信息}
    else
    {  gvBind();//绑定所有商品信息}
```

单击【删除】按钮将会触发 GridView 控件的 gvGoodsInfo_RowDeleting 事件，将该商品从商品信息表中删除。

```
int IntBookID = Convert.ToInt32(gvGoodsInfo.DataKeys[e.RowIndex].Value); //获取商品代号
string strSql = "select count(*) from Detail where BookID=" + IntBookID;
SqlCommand myCmd = dbObj.GetCommandStr(strSql);
//判断商品是否能被删除
if (Convert.ToInt32(dbObj.ExecScalar(myCmd)) > 0)
  {  Response.Write(ccObj.MessageBox("该商品正被使用，无法删除！"));   }
else
  { //删除指定的商品信息
    string strDelSql = "delete from BookInfo where BookID=" + IntBookID;
    SqlCommand myDelCmd = dbObj.GetCommandStr(strDelSql);
    dbObj.ExecNonQuery(myDelCmd);
    //对商品进行重新绑定
  ……
```

3）修改商品详细信息

（1）相关页面文件。

前台页面设计文件：EditProduct.aspx

后台功能代码文件：EditProduct.aspx.cs

（2）相关代码。单击【详细信息】将会跳转到详细信息页面，在该页面中管理员可以查看商品的详细信息，可以修改商品的详细信息。

在 Page_Load 事件中，绑定商品的类别，在添加商品信息时先选择所属的类别。

```
    ddlClassBind();//绑定商品类别
    GetGoodsInfo();//商品指定商品信息
```

自定义方法 GetGoodsInfo( )从商品信息表获取指定商品的信息，并将其显示在界面。

```
string strSql = "select * from BookInfo where
BookID="+Convert.ToInt32(Request["BookID"].Trim());
SqlCommand myCmd = dbObj.GetCommandStr(strSql);
DataTable dsTable = dbObj.GetDataSetStr(strSql, "BI");
this.ddlCategory.SelectedValue = dsTable.Rows[0]["ClassID"].ToString();//商品类别
//商品名，作者，出版社，市场价等信息
……
```

单击【修改】按钮，将会触发该按钮的事件，在该事件下将修改后的商品的详细信息保存在商品信息表中。

```
int IntClassID = Convert.ToInt32(this.ddlCategory.SelectedValue.ToString());//商品类别号
string strBookName = this.txtName.Text.Trim();                              //商品类别名
//商品名，作者，出版社，市场价等信息
……
//修改数据表中的商品信息
string strSql = "update BookInfo ";
strSql += "set ClassID='" + IntClassID + "',BookName='" + strBookName +
"', BookIntroduce='" + strBookDesc + "'";
strSql += ",Author='" + strAuthor + "',Company='" + strCompany + "',BookUrl=
'" + strBookUrl + "'";
……//其他字段的拼接
strSql += "where BookID=" + Convert.ToInt32(Request["BookID"].Trim());
SqlCommand myCmd = dbObj.GetCommandStr(strSql);
dbObj.ExecNonQuery(myCmd);//执行sql语句
Response.Write(ccObj.MessageBox("修改成功！","Product.aspx"));
```

8.4.4 订单管理模块

订单管理模块主要包括订单的浏览，订单的查询，订单状态的修改和订单的删除功能等，如图 8-18 所示。主要功能的实现下面分别介绍。

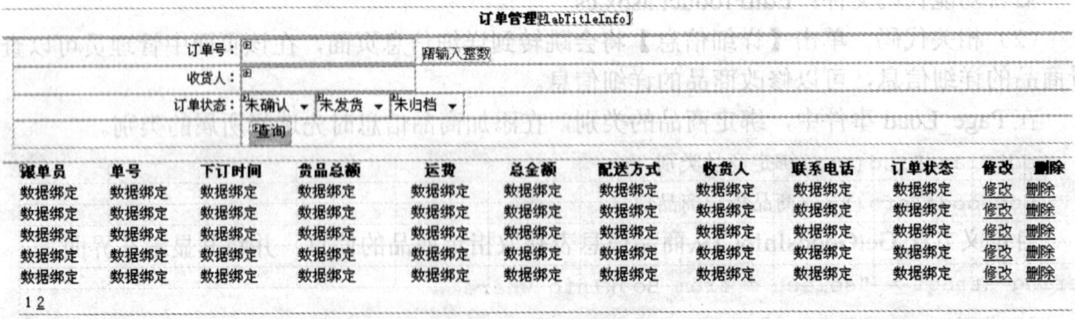

图 8-18 订单管理

1. 浏览订单的实现

（1）相关文件。

前台页面设计文件：OrderList.aspx

后台功能代码文件：OrderList.aspx.cs

（2）相关代码。在 Page_Load 事件中调用自定义方法 pageBind( )用于显示订单，从订单信息表中获取订单信息，然后绑定到 GridView 控件中。pageBind( )代码如下：

```
strSql ="select * from OrderInfo where ";
string strOL=Request["OrderList"].Trim();  //获取Request["OrderList"]对象的值，确定查询条件
    switch (strOL)
         {
             case "00"://表示未确定
                 strSql +="IsConfirm=0";
                 break;
             case "01"://表示已确定
                 strSql +="IsConfirm=1";
                 break;
             case "10": //表示未发货
                 strSql +="IsSend=0";
                 break;
             case "11"://表示已发货
                 strSql +="IsSend=1";
                 break;
             case "20": //表示收货人未验收货物
                 strSql +="IsEnd=0";
                 break;
             case "21": //表示收货人已验收货物
                 strSql +="IsEnd=1";
                 break;
             default :
                 break;
       }
    strSql +="  order by OrderDate Desc";
    //获取查询信息，并将其绑定到GridView控件中
    DataTable dsTable = dbObj.GetDataSetStr(strSql, " OrderInfo");
    this.gvOrderList.DataSource = dsTable.DefaultView;
    this.gvOrderList.DataKeyNames = new string[] { "OrderID"};
    this.gvOrderList.DataBind();
    }
```

2. 查询订单的实现

相关页面文件同上，具体实现如下。

当用户输入订单的关键字，如订单是否处理、订单 ID、客户 ID 等关键字，单击【查询】按钮，将会触发该按钮的单击事件，在该事件下，调用自定义方法 gvSearchBind( ) 绑定查询后的订单信息。gvSearchBind( )方法，首先获取查询的条件，然后调用 Order 类的 ExactOrderSearch 方法，查询符合条件的订单，并将其绑定到 GridView 控件。关键代码如下：

```
//获取关键信息
if (this.txtKeyword.Text != "")
  { IntOrderID = Convert.ToInt32(this.txtKeyword.Text.Trim());          }
if (this.txtName.Text != "")
   {   IntNF = 1;
       strName = this.txtName.Text.Trim();
   }
IntIsConfirm = this.ddlConfirmed.SelectedIndex;
IntIsSend = this.ddlShipped.SelectedIndex;
IntIsEnd =this.ddlFinished.SelectedIndex;
//获取符合条件的查询语句，并将数据信息绑定到GridView控件中
DataTable dsTable = ocObj.ExactOrderSearch(IntOrderID, IntNF, strName,
IntIsConfirm, IntIsSend, IntIsEnd);
this.gvOrderList.DataSource = dsTable.DefaultView;
this.gvOrderList.DataKeyNames = new string[] { "OrderID"};
this.gvOrderList.DataBind();
```

3. 删除订单的实现

相关页面文件同上，具体实现如下。

当用户单击某个订单的【删除】按钮时，首先判断该订单是否被确认或归档，如果没有被确认或已归档，则将该订单从订单信息表和订单明细表中删除。本事件的实现在 GridView 控件的 RowDeleting 事件下编写，gvOrderList_RowDeleting 的关键代码如下：

```
string strSql = "select * from OrderInfo where ( IsConfirm=0 or IsEnd=1 ) and
OrderID=" + Convert.ToInt32(gvOrderList.DataKeys[e.RowIndex].Value);
//判断该订单是否已被确认或归档，如果已被确认但未归档，不能删除该订单
if (dbObj.GetDataSetStr(strSql, "OrderInfo").Rows.Count > 0)
   {//删除订单表中的信息
   string strDelSql = "delete from OrderInfo where OrderId=" +
```

```
Convert.ToInt32(gvOrderList.DataKeys[e.RowIndex].Value);
    SqlCommand myCmd = dbObj.GetCommandStr(strDelSql);
   dbObj.ExecNonQuery(myCmd);
    //删除订单详细表中的信息
    string strDetailSql = "delete from Detail where OrderId=" +
Convert.ToInt32(gvOrderList.DataKeys[e.RowIndex].Value);
    SqlCommand myDCmd = dbObj.GetCommandStr(strDetailSql);
    dbObj.ExecNonQuery(myDCmd);
       }
       else
       {  Response.Write(ccObj.MessageBox("该订单无法删除！"));
          return;
       }
```

4. 修改订单的实现

（1）相关页面如图 8-19 所示。

图 8-19　修改订单

前台页面设计文件：OrderModify.aspx

后台功能代码文件：OrderModify.aspx.cs

（2）相关代码。当用户单击【修改】按钮，将会跳转到订单详细页面，在该页面中，用户可以查看订单信息并可以修改订单信息。在 Page_load( )事件中，调用 GetOdreInfo 方法为 OrderProperty 类对象赋值，包括订单编号、下单时间、商品总金额、商品运费等信息，然后再调用 ModifyBind 方法显示订单状态，调用 rpBind 方法显示订单中详细信息。

自定义方法 ModifyBind，用来显示当前订单的状态。关键代码如下：

```
string strSql = "select IsConfirm,IsSend,IsEnd from OrderInfo where OrderID=" +
Convert.ToInt32(Request["OrderID"].Trim());
      DataTable dsTable = dbObj.GetDataSetStr(strSql, " OrderInfo");
this.chkConfirm.Checked = Convert.ToBoolean(dsTable.Rows[0][0].ToString());
```

```
//是否被确认
this.chkConsignment.Checked = Convert.ToBoolean(dsTable.Rows[0][1].ToString());
//是否已发货
this.chkPigeonhole.Checked = Convert.ToBoolean(dsTable.Rows[0][2].ToString());
//是否已归档
      //对复选框按钮的隐藏，订单状态的顺序为（确认，发货，归档）
      if (this.chkConfirm.Checked == false)
      {   this.chkConsignment.Visible = false;//发货复选框按钮隐藏
          this.chkPigeonhole.Visible = false;//归档复选框按钮隐藏
      }
      else
      {  if (this.chkConsignment.Checked == false)
         {   this.chkConfirm.Enabled = false;  //确认复选框按钮不可用
             this.chkPigeonhole.Visible = false;//归档复选框按钮隐藏
         }
         else
         {   if (this.chkPigeonhole.Checked == false)
             {   this.chkConfirm.Enabled = false;//确认复选框按钮不可用
                 this.chkConsignment.Enabled = false;//归档复选框按钮不可用
             }
             else
             {  this.btnSave.Visible = false;//修改按钮不可见
             }
         }
}
```

自定义方法 rpBind，从订单明细表中获取订单中商品的详细信息，然后，将获取的商品数据绑定到 Repaeter 数据控件中。关键代码如下：

```
      string strSql = "select b.BookID,BookName,Num,HotPrice,TotailPrice,Remark ";
      strSql += "from tb_Detail d,BookInfo b where d.BookID=b.BookID and OrderID=" +
Convert.ToInt32(Request["OrderID"].Trim());
      DataTable dsTable = dbObj.GetDataSetStr(strSql, " BookInfo");
      this.rptOrderItems.DataSource = dsTable.DefaultView;
      this.rptOrderItems.DataBind();
```

当用户修改完订单的状态后，单击【修改】按钮，在 btnSave_Click 事件中修改订单信息表中的订单的状态，关键代码如下：

```
//修改订单表中订单状态
string strSql = "update OrderInfo ";
strSql += " set IsConfirm='" + blConfirm + "',IsSend='" + blSend +
"',IsEnd='" + blEnd + "',AdminID='" + IntAdminID + "',ConfirmTime='" + DateTime.Now
+ "'";
strSql += "where OrderID=" + Convert.ToInt32(Request["OrderID"].Trim());
SqlCommand myCmd = dbObj.GetCommandStr(strSql);
dbObj.ExecNonQuery(myCmd);
Response.Write(ccObj.MessageBox("订单修改成功！", "main.aspx"));
```

8.5 系统测试

系统测试的目的在于发现系统中存在的错误并反馈给开发人员来及时地纠正。测试包括 3 个方面，即设计测试用例、执行被测程序和分析程序结果。

8.5.1 测试方法

测试可以分为“黑盒测试”和“白盒测试”两种。

1. 黑盒测试

黑盒测试也称功能测试或数据驱动测试，它是在已知产品所应具有的功能，通过测试来检测每个功能是否都能正常使用，在测试时，把程序看作一个不能打开的黑盒子，在完全不考虑程序内部结构和内部特性的情况下，测试者在程序接口进行测试，它只检查程序功能是否按照需求规格说明书的规定正常使用，程序是否能适当地接收输入数据而产生正确的输出信息，并且保持外部信息（如数据库或文件）的完整性。

2. 白盒测试

白盒测试也称结构测试或逻辑驱动测试，通过白盒测试能知道产品内部工作过程，可通过测试来检测产品内部动作是否按照规格说明书的规定正常进行，按照程序内部的结构测试程序，检验程序中的每条通路是否都能按预定要求正确工作，白盒测试的主要方法有逻辑驱动、基路测试等，主要用于软件验证。

8.5.2 具体实现

本系统的测试采取“黑盒测试”的方法，选择用例来进行测试，得到的测试结果见表 8-1。

1. 前台用户系统

前台用户系统的主要测试如下所述。

(1)“用户登录与注册”模块。“用户登录与注册”模块的测试用例及结果，见表 8-1。

表 8-1 "用户登录与注册"模块的测试用例及结果

测试场景	涉及页面	输入数据	期望结果	是否成功	建议
用户注册 1	Register.aspx Register.aspx.cs	用户名：shop 密码：123 姓名：张三 性别：女 电话：01089112324 邮箱：shop@163.com 地址：北京 邮编：100000	数据正确无误地写入数据库	是	无
用户注册 2	Register.aspx Register.aspx.cs	用户名：shop 密码：123	跳转到用户已存在界面，不能注册	是	无
用户信息修改	UpdateMember.aspx UpdateMember.aspx.cs	密码：123456 姓名：张三三 性别：男 电话：01089112321 邮箱：shop11@163.com 地址：上海 邮编：100001	数据正确无误地写入数据库	是	无
用户登录 1	LoadingControl.ascx LoadingControl.ascx.cs	用户名：shop 密码：123	进入系统	是	无
用户登录 2	LoadingControl.ascx LoadingControl.ascx.cs	用户名：shop 密码：1234	显示密码错误	是	无

（2）"购物车"模块。"购物车"模块的测试用例及结果见表 8-2。

表 8-2 "购物车"模块的测试用例及结果

测试场景	涉及页面	输入数据	期望结果	是否成功	建议
用户购书	Default.aspx Default.aspx.cs	选购图书"大学语文"和"高等数学"	购物车中添加这两本图书并计算正确价格	是	无
购物车管理	shopCart.aspx shopCart.aspx.cs	将"大学语文"的数量改为 2，更新购物车	数量更新，价格计算正确	是	无

（3）"收银台"模块。"收银台"模块的测试用例及结果见表 8-3。

表 8-3 "收银台"模块的测试用例及结果

测试场景	涉及页面	输入数据	期望结果	是否成功	建议
下订单	checkOut.aspx checkOut.aspx.cs	无	出现所下订单的页面，显示选购图书"大学语文"和"高等数学"，数量与价格正确，购物车图书信息清空	是	无

2. 后台管理系统

管理员子系统的主要测试列举如下。

（1）“商品管理”模块。“商品管理”模块的测试用例及结果见表 8-4。

表 8-4　“商品管理”模块的测试用例及结果

测试场景	涉及页面	输入数据	期望结果	是否成功	建议
添加商品	ProductAdd.aspx ProductAdd.aspx.cs	商品类别号：DZ 商品名称：电子商务教程 商品简介： 主编：张刚 出版社：电子工业出版社 图片：images/dianzi.jpg 市场价：22.00 热销价：20.00 是否打折：T	数据正确无误地写入数据库，在浏览界面中相应的图书信息被增加	是	无
修改商品	EditProduct.aspx EditProduct.aspx.cs	商品类别号：DZ 商品名称：电子商务教程 商品简介： 主编：张一刚 出版社：清华出版社 图片：images/dianzi.jpg 市场价：25.00 热销价：20.00 是否打折：T	在浏览界面中相应的图书信息被修改	是	无
删除商品	Product.aspx Product.aspx.cs	删除图书名称为“电子商务教程”的图书	图书浏览界面中相应的图书信息被删除	是	无

（2）“订单管理”模块。“订单管理”模块的测试用例及结果见表 8-5。

表 8-5　“订单管理”模块的测试用例及结果

测试场景	涉及页面	输入数据	期望结果	是否成功	建议
订单查询	OrderList.aspx OrderList.aspx.cs	在用户界面添加订单，查看订单号，在管理员界面输入订单号	查看订单的详细信息	是	无
订单修改	OrderModify.aspx OrderModify.aspx.cs	将订单的状态修改为“已确认”	登录用户界面发现相应订单的状态改为“已确认”	是	无

8.6　系统安全

如何保证 B2C 电子商务系统交易的安全性、对个人信息提供机密性保障、认证交易双方的合法身份、如何保证数据的完整性和交易的不可否认性等，是 B2C 电子商务系统所需解决的核心问题。

8.6.1 安全需求

一个典型的B2C电子商务系统提高客户的满意度和系统的安全性是电子商务平台的最高目标之一。从技术角度考虑，整个信息网络上，电子商务的安全性主要有如下几个方面。

（1）数据保密性，保证信息不被泄露给非授权的人或实体。

（2）数据完整性，确保网络上的数据在传输过程中没有被篡改，保证数据的一致性。

（3）可用性要求，对网络上的用户进行身份验证，证实是否授权用户。

（4）可控性要求，通过授权控制使用资源的人或实体的使用方式。

（5）不可否认要求，即要求建立有效的责任机制，防止实体否认其行为。

（6）防攻击要求，保证系统软件资源免受病毒的侵害。

8.6.2 具体实现

安全是电子商务生存和发展的命脉，本节重点介绍在电子商务网站建设中需要解决的安全性问题的分析和实际解决方案。

1. 配置服务器

（1）配置 Web 服务器。启用对 Web 应用程序虚拟根目录的匿名访问，Web 服务器创建 Windows 访问令牌来表示使用同一个匿名（或 guest）账户的所有匿名用户。默认匿名账户是 IUSR_MACHINENAME，其中 MACHINENAME 是在安装时为计算机指定 NetBIOS 的名称。将 ASP.NET 账户的密码重置为一个已知的强密码，需要对系统目录下\Microsoft.NET\Framework\v1. 1. 4322 \CONFIG 下的 Machine. config 文件中<processModel>的标签作如下配置：

```
<processModel userName="machine"password="StrongPassword"/>
```

（2）配置数据库服务器。在配置数据库服务器计算机上创建一个与 ASP.NET 进程账户（APS.NET 运行时账户）匹配的 Windows 账户。为自定义 ASP.NET 应用程序账户创建一个 SQL Server 登录。然后再创建一个新数据库用户，并将登录名映射到数据库用户，在该数据库内创建一个新的用户定义的数据库角色，并将数据库用户置于该角色内，建立该数据库角色的数据库权限。

2. 数据库安全

（1）设置安全密码。在管理上，公共用户 sa 设置必须设置安全密码，程序设计编码中不要使用 sa，要用权限较低的普通登录账户；数据库级安全性使用数据库角色和数据库用户来限制使用，登录用户必须对应数据库用户才可以具有访问数据库的权限；数据库对象级的安全是为数据库访问权设置的最后关卡，被授予的权限决定了该用户能够对哪些数据表和视图等对象执行哪些操作，以及能够访问修改哪些数据。可以根据用户的类别来设置相应的权限，例如，商品信息表只能管理员来维护，赋予 insert，update 权限，而普通用户只有 select 权限。

（2）数据库的备份和恢复。SQL Server 提出了 3 种主要的备份策略：只备份数据库；备份数据库和事务日志；增量备份。对数据库进行备份，应综合使用 3 种备份策略，普通的电子商务网站数据库的备份策略如下：根据系统运行的实际情况，周期性地进行全面数据库的备份。如在每天凌晨进行数据库的全面备份；在较短的时间间隔内进行数据库的增量备份，如每 4 小时备份一次；在每两次增量备份之间进行事务日志的备份，如每 30 分钟备份一次。以上工作可以在数据库维护计划中进行有效规划，让系统自动完成，无需管理员人工干预。

3. 用户认证

用户信息存放在数据库中，其中密码信息的存放不能使用明码形式，要使用加密算法进行适当加密，目前网络中用户和商家的密码存储和传输使用较多的是不可逆加密算法——散列函数 MD5。ASP.Net 中的框架下加密实现已经集成于 System.Web.Security 名称空间，名称空间 System.Web.Security 中包含了类 FormsAuthentication，其中的方法 HashPasswordForstoringInConfigFile，只需简单调用即获取结果，其语法格式为：

```
string myPass = System.Web.SeCurity.FormsAuthentication.HashPasswordForStoring
InConfigFile (str, "MD5") ;
//MD5 算法，str 是原串，myPass 是加密串；
```

如使用 MD5 加密，在 ASP.NET 中可以选择 16 位或 32 位。身份认证可以使用同样的方法，也可以在服务器端用 T-SQL 语言结合加密算法进行验证操作。

4. 网站安全

（1）管理页面的认证。为了避免用户未经过认证直接从网址输入文件名称而进入管理页面，解决的方法就是在相关的管理页面上添加以下代码：

```
Void Page_Load(object source, EventArgs e)
{if((string)session["name"]!="admin")
Response.Redirect("default.aspx");
}
```

这段代码表示通过 Session 的 name 这个值是否为管理员账户 admin，如果不是的话就将页面立即转换到首页。因为此段代码是放在 Page_Load 里面，所以页面下载时就要先执行它，如果有人想通过直接输入网址进入这几个页面是不可能的。只要在管理员登录时将 Session["name"]赋值为 admin，也就是管理员账户就行了。Session 的值是可以被所有页面获取的，需要验证管理员身份的页面时检查 Session["name"]的值是不是符合要求。

（2）订单的传送。网站安全还包括对账户书籍订单的保护，这些主要都是和站内网页间的信息传递及值传递有关，管理上要使用基于 SSL 的加密协议 HTTPS；在开发中主要使用了两种传值方法，一种是 get( )方法，另一种是 post( )方法。

第一种 get 方法由于它传递的消息能在 URL 上显示出来，这里把它主要用于图书查询上，如分类查询相关的图书。

第二种 post 方法与 get 最明显的区别就是在 URL 上不显示所传的值，所以安全性比较高，用于传送不想让别人知道的值，如管理员账户等。

另外还可以使用 Session、Application 状态来传数据。这两种状态存储的数据可被整个网站中的页面获取。

8.7 实训任务

1. 实践内容

从以下选题中选择一个主题，在完成第 7 章实践内容的基础上，对所选主题的网站进行系统实现与系统测试。

具体选题如下。

主题 1：鲜花连锁网站，提供各种鲜花的批销和零售，允许同业网站进行加盟销售。

主题 2：宠物玩具公司网站，提供不同宠物实物和虚拟宠物，根据宠物的特殊种类和使用物品进行销售。

主题 3：玩具店，主营销售玩具、礼品、时尚生活家居产品。

主题 4：特殊鞋公司网站，专为特殊体型的人个性定制特殊要求的鞋。

主题 5：其他主题的电子商务网站。

实践要求如下。

（1）系统平台的选择与搭建。

（2）编写系统部分功能开发源代码（参见本章的相关部分源码）。

（3）进行系统测试方案设计和测试。

2. 实践要上交报告

针对以上所选主题，撰写系统的系统实现与系统测试报告。

3. 附录：系统实现与系统测试报告说明

（1）概述。

编写说明：系统采用的开发技术；系统的开发原理；系统的功能模块划分。

（2）系统实现。

编写说明：公共文件的设计；前台用户系统的实现（具体到各个模块）；后台管理系统的实现（具体到各个模块）。

（3）系统测试。

编写说明：前台用户系统和后台管理系统的测试方法及测试案例；测试结论。

第9章 网站推广和管理维护

网站发布之后要经常对网站进行维护，电子商务的特点决定了网站的建设和使用只是网站运行的一个开始，之后的宣传和维护才是要更重视的环节，网站的成功更多的取决于网站的设计、定位、推广等手段。本章主要对网站推广方案的设计、网站推广实践方法、网站评价、网站维护和网站内容管理几个方面的内容进行讲解，相应的实践任务的设计主要为培养学生的网站维护和推广能力，如邮件推广的设计实践、搜索引擎的推广实践等。

9.1 综合推广方案设计

9.1.1 网站推广的阶段性特征

网站运营和推广的不同阶段，网站推广的侧重点和采用的推广方法有所区别，尽管真正意义上的网站推广是在网站发布后进行的，但在规划和建设网站的过程中就有必要制定推广策略，并为网站发布后的推广奠定基础，也就是说网站在规划建设时已经开始进行网站推广工作了。根据网站的不同阶段，网站推广也有不同的特征。

1. 网站策划与建设阶段的推广特点

这一阶段网站还没发布，但“网站推广”非常重要，网站推广在此阶段被忽视，大多数网站在策划和设计中没有考虑和意识到推广网站的问题，到发布后才想到网站优化的问题，这样会浪费人力，更会影响到网站的推广时机。这个阶段的推广实施比较复杂，网站设计和实现的人员更多地注意到网站的艺术视觉效果和功能实现，如果没有网络营销意识的专业人士进行统一协调，网站建立后和最初设计的网络营销导向有很大差异，在此过程中对网站建设技术人员的网络营销专业水平有较高的要求。网站优化的效果需要在网站发布之后得到验证，是否能够真正满足网站推广的需要，有必要对网站做进一步的修正和完善。正是因为这种滞后效应，更加容易让设计开发人员忽视网站建设对网站推广影响因素的考虑。

此阶段网站推广的主要任务是网站总体结构、功能、服务、内容、推广策略等方面的策划方案制订，网站开发设计及其管理控制，网站优化设计的贯彻和实施，网站的测试和发布准备等。

2. 网站发布初期的推广特点

发布期通常指网站正式开始对外宣传到发布后半年左右的时间，网站发布初期的推广特点有以下几个方面：首先，网络营销预算比较充裕，企业的网络营销预算用于网站推广方面的部分通常在网站发布初期投入较多，这是因为一些需要支付年度或季度使用费用的支出通常发生在这个阶段，另外，为了在短期内获得明显的成效，新的网站通常会在发布初期加大推广力度，如发布广告、新闻等。在此阶段网络营销人员有较高的热情，在推广初期往往会尝试各种推广手段，对于网站的访问量会增加较快，如果网站访问量增加慢会影响到推广人员的热情，以至于影响到网站的推广持续性。此阶段的推广也会有一定的盲目性，在采用多种推广方法进行推广后，要评估网站的推广效果，逐步发现适合网站推广的有效方法。根据这些特点要注意在网站推广规划中尝试各种基本推广方法，同时合理进行推广预算，过多的投入可能导致后期的推广资源缺失。

此阶段网站推广的主要任务是常规网站推广方法的实施，尽快提升网站的访问量，获得尽可能多的用户对网站的了解。

3. 网站增长期的推广特点

经过网站的初期，网站拥有了一定的访问量，这个阶段仍然需要保持推广持续性，并分析前期推广效果，发现适合的推广方法。此阶段网站推广要有一定的针对性，网站推广的方法会有些变化，一方面是已经购买了年度服务费推广服务如分类目录登录等处于持续发挥效果的阶段，为了继续获得稳定的增长，要采用有针对性的手段。此阶段网站推广的目标将从用户认知向用户认可转换，网站得到了一定数量的新用户，如果用户重访网站获得信息和服务，网站要对新用户和老用户的特点进行分析，将其访问转换为吸引其交易。此阶段如果没有进一步的推广举动，可能用户访问量维持在较低水平，从而限制了网站的最终推广。

此阶段网站推广的主要任务是常规网站推广方法效果的分析，制定和实施更有效果的、针对性更强的推广方法，重视网站推广效果的管理。

4. 网站稳定期的推广特点

网站进入发展稳定期一般需要一年或更长时间，稳定期的网站访问量增长速度较慢，如果网站访问量有较大的下滑，需要找到问题原因，采取有效措施。网站推广的工作在此阶段要将工作的重点由外转向内部，也就是将面向吸引新用户为重点的网站推广转向维持老客户，主要将专业知识和资源面向网站运营的内部，网站发展到稳定期并不意味着推广工作的结束，保持网站的稳定和新的增长是一项艰巨长期的任务。

此阶段网站推广的主要任务是保持用户数量的相对稳定，加强内部运营管理和控制工作，提升品牌和综合竞争力，为网站用户增长工作做准备。

9.1.2 制定网站推广计划

企业网站是以网络营销为导向，以信息发布、产品介绍、在线销售、顾客服务、提升品牌形象等为主要目的。建立商务网站的要有尽可能多的人浏览，以达到进一步商务交易的目的，通过网络实现营销目标，网站是开展网络营销的一种资源，但不是网络营销的归宿，为企业搭建好网站，绝对不代表帮助企业实现了建站目标。网站建立、测试和发布后，如果不进行推广就不能达到建站的目的。要想让更多的用户在短时间能知道自己的站点，必须利用一定技巧进行大量有效的宣传和推广，推广的形式可以包括网站注册、广告推广、邮件推广、搜索引擎推广和其他媒体推广等。

在进行商业网站的推广前，要制定网站的推广计划，网站推广计划要和整个企业的发展规划密切相关，企业网站推广计划也是网站建设规划的重要组成部分，其内容和网站的结构、网站的内容、网站的类型等有密切的关系。

在进行商务网站的宣传推广前，制定推广计划非常重要，如果没有良好的策划，很难给用户良好的印象。做网站推广计划时可以参考关于网络推广方法的调查数据。如 CNNIC 发布的关于用户得知新网站的主要途径。

网站推广计划和整个企业的发展规划是相关的，网站的结构、信息的内容也同样和推广计划有关。与完整的网络营销计划相比，网站推广计划比较简单，然而方法更具体，一般来说要包括以下内容。

1. 确定自身定位分析及阶段性目标

确定网站推广的阶段性目标，如在发布后一年内实现每天独立访问用户量、与竞争者相比的相对排名、在主要搜索引擎的表现、网站被链接的数量、注册用户数量等。

确定自身定位要根据企业发展的整体规划和目前网站制作情况进行细致的分析，确定网站的定位，应该对企业网站进行商务定位，明确网站的位置，进一步分析自己的电子商务模式，分析同行业的市场竞争情况，根据市场调研数据对同行业的网站进行综合分析，利用一些图表进行对比，再对自己网站进行分析，确定自己网站的特色和竞争优势，确定自己网站短期和长期的推广计划。

2. 推广规划

在网站发布运营的不同阶段采用不同的网站推广方法，最好详细列出网站推广各个阶段的具体推广方法，如登录搜索引擎的名称、网络广告的主要投放形式和投放媒体的选择及需要投入的详细预算。

3. 网站效果评价和优化

网站推广策略的控制和效果评价，如阶段推广目标的控制、推广效果的评价指标等，对网站推广计划的控制和评价是为了发现推广中的问题，保证推广活动的有效和顺利进行。

从网络营销管理的角度来定义网站访问量统计分析，是指通过对用户访问网站的情况进行统计、分析，从中发现用户访问网站的规律，并将这些规律与网络营销策略相结合，从而发现目前网络营销活动中可能存在的问题，并为进一步修正或重新制定网络营销策略提供依据。

网站的具体诊断有：网站结构诊断，关注网站结构是否合理、是否高效和方便，是否符合用户的习惯；页面诊断，确定代码是否简单、页面是否清晰、页面容量是否合适、页面色彩是否恰当；访问系统分析，进行统计系统的安装、来路分析、地区分析、访问者分析、关键词分析；推广策略诊断，关注网站推广策略是否有效、是否落后、是否采用复合推广策略。根据网站诊断进行整合推广，根据前期的推广效果，整合各种资源调整进一步的策略，同时不断关注网络的变化，开发新的推广手段。使用 Internet 上的新技术随时把握商机。推广计划制定好后应该有步骤有计划的执行，但在执行中要根据市场和用户的反应情况及时进行调整。

4. 网站推广案例

某销售花卉和纪念品的企业，建立一个网站的目的是宣传和推广公司所经营的各种产品，并能够实现网上订购的功能，此案例经过简化，实际工作中根据每个网站的实际情况可以不照搬这些内容，仅供参考。网站计划分为几个部分，此部分是第一年的网站推广计划，在一年中又分 4 个不同阶段，包括网站规划、网站发布、网站增长期、网站稳定期几个部分，其主要推广内容包括以下几部分。

（1）制定推广目标：计划在网站发布一年后，网站的访问量和注册用户等基本指标有所提高，独立访客达到 20 000 人，注册用户 10 000 人，网站邮件订阅人数 3 000 人。与竞争者相比的相对排名提高、在主要搜索引擎的 PR 值有所提升、网站被链接的数量达到 50 个。

（2）网站规划和建设阶段：在网站的结构、网站的信息内容、网站的网页描述等细节，约定对搜索引擎优化有利的设计内容，便于将来推广时被搜索引擎收录（列举出主要栏目网页的 Mate 标记，关键词等细节约定）。

（3）网站发布初期的推广方法选择：登录主要搜索引擎和分类目录（这里列出具体网站名单、登录入口及具体登录的网页内容描述、关键词、分类等）；与部分行业网站建立网站交互链接；在部分媒体和行业网站发布企业关于营销活动的新闻；购买和使用一两个通用网站或网络实名。

（4）网站增长期：企业网站的访问量提升后，可以在相关行业网站投放网络广告，在专业的电子刊物投放广告，与部分网站进行资源交互共建合作关系。广告的投放要包括：广告的投放栏目和投放网站的选取列表，广告形式、费用预算和评价方法选取等细节列举。

（5）网站稳定期：订阅宣传，制定营销优惠方案的实施内容，如优惠券的发送。进行行业网站的评比；增加网站内容，如建立与企业核心产品相关的信息栏目，组织行业人士发布各种知识文章，以辅助网站推广。

（6）网站推广效果评价计划，通过具体的网站评价工具，对网站的推广实施效果进行跟踪和分析，定期进行如流量统计等工作，进行网络营销诊断，调整网站推广投入的比重，在效果明显的网站推广方法中加大二期投入。

9.2 网站推广实战

9.2.1 网站推广方法概述

作为电子商务网站，主要以营销为目的，如果让顾客购买商品，首先就应该让顾客了解商品。体现商品价值就像广告宣传一样，如果很多人知道、了解网站，那么，随之而来的也就是经济效益。如何推广一个规范的网站，并且迅速提高访问量，在电子商务时代树立新的公司形象，带来新的订单是现阶段所有公司面临的挑战。

根据主要网站推广工具，网站推广的基本方法也可以归纳为几种：搜索引擎推广方法、电子邮件推广方法、资源合作推广方法、信息发布推广方法、病毒式营销方法、快捷网址推广方法、网络广告推广方法、综合网站推广方法等。

1. 搜索引擎推广方法

搜索引擎推广是指利用搜索引擎、分类目录等具有在线检索信息功能的网络工具进行网站推广的方法。由于搜索引擎的基本形式可以分为网络蜘蛛型搜索引擎（简称搜索引擎）和基于人工分类目录的搜索引擎（简称分类目录），因此搜索引擎推广的形式也相应地有基于搜索引擎的方法和基于分类目录的方法，前者包括搜索引擎优化、关键词广告、竞价排名、固定排名、基于内容定位的广告等多种形式，而后者则主要是在分类目录合适的类别中进行网站登录。随着搜索引擎形式的进一步发展变化，也出现了其他一些形式的搜索引擎，不过大都是以这两种形式为基础。

搜索引擎推广的方法又可以分为多种不同的形式，常见的有：登录免费分类目录、登录付费分类目录、搜索引擎优化、关键词广告、关键词竞价排名、网页内容定位广告等。从目前的发展现状来看，搜索引擎在网络营销中的地位依然重要，并且受到越来越多企业的认可，搜索引擎营销的方式也在不断发展演变，因此应根据环境的变化选择搜索引擎营销的合适方式。

2. 电子邮件推广方法

以电子邮件为主要的网站推广手段，常用的方法包括电子刊物、会员通信、专业服务商的电子邮件广告等。基于用户许可的 E-mail 营销与滥发邮件不同，许可营销比传统的推广方式或未经许可的 E-mail 营销具有明显的优势，如可以减少广告对用户的滋扰、增加潜在客户定位的准确度、增强与客户的关系、提高品牌忠诚度等。根据许可 E-mail 营销所应用的用户电子邮件地址资源的所有形式，可以分为内部列表 E-mail 营销（简称内部列表）和外部列表 E-mail 营销（外部列表）。内部列表也就是通常所说的邮件列表，是利用网站的注册用户资料开展 E-mail 营销的方式，常见的形式如新闻邮件、会员通信、电子刊物等。外部列表 E-mail 营销则是利用专业服务商的用户电子邮件地址来开展 E-mail 营销，也就是电子邮件广告的形式向服务商的用户发送信息。

3. 资源合作推广方法

通过网站交换链接、交换广告、内容合作、用户资源合作等方式，在具有类似目标网站之间实现互相推广的目的，其中最常用的资源合作方式为网站链接策略，利用合作伙伴之间网站访问量资源进行合作，互为推广。每个企业网站都拥有自己的资源，这种资源可以表现为一定的访问量、注册用户信息、有价值的内容和功能、网络广告空间等，利用网站的资源与合作伙伴开展合作，实现资源共享，共同扩大收益的目的。

在这些资源合作形式中，交换链接是最简单的一种合作方式，调查表明也是新网站推广的有效方式之一。交换链接或称互惠链接，是具有一定互补优势的网站之间的简单合作形式，即分别在自己的网站上放置对方网站的 Logo 或网站名称并设置对方网站的超级链接，使得用户可以从合作网站中发现自己的网站，达到互相推广的目的。交换链接的作用主要表现在几个方面：获得访问量、增加用户浏览时的印象、在搜索引擎排名中增加优势、通过合作网站的推荐增加访问者的可信度等。一般来说，每个网站都倾向于链接价值高的其他网站，因此获得其他网站的链接也就意味着获得了合作伙伴和一个领域内同类网站的认可。

4. 信息发布推广方法

将有关网站推广信息发布在其他潜在用户可能访问的网站上，利用用户在这些网站获取信息的机会实现网站推广的目的，适用于这些信息发布的网站包括在线黄页、分类广告、论坛、博客网站、供求信息平台、行业网站等。信息发布是免费网站推广的常用方法之一，尤其在互联网发展早期，网上信息量相对较少时，往往通过信息发布的方式即可取得满意的效果，不过随着网上信息量爆炸式的增长，这种依靠免费信息发布的方式所能发挥的作用日益降低，同时由于更多更加有效的网站推广方法的出现，信息发布在网站推广的常用方法中的重要程度有所下降，因此依靠大量发送免费信息的方式已经没有太大价值，不过一些针对性、专业性的信息仍然可以引起人们极大的关注，尤其当这些信息发布在相关性比较高的网站时。

5. 病毒式营销方法

病毒式营销方法并非传播病毒，而是利用用户之间的主动传播，让信息像病毒那样扩散，从而达到推广的目的，病毒式营销方法实质上是在为用户提供有价值的免费服务的同时，附加上一定的推广信息，常用的工具包括免费电子书、免费软件、免费 Flash 作品、免费贺卡、免费邮箱、免费即时聊天工具等可以为用户获取信息、使用网络服务、娱乐等带来方便的工具和内容。如应用得当，病毒式营销手段往往可以以极低的代价取得非常显著的效果。

6. 快捷网址推广方法

快捷网址推广方法是合理利用网络实名、通用网址及其他类似的关键词网站快捷访问方式来实现网站推广的方法。快捷网址使用自然语言和网站 URL 建立对应关系，这对于习惯于使用中文的用户来说提供了极大的方便，用户只需输入比英文网址更加容易记忆的快捷网址就可以访问网站，用自己的母语或其他简单的词汇为网站“更换”一个更好记忆、更容易体现品牌形象的网址，例如，选择企业名称或商标、主要产品名称等作为中文网址，这样可以大大弥补英文网址不便于宣传的缺陷，因此在网址推广方面有一定的价值。随着企业注册快捷网址数量的增加，这些快捷网址用户数据相当于一个搜索引擎，这样，当用户利用某个关键词检索时，即使与某网站注册的中文网址并不一致，也可能被用户发现。

7. 网络广告推广方法

网络广告是常用的网络营销策略之一，在网络品牌、产品促销、网站推广等方面均有明显作用。网络广告的常见形式包括：BANER 广告、关键词广告、分类广告、赞助式广告、E-mail 广告等。BANER 广告所依托的媒体是网页，关键词广告属于搜索引擎营销的一种形式，E-mail 广告则是许可 E-mail 营销的一种。由此可见，网络广告本身并不能独立存在，需要与各种网络工具相结合才能实现信息传递的功能，因此可以认为网络广告存在于各种网络营销工具中，只是具体的表现形式不同。将网络广告用户网站推广，具有可选择网络媒体范围广、形式多样、适用性强、投放及时等优点，适合于网站发布初期及运营期的任何阶段。

8. 综合网站推广方法

除了前面介绍的常用网站推广方法之外，还有许多专用性、临时性的网站推广方法，如有奖竞猜、在线优惠券、有奖调查、针对在线购物网站推广的比较购物和购物搜索引擎等，有些甚至采用建立一个辅助网站进行推广。

有些网站推广方法别出心裁，有些网站则采用有一定强迫性的方式来达到推广的目的，如修改用户浏览器默认首页设置、自动加入收藏夹，甚至在用户计算机上安装病毒程序等。真正值得推广的是合理的、文明的网站推广方法，应拒绝和反对带有强制性、破坏性的网站推广手段。

9.2.2　搜索引擎推广

1. 搜索引擎推广定义

根据近期调查数据分析，搜索引擎是用户得知新网站的主要途径，国际互联网市场数据分析表明，网站访问量 80%以上来源于搜索引擎。搜索引擎广告被称为性价比最高的在线广告，已成为目前互联网市场普遍低迷的状况中独特的亮点。网站推广最主要的途径就是搜索引擎。向搜索引擎上进行网址加注，提高网站访问量，可以快速扩大知名度。现在中国网民利用率最高的搜索引擎有 Google、百度、Yahoo!、Sogou 等。

像 Google 这样的搜索引擎，企业不必担心如何将网站加到里面，因为该类网站使用软件自动在网络上搜寻网页。企业网站需要做的是尽量优化网站，满足被搜索引擎收录的要求，以便使自己的网站在搜索结果中的排名尽量靠前。而对于像 Yahoo 这样的分类目录型的搜索引擎，需要依靠用户人工提交注册信息，并依赖搜索引擎的管理员来增加索引的数目。对于这类搜索引擎，必须根据浏览者对关键字的拼写和查找习惯，提交有效的关键字和关键字组合。所以推广网站一定要做好在这些搜索引擎上的登录。

搜索引擎推广是指利用搜索引擎、分类目录等具有在线检索信息功能的网络工具进行网站推广的方法。由于搜索引擎的基本形式可以分为网络蜘蛛型搜索引擎（简称搜索引擎）和基于人工分类目录的搜索引擎（简称分类目录），因此搜索引擎推广的形式也相应地有基于搜索引擎的方法和基于分类目录的方法，前者包括搜索引擎优化、关键词广告、竞价排名、固定排名、基于内容定位的广告等多种形式，而后者则主要是在分类目录合适的类别中进行网站登录。随着搜索引擎形式的进一步发展变化，也出现了其他一些形式的搜索引擎，不过大都是以这两种形式为基础。

2. 搜索引擎推广模式

搜索引擎推广的主要模式包括：搜索引擎优化、免费登录分类目录、付费登录分类目录、付费关键词广告、关键词竞价排名、关键词广告和网页内容定位广告。

1）搜索引擎优化

搜索引擎营销（Search Engine Marketing，SEM）在网站推广的作用举足轻重，一个商业网站以其核心关键词在主流搜索引擎中获得自然排名优先，在激烈竞争、信息过度膨胀的商业社会，有着重要的价值。真正的搜索引擎优化 SEO（Search Engine Optimize）是通过采用易于搜索引擎索引的合理手段，使网站对用户和搜索引擎更友好（Search Engine Friendly），从而更容易被搜索引擎收录和优先排序。SEO 是一种搜索引擎营销指导思想，不仅仅是对 Google 的排名，搜索引擎优化工作贯穿于网站规划、建设、维护全过程的每个细节，值得网站设计、开发和推广的每个参与者了解 SEO 的意义。

搜索引擎优化的内容可以归纳为几个方面，网站关键词策略、网站栏目结构和网站导航系统优化；网页布局；网页格式和网页 URL 层次；网站的链接策略。

搜索引擎优化优秀案例

阿里巴巴网站是国内最早进行搜索引擎优化的电子商务网站，2005 年竞争力发布的《B2B 电子商务网站诊断研究报告》中，它被评为唯一一个满分，阿里巴巴网站（china.alibaba.com）被 Google 收录的中文网页高达 5 320 000 个（2006 年）。阿里巴巴网站的网页质量比较高，潜在用户容易通过搜索引擎的检索发现阿里巴巴网站的商业信息，从而为用户带来更多的商业机会，因此它获得了大量的访问量和更多的用户。

阿里巴巴之所以能够做到高质量的搜索引擎优化水平，主要包括：网站栏目设计结构和层次合理、网站的分类信息合理、将动态网页做静态化处理、每个网页都有对应的标题、网页标题含有有效的关键词、合理安排网页内容信息量和有效关键词设计等。另外每个 META 标签有专门的设计。正是看似简单的细微之处做到专业化，才使得阿里巴巴网站的搜索引擎优化成效显著。阿里巴巴网站的专业性已经渗透到每个网页、关键词甚至是每个 HTML 代码。

2）关键词策略

搜索引擎优化的核心是关键词策略，根据潜在的客户和目标客户在搜索引擎中找到目标网站时输入关键语句，产生了关键词的概念，这是整个搜索引擎优化的核心，也是整个搜索引擎营销必须围绕的一个核心。网站建设规划中，确定核心关键词，再围绕核心关键词进行排列组合，产生关键词组或短语。核心关键词是网站经营范围，如产品或服务名称、行业定位，以及企业名称或品牌名称等。

（1）选择关键词的技巧。

① 站在客户的角度考虑。潜在客户在搜索产品时会使用什么关键词？

② 将关键词扩展成一系列词组或短语。在单一词汇基础上进行扩展，如：网站规划—网站建设—网站推广—网站管理。可以通过百度的“相关搜索”或 Google 提供的“Keywordsandbox”工具进行关键词匹配和扩展。如图 9-1 所示。如果是英文关键词，可以利用搜索引擎 overture 的著名工具 Keyword Suggestion Tool 工具对关键词进行检测，可以看看要确定的关键词在 24

小时内被搜索的频率，因为最好的关键词是那些没有被广泛滥用并且有众多用户进行搜索的词。这里可使用 Google AdWords（http://adwords.google.com ）关键词工具查询特定关键词的常见扩展匹配及查询。使用百度关键字工具（http://www2.baidu.com/inquire/dsquery.php）查询特定关键词的常见查询、扩展匹配及查询热度。

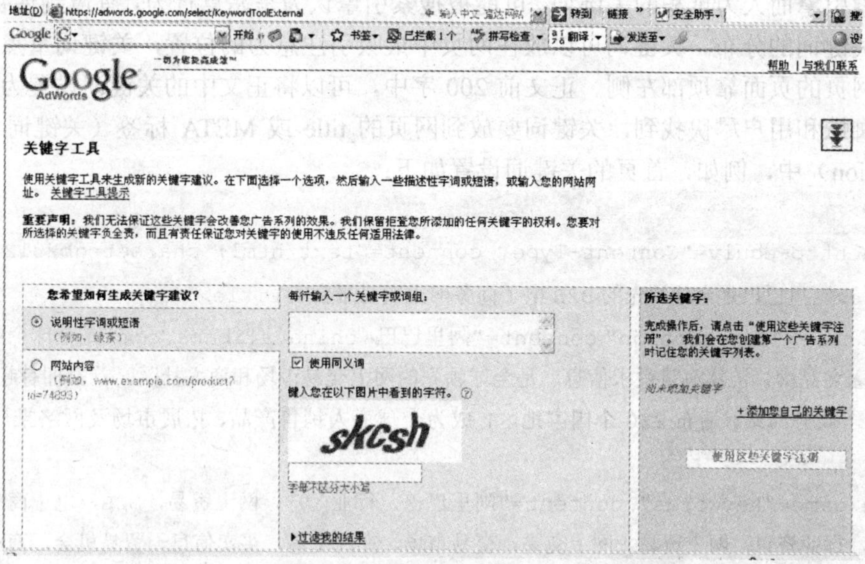

图 9-1 Google 关键词推广工具

③ 进行多重排列组合。改变关键词短语中的词序以创建不同的词语组合，可以使用不常用的组合，可以组合成一个问句，可以包含同义词、比喻词、常见的错误拼词，可以包含网站所销售商品的商标或品名，可以使用更多的两个或三四个字的组合。

④ 使用公司名或产品的品牌名或使用地理位置作为关键词，地理位置对于服务于某个地域的企业网站更重要，如果业务范围只是本地，则选取的关键词组上可以在关键词前加上地区名称，如“北京网站建设”。

⑤ 意义太泛的关键词尽量避免。为了准确找到需要的信息，用户搜索时会使用具体词汇及组合来寻找信息，而不是使用那些太泛的关键词，如用户搜索“包装机械”时，不会用“机械”或“包装”作为搜索关键词。若关键词使用太宽泛的词可能意味着网站要和其他更多的网站竞争排名，这样较难取胜。

⑥ 查询竞争对手的关键词。通过回顾竞争者的关键词，可帮助找到遗漏的词组，但寻找别人的关键词只是对已经选好的关键词进行补充。查看竞争对手的关键词的方法可以通过在 IE 浏览器中打开竞争者网站的目标网页，然后选择菜单“查看”|“源文件”查看<meta name="keywords" content=”后面的文字（网页关键词）>。还可以使用站长工具进行关键词排名或关键词密度检测查询，如在中国站长网（http://tool.chinaz.com/KeyWords/）进行查询。

⑦ 控制关键词的数量。一般一个网页中的关键词最多不要超过 3 个，如果确实有大量的关键词要呈现，可以分散到与它有密切关联的其他页面中，一般首页的关键词要与其他网页的关键词有所区分，典型情况是拥有不同的产品和服务的情况下，对每个产品进行单页关键词优化，不是简单地罗列在首页。一页中关键词的出现不是根据内容的需要而设定，而是为了适应搜索引擎而人为堆积的关键词，可能被搜索引擎认为是恶意行为，有遭到惩罚的危险。

（2）关键词的分布。关键词可以放在网页中最吸引注意力的位置，关键词重点分布的位置包括：网页的页面靠顶部左侧、正文前 200 字中，可以将正文中的关键词设置为黑体，这样有利于蜘蛛和用户尽快找到，关键词要放到网页的 title 或 META 标签（关键词 keywords 和 description）中，例如，首页的关键词设置如下：

```
<head>
<meta http-equiv="Content-Type" content="text/html; charset=gb2312"/>
<title>阿里巴巴是全球领先的 B2B 电子商务网上贸易平台</title>
<meta name="description" content="阿里巴巴（china.alibaba.com）是全球企业间（B2B）电子商务的著名品牌，汇集海量供求信息，是全球领先的网上交易市场和商人社区。首家拥有超过 1 400 万网商的电子商务网站，遍布 220 个国家地区，成为全球商人销售产品、拓展市场及网络推广的首选网站" />
<meta name="keywords" content="阿里巴巴，行业门户，网上贸易，B2B，电子商务，内贸，外贸，批发，行业资讯，网上贸易，网上交易，交易市场，在线交易，买卖信息，贸易机会，商业信息，供求信息，采购，求购信息，供应信息，加工合作，代理，商机，行业资讯，商务服务，商务网，商人社区，网商" />
```

商品信息页的关键词示例如下：

```
<title id="vi_fdev_title">阿里巴巴批发市场 全球领先的网上批发市场</title>
<meta name="description" id="vi_fdev_cdes" content="阿里巴巴批发网上贸易市场汇集各行业批发信息，有春夏季热点批发如热销品、价格及品牌区，有饰品、护肤美容、服装、鞋、帽、箱包批发信息，有数码计算机、家居百货、礼品、玩具、汽车用品批发信息，有家装材料、五金工具小额批发信息，阿里巴巴批发市场是全球商人拓展市场及网络推广的首选之地" />
```

除了在导航、站点地图中出现关键词，它也可以出现在超文本链接的文本中。关键词也值得进行友情链接时使用。如中国鲜花连锁、鲜花销售联盟。

由于搜索引擎不能抓取图片，因此在图片的 alt 属性中可以加入关键词，这样有利于搜索引擎排名。如图片代码<img scr="images/book13_002.jpg" width="258" alt="电子商务网站建设">，其中在 alt 属性中加入了关键词“电子商务网站建设”。

3）链接策略

链接是网站的灵魂，用户通过超级链接获得网站的内容，搜索引擎蜘蛛是沿着一个网站的页面链接跟踪深入，从而完成对网站内容信息的抓取。决定一个网站排名的关键一般是外部有多少高质量的链接指向此网站，这就是外部链接，Yahoo、Google 和 MSN 的网页排名算法中对外部链接的重视程度非常高，而从网站引向其他网站的外部链接及网站内部页面之间的彼此链接也对排名带来或多或少的影响。不过要注意的是对于任何搜索引擎来说，网站的内容相关性是重要的因素，网站链接仅处于次要地位，而且搜索引擎不把链接广度作为考虑被外部网站链接的唯一因素，同时还要考察外部链接的质量，如网站访问量和链接网站的相关程度，一个高质量的网站链接的重要程度高过于多个低质量的链接效果，因此建立链接广度并不是不加取舍地与众多网站建立链接关系。可以通过站长工具检测网站的友情链接情况，如图 9-2 所示，是在 Tool 站长工具上查询到的外部链接情况。

tool.chinaz.com				
	百度收录：7530000	百度今日收录：58200	百度首页位置：1	PageRank 6　PR输出值：0.41
	出站链接：20个	图片链接：1个	文字链接：20个	百度快照：2011-1-15
	反向链接：20个	图片链接：1个	文字链接：19个	出站链接中有0个没有本站链接 [点击查看]

序号	站点/链接地址	百度相关		PR	百度快照	对方链接是否有本站的链接？
		总收录	首页位置			
1	站长之家 | www.chinaz.com	168000	1	7	2011-1-27	有反链 链接词：站长工具 外链数：68
2	站长论坛 | bbs.chinaz.com	1270000	1	6	2011-1-28	有反链 链接词：站长之家 外链数：50
3	站长交易 | jy.chinaz.com	19600	1	4	2011-1-28	有反链 链接词：站长之家 外链数：16
4	源码下载 | down.chinaz.com	29200	1	6	2011-1-28	有反链 链接词：站长之家 外链数：35
5	站长素材 | sc.chinaz.com	39000	1	6	2011-1-28	有反链 链接词：站长之家 外链数：48
6	免费统计 | www.cnzz.com	1670	1	7	2011-1-28	有反链 链接词：站长之家 外链数：32
7	主机网 | www.cnidc.com	3780	1	6	2011-1-28	有反链 链接词：站长资讯 外链数：18
8	主机之家 | www.idc123.com	3170	1	5	2011-1-28	有反链 链接词：域名删除时间查询 外链数：55

图 9-2　tool.chinaz.com 的外部链接情况

4）搜索引擎注册

搜索引擎注册也称为“搜索引擎加注”、“搜索引擎登录”等，是将网站基本信息（尤其是 URL）提交给搜索引擎的过程，搜索引擎注册是最经典、最常用的网站推广手段方式。目前，对于技术性搜索引擎（如百度、Google 等），通常不需要自己注册，只要网站被其他已经被搜索引擎收录的网站链接，搜索引擎可以发现并收录链接的网站。如果网站没有被链接，或者希望自己的网站尽快被搜索引擎收录，那就需要自己在搜索引擎提交网站。免费的注册搜索引擎的注册页面有百度（http://e.baidu.com/）、Google（www.google.com/addurl.html）等。

5）分类目录搜索引擎对网站推广有较大的营销价值

通过分类目录获取网站基本信息的真实性相对较高，网站信息经过人工审核，避免了网站描述信息的虚假性，网站登录到重要的分类目录上是体现一个网站品牌形象的一种方法，当然，网站信息的真实性是相对的，信息只能在一定时期内有效，网站内容的变化很难在分类目录中得到及时更新。分类目录的网站信息可以作为行业分析和竞争者分析的样本来源，在同一个目录下收录的具有相关行业特征的同类网站，由于这些网站并不是按照搜索引擎常用网页的级别排名的，网站的排列具有分散性，这样对网站抽样进行行业分析更具有代表性，很多调查公司的调研是通过分类目录进行的抽样，不是通过搜索引擎关键词抽样的。由于在大型分类目录网站登录可以获得 PR 值（PageRank，网页的级别技术）方面的作用，PR 值作为搜索结果中网页排名的依据之一（可以通过 http://pr.chinaz.com/查询网站的 PR 值），分类目录对网站在其他基于超级链接分析的技术性搜索引擎中增加排名优势是有帮助的。高质量的分类目录获得潜在用户，分类目录进行排序有自己设定的规则，这样就可能为一些专业优化设计水平不高的网站提供被用户发现的机会。

尽管分类目录对网站推广有很大作用，但对于技术型搜索引擎而言，分类目录也存在对用户获取信息的明显缺点，分类目录收录的网页数量是有限的，通常一个网站只能收录一个网址的标题或摘要信息，即使可能收录一个网站多个栏目的首页，但收录网页数量也有限，不能收录网站的全部重要信息。用户查找信息是要根据目录逐级单击查询，无法满足用户超出这些信息范围的检索内容，为用户提供的信息也是有限的。网站信息有实效性，分类目录的更新问题很难解决，使得有些信息低效，这成为分类目录无法克服的严重缺陷之一，对分类目录的营销价值有很大影响。

（1）登录分类目录。登录分类目录是网站建成后非常重要和基础的工作，尤其是登录几大主要分类目录，其重要性不在于访问者是否通过目录链接找到需要推广的网站，而主要在于通过这些目录网站可以获得重要的、高质量的外部链接，这对于提高搜索引擎排名十分重要。搜索引擎分类目录即搜索引擎人工分类目录，对于中文网站有几个重要的分类目录：开放式目录 ODP、Yahoo、门户搜索引擎目录（搜狐、网易、新浪）。可以通过免费或付费两种方式登录。

付费登录搜索引擎（Paid Inclusion）：付费登录包括普通登录和固定排名，一般按年付费，网站在付费之后立即登录目录，无须等待和受到其他因素的影响，门户搜索引擎的搜索程序也比较偏重对自身目录数据的抓取。

图 9-3 ODP 分类目录

分类目录注册有一定的要求，需要事先准备好相关资料。如网站名称、网站简介、关键词等，由于各个分类目录对网站的收录原则不同，需要实现对每个计划不同的分类目录进行详细的了解，并准备相应的资料。另外，有些分类目录是需要付费才能收录的，在提交网站注册资料后，还需要支付相应的费用才能实现在线推广。

免费登录分类搜索引擎，著名的有全球最大的开放式目录库 Open Directory Project（ODP：www.dmoz.org，登录界面见图 9-3），其宗旨是建立网上最全面和权威的目录，以及建立一个被公众认为高质量的资源库，全球志愿编辑选择高质量内容的网站被核准进入分类目录。其他重要免费分类目录包括 Yahoo、Google 目录，登录成为网站推广的重要环节。

（2）登录 ODP 案例：登录 ODP 是免费的，但要接受较为严格的人工审核和较长时间的等待，并且最后可能网站不能成功登录，还要经过反复提交的过程。

登录要完全遵守 DMOZ 登录条款，注意以下登录技巧。

① 确保网站是原创而并非镜像和复制，如果网站的内容涉嫌复制或镜像并非原创，DMOZ 会拒绝收录，如果网站已经收录，DMOZ 也会将其从目录中剔除。

② 网站经过充分测试可以正确浏览，无错误链接，并且所有栏目都有相关内容，不是“网站建设中”。网站质量高，提供合法的、对用户有价值的内容和服务。

③ 确保网站提交到正常的目录，选择合适的分类目录及子目录是网站提交的核心，很多网站登录失败是因为提交选择目录不正确。在提交网站前，必须了解整个目录，最好也了解一下竞争者的网站放到哪个目录下。

④ 提交信息要正确并且简捷，要使用正确网站标题，对于网站说明信息，尽量不要用满 150 个字符的指标，能用 20～30 个字符对网站简要描述可能会更受审阅人的欢迎。

⑤ 不要多次重复提交网站，因为编辑是根据网站提交日期的顺序进行处理的，一个目录下会有许多等待人等候审批，审批最快也要 2 周时间，如果网站规模很大，可以尝试将不同内容的网页分别向 DMOZ 的相应目录提交。记下提交日期及目录，这些信息可能对要询问提交的网站处理状态或再次提交时有用。

一旦 DMOZ 收录了网站，很快可以被 Google、Lycos、Netscape 等大型搜索引擎和门户网站收录。

3. 搜索引擎广告策略

搜索引擎优化是基于搜索引擎自然检索的推广方法，并不是每个网站都可以通过搜索引擎优化获得足够的访问量，尤其是在激烈竞争的行业中，大量的企业网站都在争夺搜索引擎检索结果中有限的用户注意力资源，付费搜索引擎广告因其更加灵活和可控性高等特点受到企业的认可，2007 年搜索引擎广告市场实现高速发展，年同比增长率由 2006 年的不足 50% 快速增加到超过 100%，市场规模接近 30 亿元人民币，搜索引擎广告实现爆发式增长。促使其高速发展的原因在于中国总体经济环境的快速发展，网站和网页数量的猛增，广告主对搜索引擎营销的日益熟悉及基于搜索引擎的营销手段日趋完善；业内人士眼中最具广告投放价值的网络平台包括百度、谷歌在内的搜索引擎营销平台，由于其广告的精准投放、投放费用相对低廉、广告效果的高可评价性，使其在性价比、效果评价等方面具有较强的竞争优势。同时，垂直媒体网站和综合门户网站也受到业内人士青睐，选择比例分别达到 21.6%和 17.1%，分列第二、三位。

付费搜索引擎广告的常见形式有百度的竞价排名、Google AdWords（关键词广告）及部分搜索引擎在搜索结果上的定位广告等，中文搜索引擎的服务市场中百度和 Google 是主流，其中百度竞价排名和 Google 的关键词广告在形式上有差异，但实际上都是基于关键词检索相关内容的搜索引擎广告形式。

百度竞价排名（http://jingjia.baidu.com）是一种按照效果付费的网络推广方式，用少量的投入可以给企业带来大量的潜在客户，有效提升企业销售额。竞价排名推广模式是一种按照点击付费的营销模式，是它有别于其他网络推广方式的最主要特点之一。人们在百度搜索时，在搜索引擎的检索结果后会出现[推广]字样，这些信息就是百度提供的竞价排名推广服务。客户网站在关键词搜索结果页面上的排名位置以竞价方式决定。如图 9-4 所示，客户在关键词搜索结果页面上的推广位置，根据客户自愿为其网站每点击一次所付出的费用的多少而定。

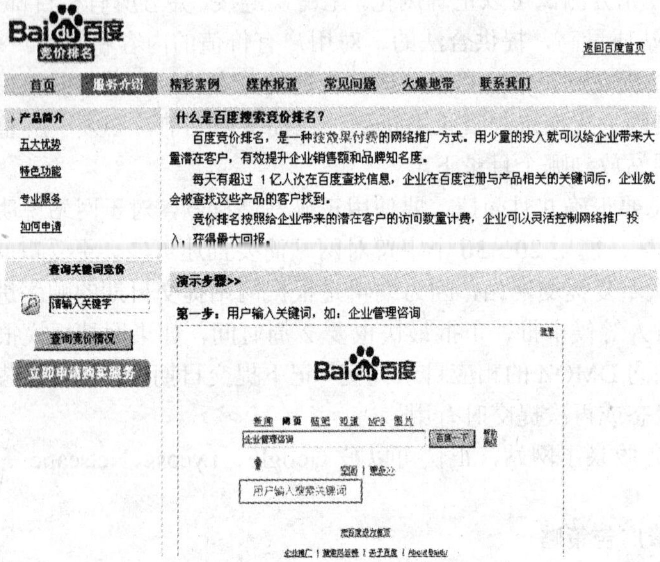

图 9-4　百度竞价排名

Google 的关键词广告一般出现在搜索引擎的右侧，并标注“赞助商链接”字样，如图 9-5 所示。目前 Google 关键词广告在每个搜索结果页面展示数量最多为 8 条，默认的每页自然检索结果为 10 条。

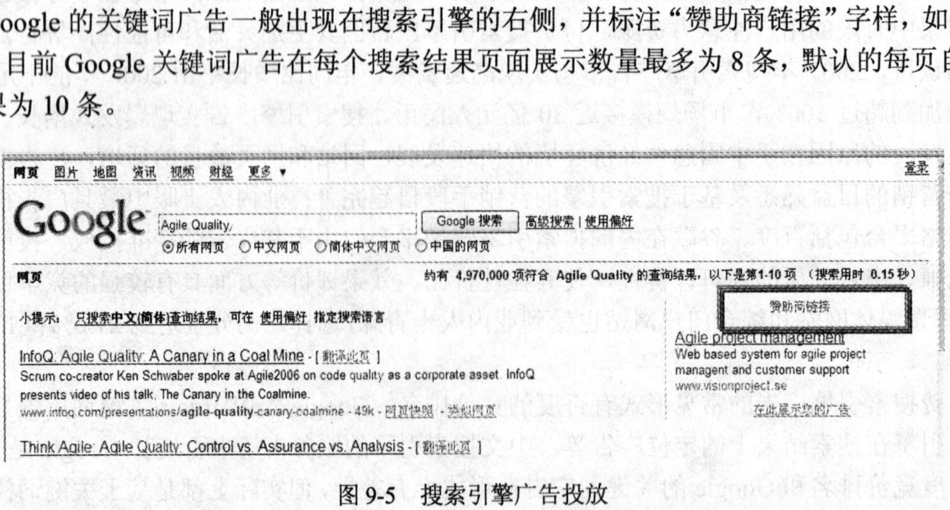

图 9-5　搜索引擎广告投放

另外，新浪网作为全球最大的中文门户网站拥有品牌知名度，是全世界华语网民云集之地。网站内容的精品质量得到网民的普遍认可。新浪固定排名也有其优势，点击才付费、价格低及客户可一次购买多个与其业务相关的关键词，让更多用户有机会了解其网站。

案　例

网上花店的关键词选择，网上订购鲜花的竞争比较激烈，搜索引擎关键词广告是网上花店常用的手段，首先要认真考虑关键词的选取，与鲜花销售有关的关键词很多，有些关键词如“鲜花网”等用户检索量很大，但不见得是最好的选择，如果遇到特殊季节和节日，“情人节+鲜花订购”可能成为季节性的最热关键词，这些词汇和热门词汇每次点击的价格也相对较高，如何从大量通用性和热门的关键词中选择价格适中但又能带来客户的关键词，在百度提供的相关关键词检索和竞价排名点击价格就可以作为重要参考依据。

许多鲜花网店选择“鲜花+城市”作为广告关键词投放，但是这个竞价广告的竞争也越来越激烈，要得到好的排名位置，其价格越高，对于关键词的选定可以从其他角度进行组合。

9.2.3　交互链接

网站之间的资源合作也是互相推广的一种重要方法，其中最简单的合作方式为交换链接。网站其他合作还有内容共享、资源互换、互为推荐等，尽管形式和操作方法各不相同，但其实质是在拥有一定营销资源的情况下通过合作达到共同发展的目的。

搜索引擎将其他网站的链接数量也作为决定一个网站排名的一项指标，通过交换链接，被其他网站链接的机会越多，越有利于推广。尤其对于大多数中小网站来说，这种推广手段是一种常用的而且是有一定效果的方法。

交换链接或称互惠链接、互换链接、友情链接等，是具有一定互补优势的网站之间的简单合作形式，即分别在自己的网站上放置对方网站的 Logo 或网站名称，并设置对方网站的超级链接，使得用户可以从合作网站中发现自己的网站，达到互相推广的目的。

和其他的网站建立交互链接是网站推广的重要内容，这种互惠互利的协作方式能够达到获得更多的访问量的目的。而且还能起到在搜索引擎排名中增加优势，以及互相推荐，资源互补的作用。通过交互链接能够获得访问量、增加用户浏览时的印象，通过合作网站的推荐增加访问者的可信度，还可以在搜索引擎排名中增加优势。不过关于交换链接的效果，业内还有一些不同看法，有人认为网站可以从链接中获得的访问量非常少，也有人认为交换链接不仅可以获得潜在的品牌价值，还可以获得很多直接的访问量。

一般来说互相链接的网站在规模上比较接近，内容上有一定的相关性或互补性，只有经过对方的认可才可能将网站列为合作对象。交换链接的意义超出了是否可以直接增加访问量这一范畴，比增加访问量更重要之处在于业内的认知和认可。

有的网站罗列许多毫无关联的网站，也有不少网站根本没有相关网站的链接。这两种情况在网站链接中都有些极端。要想建立高质量的友情链接，给企业带来效益，需注意以下几点。

1. 确定合理的链接数量

做多少个链接才算足够？这主要与网站所在领域的状况有关。一个专业性特别强的网站，内容相关或有互补性的网站可能非常少，有可能做到的交换链接的数量自然也比较少。反之，大众型的网站可以选择的链接对象就要广泛得多。

2. 认真选择链接网站

选择链接网站，需要考虑链接网站的内容和规模，如果相关网站中有必要做链接的网站都在友情链接名单中，而且还有一些别人所没有的，但又是有价值的合作网站，那么就应该认为链接工作很有成效。链接网站的质量（访问量、相关度等）也是评价互换链接的重要参数，在考虑链接网站时可以参考该网站的 PR 值的大小。

链接网站的选择要考虑该网站的知名度及该网站的性质与主题是否与要宣传的站点一致。每建立一个链接对象都相当于给企业找了一个合作伙伴，网站的经营者应该对合作伙伴的状况做出分析，看是否有必要互做链接。如从事建材的销售网站，合作伙伴可以是油漆、涂料公司等。不要链接无关的网站，不要以为链接的网站数量越多越好，无关的链接对自己的网站没有什么正面效果，相反，大量无关的或低水平网站的链接，将降低高质量网站的信任，严重影响网站的声誉。

与行业网站的链接，也是十分重要的。作为企业的网站，通常要在所在行业的一些商业门户网站建立合作，交换友情链接，这样可以增加商业机会。

3. 图片链接要恰到好处

交换链接有图片和文字链接两种主要方式，如果采用图片链接（通常为网站的 Logo），由于各网站的标志千差万别，即使规格可以统一（多为 88×31 像素），但是图片的格式、色彩等与自己网站风格很难协调，影响网站的整体视觉效果。这样的图片交互链接不仅不能为被链接方带来预期的访问量，对自己的网站也产生了不良影响。建议不要在网站首页放过多的图片链接，根据网站的布局，5 幅以下应该不算太多。

4. 防止无效链接的出现

在建立了大量的友情链接之后，当用户去访问这些链接时，却出现错误链接，这会破坏网站的形象。很多合作网站要进行改版，原来的路径已经不再有效，使得原来的文件的名称或路径改变，有的网站可能关闭了，这样都会导致出现错误。因此一定要定期地对网站链接进行系统性的检查，防止网站无效链接的出现。

同搜索引擎注册一样，交换链接一旦完成，也具有一定的相对稳定性，不过，还是需要回访友情链接伙伴的网站，看对方的网站是否正常运行，自己的网站是否被取消或出现错误链接。由于交换链接通常出现在网站的首页上，错误的或无效的链接对自己网站的质量有较大的负面影响。如果发现对方遗漏链接或其他情况，应该及时与对方联系，如果某些网站因为关闭等原因无法打开，在一段时间内仍然不能恢复的时候，应考虑暂时取消那些失效的链接，可以备份相关资料，也许对方的问题解决后会联系，要求恢复友情链接。同样的道理，为了合作伙伴的利益着想，当自己的网站有什么重大改变，或者认为不再合适作为交换链接时，也应该及时通知对方。

此外，新网站每天都在不断诞生，交换链接的任务也就没有终了的时候，当然，在很多情况下，都是新网站主动提出合作的请求，对这些网站进行严格的考察，从中选择适合自己的网站，将合作伙伴的队伍不断壮大和丰富，对绝大多数网站来说，都是一笔巨大的财富。

9.2.4　网络广告

1. 网络广告的基本概念定义

（1）网络广告市场规模。中国网络广告市场规模包括品牌图形、付费搜索、固定文字链、分类广告、富媒体广告和电子邮件等网络广告运营商收入，不包括渠道代理商收入。

（2）品牌网络广告。网络广告分为品牌广告和付费搜索广告，其中品牌广告包括品牌图形广告、固定文字链广告、分类广告、富媒体广告和电子邮件广告等形式。

品牌图形广告主要包括按钮广告、鼠标感应弹出框、浮动标识/流媒体广告、画中画、摩天柱广告、通栏广告、全屏广告、对联广告、视窗广告、导航条广告、焦点图广告、弹出窗口和背投广告等形式。

富媒体广告，指由 2D 及 3D 的 Video、Audio、HTML、Flash、DHTML、Java 等组成效果，这种广告技术与形式在网络上的应用需要相对较多的频宽。它主要包括插播式富媒体广告、扩展式富媒体广告和视频类富媒体广告等形式。文字链广告是以一排文字作为一个广告，点击进入相应的广告页面，主要的投放文件格式为纯文字广告形式。其他形式网络广告主要指数字杂志类广告、游戏嵌入广告、IM 即时通信广告、互动营销类广告等形式。

2. 网络广告的选取和发布

网络广告的形式多样，利用网络广告来推广网站，应该根据网站的特性，定制不同的网络广告。可以在一些影响较大的门户网站、行业网站投放广告，最常见的付费广告是各门户网站的横幅广告，其他方式还有图片广告、Flash 动画广告和弹出式广告等。选择投放广告前要对市场进行调研，做出相应的统计数据，选择访问率高的、与网站经营内容相似的网站进行，对广告的付费方法进行考查，有的广告是按照放映次数收费，有的是按照点击次数付费，有的是按月收费，有的是按实际购买数量收费，要综合考虑选择适合自己网站的方式投放广告。

对于网站广告的制作，要能提高浏览者的点击欲望，吸引浏览者的眼光，图形或文字的整体设计、色彩、图形等动态设计要重点突出，不要喧宾夺主。投放广告后可以要求广告放映商随时提供报告或通过登录网站检测广告访问情况。

网络广告的发布可以通过自设公司网站做广告、建立主页；从外部购买广告时空；专业销售网；公共黄页；行业名录；新闻传播网；网上报纸与杂志等方法实现。

另外一种在线推广方式是与其他商业网站互换广告，当浏览网站时，经常会看到广告信息，或在网站中看到其他网站的 Logo 图标，这也是流行的推广网站的方式，利用这种方式推广，有的也需要一定的广告费用，但也有很多免费的方式。

9.2.5 邮件列表

1. 基本情况

随着 RSS 营销、博客营销等的发展，及时传达信息给用户已经不限于使用电子邮件。但是调查表明，电子邮件营销依然是网络营销最有效的手段。Shop.org 所做的调查表明，86%的网上零售商认为电子邮件营销最有效，58%认为搜索引擎营销最有效，50%认为联署计划有效。消费者调查显示，使用电子邮件营销的网上零售网站能达到 6%～73%的销售转化率。相比之下，没有电子邮件营销的网站平均转化率在 1%左右。

邮件列表（Mailing List）的起源可以追溯到 1975 年，是互联网上最早的社区形式之一，也是 Internet 上的一种重要工具，用于各种群体之间的信息交流和信息发布。早期的邮件列表是一个小组成员通过电子邮件讨论某一个特定话题，一般称为讨论组，现在的互联网上有数以十万计的讨论组。讨论组很快就发展演变出另一种形式，即有管理者管理的讨论组，也就是现在通常所说的邮件列表，或叫狭义的邮件列表。

讨论组和邮件列表都是在一组人之间对某一话题通过电子邮件共享信息，但二者之间有一个根本的区别，讨论组中的每个成员都可以向其他成员同时发送邮件，而对于现在通常的邮件列表来说，是由管理者发送信息，一般用户只能接收信息。因此也可以理解为，邮件列表有两种基本形式：公告型（邮件列表），即通常由一个管理者向小组中的所有成员发送信息，如电子杂志、新闻邮件等；讨论型（讨论组），即所有的成员都可以向组内的其他成员发送信息，其操作过程简单来说就是发一个邮件到小组的公共电子邮件，通过系统处理后，将这封邮件分发给组内所有成员。

邮件列表是 Internet 中非常有用的工具之一，和 Internet 所有成功的服务一样，邮件列表是以一个简单的想法为依据的。如果用户想要向一个人发出一封电子邮件，那么就必须指定一个邮件地址。如果用户希望向不止一个人发送一封电子邮件，那么就可以设置一个特殊的名字（称为“别名”，alias）。考虑在更大范围内的情况，可以想象出一个别名可能包含了几十个或几百个用户的地址，并且都散布于 Internet 的各个地方。任何发送到别名中的信息都会自动地转发给组中的每一位成员。这样，在用户之间可以交谈、争论、帮助他人、讨论问题、共享信息等，只要任何人发送了电子邮件，组中的所有成员都会知道。

利用邮件列表进行电子邮件营销已经成为一种网站推广的方式，当然不经用户许可发送邮件进行宣传是一种不礼貌的行为，建立邮件列表，可以每隔一定时间向用户发送新闻和问候邮件，和用户保持联络，建立信任，从而发展品牌，建立与客户的长期稳定关系。可以通过网站的注册用户的许可发送其订阅的邮件，可以在网站上搞一些评比、竞赛、售后服务等活动，通过收集的用户邮件地址，建立客户地址列表，对参加活动的用户感兴趣的内容发送有效邮件。或选择和网站相关的电子杂志客户发信，可以通过注册邮件列表网站，利用其中的客户资源，选择邮件组发送邮件。

要正确进行电子邮件营销，先了解什么是许可式电子邮件营销？什么又是垃圾邮件？许可式（opt-in）电子邮件营销指的是用户主动要求企业发邮件及相关信息给他。凡是用户没有主动要求接收邮件的都不是许可式电子邮件营销，不建议使用，最常见的用户要求接收邮件的方式是在网站上填写注册表格，订阅电子杂志。网站必须非常清楚地标明，用户填写这个表格就意味着要求网站发邮件给他们，并且同意网站的使用条款和隐私权政策。简单填写注册表格还有一定的风险，可以称之为单次选择进入方式（single opt-in）。现在越来越多的电子邮件营销使用者倾向于使用双重选择性进入方式（double opt-in），也就是说用户填写注册表格后会收到一封自动确认邮件，用户的电子邮件地址还没有正式进入数据库。确认邮件中会有一个确认链接，只有在用户单击了确认链接后，他的邮件地址才正式进入数据库，完成订阅过程。由于确认邮件只有邮件地址所有人本人才能看到和单击确认链接，这就避免了其他人恶作剧，拼写错误，或竞争对手陷害等情况下在注册表格中填写了错误的电子邮件地址。双重进入选择才是目前最保险的许可式电子邮件营销方式。虽然双重进入选择会在一定程度上降低订阅率，但是也可以相应降低退订率，提高邮件数据库质量。

垃圾邮件的判定标准主要是两条：一是收信人没有主动要求；二是邮件内容带有商业推广性质。也就是说在邮件中尝试向收件人推广和销售任何东西的构成垃圾邮件。同时大量发给一个数据库中的收件人，往往是垃圾邮件。但如果只是发给几个人，而且内容不相同，比如是希望与对方进行商业合作，这一般也不算是垃圾邮件。

2. 吸引用户注册邮件列表

电子邮件营销过程的第一步也是最重要的一步，就是吸引用户注册邮件列表，可以通过电子杂志作为吸引用户注册和订阅的手段。而吸引用户注册是整个电子邮件营销中最难的部分，可以使用额外奖励作为注册理由，成功的邮件列表大多使用电子书或类似的方法吸引用户订阅。为订阅者提供一个免费的，能够立即拿到的、有价值的、最好其他地方找不到的额外礼物或好处。例如，最简单也最有效的就是电子书，成本低廉，写好后制作成电子书，分发给用户。当然，网站不一定都局限在赠送电子书的方法上。审视一下自己的网站、产品、库存，确定可以立即提供给注册者的额外好处是什么？比如，免费系列教程、行业报告或白皮书、免费软件、现金优惠券、免费产品试用等。

除了使用额外奖励作为注册理由之外，还需要注意注册表格尽量简单，一般来说除了名字及电子邮件地址，其他都不要询问。注意明显的方式显示隐私权政策，如可以标明“电子书将会 E-mail 到有效邮件地址。我们绝不出租或出售您的信息。您注册了我们的免费电子杂志。您可以在任何时候退订。”另外，要求用户立即确认，用户提交注册表格后所显示的确认或感谢页面上，应该提醒用户立即查邮箱，点击确认邮件中的双重选择性进入确认链接，完成注册程序，才能立即获得所承诺的奖励，如下载电子书。很多时候用户注册以后过一段时间才去查看 E-mail。但是隔的时间越长，用户忘记查看或即使查看了也忘了当初确实有订阅过这份电子杂志的可能性也越大。鼓励和提醒用户立即确认，能有效提高注册转化率。

例如，wilsonweb.com 网站，着重强调礼物及电子杂志本身是免费的。这里突出免费暗含的意思是，这些电子书本来不应该是免费的，本身是有价值的。Wilson 博士提供的注册信息十分简单。

3. 吸引读者打开邮件

邮件的内容不要是一成不变的推销产品或网站，可以提供一些老用户的折扣信息，新用户的优惠券，或新产品相关的普及知识文章等。吸引客户打开邮件是很重要的环节，如图 9-6 所示，最能够促使读者打开邮件的不是促销打折，而是是否知道发件人是谁？是否信任发件人？所以要吸引订阅者打开邮件，首先要让他知道这封邮件是谁发的，而且要想方设法让订阅者记住发件人是谁。在打开邮件前，用户通常只能看到两个信息：发信人及邮件标题。电子邮件营销也只有在这两个地方用心思，促使订阅者打开邮件。图 9-7 所示为吸引客户打开邮件的调查。

图 9-6 wilsonweb.com 电子杂志订阅

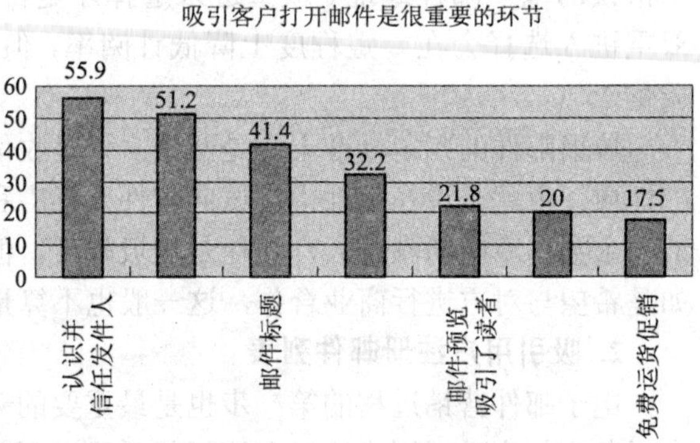

图 9-7 吸引客户打开邮件的调查

相信很多人都接到这样的垃圾邮件，“发信人：李小姐；主题：鲜花邮寄”；“发信人：张先生；主题：合作信息”。用户知道这种邮件是推销邮件可能直接删除。怎样写发信人名称及标题成为邮件营销中要考虑的问题，应该在发信人名称和标题上注意以下几点。

（1）发信人名称使用电子杂志的正式名称，并且保持一贯性，不要轻易改动。如电子杂志叫“时尚月刊”，发信人名称就用“时尚月刊”。订户注册时尚网站时就应该已经注意到这个名称，加上收到确认邮件及每个月定期收到时尚月刊，订阅者自然会记住这个名字，且产生信任感。邮件标题要准确描述邮件的主要内容，避免使用高调的广告用语，用词尽量平实，调查表明，好的标题能使邮件阅读率达到 60%～87%，而不好的标题邮件阅读率只有 1%～14%。

打开率高的邮件标题包括：［公司名称］销售新闻、［公司名称］最新消息（1 月）、［公司名称］2007 年 2 月新闻公告、［时尚］电子杂志 2008 年 3 月等。而打开率很低的邮件标题包括限时促销、情人节大促销、节省 10%、假日优惠券、情人节美容按摩大优惠、礼券大放送等，可以看到，那些直接平实得有点无聊的标题，反倒打开率比较高。当然这也要配合订阅者对公司名称或电子杂志名称的认识度。而促销优惠之类的东西，大家都已经厌倦了，不再关心了。

（2）邮件标题个性化，也就是说在邮件标题中出现订阅者的名字通常能吸引读者注意，大大提高用户友好度。如，lili，时尚月刊祝您生日快乐！可以利用邮件系统将订阅者名字动态插入到标题和正文中，实现个性化。看到个性的邮件标题，读者感受到邮件的发出者对用户的关注和尊重。在可能的情况下，邮件标题最好也能强调邮件内容给用户带来哪些好处。邮件写作必须关注于用户及能给用户带来什么好处。这也适用于邮件标题。比较好的发信人及标题组合例子如“发信人：时尚网；主题：lili，时尚月刊，2008 年第 4 期——草药美容小提示”。

（3）另外，营销邮件的内容不要偏离当初订阅时所承诺的方向。如果注册说明承诺邮件将以小窍门为主，就不要发太多广告。如果承诺是以新产品信息和打折信息为主，就不要发与用户实际上不相关的公司新闻。邮件抬头通常应该首先清楚表明邮件是可以退订的，如，“这不是垃圾邮件，是您订阅的电子杂志，这是‘时尚’电子杂志 2009 年 2 月期。若您不想再继续收到我们的邮件，请点击这里退订。”这段内容必须要放在邮件最上面，让订阅者第一眼就看到，知道收到的是自己订阅过的电子杂志，确保订阅者不会把邮件当作垃圾邮件报告，如果想退订也很简单。在文章正文后，最好有一小段下期内容预告，列出下一期文章内容标题及简介，吸引订阅者期待下一期邮件，尽量减少退订率。

4. 尽量避免被当成垃圾邮件

电子邮件营销人员能做的是尽量减少自己的邮件被当作垃圾邮件的机会。这需要了解主要的垃圾邮件过滤方法。第一种是以触发式过滤算法鉴别垃圾邮件，这样的过滤器通常已经装在电子邮件客户端软件或邮件服务器上。其原理是过滤软件检查邮件的发信人，标题，正文内容，邮件中出现的链接和域名，甚至电话号码，当发现带有明显广告性质，或经常出现已知垃圾邮件的典型特征，则给这封邮件打一定的垃圾邮件特征分数。当分数达到一定数值时，邮件将被标志为垃圾邮件，直接过滤到垃圾邮件文件夹。注意在邮件标题中尽量不出现如￥、$符号，或“免费”、“发票”、“促销”等词汇以避免邮件将被标志为垃圾。第二种方法是以黑名单为基础。有一些创建和维护链接邮件黑名单的组织，专门接受用户的垃圾邮件投诉，如果确认确实是垃圾邮件，黑名单运行者将把发送垃圾邮件的服务器和用户 IP 地址放入黑名单。比较有规模的垃圾黑名单通常都与其他 ISP 及服务器运营商共享黑名单数据库。一旦某个 IP 地址被列入黑名单，世界上很多 ISP 和邮件服务器将拒收来自这个 IP 地址的所有邮件。第三种方法是邮件防火墙。很多大公司的服务器是运行在邮件防火墙之后，这些防火墙会综合使用各种过滤器及黑名单，再加上自行研制的一些算法来鉴别和剔除垃圾邮件。第四种是使用邮件确认。当电子邮件账号收到一封 E-mail 时，这封 E-mail 会首先进入待送达队列中排队，同时自动回复给发信人一封确认邮件。确认邮件中包含有一个确认链接，或标题中包含有一个独特的确认序列号，只有原来的发件人点击确认链接，或回复这封确认邮件，发信人的邮件地址才会被列入白名单，原来所发送的第一封原始邮件才真正被送达到收件箱。

在邮件标题及正文中都尽量少使用敏感的、典型垃圾邮件常使用的词汇，如中文的免费、促销、发票、礼物、折扣等。这些词本身没有什么问题，但要尽量少用，以免触发垃圾过滤算法。少使用惊叹号，减少使用夸张的颜色，尤其是加粗的红色字体。这都是典型的垃圾邮件常用的吸引眼球的方法。如果是英文邮件，不要把很多词完全用大写。

9.2.6 Web 2.0 及网站推广

1. Web 2.0 简述

Web 2.0 是 2003 年之后互联网的热门概念之一，不过目前对什么是 Web 2.0 并没有很严格的定义。一般来说 Web 2.0（也有人称之为互联网 2.0）是相对 Web 1.0 的新的一类互联网应用的统称。Web 1.0 的主要特点在于用户通过浏览器获取信息，Web 2.0 则更注重用户的交互作用，用户既是网站内容的消费者（浏览者），也是网站内容的制造者。Blogger Don 在他的“Web 2.0 概念诠释”一文中提到，“Web 2.0 是以 Flickr、Craigslist、Linkedin、Tribes、Ryze、Friendster、Del.icio.us、43Things.com 等网站为代表，以 Blog、TAG、SNS、RSS、wiki 等社会软件的应用为核心，依据六度分隔、xml、ajax 等新理论和技术实现的互联网新一代模式”。

Web 2.0 是明显区别于 Web 1.0 的，其拥有 Web 1.0 所不具备的特征，如分享、贡献、协同、参与等。这种理念已经改变了现在互联网网站的建设架构，互联网已经不再只是一个媒体，而是一个真正让人参与进去的社区。同时，Web 2.0 不是简单的 Web 1.0 的升级，而是对于互联网建设和商业化运作的根本的革命。这种影响将延伸到互联网之外的其他各行各业中，如市场营销、图书馆、企业级应用等。

Web 2.0 技术主要包括：博客（Blog）、RSS、百科全书（Wiki）、网摘、社会网络（SNS）、P2P、即时信息（IM）等。2007 年是中国 Web 2.0 发展非常迅速的一年，博客、视频分享、网络社区等服务已经成为中国网民上网的主要应用，此外，RSS、维基、微博客等也受到更多的关注。Web 2.0 的进一步成熟表现在网民应用上，还表现在越来越多的企业或个人开始将 Web 2.0 作为一种网络营销的新工具，一些营销案例已经成为经典。但中国的 Web 2.0 发展依然存在政策的不确定性、商业模式及赢利模式的缺乏等问题，这影响着未来发展方向。

中国的 Web 2.0 发展处于快速发展的时期，根据艾瑞 iUserTracker 的数据监测显示，博客、社区、网络视频等 Web 2.0 服务已经成为中国网民上网的主要应用之一，中国 Web 2.0 的快速发展体现在用户的增长，而且体现在对 Web 2.0 营销的理解愈来愈深刻，一些营销案例已成为 Web 2.0 营销的经典。

根据艾瑞咨询 2007 年年底进行的网络大调研数据显示，中国网民在使用 Web 2.0 服务时已体现了相当的互动性。如有 44.1%的被调查者表示经常在他人的博客上留言；有 46.8%的被调查者曾经上传过网络视频等。互动性的逐渐提高和加强，必将推动基于互动的网络营销。

2007 年，社区类服务在国内得到非常多的宣传，视频分享、博客的热度有所降温。社区是 2007 年全球及中国互联网市场的关键词。美国的 Facebook 推出 Facebook 平台，Google 推出 OpenSocial，微软购入 Facebook 股份。在国内，MySpace 进入中国，人人网继续在国内网络交友市场占有稳定份额，谷歌与天涯社区宣布合作，推出相应网络社交服务，Facebook 据传欲进入中国。iUserTracker 调查 2007 年 12 月中国主要网络应用覆盖人数比例，见表 9-1。Web 2.0 所包含的协作、知识分享的思想还没有在国内互联网普及开来，尤其是在非 IT 领域。

表 9-1　2007 年 12 月主要网络应用覆盖人数比例

排　名	网络服务	覆盖人数比例/%
1	即时通信	80.7
2	搜索引擎	79.6
3	博客	76.8
4	电子邮件	74.7
5	社区交友	71.9
6	新闻资讯	68.5
7	知识搜索	65.0
8	视频分享	62.2
9	C2C 购物	58.1
10	财经资讯	57.7

2. Blog 营销

1）博客定义

因语言原因，博客在中国有着很多解释，可以指代博客服务或产品，也可以指代博客用户，还可以指代编写博客的动作，这里指博客产品或服务。博客产品指的是网络中专门为网民编写个人日志的服务器空间，主要分为两大类，一类是如新浪、搜狐等基于 Web 页面式的博客产品，这类服务使用门槛较低，只需用户注册便可立即使用。另一类需要用户使用专门的博客软件，这类产品的个性化服务更多、更强，但对用户的要求更高。

Blog 公认是 PeterMerholz 在 1999 年才命名的。博客以网络日记的内容展现，通常是公开的，因此可以理解为一种个人思想、观点、知识等在互联网上的共享。博客具有知识性、共享性和自主性等特征。

2）博客的发展

最早的博客应该就是万维网的发明人蒂姆·贝纳斯·李（Tim Berners-Lee），他开设的第一个网站 http://info.cern.ch（已经不存在）实际上就是第一个博客网站，因为里面的内容就是列出所有出现在网上的各类网站。而后的 1993—1996 年间，NCSA 和网景的“What’s New”栏目，也有着博客网站的雏形。博客真正的历史可以从 20 世纪 90 年代中后期开始。

（1）第一阶段萌芽阶段（20 世纪 90 年代中期到 90 年代末期，或者称为启蒙期），有人认为 1994 年 Justin Hall 声名狼藉的“网上日记”可以算早期的博客形式，这个家伙在网上及时发布他对吸毒、做爱的赤裸裸体验，吸引了不少眼球。有人说 1998 年 Jesse James Garrett 发表在 Camworld 的网络旅行日记，从此博客成为一种新的潮流。但更多的人认为博客最正宗的源头还是 Pyra（就是现在 Blogger.com 的前身），这是一家很小的软件公司，3 个创始人为了开发一个复杂的“群件”产品，以博客方式保持彼此的沟通与协同。1999 年 8 月，在网上免费发布了 Blogger 软件，从此，博客队伍开始迅速繁衍开来。此阶段主要是一批 IT 技术迷、网站设计者和新闻爱好者，不自觉、无理论体系的个人自发行为，还没有形成一定的群体，也没有具备一种现象的社会影响力。

（2）第二阶段初级阶段（2000—2006 年，或称为崛起期。），2000 年博客开始成千上万涌现，并成为一个热门概念。9·11 事件使人们对于生命的脆弱、人与人沟通的重要、最即时最有效的信息传递方式有了全新的认识。一个重要的博客门类：战争博客（WarBlog）因此繁荣起来。目前全世界自觉实践的博客数量，已经达到 50 万～100 万之众。除了美国，英国、匈牙利，德国等欧洲国家的博客也形成声势。亚洲也开始感受到博客的动态。

（3）第三阶段成长阶段（2006 年，或称为发展期），作为一种新的媒体现象，博客的影响力有可能超越传统媒体；作为专业领域的知识传播模式，博客将成为该领域最具影响力的人物之一；作为一种社会交流工具，博客将超越 E-mail、BBS、ICQ（IM），成为人们之间更重要的沟通和交流方式。

中国博客在 2007 年被称为“中国的博客营销元年”，其商业价值得到了认可。通过 IResearch 调查，2008 年 1—10 月中国典型的网络服务月度覆盖情况看，网页搜索、博客和电子邮件在参与人数上排在前列。2007 年，中国博客月度覆盖人数超过 1 亿人，并保持月度持续增长。各种围绕博客的商业化动作更为成熟，也有了一些专业的机构来进行博客营销的价值评估。中国的博客商业化是以网络广告为代表。随着博客媒体化、社区化价值的的挖掘，博客商业化的进程将进一步加快。

3）博客营销

博客营销的概念并没有严格的定义，简单来说就是利用博客这种网络应用形式开展网络营销。博客营销是一种基于个人知识资源（包括思想、体验等表现形式）的网络信息传递形式。博客营销的基础问题是对某个领域知识的掌握、学习和有效利用，并通过对知识的传播达到营销信息传递的目的。博客营销可通过企业博客、营销博客等展开，企业博客、营销博客一般来说都是个人行为，当然也不排除有某个公司集体写作同一博客主题的可能，从写作内容和出发点方面看，企业博客或营销博客具有明确的企业营销目的，博客文章中或多或少会带有企业营销的色彩。

进行博客营销时需要从多方面进行考虑。艾瑞咨询分析认为，可以参考以下几方面因素。

（1）理解什么是博客？企业管理者或营销策划者需要亲自参与到博客的使用中，了解基本的博客产品和服务。很多企业在做博客营销时，单方面围绕自己的产品或活动来写内容，客户不一定对这种话题感兴趣，在博客营销时要关注用户参与创造这一核心内容。

（2）了解进行博客营销的目的是什么？判断哪些博客营销方式符合自己的要求。

（3）了解自己的产品在网络环境中的情况。通过市场调研，判断自己产品用户群的基本情况，如个人基本属性、互联网使用习惯。

（4）了解自己企业在新媒体营销中的投资预算。

注意博客营销是以博客的个人行为和观点为基础的，利用博客来发布企业信息的基础条件之一是具有良好写作能力的人员（Blogger），博客信息的主体是个人，博客在介绍本人的职务、工作经历、对某些热门话题的评论等信息的同时对企业也发挥了一定的宣传作用，尤其是在某领域有一定影响力的人士，他们所发布的文章更容易引起关注。通过个人博客文章内容提供读者了解企业信息的机会，如公司最新产品的特点及其对该行业的影响等。具有营销导向的博客需要良好的文字表达能力为基础，企业的博客营销依赖于拥有较强的文字写作能力的营销人员。

企业网站的内容是相对死板的产品信息，而博客文章内容题材和形式多样，因而更容易受到用户的欢迎。通过在企业网站上增加博客，以个人的角度从不同层面介绍与公司业务相关的问题，这样可以在为用户提供更多的信息资源的同时，增强顾客关系和提升顾客忠诚度，对于消费群体众多的企业网站更加有效，如电子产品、服装、金融保险等领域，因此企业的博客营销要与企业网站内容策略相结合。

合适的博客环境是博客营销良性发展的必要条件，要发挥企业网站博文的长久的价值，需要坚持长期利用多种发布渠道发布尽可能多的企业信息，如何能促使企业的博客们有持续的创造力和写作热情，是博客营销策略中要考虑的问题。博客营销活动是属于企业的，如果所有的文章都代表公司的官方观点，如企业新闻或公关文章，那么博文就失去了个性特色，很难获得读者的关注，也就失去了信息传播的意义。若博文中只是代表个人观点，也达不到传播企业信息的作用，培养一些有思想的员工进行写作，文章首先在企业内部进行传阅测试，然后再发布在博客社区中。

博客营销的案例

Oracle 的 podcasts 节目和博客社区

Oracle 在营销领域一直热衷于新技术的应用。2005 年 4 月 Oracle 制作了一个 podcasts 节目，内容是技术专家讨论公司的技术和应用，放在 Oracle Technology Network 的 podcasts 中心，用户可以自由下载到桌面或 MP3 播放器中。同时，Oracle 还拥有一个大的博客社区，目前有 60～79 篇博客文章都是由 Oracle 的客户和合作伙伴发布的，讨论他们如何使用公司的技术产品。Oracle 还计划改用第三方提供的博客系统以加大博客的利用，但是要测量这些新技术的投资收益比较困难，Oracle 使用网页浏览数指标来判断博客达到的沟通效果，以及通过 podcast 的下载量等进行效果评估（资料来自 http://www.jingzhengli.cn）。

3. 社会网络服务

1）SNS 观念和发展

SNS 全称是 Social Networking Service，中文直译是“社会网络服务”，SNS 在大众眼中已经成为与网络交友同义的概念，但实际上 SNS 已经远远超越单纯的社会网络服务的概念，通过参与者自主创造的内容与平台体系，SNS 的应用已经能够扩展到互联网上的多个层面。SNS 在当前更多地被定义为 SNS 网站，这些网站大都拥有具有共同属性的用户，如共同的兴趣爱好，共同的价值观等，并且大多以关注某一类内容的垂直社区为主，如书籍、音乐、购物、餐饮、知识分享等。

SNS 在当前更多地被定义为 SNS 网站，这些网站大都拥有具有共同属性的用户，如共同的兴趣爱好，共同的价值观等，并且大多以关注某一类内容的垂直社区为主，如书籍、音乐、购物、餐饮、知识分享等。

中国 SNS 技术的发展处在起步期，SNS 类网站（Social Networking Site）主要是网络交友类站点，这也是为什么有很多人把 SNS 网站等同于交友类网站的原因。SNS 类型的交友网站的理论基础是六度分割理论，其精髓是“你和任何一个陌生人之间所间隔的人不会超过 6 个，也就是说，最多通过 6 个人你就能够认识任何一个陌生人。”SNS 交友模式是通过朋友去认识朋友的传递型模式。如图 9-8 所示。交友网站以一种传递的模式形成一个一个的私人圈子，在中国这类网站通常交际者寻找的是商业上的伙伴或商业机会，如“联络家”、“占座网”。传统交友网站遵循的是辐射式的交友模式，寻找的是通常生活上的朋友或伴侣，如“世纪佳缘交友网”。

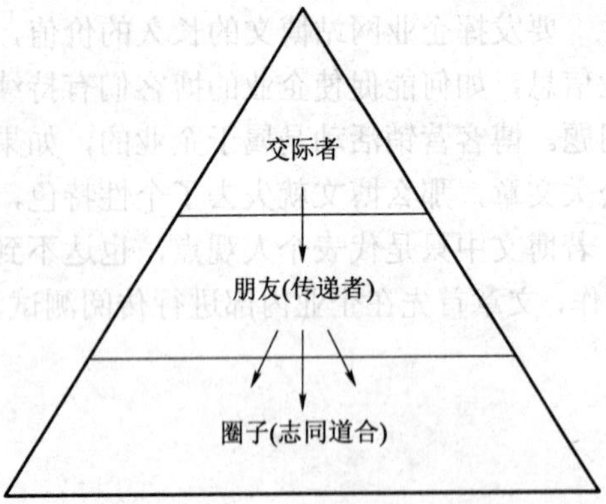

图 9-8 SNS 交友模式

网络社区是指包括论坛（或 BBS）、贴吧、公告栏、群组讨论、在线聊天、交友、个人空间、无线增值服务等形式在内的网上交流空间，同一主题的网络社区集中了具有共同兴趣的访问者。论坛和聊天室是网络社区中最主要的两种表现形式，在网络营销中有着独到的应用。网络社区可以增进和访问者或客户之间的关系，也可能直接促进网上销售。网络社区就是社区网络化、信息化，简而言之就是一个以成熟社区为内容的大型规模性局域网，涉及金融经贸、大型会展、高档办公、企业管理、文体娱乐等综合信息服务功能需求，同时与所在地的信息平台在电子商务领域进行全面合作。网络社区用户指登录社区浏览帖子或发表言论的网络社区的网民。

中国网络社区进入快速发展是 2005 年以后，中国网络社区出现了细分化的特征，内容涉及互动交友、多媒体娱乐、网游、网购等。资源与服务进一步整合，使得网络社区在中国未来网络营销中价值潜力最大，一些垂直化的社区聚集了极高的人气，高黏度可得到广告主的青睐，可通过技术手段挖掘到更多的用户行为信息，为基于 Web 2.0 的 SNS 营销打下坚实基础。

中国网络社区未来营销价值将会很大，网络社区一般都会提供 5 个方面的信息资源：计算机网络、体育健身、游戏动漫、时尚生活和人文情感，还有一些个别网络社区的特别的功能，如发短消息、参加社区活动和街道活动。

2）网络社区作用

通过其他网络社区进行营销的同时，可以建立自己的网上社区，为网络营销提供直接渠道和手段，网站社区的主要作用如下。

（1）可以与访问者直接沟通，容易得到访问者的信任，如果网站是商业性的，可以了解客户对产品或服务的意见，访问者很可能通过和网站的交流而成为真正的客户，因为人们更愿意从了解的商店或公司购买产品；如果是学术性的站点，则可以方便地了解同行的观点，收集有用的信息，并有可能给自己带来启发。

（2）为参加讨论或聊天，人们愿意重复访问网站，因为那里是和他志趣相投者聚会的场所，除了相互介绍各自的观点之外，一些有争议的问题也可以在此进行讨论。

（3）作为一种顾客服务的工具，利用 BBS 或聊天室等形式在线回答顾客的问题。作为实时顾客服务工具，聊天室的作用已经得到用户认可。

（4）可以与那些没有建立自己社区的网站合作，允许使用自己的论坛和聊天室，当然，那些网站必须为进入社区建立链接和介绍，这种免费宣传机会很有价值。

（5）建立了论坛或聊天室之后，可以在相关的分类目录或搜索引擎登记，有利于更多人发现网站，也可以与同类社区建立互惠链接。

（6）方便进行在线调查。无论是进行市场调研，还是对某些热点问题进行调查，在线调查都是一种高效廉价的手段。在主页或相关网页设置一个在线调查表是通常的做法，然而对多数访问者来说，由于占用额外的时间，大都不愿参与调查，即使提供某种奖励措施，参与的人数可能仍然不多，如果充分利用论坛和聊天室的功能，主动、热情地邀请访问者或会员参与调查，参与者的比例一定会大幅增加，同时，通过收集 BBS 上顾客的留言也可以了解到一些关于产品和服务的反馈意见。

在互联网发展的早期，网上专业的商业社区还比较少的情况下，一些 BBS、新闻组和聊天室曾经是重要的营销工具，一些早期的网络营销人员利用网络社区发现了一些商业机会，甚至取得了一些成就。但是，网络社区营销的成功概率是非常低的，尤其是作为产品促销工具时。另外，随着互联网的飞速发展，网络社区的营销功能事实上已经在逐渐淡化，在向着增加网站吸引力和顾客服务等方向发展。

4. 其他 Web 2.0 营销市场

1）RSS 及网摘

（1）网摘，又名“网页书签”，起源于一家（Del.icio.us）美国网站，自 2003 年开始提供一项叫作“社会化书签”（Social Bookmarks）的网络服务，网友们称之为“美味书签”（Delicious 在英文中的意思就是“美味的；有趣的”）。与 Del.icio.us 齐名的另一家网摘服务提供商 Furl.net 拥有更多的用户，这个后来居上的网站已经在 2004 年 9 月被搜索引擎公司 LookSmart 收购。在那些提供网摘服务的站点上，用户可以选择 RSS 即时收取或电子邮件定时收取的方式来获取来自其他人的网摘。

国内一些网站将网摘看作可提升流量的工具，如天极网摘、和讯网摘、天天网摘，网摘在发展的初期也确实在客观上起到了这个作用。当网摘的用户在某个站点上看到有价值的信息时，就可能随手将该页面的信息分类摘录到自己的账户里，而这些包含了网址链接及内容摘要的信息都是公开的，其他网民会在网摘站上看到，并进而去访问原始页面以获得全面的信息。

对网民来说，发现有意思的 Web 信息并保存下来只是最基本的需求，浏览器的收藏夹就能满足了，而网摘服务的核心价值在于“分享”。每个用户不光能保存自己看到的信息，还能与别人分享自己的发现，这才是最重要的。当一条有意思的新闻被某一个人看到并保存到网摘中，往往意味着很快会有很多人都能看到这条消息，从这一点来看，网摘对内容提供商确实是有价值的，这种价值就在于网摘的“分享”机制为信息在上网人群中的快速传播提供了一种便利的渠道。

网摘的核心价值是分享，对分享机制的实现是考验网摘服务的一项重要指标。如何让用户更容易地与更多网友分享更多更有价值的服务将直接决定一个网摘的服务水平。现在国内最大网摘站点——新浪的 vivi，新浪 vivi（vivi.sina.com.cn）本身就依托在门户网站下。

（2）RSS（Really Simple Syndication）其中文名称不统一，因为 RSS 将要对互联网内容的浏览方式和信息传递方式产生巨大影响。RSS 是一种描述信息的格式，是目前最流行的 XML 的应用，它搭建了信息迅速传播的一种技术平台，使得每个人都有成为潜在信息提供者的可能，发布一个 RSS 文件后，这个 RSS Feed 中包含的信息就能直接被其他站点调用，并且由于这些数据都是 XML 格式，它也能在其他终端和服务中使用。

RSS 是网站用来和其他网站之间共享内容的一种简单的方法，也就是一种简单的信息发布和传递方式，使得一个网站可以方便地调用其他提供 RSS 订阅服务的网站的内容，从而形成“新闻聚合”，让网站发布的内容在更大的范围内传播。RSS 是站点用来和其他站点之间共享内容的一种简易方式（也叫聚合内容）的技术。最初源自浏览器“新闻频道”的技术，现在通常被用于新闻和其他按顺序排列的网站。

如果从 RSS 阅读者的角度来看，RSS 获取信息的模式与加入邮件列表获取信息有一定的相似之处，也就是可以不必登录各个提供信息的网站而通过客户端浏览方式（称为“RSS 阅读器”）或在线 RSS 阅读这些内容。例如，通过一个 RSS 阅读器，可以同时浏览新浪新闻，也可以浏览搜狐或百度的新闻（如果采用了 RSS 订阅的话）。

在许多新闻类服务网站可以看到 XML 和 RSS 的按钮，这些就是典型的 RSS 订阅标志，这些图标可以链接到订阅 RSS 的信息源的 URL，使用 RSS 获取信息的第一步是安装 RSS 阅读器，然后 RSS 阅读器的频道像电子邮件接收程序接收邮件一样，利用 RSS 阅读器，可以将用户订阅的 RSS 信息源摘要信息（一般包括文章标题、超链接、摘要、作者、发布时间等），接收到用户的计算机上，并从中选择自己感兴趣的内容，点击标题可以查看全文，不需要登录相应的网站，大大提高了从大量网站中选取信息的效率，大部分 RSS 阅读器设置了部分 RSS 频道，如新浪新闻、百度新闻等。

自 2005 年以来，国内 RSS 订阅器服务市场突然间呈现了一股快速发展的潮流。在这一阶段，尽管出现了如狗狗订阅器改变经营思路，退出 RSS 订阅器市场之外，国内还是出现了如抓虾、鲜果、和讯博揽等优秀的 RSS 订阅器，国外的 Google Reader、Bloglines 也在国内拥有一批坚实的用户群。

利用 RSS 推广有一个很重要的内容是要了解 RSS 搜索引擎,RSS 搜索引擎可以是独立的搜索引擎，也可以是 Yahoo 等公共搜索引擎提供的 RSS 搜索服务。部分英文 RSS 搜索引擎如 www.feedsee.com。中文 RSS 搜索引擎/分类目录包括 www.booso.com，www.kantianxia.com 等。为了让 RSS 发挥更大的价值，如同对搜索引擎优化一样，对 RSS 信息源也要进行优化，包括 RSS 信息源频道标题、频道描述、文章标题、信息源文章数量等基本要素的优化。

RSS 营销是 RSS 工具传递营销信息的网络营销模式，其特点决定了它比邮件列表更有优势，是对邮件列表营销的一种补充，目前 RSS 营销还处于初级阶段，RSS 订阅的过程比较简单，用户更容易使用，开展 RSS 营销的基本形式包括内部 RSS 营销、通过 RSS 阅读器服务商投放广告和与其他网站的 RSS 信息源进行推广。

内部 RSS 营销是利用自己的网站用户资源，通过 RSS 传递推广信息的方法，如可以在 RSS 的信息源链接的网页中放一些推广信息，也可以专门设置推广性的网页将这些网页和其他常规 RSS 信息一样收录到 RSS 文件中。通过 RSS 阅读器服务商投放广告，在信息发送服务中，RSS 阅读器服务商可以提供为企业网站推广的广告以便获得收益，这就是 RSS 广告形式，RSS 广告出现在客户端的阅读器的广告条中，也可以出现在信息摘要的后面。与其他网站的 RSS 信息源进行推广，可以直接与合作的网站进行协商，广告直接投放到另一个提供 RSS 信息源的网站中，不是通过第三方的 RSS 阅读器的服务商，这种方法的主动性强，可以对 RSS 信息源的提供者有更多的了解，提高用户的定位程度。

2）Wiki——百科全书

Wiki（维基）是一种多人协作的写作工具。Wiki 站点可以有多人（甚至任何访问者）维护，每个人都可以发表自己的意见，或者对共同的主题进行扩展或探讨。

Wiki 指一种超文本系统。这种超文本系统支持面向社群的协作式写作，同时也包括一组支持这种写作的辅助工具。有人认为，Wiki 系统属于一种人类知识网格系统，用户可以在 Web 的基础上对 Wiki 文本进行浏览、创建、更改，而且创建、更改、发布的代价远比 HTML 文本小；同时 Wiki 系统还支持面向社群的协作式写作，为协作式写作提供必要帮助；最后，Wiki 的写作者自然构成了一个社群，Wiki 系统为这个社群提供简单的交流工具。与其他超文本系统相比，Wiki 有使用方便及开放的特点，所以 Wiki 系统可以帮助用户在一个社群内共享某领域的知识。

Wiki 通过协作精神，实现了快速的信息整合；Wiki 这个单词本身来自于夏威夷语，就是快速的意思，WikiWiki 自然就是极快的意思了。

Wikipedia（维基百科）是目前世界上最大的 Wiki 系统，它是一个基于 Wiki 技术的全球性多语言百科全书协作计划的百科全书网站系统。该系统于 2001 年 1 月投入运行，到 2003 年 10 月，40 个语言版本的维基百科总文章数超过 30 万条，而且非英语版本的总文章数首次超过英语版本。Wikipedia 条目的迅速增长说明了 Wikipedia 系统的健壮，也说明了 Wiki 的概念是经得起验证的。中文维基百科（http://wuu.wikipedia.org）开始于 2002 年 10 月底。

2007 年是维客在中国进入多元化发展的一年。在国内有了一些通过维客协同完成的新型项目，如使用互动维客的 HDWiki 开源软件编写的中文协作小说等。人们对维客的参与热情不断增长。2008 年是中国维客大力发展的一年，随着开源软件的推广和人们尤其是企业对维客认识程度的增加，通过维客软件构建企业级的知识管理系统等服务将逐渐成熟。目前，大多数维客以内容建设为主，群体协作在中国尚未形成共识，但也开始了一定的商业化探索。

3）即时信息（IM）

即时信息（Instant Messaging，IM），指可以在线实时交流的工具，也就是通常所说的在线聊天工具。即时信息早在 1996 年就开始流行了，当时最著名的即时通信工具为 ICQ。ICQ 最初由 3 个以色列人所开发，1998 年被美国在线收购，现在仍然是最受欢迎的即时聊天工具，到 2003 年年底，全球的 ICQ 用户数量超过 15 亿，其中 60%以上分布在美国之外的世界各国。

即时信息有针对个人应用和企业应用的不同类型，目前占主导地位的是个人应用，并且大多是免费服务的。目前常用的即时信息工具有国外的 ICQ、Yahoo 信使（Yahoo! Messenger）、MSN 信使（MSN Messenger）、AOL 即时信使（AIM）等，以及国内网站提供的即时信息聊天工具如腾讯公司的 QQ、新浪 UC 等。此外，一个网站内部的在线用户之间的实时交流也是即时信息的一种具体应用形式。在 QQ 中建立群组织来宣传自己的产品等，这种方式虽然效率低，也是一种方法。

4）微博客

2007 年是中国微博客市场迅速出现的一年，在美国市场出现 Twitter 服务并迅速进入中国网民视野的背景下，中国市场迅速出现了一大批与 Twitter 相似的应用，如饭否、做啥、爱唠叨、komoo 等这样的创业团队，也包括腾讯推出的腾讯滔滔、新浪微博。

2008 年，微博客将在探索自身商业模式方向上开始进入某些垂直领域，如音乐、视频及社区群组的建设上，其将改变以往这些网络社区用户之间的信息沟通方式，进而能够为这些社区带来更多地用户黏性，以及为自己寻找出适合自己的商业模式。

2010 年微博的发展非常迅速，随着微博手机平台、Sina 微博客户端的发展，微博的用户数在中国迅速增长。

5）P2P——对等联网

P2P 是 peer-to-peer 的缩写，peer 在英语里有“（地位、能力等）同等者”、“同事”和“伙伴”等意义。这样一来，P2P 也就可以理解为“伙伴对伙伴”、“点对点”的意思，或称为对等联网。目前人们认为其在加强网络上人的交流、文件交换、分布计算等方面大有前途。

P2P 技术自面市以来一直受到广泛的关注。最近几年，P2P 技术更是发展迅速。目前，业界对 P2P 的定义还没有一个标准的说法，Internet 将 P2P 技术定义为“通过系统间的直接交换达成计算机资源与信息的共享”，这些资源与服务包括信息交换、处理器时钟、缓存和磁盘空间等。IBM 则对 P2P 赋予了更广阔的定义，把它看成是由若干互联协作的计算机构成的系统并具备如下若干特性之一：系统依存于边缘化（非中央式服务器）设备的主动协作，每个成员直接从其他成员而不是从服务器的参与中受益；系统中成员同时扮演服务器与客户端的角色；系统应用的用户能够意识到彼此的存在而构成一个虚拟或实际的群体。

P2P 直接将人们联系起来，让人们通过互联网直接交互。P2P 使得网络上的沟通变得容易、更直接共享和交互。P2P 就是人可以直接连接到其他用户的计算机、交换文件，而不是像过去那样连接到服务器去浏览与下载。P2P 看起来似乎很新，但是正如 B2C、B2B 是将现实世界中很平常的东西移植到互联网上一样，在现实生活中用户每天都按照 P2P 模式面对面地或通过电话交流和沟通。P2P 受到了广大网民的喜爱，目前主要应用的网络电视下载有 PPStream、沸点网络电视、TVKoo、猫眼网络电视、QQ 直播；影视歌曲下载类的 BT、百宝、酷狗（KuGoo）、电驴（eMule）等；通信类的 Skype 等。目前，在网络电视、文件共享、分布式计算、网络安全、在线交流甚至是企业计算与电子商务等应用领域 P2P 都显露出很强的技术优势。

9.2.7　传统宣传

企业建立网站后，要想扩大网站知名度，不但需要靠网上的新兴媒体来推广，而对于传统媒体渠道主要是借助报纸、平面广告、电视和电台等方式推广网址也是一种很好的选择。当然作为传统企业来说，通常不需要单独为企业网站在传统媒体上做广告宣传，可以在做产品或企业形象时顺便加注企业的网站地址。如可以把网址加入到企业信封、信纸、名片、手提袋等各种办公用品上，让客户在记住公司名称的同时，也记住公司的网址。企业也可以把企业网址加入到政府或行业协会的各种网址黄页上去。

做好了这些宣传工作以后，并不是说网站推广的工作就完成了。网站推广是一项持续性的日常工作，作为一名网络营销部的员工，推广是日常工作的一部分，一定要持续不断地继续下去。

9.3　网 站 评 价

9.3.1　企业网站存在的问题

大型企业网站营销情况研究报告通过对 117 家大型企业网站的调查发现，企业网站的规划、内容、服务和功能等方面出现种种问题，主要表现在几个方面。

（1）企业网站的总体规划缺乏网络营销的思想指导。网站建设中的网络营销系统功能欠缺，网站内容策略、产品促销、顾客服务等方面重点不突出。企业网站栏目规划和导航系统不完善，栏目有重叠和交叉，栏目名称意义不明确，导航系统比较混乱，使得用户难以发现需要的信息。

（2）企业网站的重要信息不完整，信息量小，网页整体数量虽然不少，但信息笼统介绍的内容过多，重要信息如企业介绍、联系方式、产品分类和详细介绍、产品促销等基本内容不完整，尤其是产品介绍过于简单。

（3）企业网站的服务尤其是在线服务欠缺，企业网站的客户服务信息的总体状况不够理想，在线服务手段的重视程度不够，网络营销的在线服务功能远远没有发挥出来，常见的FAQ、邮件咨询、在线表单、即时问答等很难满足用户的需要。企业网站对于销售和售后服务的支持比较欠缺，企业网站缺少售后服务信息、销售网络查询等。

（4）企业网站在网络营销资源积累方面缺乏基本的支持，资源合作是很有特色的营销手段，实现供应商、经销商、客户网站及其他内容的功能互补或相关的企业建立资源合作关系是网站建设中的重要过程，但一些网站尽管拥有优越的资源，却没能很好利用。

（5）网站优化是企业网站专业性的综合表现，通过对网站功能、结构、布局、内容等关键要素合理设计，企业网站优化思想没有得到起码的体现。企业网站过于追求完美美术效果，美观但实用不足，甚至影响网站浏览效果，现在界面设计简单的网站越来越少，都过于关注网站美术效果，如网站大量使用图片，过度使用动画，影响网站的下载速度；有些网站的文字太小、颜色与背景色搭配影响正常的清晰度。

（6）企业网站访问量小，缺乏必要的推广，从被调查的大型网站来看，大型网站的访问量整体水平很低，数据显示每天独立访问用户数量每天超过 1 500 人的网站只占到 6.8%，500～1 500 的占 16.2%，100～500 人的占 23.9%，不到 50 人的占到 50.4%，这表明企业网站访问量过小仍是企业网站存在的重要问题之一。

9.3.2 网站易用性

1. 优秀网站的标准

互联网发展至今，网上呈现出各式各样的网站，优秀网站的标准包括以下几个方面。

（1）安全性原则——通过采用加密、设置口令、设置权限、数据备份等手段，充分保证了系统中数据的完整性和安全性，防止各种非法的操作和意外的破坏。即可保证企业内部数据的正常流通，又为企业对外信息交流提供了可以信赖的手段。

（2）易用性原则——设计可视化、操作简便、界面友好、易学易用，会员管理上提供了两个访问级别：读取和修改，管理员根据需要将用户分成组（部门），并为每个组（部门）设定访问各模块的权限。

（3）经济性原则——拥有众多的网站策划师、网络编程员，技术一流，经验丰富，很多程序模块已经开发完善并经使用证明成熟稳定，能够节省很多页面制作、后期修改维护的费用，拥有极高的性价比。

（4）实用性原则——不仅能够对传统文件数据进行管理，而且能够对图形、图像等非结构化数据进行管理。

（5）可扩展原则——网站使用各类操作系统、数据库、ASP 程序语言，具有开放性、可集成性、可重组性、易延伸性等特点。

2. 网站易用性

美国有一个专门研究网站易用性的咨询公司 Nielsen Norman Group（www.nngroup.com），该公司的 Jack Nielsen 在 1992 年出版了《Designing Web Usability》，其中从网站用户使用网站的角度介绍了网站设计的一些重要因素，网站易用性的核心思想是网站设计以用户为导向，通过最简单、醒目、易用的网站要素设计，使用户可以方便地获得信息。网站的易用性表现在合理的站点导航和栏目结构设计、清晰的字体和链接网页标题及内容可读、网页设计对搜索引擎友好、网页浏览器兼容、合理多媒体文件等方面。国内仍然没有将网站易用性作为一个系统研究领域。国内的新竞争力网络营销管理顾问（www.jingzhengli.cn）在《网站易用性建设 A-Z》中对关于网站易用性的问题有较详细深入的研究（此部分参考了该书的相关章节）。

网站易用性是网站的一种品质属性，评估网站访问者在网站内能否方便地实现访问任务，包括获取网站信息、使用网站操作界面与任务流程。网站易用性的思想核心是以用户为中心的网络营销思想的体现，具体体现在网站导航、网站内容、网站功能、网站服务、任务流程、外观设计、可信性等网站建设的多个方面。

3. 网站易用性的用户行为分析

易懂、易学、易记、高效、满意度是网站易用性的品质要素，其中最基本的前提是网站对用户“有用”。网站能否为用户提供有价值的信息、功能等，以满足用户的访问需求，在这个基础上，才能谈网站易用性。网站易用性本质问题是潜在客户的网上行为，在用户行为分析基础上，使得网站建设各项要素达到方便用户浏览及使用的效果。用户行为分析思想在网站易用性建设中，体现为用户特征分析、用户浏览行为分析、顾客转化行为分析。常见的用户行为指标如回访率、退出页面、所在地区、停留时间、来访路径、使用的搜索引擎及关键词、访问时段、使用的浏览器、操作系统。这些用户行为数据搜集可以通过网站访问统计分析系统，其流量统计工具虽然是一种事后分析工具，但对于改进网站用户体验有直接的指导效果。

用户特征分析是网站易用性建设的基础，为网站的界面设计风格、文案风格、内容和功能策划等提供了依据。用户浏览行为分析对网站在网页布局、顾客转化方面可获得改进的依据和指导，它主要包括用户进入网站的入口页面分析（通过首页进入网站还是通过内页进入网站）、视线浏览路径（视线关注的版面）、广告浏览习惯（什么样的广告吸引用户浏览）、退出行为（从什么样的页面退出、退出的原因）。顾客转化是由一个综合性的认知过程所导致，也有用户的主观因素起作用，此处所指是顾客执行“转化”任务前在网站的活动分析，顾客在线购买、咨询联系、注册会员、下载、点击广告，甚至浏览网页本身，均可能成为顾客转化行为。

4. 网站易用性的几个方面

1）内容易用性

（1）信息总量合理，网站信息能够满足大部分访问者获取信息的基本需求，达到总量合理的基本要求。这要求网站有详细的产品分类目录和介绍、公司介绍、客服信息等。

（2）合理的栏目与分类是建立在对用户访问目的的充分了解基础上。如可根据产品的特点及用户购买需求，增加不同的分类法，以满足用户快速获得信息。

（3）重要内容突出，将重要内容在首页第一屏及内页的重要位置呈现，并在其他页面进行链接推荐。重要内容是一般用户认为重要的内容，而不是网站主观上认定的重要内容。

（4）内容文案注重质量，在不出现错别字和语法错误、内容原创的基础上，产品介绍的文案要专业并通俗易懂。任务引导文案，即对用户操作步骤说明也要尽量简短、清晰，避免篇幅过长的说明文字。

（5）图片、视频、音频、富媒体形式的内容要适当，过度使用大图片、Flash、流媒体的结果，偏离了以用户为中心的易用性设计原则，会导致用户体验不佳。

（6）内容及时更新，每次用户访问都有新内容出现，将大大提升用户体验。

2）功能易用性

网页的加载速度，速度缓慢是访问者最不能忍受的网站易用性问题之一。

基础功能，网站应为方便用户访问、顾客转化提供必要的交互功能。B2B 企业的网站基础功能一般比较简单，主要体现为站内搜索、在线反馈、实时沟通等，部分网站也开通会员注册功能，提供相应的服务，作为客户关系保持的营销举措。

功能可用、易用，功能可用是基础，在此基础上，如果使用不方便，是对用户体验的极大伤害，不利于对公司形成良好印象，影响顾客转化。

电子商务功能，网站是否开展在线销售，是否实现在线支付环节，能够在网上实现产品销售是企业网站的重要功能。

Web 2.0 互动功能，将 Web 2.0 技术适当应用于网站，可以显著提高网站的用户体验，或激发用户主动参与热情。企业网站常用的 Web 2.0 技术包括博客系统、RSS 信息订阅。

3）服务易用性

在线帮助，在线服务通过自助方式让用户了解网站提供的产品/服务等基础问题，解决用户对产品及网站使用方面的疑问。通常以“常见问题解答（FAQ）”的形式出现。在线帮助条目要链接到站内任何需要的地方，确保用户及时获得帮助，才能体现出网站服务的易用性。

联系/沟通方式，多样化体现在用户常用的联系方式如电话、E-mail、线下地址、在线反馈表单、实时沟通工具等的完整性，以满足不同用户的习惯和需求。

顾客关系保持、互动沟通，为了留住用户，顾客关系保持措施在网站中很重要，如会员通信订阅、RSS 订阅等服务功能为保持与顾客的长期关系提供了便捷的途径。企业网站开通在线咨询、客服论坛等沟通功能，将极大提升网站的服务质量。

4）外观设计易用性

从网站易用性角度看，专业合理的网页设计依然要以用户体验为依循标准，考虑到以下因素的合理性：界面风格、图片运用、页面布局、CSS 样式等。对网页外观设计的要求主要体现在“表现层”标准语言方面，即网页样式 CSS 的合理应用。外观设计的专业与否，除了考虑以上基本方面，更要体现在细节的设计上，外观设计关注到细节，如边角处理，转承过渡，可大大提升用户对网站的印象分，有利于顾客转化。

5）任务流程易用性

当用户使用网站功能的时候，通常已经处于顾客转化的关键性阶段，前期所讨论的导航、内容、功能、服务、可信性等，都是为最终实施的任务流程做铺垫，因此网站流程的易用性对网站运营至关重要。流程易用性要注意：操作流程可预知，网站要给出流程提示。用户易返回，流程中的每一个环节均可返回上一步骤。简化操作步骤，用户实施一个完整的任务流程所实施的点击数量宜少不宜多，这样才能体现出快捷高效，尽量通过减少页面加载刷新频次，达到高效的用户体验效果。杜绝流程错误，流程错误对于用户和网站的伤害非常严重，有的甚至是致命的打击，网站流程中避免包括程序出错、死链接，或流程不符合约定俗成的习惯、逻辑错误等错误。要杜绝这一问题，只有唯一的解决方案，即：测试、测试、再测试！

9.3.3　电子商务网站的指标体系

1. 电子商务网站评价的内容

网站上线后，其运营情况如何？营销推广情况如何？网站评价是反映网站效果的重要手段，电子商务网站评价的内容主要包括如下几个方面。

（1）网站受关注的程度。

（2）网站经营的情况分析。

（3）市场环境的变化分析。

（4）了解网民的变化。

（5）网站的设计评价。

（6）网站的操作分析。

（7）技术应用的分析。

（8）服务质量统计分析。

（9）对网站的安全性进行评测。

2. 电子商务网站评价的实施方法

（1）委托国内外一些专业的网站评估公司评估。

（2）权威机构网站评比活动。

（3）自我评测。

（4）顾客评价。

（5）借助 ISP 或专业网络市场研究公司的网站进行调研。

（6）由专业的网上调查、咨询公司调查。

3. 网站的评价指标体系

电子商务网站的评价，不仅要看硬指标，更要研究软环境，而且要将两者结合在一起考察。将众多因素汇集在一起，找出主要问题，进而不断更新和改进网站内容及营销策略，使网站的经营状况越来越好。

电子商务网站评价和分析包括了对网站中各个网页的分析，其主要作用是改善企业营销的方式、对企业的决策提供量化的依据，同时使网站的改进和更新更有针对性。网站评价能监控并反馈网站的使用情况，让管理者和决策者更了解浏览者的动作及网站内容之间的互动情况，并使网站得到充分的利用，以增加用户端忠诚度与企业的商业利益。

在网站发布的运营过程中的每个阶段，如网站发布初期、网站进行常规推广后使用了多种付费和免费的方法后没有明显的效果、发现网站的 PR 值比竞争对手低时、当发现网站在搜索引擎表现不佳时、当网站运营进入稳定期但访问量难以提高时、当企业网站进行升级改造时、当制订新的更加有效的网站推广方案时，有必要对网站进行评价和诊断，并依据评价对网站进行改进和优化。

网站评价可以自行评价，也可以采用第三方机构进行评价，无论哪种方式，前提都是先建立一套完整的网站评价指标体系。网站评价涉及了广泛的专业知识，评价者的背景不同，自行评价要建立自己的评价体系是很难的，所以一般采用第三方评价模式，不同评价机构评价的指标也相差较大，注重的内容不同，评价的参数设定有很大差距。

美国专业电子商务咨询网站 btobonline（www.btobonline.com）的网站评价方法是根据网站在营销的效果上体现的。每年对全美 800 个知名的企业网站评出各行各业 B2B 网站的佼佼者。国内也有新竞争力网络营销管理顾问关于“中国电子信息百强企业网站评价”的报告。

Btobonline 制定了网站评价的总分是 100 分，对每个网站主要进行 5 个方面的考查，这些指标包括以下几部分。

（1）网站信息质量高低。网站提供信息的呈现方式有业务介绍、产品和服务信息、完整的企业信息和联系信息、产品说明或评估工具。

（2）网站导航的易用性。

（3）网站设计优劣。

（4）电子商务功能。

（5）网站的特色应用。

2008 竞争力网络营销管理顾问针对不同类型的网站制定了网站评价指标体系，包括 B2B 电子商务网站评价体系、B2C 网站评价体系和一般企业网站评价体系。其中企业网站专业性评价共有 10 个类别共 120 个评价指标，其中包括：网站整体策划设计、网站功能和内容、网站结构、网站可信度、同行比较评价等 10 个方面，每类包含若干项详细评价指标。评价指标以冯英健指出的网络营销导向的企业网站建设为基本思想，在几年的实际评价基础上完善逐渐形成的。冯英健的网络营销效果评价体系主要分为 4 个方面。

（1）对网站建设专业性的评价，根据对网站结构、内容、服务、功能、可信度等基本要素的综合评价，反映一个网站在某一阶段是否具有明确的网络营销导向，以及网站基本要素存在哪些影响网络营销效果的因素，对作为网站建设阶段的工作做定量的评价和对网站专业性做定性的描述。

（2）关于网站推广效果的评价。这里包括网站被主流搜索引擎收录和排名状态、获得其他相关链接的数量和网站注册用户的数量。

（3）网站访问量指标的评价。网站访问统计是一个重要的网络营销评价方法，通过网站访问量统计可以了解营销效果，可以量化网络营销效果的指标，网站流量是网站的访问量，是用来描述访问用户数量及用户浏览网页数量等指标，它可以包括网站在一定统计周期内的独立用户数量、总用户数量（含重复访问）、网页浏览数量、每个用户的页面浏览数量、用户的网站平均停留时间等。

（4）各种网络营销活动反应率指标的评价。对于网站访问量通常无法评估的营销活动，如邮件优惠券、网络广告效果等，采用对每项活动的反应率指标进行评价，如网络广告的点击率和转化率、电子邮件的送达率和回应率等。

综合评价方法，如对网站商务功能的指标体系分为 5 个指标，每个指标又包含不同的评价点，指标分别为 A：界面的交互性（权重 $q_1=0.1$）；B：网站内容的品牌传播性；C：与用户的交互性；D：网站的电子交易功能；E：网站的客户服务功能，每个指标分别有自己的权重 q_1、q_2、q_3、q_4、q_5，每个指标下又有自己的评价点，评价点分别用 $a_1 \cdots a_n$；$b_1 \cdots b_n$ 等表示，最后网站评价的得分 $V=100\left(q_1\sum a_i+q_2\sum b_i+\cdots+q_5\sum e_i\right)$，根据此分值确定对应的网站级别。

还有其他评价体系，如新竞争力网站访问统计分析报告包括的主要内容如下：① 网站访问量信息的统计和一般分析；② 网站访问量趋势分析；③ 在可以获得数据的情况下，与竞争者进行对比分析；④ 用户访问行为分析；⑤ 网站流量与网络营销策略关联分析；⑥ 网站访问信息反映出的网站和网络营销策略的问题诊断；⑦ 对网络营销策略的相关建议。

在互联网实验室的研究报告和互联网周刊商业网站 100 强的评价中的评价计分，见表 9-2。填表说明：① 以百分制计分方式计入各项得分；② 各二级指标的综合得分是相对相应三级指标的得分加权和的得分；③ 各一级指标的综合得分是相对相应二级指标的得分加权和的得分。

表 9-2　互联网实验室的评价表

一级	权重	二级	权重	三　级	权重	评分
商务网站建设评价指标	0.5	商务网站功能 b_1	0.25	商务模式创新度	0.3	
				电子商务网站功能覆盖率	0.35	
				网站的功能与商务网站建设目标符合度	0.15	
				网站技术性能指标	0.2	

续表

一级	权重	二级	权重	三级		权重	评分
商务网站建设评价指标	0.5	商务网站功能综合得分					
		商务网站占内容指标 b_2	0.2	电子商务应用深度		0.25	
				信息的质量		0.3	
				电子商务网站信息的数量		0.25	
				电子商务网站内容检索速度、连接浏览速度、网页反应速度		0.2	
		商务网站内容得分					
		商务网站实施评价指标 b_3	0.05	网站实施计划任务完成度		0.5	
				网站建设计划管理进度控制		0.25	
				财务管理与预算控制		0.25	
		网站实施指标得分					
		网站建设综合得分					
商务网站应用评价指标	0.5	商务网站运行状况指标评价 b_4	0.1	访问率		0.15	
				信息更新率		0.15	
				商务网站营销推广力度		0.15	
				电子商务采购率与销售		0.3	
				电子商务交易率		0.25	
		商务网站运行状况综合得分					
		商务网站绩效评价 b_5	0.25	电子商务网站社会效益评价	对下游伙伴开展电子商务带动作用	0.5	
					本地区吸引国外用户及外资增长率	0.5	
				电子商务网站经济效益评价	成本费用降低率*	0.25	
					收益增长率*	0.4	
					资金增长率*	0.15	
					投资回报率（投入产出比*、投资回收期）	0.2	
		商务网站绩效综合得分					
		商务网站的服务质量评价 b_6	0.15	对客户满意度提升作用		0.4	
				内部职工满意度		0.2	
				对企业服务质量提升作用		0.4	
		商务网站服务质量综合得分					
		商务网站应用综合得分					
商务网站综合得分：							

4. 评价数据的采集

网站评价数据的采集途径主要包括以下几方面。

（1）在主页中设置访问计数器。

（2）发布在线调查表单。

（3）在线统计购物的品种、数量。

（4）统计电子邮件刊物的预订数量。

（5）统计咨询类电子邮件的数量。

（6）定期监测网上合作网站情况。

（7）跟踪竞争对手企业网页。

（8）检索国内外的权威统计站点。

（9）服务质量跟踪统计及顾客投诉的意见与分类归纳。

下面以对电子商务内容评价数据采集问卷和对网站运行状况的调查问卷为例说明数据采集的调查内容，供参考。

电子商务内容评价数据采集问卷的部分内容如下。

1. 电子商务应用深度：网上信息流、资金流、物流集成化的程度

（1）初级（）（2）中级（）（3）高级（）

2. 商务网站内容信息的质量：网站所提供信息的真实性、完整性和关联度

（1）商品品种、规格、质量说明	（1）不完整（）（2）较完整（）（3）完整（）
（2）商品相关知识	（1）不完整（）（2）较完整（）（3）完整（）
（3）商品服务个性化、特色信息	（1）不完整（）（2）较完整（）（3）完整（）
（4）文字、图像、声音等多媒体信息	（1）不完整（）（2）较完整（）（3）完整（）

3. 商务网站内容信息的数量

（1）网站所提供信息量、数据量	（1）少（）（2）较少（）（3）充足（）
（2）栏目数量	（1）少（）（2）较少（）（3）充足（）
（3）网页数量	（1）少（）（2）较少（）（3）充足（）
（4）商务信息条数	（1）少（）（2）较少（）（3）充足（）

4. 电子商务网站速度

（1）商务网站内容检测速度	（1）慢（）（2）较慢（）（3）快（）
（2）链接浏览速度	（1）慢（）（2）较慢（）（3）快（）
（3）网页反应速度	（1）慢（）（2）较慢（）（3）快（）

网站运行状况的调查问卷的部分内容如下。

1. 访问率

每日对网站的访问点击率：

100 000 次以上（），50 000 次以上（），10 000 次以上（），5 000 次以上（），3 000 次以上（），1 000 次以上（），2 000 次以下（）

日均访问的独立客户数：__________；

独立 IP 数：_________；

企业网站数：________；

注册会员数：________；

一个时间间隔内平均 ALEX 排名序号：_________；

2. 信息更新率

实时（ ） 按日（ ）按周（ ）按月（ ）更久（ ）

3. 商务网站营销推广力度

（1）商务网站链接率：网站链接数量

（2）采用传统营销手段

采用网络营销手段□ 传统与网络两者结合□

（3）媒体影响力：广告投放量________，广告资金__________，媒体曝光数__________；

（4）商务网站电子商务采购率和销售率

● 商务网站采购率

电子商务采购量____________，总采购量____________，采购率____________；

电子商务采购额____________，总采购总额____________，采购率____________；

● 商务网站销售率

电子商务销售量____________，总销售量____________，网上订单量____________，总订单量____________，电子商务销售率____________；

电子商务销售额____________，总销售额____________，网上订单额____________，总订单额____________，电子商务销售率____________；

（5）电子商务交易率

● 电子商务交易率

交易额__________，企业总交易额__________，企业网站电子商务交易率__________；

● 网络公司门户网站电子商务交易率

网络公司门户网站会员客户电子商务交易总额__________；

所有会员客户营业总额___________；

网络公司门户网站电子商务交易率__________%。

9.3.4 网站评比

网站排名评比对网站推广的价值是非常显著的，网站评比对扩大网站知名度是一种很有效的方式，具有其他推广手段无法替代的价值。网站评比排名可以扩大知名度，吸引新用户，增加保持力和忠诚度，同时可以了解行业竞争状况。

客观、公正的评价结果往往会得到多种媒体的报道，产生良好的新闻效应，对于扩大网站知名度比常规推广手段具有更为明显的效果。据 CNNIC 的统计资料，中国互联网新用户几乎以每半年增加一倍的速度增长。对新用户来说，可能并不十分了解现有网站的状况，因此，网站的综合评价结果具有一定指导意义，新上网者可能首先成为知名网站的用户。

优秀的网站有良好的顾客服务、有价值的网站内容、生机勃勃的商业模式，在同等条件下，顾客显然对榜上有名的网站拥有更高的忠诚度。排名优秀的网站意味着更多的承诺和顾客的信任。

网站评比中的一种方法是比购方式，对于比较购物模式的网站评比，根据多种指标，如按服务质量的差别对商店进行排名，这样有利于促进商家从总体顾客满意入手改进经营，对保持行业良性竞争具有积极意义。

网站评比的方式有很多，按照网站评比采用的不同方法可以分为：网站流量指标排名模式、比较购物模式、综合评价模式。

1. 网站流量指标排名模式

国内外对于网站流量指标的定义并不一致，国内各网站采取的定义方法也有所不同，这样在一定程度上限制了国内网站流量排名的权威性和一致性。国外一些咨询机构采用的是实际监测的手段，国内有些网站流量主要采取在被测网站加入代码的方式，并且对于是否参与排名、是否公开排名结果完全出于自愿。这样，网站访问量排名的真实性、全面性等均无法保证。尽管如此，参加类似的网站排名对增加网站知名度仍能起到一定作用。

利用网站流量进行的排名是一种常见的网站评比形式。国外著名的咨询调查机构如 Media Metrix、PC Data Online、Nielsen//NetRatings 等采用独立用户访问量指标来确定网站流量，并据此发布网站排名。独立用户是在一定统计周期内（一般为一个月），对于一个用户来说，访问一个网站一次或多次都按一个用户数计算。

2. 比较购物模式

在 BizRate.com（www.bizrate.com）上，顾客不仅可以根据自己的需要排列所有最好的网店，而且可以获得特殊服务机会——包括最高达 25%的折扣。对于商家来说，则可以获得非常有价值的信息和服务，例如，根据需要免费使用顾客的意见；免费出现在 BizRate.com 的列表；每月一期免费详细的网站市场研究；免费使用 BizRate.com 顾客鉴定奖章做营销宣传；免费电子商务热点问题研究报告。

比较购物的出发点，是让顾客根据自己的需要迅速发现适合自己要求的最好的网站，其客观效果使商家和消费者双方都获得了应有的价值。

BizRate.com 吸引了 4 000 多家在线商店参与评比，事实上已成为美国第一电子商务门户网站。参与比较购物网站，接受顾客的评比已成为网站推广的重要手段之一，其效果远比搜索引擎要明显。但这种方式对于网上购物类网站才最有效。

国外较有名的比较购物网站有：shopping.yahoo.com；www.kelkoo.com；www.google.com/products 几家。

国内的比较购物网站也有很多，如丫丫购物（www.askyaya.com）、比购网（www.begoo.com.cn）、聪明点（wwww.smarter.com.cn）和中商网（www.chinaec.com）等。

3. 综合评价模式

网站评价模式理想的是一种综合的评价模式，即动态监测、市场调查、专家评估为一体的综合评价模式，这需要有科学的分析评价方法，全面、公平、客观的评价体系，权威、公正的专家团体，也需要有科学、合理并有足够样本量的固定样本作为基础。

通过专家评比作为网站综合排名的一个重要参考，1999 年，美国《个人电脑》杂志（PC Magazine）评出了本年度排名前 100 位的全美知名网站。评委专家将此 100 个网站详细分成 20 类，每类选出 5 个网站，由此产生全美 100 个顶尖网站，在世界范围内产生一定影响。CTC 中国竞赛在线（http://www.ctc.org.cn）于 1999 年举办的'99 中国优秀网站评选，将网站分为 10 个类别，初选由评选机构选定 20 个以内的候选网站，评选活动首先由公众在网上投票并发表意见，最终结果则由评委会专家根据综合因素评定，实际上也属于专家评比模式。

专家评比有其局限性，专家团代表性不够全面，难以避免部分专家的倾向性，个别影响力较大的专家可能左右讨论结果，从而可能影响整个评比结果的公止性。

利用制定的评价体系进行评价和排名，具有较高的可信度。此方法是通过专家根据网站建设和网络营销的各方面内容，制定评价体系，基于这个评价体系的标准对参加评比的企业网站进行打分评比。新竞争力网络营销管理顾问在 2008 年 2 月发布了《中国电子信息百强企业网站评价报告》，中国电子信息百强企业指信息产业部发布的“2007 年（第 21 届）电子信息百强企业名单”（详见信息产业部官方网站 http://www.mii.gov.cn）。电子信息百强企业网站网址来源：通过搜索引擎、分类目录等方式获得的 2007 年（第 21 届）电子信息百强企业官方网站网址。《中国电子信息百强企业网站评价报告》基于对 2007 年度中国电子信息百强企业排行榜上榜企业网站的系统评价，其中的评比方法包括 9 个方面的数十项评价指标，这 9 个方面是：网站导航结构、网站内容质量、网站基本功能、电子商务应用、网页外观设计、搜索引擎友好性、Web 2.0 应用、网站标准、手机浏览适应性（网站手机浏览测试环境：Windows mobile 5.0 中文版操作系统，手机屏幕 320×240 像素），每个方面有若干项评价指标。评价采用百分制，各项指标得分综合即为网站评价总分（评价指标具体内容为：导航结构 10 分；网页设计 10 分；内容质量 20 分；Web 标准 10 分；基本功能 10 分；Web 2.0 应用 10 分；电子商务 10 分；手机浏览 10 分；搜索友好性 10 分）。

9.3.5 站长工具

1. 网站访问统计

网站访问统计分析是网站宣传效果和网络营销效果评价的基础。网站访问统计分析包括：网站访问量指标的统计分析、网站访问者行为的统计分析、竞争者网站访问统计分析等内容。

网站流量统计指标大致可以分为三类，每类包含若干数量的统计指标。

1）网站流量指标

网站流量统计指标常用来对网站效果进行评价，主要指标包括以下几方面。

（1）独立访问者数量（unique visitors）。

（2）重复访问者数量（repeat visitors）。

（3）网站页面浏览数，其中不包含：页面浏览数（page views）和每个访问者的页面浏览数（Page Views per user）；在 ALEXA 统计工具中可以进行检测。

（4）某些具体文件/页面的统计指标，如页面显示次数、文件下载次数等。

2）用户行为指标

用户行为指标主要反映用户是如何来到网站的、在网站上停留了多长时间、访问了哪些页面等，主要的统计指标包括以下几方面。

（1）用户在网站的停留时间。

（2）用户来源网站（也叫“引导网站”）。

（3）来源网站的 URL 占总访问的比例。

（4）来自各搜索引擎的访问比例。

（5）用户检索使用的各个关键词及所占比例。

（6）网站访问量贡献度最大的引导网站。

（7）网站访问量贡献度最大的搜索引擎。

（8）用户所使用的搜索引擎及其关键词。

（9）在不同时段的用户访问量情况等。

3）用户浏览网站的方式、时间、设备、浏览器名称和版本、操作系统

用户浏览网站的方式相关统计指标主要包括以下几方面。

（1）用户上网设备类型。

（2）用户浏览器的名称和版本。

（3）访问者计算机分辨率显示模式。

（4）用户所使用的操作系统名称和版本。

（5）用户所在地理区域分布状况等。

2. 用户使用搜索引擎和关键词统计

一般情况下用户使用搜索引擎是比较集中的，带来访问量最大的搜索引擎是百度、Google 和 Yahoo。在所有网站的访问统计分析中，搜索引擎关键词分析的价值甚至高于独立用户数量和页面流量这些被认为是主流网站流量统计指标，但是从众多的零散的搜索引擎关键词信息中获得非常有价值的结论，并用于改进网站的搜索引擎推广策略，实际上是复杂的事情，通过搜索引擎关键词分析可以获得很多有价值的内容，这包括：关于各搜索引擎的重要程度统计、关于关键词的使用情况统计、关于重要的搜索引擎分析、关于重要的关键词分析、关于分散的关键词分析、关于搜索引擎带来的访问量占网站总访问量的百分比。这些信息可以

帮助网站对用户使用搜索引擎的一般特征有深入了解，并且改善搜索引擎推广的方案。如何进行搜索引擎关键词分析？基本方法包括：关键词分类统计、关键词排名的深度分析、对重要网页分别跟踪统计。

关键词分类统计就是根据网站的流量统计获得基本信息，对类似的关键词进行归类，将大量分散的关键词归纳为若干小的类别，这样每个类别中的关键词数量比较集中，比较容易看出用户使用关键词的规律。这种方法虽然不够严谨，但对于了解用户检索的一般特征具有统计意义，因此常作为关键词分析的方法之一。

关键词排名分析是根据用户使用各种关键词的频率选出若干个重要的关键词，这些基本数据在一些网站流量统计分析软件中可以获得，如在流量统计结果中分别列出前十个关键词所占的比例，这些信息反映出用户使用关键词的基本特征，但由于关键词的分散因素，重要的关键词所占的比例可能也不到10%，使用率最高的前十个关键词占全部关键词的比例总计也许不到30%。为了能充分利用这些有限的关键词统计信息，需要对这些关键词进行深度分析以期待得到更有价值的结论，关键词排名的深度分析可以选取用户使用率比较高的5～10个关键词，研究这些关键词是否覆盖了网站所期望的主要关键词，以及每个关键词在各个主要搜索引擎中的表现，对于关键词表现不佳的搜索引擎采取针对性的措施，进一步进行优化设计、购买关键词广告、加大竞价排名每次点击费用等。

对重要网页分别跟踪统计，网站流量可以对整个网站进行统计，也可对某个页面进行独立统计。对于某个网页/栏目/频道，因为内容比较集中在某个领域，因此，用户通过搜索引擎检索来到网站所使用的关键词比较集中，可能成为若干具有集中趋势的关键词。通过对一些重要页面的分别跟踪统计，比较容易获得部分重要关键词的统计规律。这种针对重要网页分别跟踪统计的方法是常用的网站分析经验之一，在搜索引擎关键词分析中大大降低了由于关键词分散性造成的网站流量分析难度。

3. 免费网站访问统计分析工具

网站访问统计分析可以利用流量统计工具进行网站访问统计分析，现在有很多提供网站免费统计的站点。免费中文网站流量统计分析工具站点如下。

（1）Google 网站访问统计（Google Analytics）：http://www.google.com/analytics（英文），http://www.google.com/analytics/zh-CN（中文）。

（2）ALEXA 统计：http://www.alexa.com/。

（3）Google 网站访问统计（Google Analytics）：http://www.google.com/analytics/。

（4）量子恒统计（前身是 Yahoo 统计）：http://www.linezing.com/aboutus.html，如图 9-9 所示。

（5）站长工具：中国站长之家（http://tool.chinaz.com/）、http://www.webmasterhome.cn/ 或 http://tool.adminso.com，如图 9-10 所示。

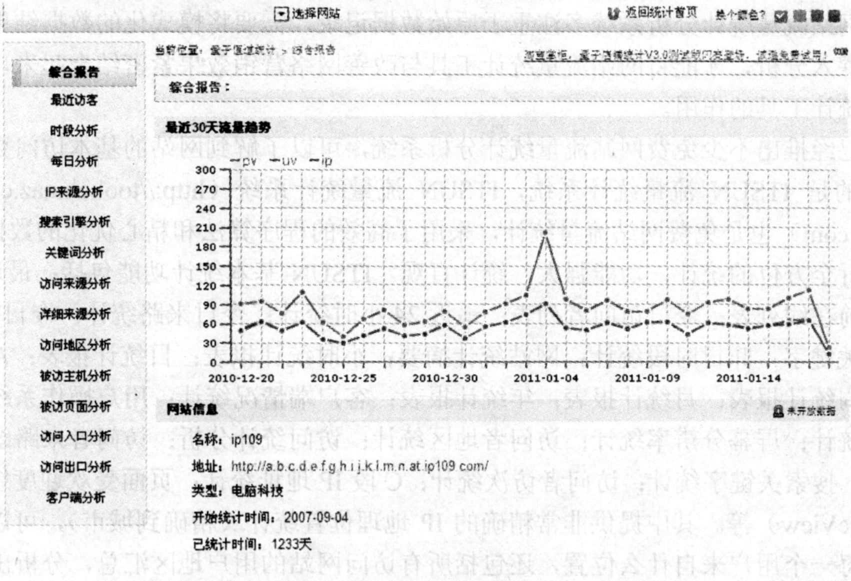

图 9-9　量子恒统计示例

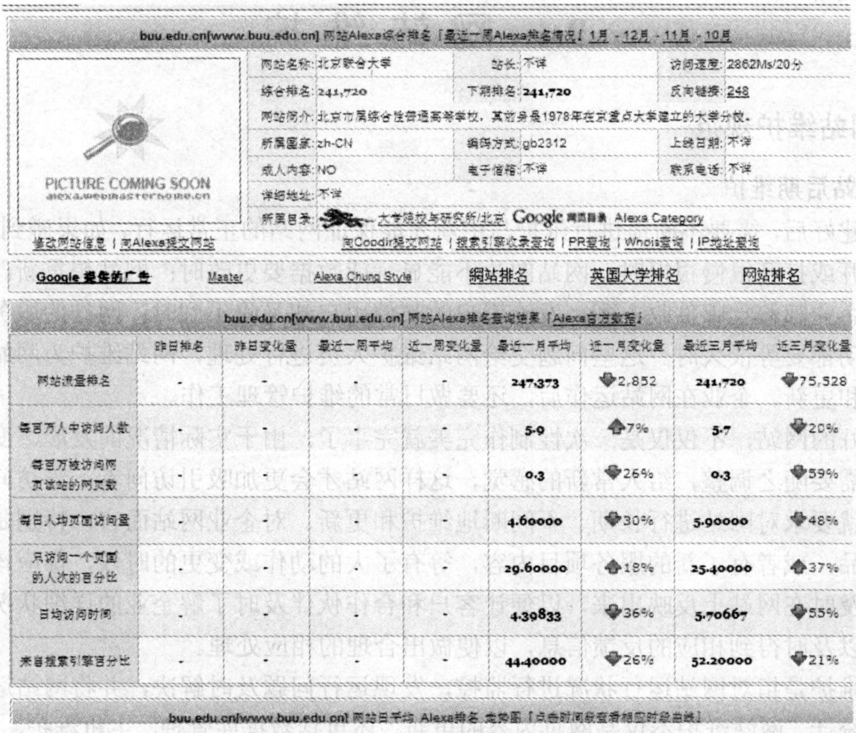

	昨日排名	昨日变化量	最近一周平均	近一周变化量	最近一月平均	近一月变化量	最近三月平均	近三月变化量
网站流量排名	-	-	-	-	247,373	2,852	241,720	75,528
每百万人中访问人数	-	-	-	-	5.9	7%	5.7	20%
每百万被访问网页该站的网页数	-	-	-	-	0.3	26%	0.3	59%
每日人均页面访问量	-	-	-	-	4.60000	30%	5.90000	48%
只访问一个页面的人次的百分比	-	-	-	-	29.60000	18%	25.40000	37%
日均访问时间	-	-	-	-	4.39833	36%	5.70667	55%
来自搜索引擎百分比	-	-	-	-	44.40000	26%	52.20000	21%

图 9-10　Tool 站长之家显示的 Alexa 统计信息

现有网站流量统计分析系统多注重于原始数据记录，需要将模式化的数据结果结合网站运营进行深入分析，才能将网站流量统计工具与改善网络营销效果紧密结合起来，真正发挥网站流量统计工具的作用。

国内已经推出不少免费网站流量统计分析系统，可以了解到网站的基本访问数据，站长工具使用的是 ITSUN 流量统计系统，ITSUN 流量统计系统（http://tool.chinaz.com/IP/?Ip=www.itsun.com）也是免费网站流量统计，采用了高效的程序算法和精心优化的数据库结构，对网站进行全方位的统计，功能强大，统计直观。ITSUN 基本统计功能包括：最近 50 位访问者；当前在线列表；今日访问者列表；最近 24 小时统计；今日来路统计；今日搜索引擎；今日搜索关键字；昨日时段统计；网站统计摘要；小时统计报表；日统计报表；Alexa 工具条统计；周统计报表；月统计报表；年统计报表；客户端情况统计；用户操作系统统计；用户浏览器统计；屏幕分辨率统计；访问者地区统计；访问统计分析；访问者来路统计；搜索引擎统计；搜索关键字统计；访问者访次统计；C 段 IP 地址统计；页面受欢迎度统计；页面浏览（PageView）等。其中提供非常精确的 IP 地理位置统计（精确到城市），可以查看到访问网站的每一个用户来自什么位置，还包括所有访问网站的用户地区汇总，分析出各个地区的访问比例。

9.4 网站维护

9.4.1 网站维护规范

1. 网站后期维护

网站建好后，需要不断地进行维护与更新才能保证网站的正常运行，如果碰到下面问题：网站打不开或打开很慢很慢时；网站图片不能显示或数据要更改时；网站想重新改版或增加内容时；企业邮箱收邮件收不到，发给用户的邮件用户却又收不到时；网站的服务跟不上，小小的改动都要等很久时。这些问题交给网站维护人员进行处理，网站维护为网站提供网站后期维护和更新。企业在网站运作后，还要做日常的维护管理工作。

一个好的网站，不仅仅是一次性制作完美就完事了，由于实际情况的发展、变化，网站的内容也需要随之调整，给人常新的感觉，这样网站才会更加吸引访问者，给访问者良好的印象。这就要求对网站进行长期、不间断地维护和更新。对企业网站而言，特别是在企业推出了新产品，或者有了新的服务项目内容，等有了大的动作或变更的时候，都应该把企业的现有状况及时在网站上反映出来，以便让客户和合作伙伴及时了解企业的详细状况。另外，企业也可以及时得到相应的反馈信息，以便做出合理的相应处理。

网站维护是指对网站运行状况进行监控，发现运行问题及时解决，并将网站运行的相关情况进行统计。网站维护不仅是网页内容的更新，还包括数据库管理、主机维护、统计分析、网站的定期推广服务等。页面更新是指在不改变网站结构和页面形式的情况下，为网站的固定栏目增加或修改内容等。例如，一个电子商务网站，它在运行中需要增加商品种类，也需要对商品的描述或报价进行修改，这时就要对网站内容进行更新，对系统程序进行升级，或开发新功能，增设新栏目。

维护管理工作对整个网站和机房制定严格的管理规定，把一切人为安全因素的影响降到最低。对网站和数据的后期维护往往是容易忽视的问题，目前许多网站长时间不更新，不仅不能吸引新客户，还会失去老客户。所以必须在网站建设之初就制定相关维护的规定，确保实现预定的目标。

2. 网站维护规范

根据企业网站建站指导规范，由于网络营销环境和用户行为在不断发展变化，企业网站需要增强适应性，可通过改版、重建等方式进行网站升级。建议网站改版升级周期不超过一年。如果一个网站一年以上没有内容、功能等方面的更新，可以认定为死站。企业网站建站指导规范中关于网站运营维护规范包括以下内容。

（1）建立网站内容发布审核机制，始终保持网站内容的合法性。

（2）保持网站服务器正常工作，对网站访问速度等进行日常跟踪管理。

（3）保持合理的网站内容更新频率。

（4）网站内容制作符合网站优化所必须具备的规范。

（5）重要信息（如数据库、访问日志等）的备份机制。

（6）保持网站重要网页的持续可访问性，不受网站改版等原因的影响。

（7）对网站访问统计信息定期进行跟踪分析。

3. 网站维护和管理的意义

良好的管理可以提高网站的运营质量，降低网站运营成本，并最终使企业的投资得到回报，实现网站建设的初衷，加强企业网站管理、维护的重要意义有以下几个方面。

（1）网站的维护和管理使得在数量爆炸的网站海洋中始终吸引住客户的注意力。

（2）从事电子商务竞争的企业将表现为网站经营的竞争，这就需要网站从内容到形式不断地变化。

（3）通过网站不断的维护，使得网站适应变化的形势，更好地体现出企业文化、企业风格、企业形象及企业的营销策略。

（4）管理完善的网站会成为沟通企业和用户最为重要的渠道。

9.4.2　网站维护内容

在网站的日常维护工作中网站的安全维护是至关重要的。网站的管理人员需要定期对网站的服务器、数据库、网页程序进行测试，对可能出现的故障和问题进行评估，制订出应急方案、解决方法和响应时间，使网站的维护制度化、规范化。在 Internet 网络中，平均每天会发生超过 400 起网络入侵攻击事件，而 80%以上受害者为大大小小的 Web 站点，被攻击的服务器中，很多网站数据丢失或被破坏，导致了无法挽回的损失。那么，怎样保证网站正常运行？网站的日常维护与安全措施是保障网站防患于未然的重要手段之一。网站只有做好日常维护，才能保障网站的正常运行，网站维护的一个重要工作就是对网站文件的备份。定期对网站重要文件、数据库文件等进行备份，以防止系统崩溃、病毒破坏及黑客入侵等原因造成数据和资料的彻底毁坏。网站安全维护包括几项措施，如网站的数据备份、网站数据的更新、网络服务的维护、网络设备的维护、人员值班等。

另外，网站维护还包括网站服务与反馈工作，主要体现在几个方面，如对留言簿进行维护；及时回复电子邮件；维护投票设置的程序；对 BBS 进行维护等。

网站管理和维护内容有一定差别，网站维护主要涉及网站和信息交互的处理，如网页内容和栏目的更新；网站管理是负责网站的日常运营，如设备和网络的管理。但在网站运营中，这两方面是难以严格区分的，网站管理和维护的主要工作内容归纳如下。

（1）内容的更新，如产品信息的更新、企业新闻动态更新，网站及时发布企业最新的产品、价格、服务等信息。

（2）对用户信息的搜集、统计并交各部门及时处理分析。

（3）对用户的投诉或需求信息要及时处理并向用户反馈处理结果。

（4）网站风格的更新，如涉及网站结构、页面模版的更新将视为重新制作，网站页面设计要经常更新，不断增加新的营销创意，提高网站的知名度。主页改版、网站备份和应急恢复、访问统计；网站美工设计（Flash、Logo、Banner、色彩、风格统一等）。

网站维护中，网站更新是日常维护非常重要的内容，网站更新主要有以下几种方式。

① 上传文件更新，在本地计算机中把要更新的文件制作完成后，通过 FTP 软件上传到网站中替换原来的文件。

② 下载文件更新，当网站更新的文件较少，但更新的文件要做较大修改时（如网站的数据库文件），可以使用 FTP 软件把该文件下载下来，在本地计算机中更改完成后，再上传到网站完成更新。

③ 使用模版更新，当网页需要改版相关的网页时，可以通过修改网站的模版，自动更新相关联的网页。

（5）网站重要页面设计制作，如启示类重大事件页面及公司周年庆等活动页面设计制作。

（6）网站系统维护服务，如域名维护续费服务、网站空间维护、DNS 设置、域名解析服务等。保持设备良好状态，维持企业网站设备不间断地安全运行。

（7）注意网站安全管理，监测、防止病毒的攻击和恶意的访问；保证网站链接正常，网络畅通。但由于 ISP 方因素，计算机遭黑客攻击、计算机病毒、政府管制造成的暂时性关闭等影响网络正常运营情况除外，对此情况要及时协助解决。

（8）对网站需要进行不断地推广和优化工作。

（9）对网站经营需要不断地进行测试和评估。

9.4.3　电子商务网站管理技术的发展趋势

网站管理是网站建设的一个重要方面，企业网站大部分时间是在网站管理和维护中度过的，它帮助企业网站正常运营但又降低运营成本，增添新的业务机会，从而增强企业竞争力。网站管理的复杂性使得网站管理的方式在不断地变化，网站管理技术从面向网站特定设备的单点管理工具，到面向网站各种设备的通用网站管理平台，现阶段已发展到面向网站运营的全面的网站管理。

1. 单点管理

单点管理工具是最早出现的网站管理工具，它主要为管理员提供网站设备或资源的安装配置和监控手段，通常是网络设备提供商随网站硬件设备一起提供给用户。单点管理是企业网站最先使用的网站管理方式。单点管理工具的主要缺点是只支持特定厂商的设备或资源。不同的单点工具之间很难集成，容易存在管理死区，一般无法承担对整个网站的管理任务。

2. 传统管理平台

管理平台是一个公共平台，提供了网站拓扑图、网站事件报警等管理功能，可集成各种网站设备管理工具。其主要缺点是平台本身提供的功能十分有限，多数功能依赖于第三方的网站设备管理工具；对 TCP/IP 之外的协议支持很弱，与系统管理、应用管理（如 Web，邮件）脱节，与业务管理脱节等。所以传统的网站管理平台不是理想的网站管理解决方案。

3. 全面网站管理

全面的网站管理是在更大范围实现平台和功能的集成，从而为企业提供“端到端”网站管理功能，而不仅仅是提供一个功能有限的管理平台。为了保证网站效益的发挥，对于一个规模比较大、功能比较齐全的企业网站，全面的网站管理是必需的。

9.5　网站内容管理软件

1. 网站内容管理

网站内容管理是网站维护和管理的主要内容之一，其中包括：网站内容的管理，主要是对网页内容进行更新；数据库信息管理，主要是针对数据库的日常维护管理，包括网站数据的及时采集、整理和更新；文件目录管理，网站运营一段时间后，网站的目录会越来越多，网页的更新也带来一些垃圾文件，媒体文件的不断堆积容易造成目录管理的混乱，定期清理目录和文件可以提高网站的运行性能和管理效率；程序代码优化，可以提高程序的执行效率，减轻服务器的负担；网站升级，网站内容的更新是提高网站必须要考虑的重点内容。

网站的内容管理已经从简单的手工管理上升到利用相应的管理软件实现管理。

2. 内容管理系统

内容管理系统 CMS 是 Content Management System 的缩写。CMS 就是可以让管理者不需要学习复杂的建站技术、网络技术就能够利用 CMS 构建出一个风格统一、功能强大的专业网站，并能够对网站的内容进行日常的管理和维护。

CMS 具有许多基于模版的优秀设计，可以加快网站开发的速度和减少开发的成本。CMS 的功能并不只限于文本处理，它也可以处理图片、Flash 动画、声像流、图像甚至电子邮件档案。CMS 其实是一个很广泛的称呼，从一般的博客程序，新闻发布程序，到综合性的网站管理程序都可以被称为内容管理系统。

CMS 根据不同的需求有几种分类方法。比如，根据应用层面的不同，可以被划分为重视后台管理的 CMS、重视风格设计的 CMS 和重视前台发布的 CMS 等。

内容管理系统（CMS）的基本思想是分离内容的管理和设计。页面美工设计存储在模版里，而内容存储在数据库或独立的文件中，当一个用户请求页面时，各部分联合生成一个标准的 HTML 页面或发布时被预归档页面，合成的 Web 页面可能包含多个数据源，一个内容管理系统通常有如下要素：① 文件模版；② 脚本语言或标记语言；③ 与数据库集成；④ 内容的包含物由内嵌入页面的特殊标记控制。这些标记对于一个内容管理系统通常是唯一的。这些系统通常有对较复杂的操作的语言支持，如 PHP、ASP、.NET 或 Java 等。

目前已经存在各种各样的 CMS，最终界面上都是大同小异，但是在编程风格与管理方式上却千差万别。就 CMS 本身被设计出来的出发点来说，应该是方便一些对于各种网络编程语言并不是很熟悉的用户用一种比较简单的方式来管理自己的网站。这虽是其出发点，但由于各个 CMS 系统的原创者们自己本身的背景与对“简单”这两个字的理解程度的不同，就造成了现在没有统一的标准而出现群雄纷争的局面。

CMS 的优点：内容管理系统对站点管理和创造编辑都有好处。这其中最大的好处是能够使用模版和通用的设计元素以确保整个网站的协调，使用者只需采用少量的模版代码，可把精力集中在设计内容上，要改变网站的外观，使用者只需修改模版而不是一个个单独的页面；内容管理系统也简化了网站的内容供给和内容管理的责任委托，很多内容管理系统允许对网站的不同层面人员赋予不同等级的访问权限，这使得他们不必研究操作系统级的权限设置，只需用浏览器接口即可完成；具有集成的功能，如站内搜索、投票、Web 邮件列表等也会内置于内容管理系统 CMS 内，允许以第三方插件的形式集成进来。

3. 国外的内容管理软件情况

国外的主要内容管理系统包括：微软的网站管理工具 Microsoft Content Management Server 和 IBM 的网站管理软件——WebSphere Application Server。

微软（Microsoft）公司的企业客户正在以符合成本效益原则的方式坚持不懈地追踪着这种与日俱增的发展进程。追求的战略目标主要体现为：将内容管理处理方式从 IT 专业范畴推广到商务企业领域；降低电子商务运营成本；改进整个企业的 Web 发布处理过程。随着整个企业界向电子商务处理方式的转移，广大组织机构正在以 Web 为基础发布着数量更加庞杂、种类更为繁多的相关内容。网站内容管理可借助 Microsoft Content Management Server，它帮助内容所有者围绕自身相关内容开展创建、管理和发布活动。而 IT 部门则可将 Microsoft Content Management Server 作为个性化、动态式、可伸缩 Web 站的构建基础加以应用。内容维护团队将依赖工作流、修订跟踪和日程计划特性就处理过程实施管理。而个性化动态页面装配和多语种内容支持能力则可确保企业面向最终用户提供令人难以抗拒的 Web 体验。广大组织机构对 Microsoft 公司的企业级支持能力、软件产品集成化特性和遍布全球的开发人员社团组织所蕴含的宝贵价值都给予了高度评价。

4. 国内情况

国内的网站内容管理软件提供商也在逐渐扩展市场，主要的内容管理软件包括 SiteServer CMS（http://www.siteserver.cn/buy/29/183.html）、合正内容管理软件（http://www.hingesoft.com.cn/）、宏博（http://www.hbcms.com/）等众多内容管理软件。SiteServer CMS 是基于微软.NET 平台开发的网站内容管理系统，它集成了内容发布管理、多站点集成、信息采集、搜索引擎优化、全文检索等多项强大功能，能够生成纯静态页面，独创的 STL 模版语言，通过 Dreamweaver 可视化插件能够轻易编辑模版样式。SiteServerCMS 适合政府、学校、企业及其他各种资讯类网站使用。

9.6 实践任务

1. 实践内容

（1）搜索引擎注册：对已经申请域名的花店网站进行搜索引擎注册，对要注册的网页关键词、网站的描述进行准备，将网上花店网站的信息登录到 2～3 家中文搜索引擎，方便消费者以关键词进行网站搜索。将花店网站在搜狐分类目录（http://123.sogou.com/shoulu.html）进行注册，记录注册的基本内容。

（2）邮件推广实践。

① 申请一个免费邮箱，（如***@163.com），找到相关的电子商务网站建设的电子杂志并订阅，记录订阅过程并展示邮件中收到的订阅邮件。到 http://www.wilsonweb.com 网站获取 6 本电子书，体验获得电子书的流程，并记录流程。

② 实践电子邮件推广。请根据花店网站要推广的服务和产品，设计电子邮件营销中的相关邮件，包括内容如下。

● 根据需要设计和完成：用户进行邮件注册的网页表格。注册表格和提示文字要吸引用户注册。

要求：注册表格放置在每一个网页左侧导航最上面。由于空间与排版的原因，除必要的填写姓名及电子邮件的两行表格外，说明文字相对比较简单。表格下面要以较小字体标注。

标注内容自己设计，可以参考如下描述“您的电子邮件地址交给我们是安全的，我们绝不分享、出售、租用任何用户信息给第三方。我们也绝不发送垃圾邮件。您可以随时退订电子杂志，并保留所收到的免费礼物”。

● 设计一封邮件的页眉和页脚内容。

● 设计正式确认邮件的内容，包括：发件人、标题、邮件正文内容等。

● 设计一封邮件的标准内容。

③ 请对要宣传的网上花店进行邮件推广，确定要推广的目标，设计 3 封邮件，包括邮件的主题、邮件的页眉页脚、内容。在邮件列表提供的网站上（如希网等）实施邮件推广。记录邮件推广的过程。

（3）网站信息结构优化实践：访问“2008 中国电子信息百强企业网站评价”（www.jingzhengli.cn）中的企业网站，对前三名 3 个网站和排名在最后的 2 个网站的信息结构进行详细的描述（导航结构、网页设计、内容质量、Web 标准、基本功能等），并根据评价的几个方面提出自己规划网站风格和信息结构如何修改的方案。

（4）网站评价和网站优化方案实践：选取某个行业的几个企业网站，选取网站评价的几个方面，利用站长工具对网站现有情况进行评价分析，撰写网站现状分析和网站优化报告（可参考本章附录）。

（5）简述竞价排名推广服务的方法应用实践：比较新浪竞价排名、搜狐竞价排名、雅虎搜索竞价，对其进行网站推广的费用、效果和性价比及服务优势进行评述。制订网站的搜索引擎竞价推广方案（详细推广内容，包括费用）。

（6）网站推广方案实践：针对第 6 章自命题的网站，设计一套推广方案，至少要包括 4 种网站推广方法（如关键词推广方案中，设计的关键词）。方案中要通过真实地实施某个推广方法来推广一个网站，掌握网站推广的主要技术方法，编写网站推广方案和实施报告。

（7）内容管理软件实践：在网上下载内容管理软件（参考网站：宏博 http://www.hbcms.com/）；进行安装；再利用安装好的内容管理软件建立一个自己的个人网站。

2. 实践要上交报告

（1）实践电子邮件推广实践报告。

（2）网站现状分析和网站优化报告。

（3）网站推广方案和实施报告。

（4）网站的搜索引擎竞价推广方案。

（5）内容管理软件的使用方法实践报告。

3. 附录

1）可参考资源

（1）站长工具：http://tool.chinaz.com，提供各种测试，内容包括网站信息查询、SEO 信息查询、域名/IP 类查询、网站收录历史、http 状态查询。

（2）Alexa 查询：http://alexa.zzbaike.com/ Alexa 中文专题站。

（3）http://www.alexacn.org/alexa-faq.html Alexa 工具条下载。

（4）关键词排名检索工具：http://keywordsrank.zzbaike.com/。

（5）在线 FTP 工具：http://webftp.zzbaike.com/。

（6）PR 查询工具：http://pr.zzbaike.com/。

（7）关键词密度检测工具：http://keywords.zzbaike.com/。

（8）收录数量查询：http://indexed.zzbaike.com/。

（9）Whois 查询：http://whois.zzbaike.com/。

（10）反向链接查询：http://linksincount.zzbaike.com/。

（11）Gzip 查询工具：http://gzip.zzbaike.com。

2）“企业网站建设指导规范纲要”中关于企业网站优化规范的内容

“企业网站建设指导规范纲要”中主要的内容包括：网站域名及网站技术规范、企业网站的基本功能和内容、网站优化规范、网页模版设计规范、企业网站可信度规范、网站运营维护规范。其中网站优化规范包括如下内容。

网站优化的最终目的是为用户获取有价值信息提供方便，网站优化包括三个方面：对用户获取信息优化、搜索引擎优化、网站维护优化。

（1）网站栏目结构合理，栏目设置不要过于复杂。

（2）网站导航清晰且全站统一，通过任何一个网页可以逐级返回上一级栏目直到首页。

（3）网页布局设计合理，网站设计符合用户浏览习惯。

（4）重要文字信息尽可能出现在网页靠前位置。

（5）字体清晰，CSS 风格协调一致。

（6）最多 3 次点击可到达产品详细内容页面。

（7）通过网站任何一个网页不超过 3 次点击可达到站内其他任何一个网页。

（8）遵照搜索引擎为管理员提供的网站优化指南，通过网站结构和内容等。基本要素的优化为搜索引擎检索信息提供方便，不采用任何被搜索引擎视为垃圾信息的方法和欺骗搜索引擎的方式（如堆积关键词、用户不可见文本、页面跳转、复制网页等）。

（9）网站首页、栏目首页及产品内容页面均有一定的文字信息量。

（10）每个网页有独立的、可概括说明该网页核心内容的网页标题（而不是全站或一个栏目共用一个网页标题）。

（11）每个网页有独立的、与该网页内容相关的 META 标签设计（包括 description 和 keywords）。

（12）每个网页有独立的 URL。

（13）产品内容页面 URL 尽可能简短且体现出产品属性。

（14）产品/企业新闻详细内容页面是独立网页不是弹出窗口。

（15）对于产品品种多的企业网站，要有合理的产品分页方式。

（16）网站内容保持适当的更新周期。

第 4 篇

电子商务综合实践

第10章

电子商务解决方案

电子商务解决方案远不仅仅是一些在网上的交易和资金的转账，它定义了新的商务形式，以及为这种商务形式而服务的后台企业信息系统。它是用于特定类型的电子商务系统或针对电子商务的某些技术环节的全套技术方案，以解决电子商务各环节的需求为职能，以实现一定的商业经营活动为目标，通过配以适当的电子商务模式，并进行系统的业务需求、整合分析，提供对应的技术设计及系统实施的方法、步骤等，电子商务解决方案不仅仅是技术方面的，涉及为业务服务的企业管理的各方面。本章从电子商务解决方案的运作过程、电子商务系统总体规划、方案设计、方案选型等多个方案对方案中所包含的内容进行了讲解，并提出了对应的实训任务要求：对某门户网站进行需求建议和完成解决方案报告。

10.1 电子商务解决方案的概念

电子商务是指各参与方之间以计算机互联网络方式而不是以物理交换方式或直接物理接触方式来完成的任何形式的商务交易。解决方案的英文对应单词是“Solution”。Solution 指对任何一个复杂问题的对应之策。它可大可小，但逻辑上都有一个明确的任务。目标、策略、方法、手段、实现过程和效果评价构成了一个具体的解决方案。

不同的服务商对于电子商务解决方案有不同的认识。

一般认为，电子商务解决方案有广义与狭义之分。广义电子商务解决方案包括一切有助于实现电子商务的举措，如提供虚拟主机、域名注册业务等。狭义电子商务解决方案指重点围绕着交易而提供的一系列软件功能，如构建企业电子商务站点、构建网上交易平台、提供网上支付接口、解决交易的后续流程等。

概括来讲，电子商务解决方案是指用于特定类型的电子商务系统或针对电子商务的某些技术环节的全套技术方案，是一整套计算机应用技术的有机结合。它以解决电子商务各环节的需求为职能，以实现一定的商业经营活动为目标，通过配以适当的电子商务模式，并根据实际的业务流程，进行系统的业务需求、整合分析，提供对应的技术设计及系统实施的方法、步骤等。

电子商务解决方案远不仅仅是一些在网上的交易和资金的转账。它定义了新的商务形式，以及为这种商务形式而服务的后台企业信息系统。电子商务解决方案应该能够支持企业全部业务过程和提供完整的管理手段。电子商务解决方案所提供的内容不仅仅是技术方面的，而应该涉及为业务服务的企业管理的各个方面。从基础服务方面来说，它包括硬件及网络设备、操作系统、数据存储、开发环境、内部应用、内部管理、Web 服务等。从应用服务角度来说，包括营销、采购、交易过程、支付、库存管理、物流管理、售前售后服务、客户关系管理等。

电子商务解决方案有两个特征，一是多样性，即针对不同的需求，有不同层次和目标的解决方案。即使针对同一需求，可能也存在不同的解决方案。另一个是完整性，即方案涉及电子商务系统建设的方方面面，而且该系统有较强的生命力，可以随着应用的增强而不断扩展。

10.2 电子商务解决方案的运作过程

企业要选择适合自身的电子商务解决方案，不仅要看解决方案本身在技术上是否可行，更重要的是，要看解决方案能否满足企业对电子商务的需求及企业实施电子商务的目标。企业构建自己的电子商务解决方案，不应是盲目的跟随，而是要全盘考虑、统筹规划。

第一步，要进行有针对性的咨询服务。需要从企业经营模式、管理现状、竞争分析、风险规避、业务流程设计等方面入手，寻找企业构建电子商务平台的瓶颈，这方面企业要借助电子商务方面的专家或公司来完成。通过对企业全面的咨询诊断，找出企业构建个性化电子商务的切入点。

第二步，电子商务解决方案的选择。企业要根据这个切入点寻找并选择能够满足自己个性化需求的电子商务解决方案，并设计最优的全面电子商务架构。电子商务解决方案要具有强大的功能，不仅能支持企业灵活的个性化业务模式，而且能够自由组建和搭配，即模块的可拆装性，从而最大限度地满足企业的个性化需求。

第三步，电子商务解决方案的实施服务。一个优秀的电子商务解决方案，不仅要满足软件功能的使用，还要满足客户业务发展的需求，为企业培训技术队伍。使企业在提升管理水平的同时，获得技术实力的提升，以此来规避软件升级与企业发展给企业带来的风险。

一般电子商务解决方案的运作过程包括如下 6 个步骤。

（1）电子商务需求分析。

（2）电子商务总体规划。

（3）设计功能性的电子商务解决方案。

（4）选择合适的产品/技术去实现对应的功能。

（5）电子商务解决方案设计与整合。

（6）电子商务系统开发与实施。

10.3　电子商务需求分析

在一个合适的电子商务解决方案之前，首先要明确企业的电子商务需求。企业电子商务需求分析是一种宏观上的需求分析，是从整体和战略的高度出发，全面分析规划企业的电子商务需求，是企业电子商务总体规划的基础。其主要任务是对企业开展电子商务的外部环境及背景、企业转向电子商务的动机、企业的业务流程和信息化状况等进行调查分析。

企业电子商务的外部环境分析的目的是确定实施电子商务对于企业来说将获得何种机遇，以及面临何种挑战。外部环境的因素分析主要包括：电子商务的社会需求分析、行业电子商务应用状况、可从外部获得的必要的技术和技能及电子商务应用的外部软、硬件环境等。

企业内部环境是与企业电子商务应用有重要关联的因素，是制定电子商务战略的出发点、依据和条件。企业内部环境分析的目的在于掌握企业历史和目前的状况，明确企业所具有的优势和劣势。它有助于企业制定有针对性的战略，有效地利用自身资源，发挥企业的优势，避免企业的劣势。企业内部环境分析的内容包括很多方面，如组织结构、企业文化、资源条件、价值链核心能力分析、SWOT 分析等。按照企业的成长过程，企业内部环境分析又分为企业成长阶段分析、企业历史分析和企业现状分析等。就电子商务来说，内部环境因素主要包括企业信息化进程、企业高层对信息化的认识、企业文化、企业所处发展阶段、企业信息技术投资等。

在完成企业的内外部环境分析后，就需要对电子商务项目进行需求分析。电子商务项目包括产品、服务、系统等。根据一般电子商务模式，电子商务项目需求又可分为 B2C 电子商务需求、B2B 电子商务需求、企业门户需求等。

当企业确认了电子商务项目的需求后，需要考虑如何以最佳途径来满足这一需求方案。随着网络经济的发展、商业活动节奏的加快、市场竞争的激烈、商业伙伴数量和项目复杂性的增加，准备正规的需求建议书显得越来越重要，特别是大型的项目一般都要求正式招标。其中需求建议书是正式招标必不可少的一份文件。需求建议书就是从客户的角度出发，全面、详细地向服务商陈述、表达为了满足其已识别的需求应做哪些准备工作。它是项目客户与服务商建立正式联系的第一份书面文件，也叫招标书。需求建议书一般由项目的客户起草，主要描述客户的需求、条件及对项目任务的具体要求，向可能的服务商发送。一份完整的需求建议书主要包括：满足其需求的项目的工作陈述、对项目的要求、期望的项目的目标、客户供应条款、付款方式、契约形式、项目时间、对服务商项目申请书的要求等。

需求建议书准备好之后，客户就会通知那些可能有兴趣并且有能力完成需求建议书中所提任务的潜在服务商，让他们提交申请书。服务商根据客户所限定的工作范围和要求，制定完成所需事项的进度计划，并在此基础上进行预算，以便让客户进行选择和决策。

10.4　电子商务总体规划

电子商务系统总体规划是指以完成企业核心业务转向电子商务为目标，给定未来企业的电子商务战略，设计支持未来这种转变的电子商务系统的体系结构，说明系统的各个部分的结构及其组成，选择构造这一系统的技术方案，给出系统建设的实施步骤及时间安排，说明系统建设的人员组织；评估系统建设的投资与收益，并对整个系统的规划方案进行可行性论证等活动。

电子商务是对传统商务的一种变革，电子商务系统的规划是对企业商务活动的一种重新设计，这种设计分为电子商务战略规划和电子商务系统规划战术两个层次。

1）电子商务战略规划

目的是明确企业将核心业务从传统方式转移到电子商务模式时所需要采取的策略，确定企业的商务模型（就是确定企业在电子商务时代如何做生意）。电子商务战略规划确定企业未来核心业务的路线，这是一种战略层的规划，确定这种规划的人员不仅仅是技术人员，更重要的是商务管理和决策层面的人员。

2）电子商务系统规划

电子商务系统规划是一种战术层的规划，它侧重以商务模型为基础，规划支持企业未来商务活动的技术手段，确定未来信息系统的体系结构。它给出电子商务系统开发可依据的一个基本框架，由于这种规划过程侧重于技术的实现，所以它的主要参与人员是以熟悉网络和计算机技术的各类工程技术人员为主。

10.4.1　电子商务战略规划

企业电子商务战略规划就是确定企业未来开展电子商务的模式，包括企业未来的商务模式及商务模型的设计、市场定位、服务对象、服务内容及实施问题。它是构建电子商务系统的基本依据。

企业电子商务战略规划一般包括 4 个方面的内容。

（1）战略提出阶段。主要确定企业电子商务的前景和市场定位；对企业所处的行业及企业竞争力进行分析；评估企业电子商务的模式。

（2）战略形成阶段。主要通过分析确定企业电子商务究竟做什么，即明确企业电子商务的赢利方式，寻找企业电子商务成功的机会；确定企业电子商务的应用方案。主要有电子商务应用的发现、成本—收益分析、风险分析等。

（3）战略实施阶段。主要确定企业电子商务的实施方案、进度计划与管理方式。还要做出预算，计划好所需的其他资源。

（4）战略评估阶段。定期地对战略目标的实现情况进行评估，衡量企业电子商务是否达到预期效果。在此基础上采取措施纠正偏差，必要时进行战略再评估。这一阶段还涉及电子商务测评指标的确定。

企业的电子商务模式是指企业利用网络技术开展电子商务活动的基本方式，可通过企业根据自身如何竞争和如何赢利所做的一系列选择来完成。主要包括企业核心业务的确定、企业服务对象选择、企业价值增值机制等。目前比较典型的 B2C、 B2B 等商务模式是对已有的电子商务模式的总结，包含了许多成败的经验或教训。在确定企业的商务模式时，要对这些模式和类似企业实施电子商务的经验进行认真的学习、分析和借鉴，要明确是企业电子商务实践创造了模式，而不是模式创造了企业电子商务活动。

10.4.2 电子商务系统规划

电子商务系统规划的目标是分析给出实现企业电子商务战略的电子商务系统的体系结构，完成从电子商务战略到电子商务系统体系结构的转换过程。即通过分析，确定哪些技术在什么层面上如何帮助企业实现既定的目标，并最终完成从业务模式到信息系统的转换过程。

电子商务系统规划的基本思路是：将电子商务系统划分为不同的层次，使复杂问题简单化，在每个层次上解决特定的和有限的问题，通过逐层细化最终获得系统规划的结果。

电子商务系统规划的主要内容包括以下 5 个方面。

（1）系统的核心业务功能。

（2）关键业务流程。

（3）系统的体系结构，包括规划系统的基本组成部分、各个层次的联系、各个组成部分对电子商务系统的作用、系统的结构、应用软件系统的结构、基础网络环境、安全交易环境。

（4）系统评估。

（5）实施安排。

电子商务系统的建设方式一般有自主方式、委托方式、外包方式、合作方式和租用方式。其建设方法包括瀑布模型法、原型开发模型法。

10.4.3 电子商务系统总体规划报告

电子商务系统总体规划完成之后需要提交电子商务系统总体规划报告，该报告是对电子商务总体规划阶段成果的总结和记录，是电子商务系统设计和电子商务解决方案选择的依据，其主要内容一般包括以下几方面。

（1）系统背景描述。

（2）企业需求描述。

（3）电子商务系统设计的原则及目标。

（4）商务模型建议。

（5）目标系统的总体结构。

（6）应用系统方案。

（7）网络基础设施。

（8）网上支付与认证。

（9）系统安全及管理。

（10）系统性能保障。

（11）系统集成方案。

① 系统投资计划与收益分析。

② 系统实施方案。

10.5 电子商务解决方案的分类方式及其基本内容

1. 按业务实施的复杂性分类

按业务实施的复杂性，可将电子商务解决方案分为初级、中级和高级电子商务解决方案，对应的也被称为网上黄页、简单电子商务解决方案、完整电子商务解决方案。

网上黄页即将黄页信息扩充并发布到网上。一般网上黄页主要为企业提供一个发布信息的平台，并提供搜索引擎，方便客户搜寻到站内信息。网上黄页服务解决方案提供的功能有限，但费用低廉，方便有效，深受广大中小企业的青睐。

中级电子商务解决方案主要针对那些专业人员力量薄弱，又需要提供电子商务服务的中小型企业，它使得企业在没有专业的网络工程师和软件开发人员的情况下，拥有一个网上目录，并能接受网上订货。

高级电子商务解决方案不仅提供前台服务特性，还提供了后台处理，将企业的网上目录、订单处理与数据库的操作结合在一起，完成交易信息的处理、统计分析和综合处理。日常操作也能自动处理，如税收计算、日现金统计等。

2. 按电子商务模式分类

从电子商务交易对象的范围看，企业电子商务可划分为 B2B，B2C 及企业内部的电子商务。企业内部的电子商务实际上包含在企业内部管理信息化的范畴之中。所以按电子商务的商务模式分类，电子商务解决方案主要包括 B2B 电子商务解决方案和 B2C 电子商务解决方案。

B2B 电子商务解决方案一般包括以下应用系统功能：供应商管理、库存管理、销售管理、信息传递、支付管理。B2C 电子商务解决方案一般包括的系统功能有：售前售后服务（包括提供产品和服务的详细说明、产品的使用技术指南，回答顾客意见和要求等）；销售（包括询价、下订单）；使用各种电子支付工具完成网上支付。

3. 按系统建设方式分类

按照系统建设的方式，电子商务解决方案可分为企业自主实施的电子商务解决方案和委托服务商实施的电子商务解决方案。

企业电子商务解决方案是否自主实施，主要是指解决方案中的技术方案和应用系统部分是否由企业自己建设（包括购买、二次开发等方式）实施为主，如企业不论是自己购置软/硬件建立网上门户站点，还是租用网络接入服务提供商（ISP）或应用服务提供商（ASP）的服务器空间来建立。

企业一般在具备较好的信息化基础和对电子商务理解较为透彻的前提下，可以选择自主实施的电子商务解决方案。企业自主实施的电子商务解决方案主要有两种情况，一是企业已建有较完备的信息系统，实施电子商务是对现有系统的完善；二是企业对电子商务的需求和投入较小，但企业对电子商务的理解较为深刻。

随着自身业务的不断发展及核心业务能力的增强，越来越多的企业希望将作为业务支持平台的网络系统的管理工作外包出去，交给专业的公司统一管理，这样一来不仅可以极大降低企业的运营成本，也可以使社会分工更加科学化、合理化。这些专门的公司包括应用服务提供商（Application Service Providers, ASP）和企业解决方案提供商（Business Solution Providers, BSP）。ASP 强调以互联网为核心，替企业部署主机服务及管理、维护企业应用软件。BSP 不仅提供电子商务应用平台系统，还提供咨询服务，包括针对客户个性化吸取的定制工作、特殊软件产品培训及有关应用系统软件的一般培训。

4. 按电子商务的应用功能分类

按电子商务的应用功能，电子商务解决方案可分为企业内部管理信息化的解决方案、企业形象展示的解决方案、电子商务网站的解决方案、网上交易的解决方案与协同商务的解决方案等。

企业内部管理信息化是企业实施全面电子商务系统的基础阶段，同时在这一阶段也实现了企业内部的电子商务，它包括办公自动化解决方案与 ERP 解决方案。企业形象展示的电子商务解决方案可以实现诸如网上发布信息、产品介绍、广告宣传等功能，它属于电子商务的初级阶段，同时也是前台电子商务的组成部分。电子商务网站是企业实施电子商务关注的首要问题，其方案一般从域名、WWW 主机、数据库主机、邮箱服务器等的规划，到网站智能分析（Web Intelligent Analysis, Web IA），IA 的总体设计、主流技术选择、设计依据和开发标准的确定，以及网页的设计与制作、上传、管理和维护的具体计划与措施。网上交易的解决方案包括网上接受订单、网上采购商品、网上商店等几种类型，它在涵盖了企业信息门户的内容基础之上，实现了企业的前台电子商务，同时它也是企业实现完整电子商务解决方案必不可少的组成部分。协同商务的解决方案包括供应链管理系统（SCM）、客户关系管理系统（CRM）、合作伙伴关系管理（PRM）和产品研发管理系统（PDM）等，其重要内容就是要把具有外部信息流功能和信息接口的 CRM 和 SCM 与注重内部功能的 ERP 系统互补，创造一种无缝集成的电子商务环境。

5. 按电子商务的参与者分类

按电子商务的参与者，可分为电子商务解决方案供应商解决方案、电子商务集成方案供应商解决方案、电子商务服务供应商解决方案、电子商务使用者解决方案。

电子商务解决方案供应商解决方案是指电子商务软、硬件生产商提供的解决方案，如IBM、COMPAQ、HP、SUN 等公司，它们侧重于如何应用该厂商产品建设电子商务站点。电子商务集成方案供应商根据用户需求，结合电子商务解决方案供应商的技术，实现一个具体的电子商务应用。电子商务服务供应商解决方案基于电子商务服务商掌握的特定技术，为电子商务的实施解决特定问题，如支付问题、安全问题、认证问题、法律问题、配送问题、网络基础设施问题等。电子商务使用者解决方案一般包括商务流程方案和客户服务方案。

6. 按电子商务发展阶段的产品分类

按电子商务的发展阶段，电子商务解决方案可分为企业网络基础设施解决方案、企业办公自动化解决方案、企业业务管理和应用系统解决方案、企业商务系统解决方案。

10.6　电子商务解决方案的设计

10.6.1　电子商务解决方案设计的内容

在确定了企业电子商务需求、内/外部环境及电子商务目标和实施战略之后，可设计出功能性的电子商务解决方案，然后根据企业电子商务解决方案的分类，选择合适的技术和产品去实现对应的功能。企业电子商务解决方案没有绝对固定的模式可以套用，根据企业自身的信息化状况及企业对电子商务的理解和需求不同，其解决方案往往差异很大。归纳起来，完整的电子商务解决方案一般包括：电子商务业务流程设计、电子商务技术方案设计、电子商务系统设计和电子商务解决方案整合等内容。

10.6.2　电子商务业务流程设计

企业业务流程是一组共同为顾客创造价值而又相互关联的活动，是企业从市场调查开始，直至将商品和服务送到市场所发生的一系列的业务工作的全部过程。它始于顾客需求调查，终于满足顾客需求。从企业业务活动的内容方面，可以将其分为市场营销流程、设计开发流程、生产工作流程、质量管理流程、销售管理流程、储运管理流程、财务管理流程、服务管理流程等。

企业电子商务业务流程的设计应当遵循以下原则。

（1）流程的设计必须有效、完整和清晰。

（2）流程设计必须支持企业的方针和政策。

（3）流程设计必须关注流程的连续性和关联性。

（4）流程设计必须遵循环境要求。

（5）流程设计必须以顾客满意为中心。

电子商务业务流程设计通常会围绕着数据库后端、中间件快速开发工具及预定的业务目标而展开。企业要在其原有流程的基础上调整和重组来适应电子商务，而非简单地将电子商务放到现有流程之上。

10.6.3 电子商务技术方案设计

为了建立电子商务应用系统，IBM 提出了电子商务技术解决方案空间的概念。针对这个空间，开发电子商务应用的过程被划分为 3 个部分：问题空间、产品技术空间和设计空间。问题空间是对电子商务所解决商务问题的归纳和分类。产品技术空间是考虑为每一问题领域开发电子商务解决方案时使用的技术和产品。设计空间是解决与开发电子商务应用相关的系统设计问题，帮助设计者将问题空间映射到产品技术空间。所谓电子商务技术解决方案，就是通过设计空间，将电子商务的问题空间映射到技术产品空间的过程。

电子商务技术方案设计一般包括 4 个主要步骤。

（1）收集用户需求。

（2）分析企业现有的电子商务状况和技术条件。

（3）设计出企业的功能性电子商务解决方案。

（4）选择合适的产品、技术部件去实现对应的功能。

10.6.4 电子商务系统设计

所谓电子商务系统设计，是指根据系统规划的内容，界定系统的外部边界，说明系统的组成及其功能和相互关系，描述系统的处理流程，目标是给出未来系统的结构。电子商务系统设计的主要工作包括系统总体结构设计、系统信息基础设施设计、支持平台的设计和应用系统设计。

系统总体结构设计不强调系统的细节，但是需要阐述清楚系统的组成情况，其主要内容包括 5 个方面，即外部环境及其接口、系统组成结构、信息基础设施、应用软件结构和系统软件平台。系统总体结构设计完成后，要给出系统总体结构设计方案，这一方案需要明确构成整个电子商务系统的外部接口和内部组成，是后续细化的基础。

系统信息基础设施设计主要包括计算机网络环境、计算机系统、系统集成及开发方面的有关标准，以及产品的设计与选择。

电子商务系统的支持平台的设计内容一般包括操作系统、数据库管理系统、应用服务器、中间件软件、开发工具和其他系统软件。其中中间件软件是电子商务系统设计中一个非常突出的特点。

电子商务系统的应用软件是系统的核心部分，电子商务应用软件设计的主要内容包括应用软件系统及其子系统的划分、数据库与数据结构设计、输入/输出设计、网页设计与编辑等。电子商务系统设计要依据技术的先进性、符合企业信息化的整体技术战略、满足开放可扩充的要求、与现行标准的应用具有良好的兼容性、成熟性和安全性的特点。

10.6.5　电子商务备选方案整合

由于企业电子商务需求的多样性及针对这些需求所需要的不同解决方案，并且由于较高层次电子商务应用功能解决方案的向下包容性，还由于电子商务解决方案实施方式及电子商务的技术方案本身的多样性，有必要在形成最终解决方案之前，对备选的方案进行整合。

某些大型企业需要实现较完整的电子商务，他们对电子商务的需求涉及多种应用功能，因此，需要对多种应用功能的解决方案进行整合。

对于较高层次电子商务应用功能解决方案，如供应链管理系统、客户关系管理系统等解决方案，往往需要企业内部管理信息化、网上展示形象、网上交易等解决方案的内容作为基础支撑，同时企业本身的信息化进程也有可能存在较大的差异，因此，也有必要在制定企业电子商务解决方案时根据企业的具体情况增减部分内容并加以整合。

从技术方案来看，很多专业的 IT 厂商都已推出了较成熟的电子商务技术解决方案。对于这些技术方案的选择，仅通过简单判断是否满足企业的具体需求，很难确定最满意的方案，因为大多数方案都具有较完善的功能，因此还需要对这些技术方案及其配套的相关方案的性能价格比进行分析，以确定最满意的方案。

10.7　电子商务解决方案的定位

10.7.1　电子商务解决方案的选择原则

在电子商务需求的推动之下，提供电子商务解决方案的公司不断涌现，各公司都纷纷开发和推出了各自的电子商务解决方案。摆在用户面前的问题是，如何在这些众多的方案之中，选择适合自身特点和需求的解决方案。

选择电子商务解决方案的基本原则是“应用为先、专业灵活”，具体体现在以下方面。

（1）经济性。企业实施电子商务的目的归根结底是实现经济效益最大化，因而，企业选择的电子商务解决方案必须具有经济性。

（2）先进性与可操作性。企业在进行电子商务解决方案决策的时候，必须考虑信息技术对整个解决方案的影响，一方面要考虑它在未来一段时间内可适用，即具有一定的先进性；同时还要有较强的可操作性。电子商务解决方案的可操作性具有两层含义，首先，电子商务解决方案应结合企业的实际情况，便于企业具体贯彻实施；其次，在企业实施解决方案之后，提供给具体操作的电子商务系统要便于使用，即对于企业内部员工、供应商、合作伙伴及客户各方，都应该易于使用。

（3）集成性与开放性。集成性即要看电子商务解决方案与企业其他系统之间是否能有效整合，是否具有开放的系统接口和全面的电子商务系统与成熟的网上交易相结合等。企业电子商务解决方案的开放性一般要求使用 IT 业内较为强大的软硬件配置，满足 24×7 的环境需要，使电子商务系统在结构上完全满足这种开放性。

（4）可扩展性。企业电子商务解决方案的可扩展性包括系统的可扩展性与业务的可扩展性。系统的可扩展性要求在电子商务应用及用户的 Web 访问量扩充时，系统可以通过增加主机硬件设备来扩充软件的运算性能和加快整个应用体系的响应速度。业务的可扩展性要求电子商务解决方案在能够实现便捷、优质功能的前提下，还需要满足可以很容易地通过类似于模块插入的方式来进行业务功能的扩展。

（5）安全性。安全性要求电子商务解决方案首先必须具有一个安全、可靠的通信网络，以保证交易信息安全、迅速地传递；其次必须保证数据库服务器绝对安全，防止黑客闯入网络盗取信息。

10.7.2 电子商务解决方案的选型决策

1. 选择技术产品的依据

电子商务解决方案涉及多种构造技术与产品。企业选择这些技术产品的基本依据首先是考虑这些产品能否满足需要。除此之外，还需考虑如下因素。

（1）符合各种主流的技术标准。

（2）符合企业信息化的整体技术战略。

（3）符合未来技术的发展方向。

（4）满足开放、可扩充的需求。

（5）与现行的应用具有良好的兼容性。

（6）具有成功的应用实例。

2. 电子商务解决方案的选型决策

电子商务解决方案的选择常常面临服务商或产品的选择问题，一般采用方法包括评分法、加权平均法、列名次法、两两对比法估算和层次分析法等。这里简单介绍一下几种方法，然后以案例方式详细列举两种选型方法。

（1）评分法。该方法是将需求建议书中所涉及的所有关键条目提取出来，并分类排列作为评分要素，然后根据各要素的重要程度指定不同的分值权重。最后将所有分值相加，最高者为最优方案。

（2）评分加权平均法。该方法的主要思想是算出每个评价指标的权值，也就是加权系数，然后对各个评价指标进行评分，将所有评分和相应权数的乘积加起来，作为方案评价的最后得分。

（3）列名次法。该方法的基本特点是由评价小组的成员对所有入选方案直接列出名次，通过名次的先后反映出方案的优劣。

（4）两两对比法。该方法是列出两两对比估计表，把所有的方案进行互相比较，如果作为比较的方案优于被比较方案，则在相应的栏内记 1 分，否则记 0 分；至于同一方案，自身与自身不存在对比问题，因此在相应的栏内画一横线，表示不记分。最后根据总分的多少决定方案的优劣。

（5）层次分析法。该方法是美国运筹学家 T.L.Saaty 于 20 世纪 70 年代初期提出的一种简便、灵活而又实用的多准则决策方法。它将决策的问题看成是受多种因素影响的大系统，这些相互关联、相互制约的因素可以按照它们之间的隶属关系排成从高到低的若干层次，叫作构造递阶层次结构。然后请专家、学者、权威人士对各种因素两两比较重要性，再利用数学方法，对各因素层层排序，最后对排序结果进行分析，辅助进行决策。

案　例

在 3 个服务商中选择某个电子商务平台作为网上花店的平台和服务商。

（1）采用评分法。通过设计评分标准项和评分项分值，然后对几个方案的不同评价项进行打分，最后得到总分。评分法样表，见表 10-1。

表 10-1　评分法样表

评分标准	评分项分值	A 方案	B 方案	C 方案
平台的知名度	10			
提供功能完善性	30			
需要支付费用	20			
提供服务支持	20			
对系统的要求	20			
总分				

（2）采用评分加权平均法。

主要步骤：确定评价体系各指标的相对重要性进行评分；对每一个指标的重要性评分获得各指标的加权系数（指标加权系数计算表见表 10-2）；针对具体方案，由专家对各指标打分，并与对应权值相乘得到方案各项指标的加权得分；对各方案的加权得分进行累加，得到方案的总得分（见表 10-3），得分高的为最好的方案。

表 10-2　指标加权系数计算表

指标 \ 评分 \ 指标	指标一对一比较				指标得分 F_i	加权系数 W_i
	S_1	S_2	…	S_n		
S_1	a_{11}	a_{12}	…	a_{1n}	$\sum a_{1j}$	W_1
S_2	a_{21}	a_{22}	…	a_{2n}	$\sum a_{2j}$	W_2
⋮	⋮	⋮	⋮	⋮	⋮	⋮
S_n	a_{n1}	a_{n2}	…	a_{nn}	$\sum a_{nj}$	W_n
指标得分合计：$\sum F_i$					$\sum\sum a_{ij}$	

说明：指标相对重要性得分 $a_{ij}=\begin{cases}0, i\text{比}\ j\text{绝对不重要}\\1, i\text{比}\ j\text{一般不重要}\\2, i\text{与}\ j\text{一样重要}\\3, i\text{比}\ j\text{重要}\\4, i\text{比}\ j\text{绝对重要}\end{cases}$

加权系数 $W_i=\dfrac{F_i}{\sum F_i}$，$F_i$——第 i 项指标的评分值。

表 10-3 得分评比表

服务商	权值	A 方案	B 方案	C 方案
影响力	4	70	80	60
行业认可	2	80	70	80
服务质量	3	60	70	70
技术能力	4	70	80	75
技术方案	5	85	80	75
信誉度	4	85	80	85
信息安全	3	80	85	75
综合	25	V_A=76	V_B=78	V_C=74

说明：方案最后得分：$V=\sum_{i=1}^{n}W_iS_i$；

10.8 实践任务

1. 实践内容

（1）了解电子商务服务提供商情况。

① 查找下列电子商务解决方案的任意两种解决方案，了解其应用情况，深入理解电子商务解决方案的选择和设计思路，并对这几家的电子商务解决方案的内容进行评述。

- IBM 电子商务解决方案（http://www-01.ibm.com/software/cn/solution/，行业解决方案）。
- Microsoft 电子商务解决方案（http://solution.chinabyte.com/41/2067041.shtml）。
- Oracle 电子商务解决方案。
- Sun 电子商务解决方案。

② 查找电子商务解决方案提供商，列出其中的 10 家服务商，包括公司名称、网址、服

务内容等，并简评服务商所提供的解决方案。

（2）规划电子商务解决方案实践：某公司是一个电子商务企业，拟从事网上玩具、音像制品、各种礼品花卉或其他消费品的批发和零售，请进行该电子商务企业的电子商务解决方案的规划。

（3）门户网站电子商务解决方案实践：对于某公司已建立自己的网站和财务、设备、进销存等信息系统，现在想构建一个信息门户网站，那么应该从哪些方面进行方案设计，请通过案例分析的方式对此公司的门户网站方案进行设计。通过有关的案例调查，撰写一份相应的门户网站电子商务解决方案。

（4）电子商务方案选取实践：某企业要建网站，打算采用 ASP+SQL Server 的技术平台，并打算选择一个 500 MB 的虚拟主机空间，初步筛选出中国万网、中国 V 网、网众时代和商务互联（或者选取其他服务提供商也可以）4 个方案，请以小组为单位（组成评价小组）分别运用评分法、加权平均法进行电子商务方案选取的实验，选择出一个较好的方案。

2. 实践要上交的报告

（1）电子商务服务提供商及其电子商务解决方案报告。

（2）某公司电子商务网站解决方案。

（3）门户网站电子商务解决方案。

（4）电子商务服务选型方法实践报告。

第11章

电子商务综合管理

电子商务综合管理是指企业以电子商务为手段为实现业务经营战略而进行的一系列规划、组织、监督、控制与评价等管理工作。电子商务企业的综合管理，是经过一段电子商务的基础建设，有了一定的电子商务应用基础，并具备了综合管理的各种资源支持后所必须实施的战略性管理阶段。对于鲜花网店的连锁经营，前期经过电子商务系统建设和网店的经营管理后，积累了一定的电子商务经验，准备了人员、系统及管理等资源，需要进行更高一层的电子商务战略规划、组织管理、物流管理和客户管理等综合管理工作。本章对于电子商务的这些管理内容进行讲解并设置了相关实训任务。

11.1 电子商务战略管理

11.1.1 企业战略规划

战略一词本是军事术语，用于企业管理也只是近代的事。运筹帷幄，决胜千里，刻画了战略对最终战事结局举足轻重的作用。在竞争与日俱增的今天，全球化的浪潮和日进千里的技术创新，使企业稍有闪失，便有可能招致灭顶之灾。如何在激烈动荡的市场竞争中，制定和执行正确的企业经营战略，已经成为决定企业能否立于不败之地的关键。

把握未来，是公司经营战略的本质，然而，由于未来的不确定性，它带给公司的不仅仅有机会，而且还往往伴随着风险与威胁，这就要求进行战略管理。按照一般定义，经营战略是企业为求得生存发展而进行的总体谋划。经营战略有全局性、长远性、竞争性和纲领性的特性，所以它的决策对象是复杂的，面对的问题往往是突发性、难以预测的，而决策的正确与否又关系到企业的全局和前途，所以，在制定过程中必须运用科学的方法和步骤。

1. 经营战略的构成

构成企业经营战略的要素一般包括4个方面。

（1）产品与经营领域。它是说明企业的使命属于什么特定的行业和寻求新机会的领域。在具体制定过程中，该要素常常需要用“分行业”来描述。而分行业是指大行业内具有相同特征的产品、市场、使命和技术的小行业。如娃哈哈的领域是食品行业中的饮料和保健品分行业。

（2）企业的成长方向。它是说明企业从现有产品与市场组合向未来产品与市场组合转移的方向。如市场渗透战略是通过增加目前产品与市场组合的市场份额所表示的成长方向；市场开发战略是为企业现有产品寻找新的市场空间；产品开发战略是创造新的产品，以替代目前的产品。新兴企业应着力于市场的开发，处于产品衰退期的企业应选择产品开发战略。

（3）竞争优势。它说明了企业所寻求的、表明企业某一产品与市场组合的特殊属性，凭借这种属性可以给企业带来强大的竞争能力。如索尼公司的优势在于新产品的开发；海尔的优势在于良好的产品质量和企业形象。

（4）协同作用。它说明企业为达到战略目标，而要求企业内部各部门采取的协调动作。有销售协调（如企业所有产品用共同的销售渠道）、运行协调（如在企业内分摊间接费用）、管理协调（如在一个经营部门内使用另一个单位的管理经验）。协同作用的目的是要发掘企业内总体获利能力的潜力。

2. 经营战略的制定

经营战略的制定一般分为 4 个步骤。

（1）战略思想的形成过程。战略思想是关系企业发展方向的指导思想，是企业根据内外环境和可获得资源的情况，为求得长期生存和持续的均衡发展而进行的总体性谋划。它的具体化就是战略决策应遵守的一系列准则。战略思想是战略思维的结果，战略思维是经营战略的逻辑起点。

（2）调查过程。这一过程是为了深入了解和分析企业内外环境，为战略的制定提供依据和前提条件。它包括内部环境的调查和外部环境的调查两大部分。内部环境的调查主要是解决知己的问题，了解各种条件及组合的优劣。具体内容有两大方面：① 是一般能力的分析，包括原有战略的正确性和能够实现的程度；高层经理人员的领导素质、员工队伍的素质、企业的知识转化能力、技术吸收能力等。② 是与对手相比，现有产品的竞争力，包括质量、价格、品种，品牌知名度和美誉度。外部环境调查的目的是，把握市场需求态势、资源供应态势和竞争态势，明确企业的市场机会和威胁。其中包括，间接环境（如政治动向、经济动向、法律动向、社会动向）、直接环境（指对本企业产生直接影响的环境因素）。对直接环境的调查要对市场和行业进行分析，判明企业在市场中的优势和劣势，并确定自己的机会和威胁。对间接环境的调查则是要分析宏观动向，判明对本企业的关键影响力量和对自身的作用程度及相关的机会和威胁。最后，还要综合以上几个方面对未来的经营环境进行预测。两类环境的分析判断对战略制定有着关键性的作用。例如，对间接环境来说，企业如果不了解我国加入 WTO 给自己带来的机遇和挑战，就要面临巨大的经营风险；对直接环境来说，如果不掌握安全、环保生产的新技术、新工艺，一些企业（严重污染环境的企业）就会失去发展机遇，甚至面临生存危机。

（3）战略决策过程。战略决策是在以上两个步骤顺利进行的基础上开展的，它投入的是有关战略思想和环境分析结果的各种信息，最终结果是经营战略方案。战略决策应解决的问题有：企业的经营范围和经营领域；企业的战略态势（进攻、防守还是退却）；处理各种战略关系的准则；如何建立和发挥战略优势；如何取得和分配企业资源；组织方面应采取的具体措施等。

（4）战略具体化和完善过程。经营战略方案确定后，必须通过具体化变为企业的实际行动，才能达到战略目标。而在实施过程中，由于内外环境的变化和制定过程中的判断失误，战略方案也就失去了指导作用，在这种情况下，必须进行修改和完善。

11.1.2 电子商务战略规划

企业按照经营战略的要求，须主动思索电子商务的建设模式和步骤，主动挖掘业务对电子商务的需求，规划设计企业核心信息战略，并根据企业的发展战略、业务、现状等提出企业电子商务架构规划，依照运营管理的要求实现企业信息及业务管理的中央神经系统，激活神经末梢，保证为企业的成长提供核心竞争力。企业电子商务战略规划对一个企业经营战略的推动和支撑非常重要，企业应根据自身的实际情况制定一个3～5年的电子商务战略规划，而且在建设过程中一定要由上而下地贯彻。每一项具体的计划，都应确立步骤和可测量的目标，这样才不至于在电子商务建设过程中失去方向，造成不必要的人力与资金的浪费。

1. 电子商务战略规划步骤

1）基础信息调研

基础信息调研主要包括以下几方面：① 调研电子商务的发展趋势。主要对国民经济和社会电子商务现状和趋势、电子商务的发展对经济的影响和冲击方面做调研；② 调研行业电子商务状况和趋势。主要是行业的总体电子商务状况，新的电子商务技术给行业带来的变化和冲击，行业的电子商务趋势，主要竞争者或领先企业应用的新技术、取得的成功经验或失败的教训等；③ 调研企业的电子商务需求。主要包括供应商的电子商务对企业提出的电子商务需求，企业内部各个环节或部门对电子商务的需求，为给顾客提供更优质产品或服务对企业提出的电子商务需求，竞争者的电子商务对企业提出的电子商务需求等；④ 调研企业电子商务建设条件。主要包括本企业内部电子商务建设的有利条件和制约因素。

2）能力和现状分析

在取得大量的基础信息之后，可对企业电子商务作经营管理能力分析和企业电子商务现状分析。企业经营管理能力的分析包括：外部环境的宏观审视；经营发展战略分析；产品、客户、渠道的市场定位；客户反馈；市场综合竞争能力分析等。电子商务现状分析包括：电子商务应用现状；电子商务应用面临的挑战；电子商务应用面临的问题；企业发展对电子商务的要求等。

3）电子商务战略目标设计和战略制定

通过分析企业的外部宏观环境、发展战略及竞争能力，确定电子商务战略的远景目标、价值、规模、步骤并由此制定企业的电子商务规划，使电子商务能够有效支持并推动业务，乃至成为业务的一部分。

最终形成的企业电子商务战略总体规划主要内容包括以下几项。

- 企业发展战略、使命和目标。
- 企业商业环境、业务模式及流程。
- 企业竞争策略和电子商务的战略意义。
- 企业业务流程分析及流程改进方法。
- 企业信息技术与业务应用的实现方式分析。
- 企业电子商务的总体架构模型规划。
- 企业电子商务业务应用架构模型规划。
- 企业电子商务项目实施组织保障计划、项目推进计划。

（1）电子商务战略目标的确定。

- 公司业务战略和经营模式分析。
- 竞争力分析。
- 业务流程分析，找到流程中制约企业发展的因素并分析。
- 信息环境分析，现有信息系统分析，外部信息技术及解决方案发展状况扫描，差异性对比。
- 综合分析提出企业电子商务能力与目标，并以“信息应用的策略机会”导出信息系统引入策略、信息关联资源策略等，确定电子商务项目优先顺序。

企业电子商务战略目标分析方法如图 11-1 所示。

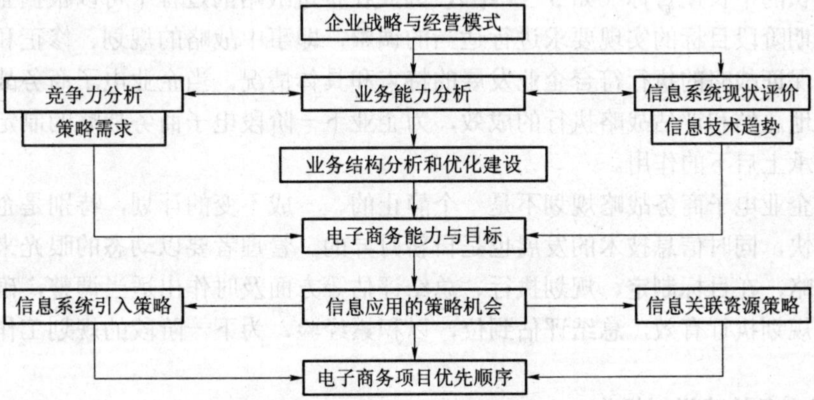

图 11-1　企业电子商务战略目标分析

（2）电子商务架构设计。

- 制定公司完整、集成的信息平台体系架构，使其支撑公司的整体战略、组织结构、组织文化与业务流程。
- 设计详细的可实施的技术体系结构，包括基础设施、使用标准和安全策略、数据资源分布策略、系统集成策略等。

（3）具体的解决方案设计包括以下几项。

- 数字语音视讯网架构。
- 办公自动化系统架构（OA）。
- 企业资源规划系统架构（ERP）。
- 呼叫中心系统架构（Call Center）。
- 分销资源管理系统架构（DRP）。
- 知识管理系统架构（KM）。
- 决策支持系统架构（DSS）。
- 客户关系管理系统架构（CRM）。
- 供应链管理系统架构（SCM）。

（4）电子商务战略实施与保障策略设计。

- 根据电子商务战略架构设计，制定具体的实施步骤和预算。
- 电子商务战略宣传与电子商务全员培训。
- 信息系统项目风险监控体系。
- 价值评估体系（系统成本—效益分析体系）。
- 项目管理体系。
- 年度计划。

另外，企业在执行战略规划时需要注意的是，企业电子商务战略规划制定的是一个时间跨度相对较长的中长期目标（如 3～5 年），因此在推进战略的过程中可以根据企业发展的具体情况及短期阶段目标的实现要求进行适当的调整，即事中战略的规划、修正和调优，这样可以有效地保证战略的执行符合企业发展的特点和具体情况。当企业电子商务战略执行结束后，要及时地总结和评估战略执行的成效，为企业下一阶段电子商务战略的制定和优化做好准备，起到承上启下的作用。

总之，企业电子商务战略规划不是一个静止的、一成不变的计划，特别是企业的内外部环境变化很快，同时信息技术的发展也是日新月异的，管理者要以动态的眼光来看待企业的电子商务战略，在目标制定、规划执行、总结评估等方面及时作出适当调整，确保目标符合发展趋势，规划执行有效，总结评估到位，以积累经验，为下一阶段的规划工作打下坚实的基础。

2. 电子商务战略规划报告

企业电子商务战略规划报告的内容，一般包括以下几部分内容。

第一部分，环境分析。它是电子商务战略规划的依据。在这部分，首先要明确企业的发展目标、发展战略和发展需求。明确为了实现企业级的总目标，企业各个关键部门要做的各种工作。其次，要研究整个行业的发展趋势和信息技术产品的发展趋势。不仅要分析行业的发展现状、发展特点、发展动力、发展方向及信息技术在行业发展中起的作用，还要掌握信息技术本身的发展现状、发展特点和发展方向。要了解竞争对手对信息技术的应用情况，包括具体技术、实现功能、应用范围、实施手段及成果和教训等。最后，要认识企业目前的电子商务程度和基础条件。电子商务程度分析包括现有技术水平、功用、价值、组织、结构、需求、不足和风险等。基础条件分析的内容包括基础设施如网络系统、存储系统和作业处理系统；信息技术架构如数据架构、通信架构和运算架构；应用系统如各种应用程序；作业管理如方法、开发、实施和管理；企业员工如技能、经验、知识和创新。

第二部分，制定战略。它根据第一部分形势分析的结果，制定和调整企业电子商务的指导纲领，争取企业以最适合的规模，最适合的成本，去做最适合的电子商务工作。首先是根据本企业的战略需求，明确企业电子商务的愿景和使命，定义企业电子商务的发展方向和企业电子商务在实现企业战略过程中应起的作用。其次是起草企业电子商务指导纲领。它代表着电子商务管理部门在管理和实施工作中要遵循的企业条例，是有效完成电子商务使命的保证。然后是制定电子商务目标。它是企业在未来几年为了实现远景和使命而要完成的各项任务。

第三部分，设计电子商务总体架构。电子商务总体架构是基于前两部分而设计的电子商务工作结构和模块。它以层次化的结构涉及企业电子商务的各个领域，每一层次由许多的功能模块组成，每一功能模块又可分为更细的层次。

电子商务总体架构，如图 11-2 所示。

在总体架构下，构造应用层架构，如图 11-3 所示。

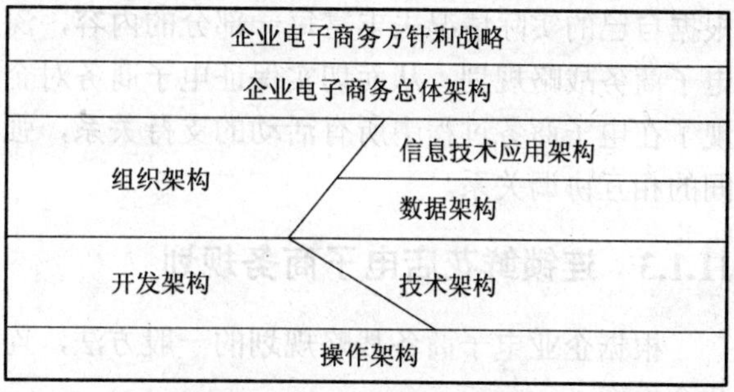

图 11-2 电子商务总体架构

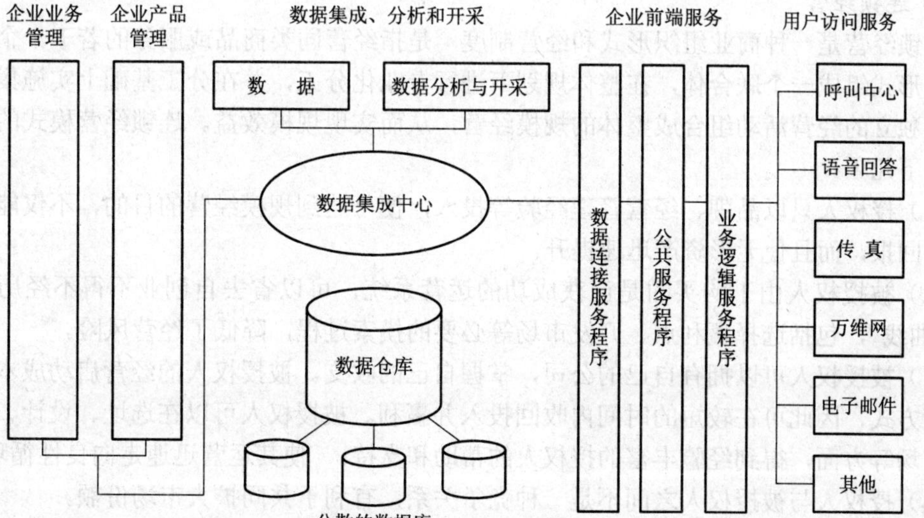

图 11-3 信息技术应用架构图

第四部分，拟定信息技术标准。这一部分涉及对具体技术产品、技术方法和技术流程的采用，是对电子商务总体架构的技术支持。通过选择具有工业标准、应用最为广泛、发展最有前景的信息技术为标准，可以使企业电子商务具有良好的可靠性、兼容性、扩展性、灵活性、协调性和一致性，从而提供安全、先进、有竞争力的服务，并且降低开发成本和时间。

第五部分，项目分派和管理。这一部分在第二、第三和第四部分的基础上，首先对每一层次上的各个功能模块及相应的各项企业电子商务任务进行优先级评定、统筹计划和项目提炼，明确每一项目的责任、要求、原则、标准、预算、范围、程度、时间及协调和配合。然后，选择每一项目的实施部门或小组。最后，确定对每一项目进行监控与管理的原则、过程和手段。

上述各部分既是企业电子商务战略规划的一个高度概括又是一个工作框架。各个企业可根据自己的实际情况去丰富每一部分的内容，深入每一部分的工作，制定具体和系统的企业电子商务战略规划，从而切实保证电子商务对企业发展的贡献。企业电子商务战略规划，体现了在电子商务过程中所有活动的支持关系，强调了企业电子商务工作的各个领域及它们之间的相互协调关系。

11.1.3 连锁鲜花店电子商务规划

根据企业电子商务战略规划的一般方法，连锁鲜花店的电子商务战略规划可以包括以下几个方面。

1. 连锁鲜花店的经营战略

1）连锁经营

连锁经营是一种商业组织形式和经营制度，是指经营同类商品或服务的若干个企业，以一定的形式组成一个联合体，在整体规划下进行专业化分工，并在分工基础上实施集中化管理，把独立的经营活动组合成整体的规模经营，从而实现规模效益。连锁经营模式的主要优点有如下几项。

（1）授权人只以品牌、经营管理经验等投入，便可达到规模经营的目的，不仅能在短期内得到回报，而且使无形资产迅速提升。

（2）被授权人由于购买的是已获成功的运营系统，可以省去自创业不得不经历的一条“学习曲线”，包括选择赢利点、开发市场等必要的摸索过程，降低了经营风险。

（3）被授权人可以拥有自己的公司，掌握自己的收支。被授权人的经营启动成本低于其他经营方式，因此可在较短的时间内收回投入并赢利。被授权人可以在选址、设计、员工培训、市场等方面，得到经验丰富的授权人的帮助和支持， 使其运营迅速走向良性循环。

（4）授权人与被授权人之间不是一种竞争关系，有利于共同扩大市场份额。

连锁经营这一经营模式的实质，是企业运用无形资产进行资本运营，实现低风险资本扩张和规模经营的有效方法和途径。这也是连锁经营能得以迅速发展的根本原因所在。

2）连锁经营的 3 种形式

连锁经营包括 3 种形式：特许加盟、直营连锁和自愿加盟。

（1）特许加盟 FC（Franchise Chain）即由拥有技术和管理经验的总部，指导传授加盟店各项经营的技术经验，并收取一定比例的权利金及指导费，此种契约关系即为特许加盟。特许加盟总部必须拥有一套完整有效的运作技术优势，从而转移指导，让加盟店能很快运作，同时从中获取利益，加盟网络才能日益壮大。因此，经营技术如何传承是特许经营的关键所在。

（2）直营连锁 RC（Regular Chain）就是指总公司直接经营的连锁店，即由公司本部直接经营投资管理各个零售点的经营形态，此连锁形态并无加盟店的存在。总部采取纵深式的管理方式，直接下令掌管所有零售点，零售点也毫无疑问地必须完全接受总部的指挥。直营连锁的主要任务在“渠道经营”，意思指通过经营渠道的拓展从消费者手中获取利润。因此直营连锁实际上是一种“管理产业”。

（3）自愿加盟 VC（Voluntary Chain）即自愿加入连锁体系的商店。这种商店由于是原已存在，而非加盟店的开店伊始就由连锁总公司辅导创立，所以在名称上应有别于加盟店。自愿加盟体系中，商品所有权是属于加盟主所有，而运作技术及商店品牌则归总部持有。所以自愿加盟体系的运作虽维系在各个加盟店对“命运共同体”认同所产生的团结力量上，但同时也兼顾“生命共同体”合作发展的前提；另一方面，则要同时保持对加盟店自主性的运作，所以，自愿加盟实际可称为“思想的产业”。意义即着重于两者间的沟通，以达到观念一致为首要合作目标。

3）鲜花店的连锁战略

鲜花店作为终端服务业，连锁经营有着得天独厚的优势，尤其是电子商务时代，有了先进的电子商务技术支持，连锁经营的标准化、模式化、品牌化、信息化能够得到切实有效的执行，是鲜花店扩大规模、提升服务的重要经营方式。鲜花店连锁经营作为一种紧密的组织形式，在内部形成了一系列严格完备的制度，规范各种行为和关系，以保障组织高效运转。鲜花店连锁总部对连锁店的管理控制主要表现在以下几个方面。

（1）连锁模式的选择。鲜花店在发展过程中，以特许加盟、直营或自愿加盟等哪种形式扩展单店？或者以哪一种为主，哪一种为辅？这些需要根据连锁总部鲜花经营的特点、资本状况、产品方向等多方面因素，作出战略性决策。

（2）经营管理标准模式的选择。连锁经营的本质特征在于连锁总部与所有连锁店共享资源与能力。作为连锁经营总部管理哲学的具体化管理，鲜花店连锁总部必须运用先进的经营管理理念对员工培训、员工工作安排、职责、服务标准、店面陈列、广告、市场营销、顾客关系、顾客抱怨处理程序、存货控制程序、会计程序、现金和信贷管理程序、安全生产、突发事件处理等连锁单店经营所有方面的问题进行深入的研究，对连锁店经营管理过程中的每一项工作予以规范化并形成连锁单店工作手册。它是连锁店员最重要的培训教材，也是连锁店日常经营工作的速查手册。连锁店据此开展所有日常经营工作，共享总部的经营技术。这是总部确保连锁店按照统一标准模式进行所有经营活动的必要保障，同时也是复制连锁店的必要条件。

（3）品牌及信息系统的集中管理。品牌是维系连锁企业的核心要素，品牌经营也应是连锁总部的重要工作内容之一。因此，要通过品牌运作，一方面提高市场知名度，建立品牌形象，扩大影响力；另一方面，各连锁店的日常经营要符合品牌形象要求，为品牌运作做出贡献，并从品牌形象中获利。电子商务系统则是另一个维系连锁企业各个经营实体的重要平台。发展连锁经营决定了经营门店日趋分散的特性。面对散处各地的连锁分店，总部必须充分利用电子商务等信息系统使所有销售前台和后台支持机构实时地共享信息，对连锁店实施“零距离”管理，实现对所有业务环节的实时监控，并对这些方面所涉信息予以实时记录和深度分析。

2. 鲜花店的电子商务战略

电子商务系统是鲜花店实现高效率连锁经营的关键平台。电子商务系统建设的成败，决定了企业成败。因此，在连锁鲜花店的战略体系中，电子商务战略具有举足轻重的地位。连锁鲜花店的电子商务战略规划，应遵循以下几个步骤。

（1）基础信息调研。调研的主要内容应包括：电子商务的发展趋势、终端服务业特别是鲜花服务行业的电子商务趋势、本连锁鲜花店经营管理对电子商务的需求，以及本企业电子商务的基础条件。

（2）能力与现状分析。具体包括连锁鲜花店经营管理的能力分析和电子商务现状分析，如连锁鲜花店的经营战略分析，产品、客户、渠道的市场定位，市场综合竞争力，电子商务面临的挑战和机遇等。主要从鲜花服务行业的特性出发，对连锁店的电子商务条件、发展空间进行深入剖析。

（3）电子商务战略目标设计和战略制定。根据以上分析，确定连锁鲜花店的电子商务战略目标，包括电子商务在未来几年内的地位、作用，在竞争策略中的定位，与传统商务（实体店经营）的协同经营等。然后，确定连锁式鲜花经营管理的业务流程及其信息化处理，确定电子商务总体架构、应用架构，并设计项目体系和保障计划。

根据从能力到目标、架构、项目等的分阶段详细分析，总结形成连锁鲜花店的电子商务战略规划报告。

11.2 电子商务组织管理

电子商务组织管理有两种含义。一是通过电子商务实施的企业内部组织管理，包括所有组织机构的调整、增加、合并或取消，分工协作，部门与岗位职责等的管理；二是对“电子商务组织”的管理，也就是指企业内部为了顺利实施电子商务战略，对实施相关的电子商务部门所进行的组织管理。

对于第一种情况，组织者更多关注的是广泛的信息技术应用对企业组织产生的影响，所带来的企业组织结构团队化、扁平化、柔性化、网络化和虚拟化的趋势，关注企业整体的变化，是传统组织结构理论在电子商务环境下的变革应用。对于第二种情况，组织者则关注在企业原有组织结构中设立什么样的部门、岗位，实施什么样的管理制度，来保证电子商务项目的顺利实施，保证电子商务系统建设的正常运转，保证电子商务效益的发挥和战略价值的实现。本书主要针对第二种情况加以论述。

11.2.1　电子商务组织管理的职能

企业电子商务建设是一个相对长期的建设过程。在此过程中，由于规划、设计、实施和监督的需要，必然要产生一些适合电子商务管理的新职能，来完成电子商务建设的长期目标和使命。

随着企业电子商务不同阶段的进展，对电子商务管理职能的要求是有所不同的。从发展历史看，企业实现电子商务建设是一个渐进的过程，电子商务管理职能开始时局限于对散布于各部门的计算机等信息设备和软硬件的维护和使用；当业务部门逐步建设业务应用系统，信息技术在企业内部大面积传播时，电子商务管理的职能拓展至应用系统的规划、建设、实施和维护等方面；随着信息技术的发展及其对企业各方面的影响日益深远，电子商务因而提到企业的战略高度时，电子商务管理的职能便从原来局限于以信息系统为核心的技术业务转变为以应用信息技术实现企业经营战略目标为核心任务的管理行为。

总结当前企业电子商务建设的实践，企业电子商务管理职能可以在以下几个层面与企业管理相匹配。

1. 战略层

战略层电子商务管理，是从企业经营战略目标出发，发挥企业电子商务对经营战略实施的支撑作用。因此，在企业战略决策层，电子商务管理的职能主要是规划电子商务战略，整合企业信息资源，确保电子商务战略与企业经营战略的协调性。此外，还应该包括设计电子商务建设方案、电子商务管理制度制定与执行、电子商务人才培训与管理、企业业务流程重组等职能。

2. 业务层

业务层电子商务管理，可以分为两大类，一类是信息技术部门，一类是业务部门。信息技术部门针对企业电子商务建设的需要，在电子商务总体规划的指导下建设各种电子商务基础设施和应用系统，提供电子商务的技术保障；业务部门着眼于企业业务功能（生产、经营、研发、财务等）的信息化，从业务电子商务需求出发，提出方案或建议，在电子商务实施过程中负责组织系统实施、人员培训、维护运行等工作。总体来说，业务层的电子商务管理功能主要有如下几项。

（1）电子商务系统的规划设计。按照企业经营活动的需要，不断依托先进的 IT 技术，规划并设计企业经营所需要的通信网络、OA/MIS/SCM/ERP/CRM/BI 等应用系统，以及电子商务基础设施等信息平台。

（2）电子商务系统建设及业务流程再造。按照电子商务规划设计的方案，建设企业的信息系统平台，优化企业的业务流程，并进行必要的业务流程再造。

（3）电子商务系统管理。制定相应的政策和制度，规范企业流程变革及电子商务系统应用，实施有效的IT管理，保证公司的流程变革井然有序，电子商务系统应用合理、合法、高效。

（4）电子商务系统支持和服务。维护企业不断扩展的电子商务系统平台，为使用人员提供技术支持与服务，保证系统稳定、可靠、安全地运行。

（5）信息资源管理。收集、整理、管理并维护企业的信息资源，保证其完整、一致和有效（标准口径），为企业的各个部门和各种业务提供必要的经营管理分析信息，确保经营决策的科学性和及时性。

上述职能，受战略层电子商务管理职能的指导，属于组织实施层次，相对来说较为具体，技术性要求强，但强调对管理的支撑，对管理的服务，对企业总体效益的保障。

3. 操作层

电子商务管理在操作层的体现，主要是技术层面，是具体的、基础性的电子商务工作。主要完成电子商务实施过程中系统建设、信息处理、系统操作应用、软硬件维护等工作。

上述关于企业电子商务管理职能的划分只概括了企业实践的一般性规律。具体企业在电子商务工作中如何设置，如何赋予相应的电子商务管理职能，必须结合企业的性质、规模、行业、企业文化和传统等多方面的情况加以考虑。

11.2.2 以CIO为核心的电子商务组织管理

1. 组织工作的一般过程

机构设置与调整属于组织工作。组织工作是一个过程。设计、建立并维持一种科学的、合理的组织结构，是为成功地实现组织目标而采取行动的一个连续的过程。这个过程由一系列逻辑步骤所组成。

（1）确定组织目标。

（2）对目标进行分解，拟定派生目标。

（3）明确为了实现目标所必需的各项业务工作或活动，并加以分类。

（4）根据可利用的人力、物力及利用它们的最佳途径来划分各类业务活动。

（5）予执行有关各项业务工作或活动的各类人员以职权和职责，如机构的划分、设置与安排。

（6）通过职权关系和信息系统，把各层次、各部门结成为一个有机的整体。

企业电子商务建设过程中，电子商务管理组织机构的合理设置与调整是电子商务成功的关键因素，也遵循上述组织工作的一般规律。企业应适时运用电子商务理论，结合组织管理和工作设计的有关方法，分析电子商务需求，确定电子商务管理的组织目标，并在目标分解、业务分类、权责设计、部门整合的基础上，对电子商务管理组织机构进行适当的设计和调整，保证电子商务工作的顺利进展。

2. 以 CIO 为核心的电子商务运营体制

由于电子商务在企业经营管理中的重要性日益突出，电子商务组织呈现出逐步壮大发展的态势，其管理的重要性和复杂性也逐步显现。电子商务不但要满足企业日常经营的网络化需求，更要满足企业战略经营的需要，其所依托的管理体系，就从操作层、运营层上延到战略决策层，其组织体系就需要建立完善的 CIO 体制。

CIO 体制是企业电子商务发展较为成熟后一种典型的管理机制。CIO 机制是以企业 CIO 为核心，以信息技术部门为支撑，以业务应用部门电子商务实施、运行为主体，专/兼职相结合的电子商务管理体系。该体系具体包括以下内容。

（1）CIO：CIO 处于企业战略决策层，参与企业整体战略的制定，具体负责企业电子商务战略的规划、实施，全面协调各部门的电子商务建设。其至少有 3 个基本职责：根据企业的经营战略，考虑和提出企业的电子商务战略；负责企业的电子商务推进工作，包括基础设施建设、人员配备、资源调配等；全面负责企业的电子商务管理工作。

（2）电子商务管理领导小组：有时也称作委员会，一般是松散机构，由企业内高层领导、部门领导共同组成，负责整个企业的电子商务战略规划，参与企业战略决策；电子商务的重大技术方案、管理及业务流程改革方案讨论和决策；批准电子商务实施方案、组织机构、管理制度、标准规范。

（3）信息技术支持中心：一般企业均设有独立的信息技术支持中心，一些大型企业还在各个部门设立专门的技术支持中心，作为企业电子商务建设的主要技术力量。信息技术支持中心负责信息资源的收集、整理、统计，电子商务系统的建设管理和维护，为决策层提供相关数据信息，同时也进行人员培训及应急技术处理。

（4）业务部门电子商务管理岗位：电子商务初期，各业务部门一般有少量领导或业务人员作为电子商务的直接参与人配合项目的建设和实施。全面电子商务实施以后，电子商务管理应渗透到业务部门的各个岗位，另有专职或兼职人员负责系统的维护工作，系统运行协调工作等。

CIO 的出现标志着信息管理的社会地位和职业水平达到了一个新高度，走上了技术与人文、经济相结合的战略信息管理阶段。

3. CIO 的职能

第一个职能，决策参谋作用。CIO 是决策层的参谋，是决策成员之一。CIO 的主要任务是为 CEO 做参谋，把信息论、控制论、现代管理等理念，能够应用于企业管理操作的信息技术，业界和其他行业电子商务取得的管理改造和创新的成效，介绍给 CEO，影响 CEO 的战略部署，让他自觉地运用信息技术完成决策和管理。

第二个职能，桥梁作用。企业电子商务是一项错综复杂的长期任务，涉及许多因素。CIO 处于快速发展的信息技术和传统产业的结合点上，处于本土软件商、国外软件商、管理咨询组织、硬件商、系统集成商、监管监理机构等与企业相结合的核心地位，是企业内外沟通的重要桥梁。CIO 首先要自己对信息技术有很好地理解，对企业的管理有很好地理解，然后要把企业电子商务的需求传达出去，让外界理解企业需求，为企业提供合适的解决方案；要把外界的新信息、新技术、新趋势介绍给 CEO 及其他领导成员，达成内外之间的结合。企业电子商务建设一定是把信息技术与现代管理理念，与企业管理的优势相结合，并在这个过程中避开企业的弱点，才可能取得成功。CIO 的沟通作用是电子商务管理的重要职能，他不是做一个具体的技术工作，去实施某一方面的电子商务建设，而是要做战略整合的桥梁。

第三个职能，企业电子商务的总领队。当企业明确了自己的需求，真正开展企业电子商务工作时，必须有一支专业化的人才队伍，队伍的定位不是具体系统的开发，而是去做企业业务与软件之间的具体整合。企业电子商务涉及企业的各项职能，从采购到销售，从生产到库存等，方方面面都要实现一个系统的集成，这种集成的安排，要有一个队伍来统一地进行。由于这支队伍的特殊性和复杂性，所做工作与企业电子商务的直接相关性，必须由 CIO 来统领。

第四个职能，电子商务培训。企业电子商务培训是一个系统性工作，是电子商务管理的重要组成部分。CIO 应作为培训的总策划、总教官，规划培训方案，组织实施培训，对企业全员进行彻底全面的电子商务理念的灌输、技术技能的提升等。最新电子商务理论、方法等的传播应以 CIO 为圆心，可以呈辐射状逐层展开，最里层是 CIO 本身，其次是企业领导层，包括 CEO 及其他领导成员，第三是直接从事电子商务建设的、从属于 CIO 的专业队伍，最后是企业全体员工。

11.2.3 连锁鲜花店的电子商务组织管理

连锁鲜花店的电子商务战略，决定了其电子商务组织机构必须具备足够的战略规划能力、运营管理能力和操作执行能力，需要建立完备的电子商务管理组织体系。

上升到战略层面的电子商务管理，其所涉及的不仅仅是电子商务初期的网店、页面管理，不仅仅是技术系统的管理，而是要包括采购与供应商管理、渠道管理、物流管理在内的供应链管理，包括财务管理、人力资源管理、销售管理、服务管理、客户管理等在内的企业资源管理，是运用高度集成的电子商务信息系统实现全面信息化管理的高级管理阶段，因此，实施管理的组织机构就需要具备完善的职能、制度、部门与岗位。

1. 连锁鲜花店电子商务管理职能

战略层的电子商务战略规划，即根据鲜花店连锁经营的特点，制定电子商务的战略规划，为连锁经营打造集成一体的电子商务平台，支持战略发展的需要。

业务层的鲜花电子商务系统规划和建设，业务流程改造，电子商务系统的管理、维护，信息资源的管理等。

操作层的电子商务交易工作，在线接受客户订单，订单信息处理，网上支付管理，鲜花包装、运输及客户服务，鲜花采购管理，财务管理等多种职能。

集成的电子商务系统成为职能管理的统一平台。以业务流、信息流、资金流统合起来的各项管理职能，形成高效一致的运营流程，围绕客户订单和市场需求，牵引销售、营销、服务、采购、仓库、财务、店面、人力资源等鲜花店经营的各项职能密切配合，协同运转。

2. 鲜花店 CIO 机制

随着鲜花店连锁战略的实施，企业规模不断扩大，企业经营对电子商务系统的支持需求越来越高。为了保证电子商务战略规划的实施，必须建立专门的组织机构承担电子商务管理的各项职能。其中以 CIO 为核心的运营体制，是一种较先进成熟的管理模式。

鲜花店的 CIO，其主要职能就是根据连锁经营中对电子商务系统的需求，制订满足战略需要的电子商务实施方案，运作人、财、物各种资源，尽快建成电子商务信息系统，提供在线服务。其具体职能包括经营战略的决策参谋、电子商务桥梁作用、电子商务总领队和总培训师。其所属机构，包括专门的信息技术部门（或信息中心）、各部门的电子商务岗位。

11.3　电子商务客户管理

随着市场经济的发展，社会生产力的提升，企业管理按照所关注的对象经历了大致 3 个阶段：生产时代、产品时代和顾客时代。顾客成为企业竞争的焦点，客户关系管理成为企业管理的重点，客户满意度成为关乎企业成败的关键指标。电子商务技术的发展，为企业的客户关系管理提供了有力的武器。因此，对于电子商务企业来说，管理客户是必然的，是生存竞争的基本法则；管好客户又是可行的，因为有网络、数据库、挖掘与分析技术等电子商务技术的支持，比传统企业手工管理客户的方法有着无法比拟的优势。

11.3.1　客户关系管理理论

1. 客户关系管理的基本理念

客户关系管理（Customer Relations Management，CRM）是一项企业经营的商业策略，是一种管理理念，其核心思想是将企业的客户（包括最终客户、分销商和合作伙伴）作为最重要的企业资源，通过选择和管理客户，挖掘其最大的长期价值。

CRM 要求企业建立客户导向的管理机制，培养以客户为中心的经营理念，以及实施以客户为中心的业务流程，并以此为手段来提高企业的获利能力、收入及客户满意度，在营销、销售和服务业务范围内，消除企业在客户互动时候的“单干”现象，使得企业方便地实现针对客户的全方位协调一致的行动。CRM 基于“以客户为中心”的营商哲学和文化，通过面向客户的整体取向，在客户生命周期内，实现市场、销售和客户服务的全面协调和整合，使与客户高效和谐的互动充满了企业的每一环节。

客户在战略上逐渐地成为企业生存的基础，客户保留越多，企业长期利润越多，以下是权威机构研究的结果。

- 企业提供 5%的客户保留率可以为其提升 75%的收入。
- 吸引新客户的成本至少是保持老客户的成本的 5 倍。

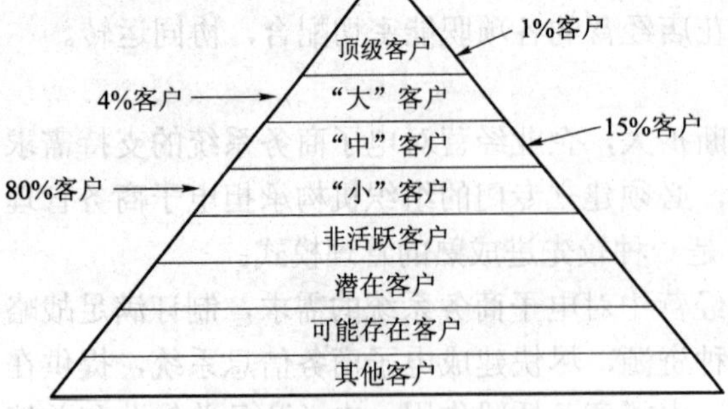

图 11-4 "客户金字塔"

- 20%的客户创造了超过 80%的收入和90%的利润。
- 5%～10%的小客户感到特别满意的时候，可以立即上升成为大客户。

在图 11-4 所示"客户金字塔"中，2%～3%的客户净上行迁移会产生10%的周转额增长及高达 50%～100%的爆炸性利润增长。

2. 客户关系管理策略

1）优化客户体验

所有企业都在努力寻求一种不仅能够保留现有的客户，而且能够赢得竞争对手的客户的经营战略。CRM 要想真正发挥作用，必须要能够为客户带来一种全新的体验，因此 CRM 的第一策略就是优化客户体验。当然优化方法有很多，可以借助高新技术，也可以不涉及技术，关键在于要有一种"以客户为中心"的观念管理好与客户的每一个接触点。

(1) 管理客户全接触。企业与客户关系的建立常常通过广泛的接触点得以实现，这些接触点虽然不同但却相互关联，如广告、销售、拜访、接待、网站、直邮、服务等。接触点是CRM 中的一个最基本的概念，描述了企业与客户任何一次接触活动及其结果，任何一个接触点都是一种"真实瞬间的客户体验"。客户有成百上千个和企业接触的方法。显然，企业任何一个部门都无法控制全部的接触点，无论是营销、销售或服务部门。

通过记录客户接触点的信息，形成企业精确、广泛的客户数据库——包括销售、订单、履行和客户服务的历史记录，企业可以对每一名客户的历史资料有一个详细的了解和把握，能够根据客户的不同情况选择参数量体裁衣，为客户提供他们所喜好的渠道交互方式。

(2) 识别潜在大客户。满足所有客户的需求并不能保证增加企业的收入或利润，所以全面客户体验并不意味着单一追求所有的客户满意度，它的最终目标还是追求企业利润的提升，它必须和客户价值结合起来运用。细分价值客户正是 CRM 的核心思想之一。CRM 认为客户是应该分等级的，价值客户是企业利润的源泉。每个企业都应该建立自己的客户价值金字塔，通过客户价值精确量化，实现客户关系的量化管理，找出企业的价值客户，而不是凭经验和感觉管理客户关系。

因此，企业必须努力寻求方法为对它有巨大价值的客户提供超值服务，满足一般客户的需求，同时找到为低价值客户提供服务的低成本替代方法。这就反过来要求企业了解客户价值的驱动力所在，关注不同客户群的价值构成，从而形成以每个客户创造的利润为基础而不是以笼统的收益为基础的新的客户价值衡量方式。

2）提升客户价值

360 度进行客户全接触，不是目的，仅仅是手段。通过识别潜在大客户，帮助企业把握潜在大客户个性化需求；通过对客户接触信息的分析，帮助企业得到客户的完整视图，从而判定什么样的接触最重要，接触应该达到什么标准、什么程度，持续优化客户体验，实现客户购买行为的提升。而客户价值的提升是通过客户生命周期推进来实现的。

（1）客户全生命周期。客户关系管理强调，关注 360 度完整的客户生命周期——客户与企业之间的关系要经历一个由远及近、自浅入深的发展过程。通过广告、直邮、会议等营销活动找到可能的对象，对这些对象进行更为深入的沟通、识别、促进，对具有现实购买机会的客户进行人员跟踪并实现销售，对已购买产品和服务的用户提供有效的支持服务，以留住用户并实现交叉 / 升级销售，可为企业建立良好的口碑以赢来更多的客户。广义地讲，企业长期价值的客户生命周期是一个一环推一环、更大的、完整的 360 度循环，而企业长期价值客户完整生命周期的大小，又取决于企业对客户每一次需求创造、销售推进、价值挖掘、忠诚维系之微循环的良好、完整的实现。

（2）保留与提升客户。整个客户生命周期，客户价值体现在如下几个方面。首先是“挽留客户”，这关系到客户停留在企业的时间长短。其次是客户购买的额度和频率，这关系到企业的利润。最后是获得客户和挽留客户所花费的成本。通过对客户的关注，企业期望达到如下三方面的目标：保持对企业有利可图的客户；识别对企业无利可图的客户；对无利可图的客户，企业要有一个很好的策略，使得他们有利可图，或停止与无利可图的客户的交往。

随着时间的推移，寻找更多适合客户的商品和服务成了企业首要任务。一旦发现企业的产品或服务与客户的需求匹配，就要在合适的机会提醒客户，使客户关注企业具有的产品或服务。通过细分价值客户、客户全生命周期分析，根本目的是：运用最低的成本、最有效的方式，尽可能多的让客户在金字塔上升级。对于高价值客户要强化客户关怀，最大限度地保留客户；对于一般客户通过努力促使其转化为价值客户。

所有这些，需要企业能够在客户生命周期中对客户进行全方位、全阶段的管理。全面客户体验是一个系统的工程，它的最终目标是要保留和提升客户，从而实现企业的价值提升。那么如何做到这一点呢？答案是客户化营销。

首先要了解真实的客户信息，通过 360 度客户全接触，如实记录客户信息，各部门、各接触点的信息必须完整，能够实时反映客户状况。然后对所有客户进行价值细分，形成“客户价值金字塔”，对“客户金字塔”及客户接触信息进行分析，找出最有潜力的升级客户。在此基础上确定客户升级目标，评价升级后的利润贡献。通过对客户接触信息分析，确定客户最满意、最有效的接触方式，制定客户接触计划，包含活动预算、活动方式等。最后是对客户活动、市场活动的执行，并进行实时监控及反馈，实现不断提升客户利润贡献度。

11.3.2 CRM 系统及其功能

CRM 是整合销售、营销和服务业务功能的一个企业商业经营策略，有效地组织企业资源，培养以客户为中心的经营行为及实施以客户为中心的业务流程，在营销、销售和服务业务范围内，消除企业在客户互动时候的“单干”现象，使得企业方便地实现针对客户的全方位协调一致的行动。对现实和潜在的客户关系及业务伙伴进行多渠道管理的一系列过程和技术，并以此为手段提高企业的获利能力、收入及客户满意度。CRM 就是让企业能够更好地了解客户的生命周期及客户利润回报能力。

CRM 系统主要应用于企业销售、市场、服务等与客户密切接触的前端部门，通过接口与 ERP、SCM 等系统协同运作，共同为企业开源节流、提高企业市场竞争力和综合实力服务。CRM 的功能可以归纳为三个方面：① 对销售、营销和客户服务三部分业务流程的信息化；② 与客户进行沟通所需要的手段（如电话、传真、网络、E-mail 等）的集成和自动化处理；③ 对上面两部分功能所积累下的信息进行的加工处理，产生客户智能，为企业的战略战术的决策作支持。

CRM 软件的基本功能模块包括客户管理、联系人管理、时间管理、潜在客户管理、销售管理、电话销售、营销管理、电话营销、客户服务等，有的软件还包括了呼叫中心、合作伙伴关系管理、商业智能、知识管理、电子商务等。

CRM 管理系统一般分为运营型、协作型、分析型 CRM，如图 11-5 所示。

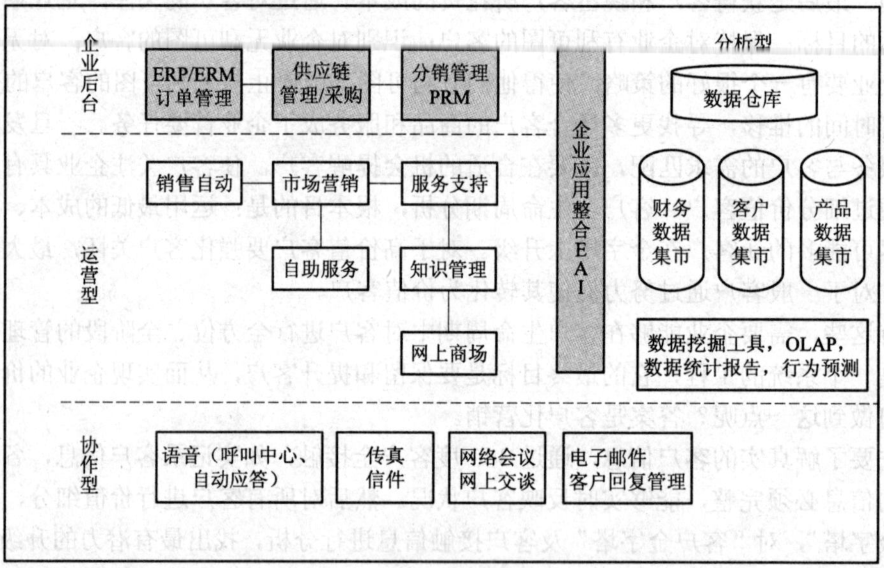

图 11-5 CRM 管理系统

11.3.3 连锁鲜花店的 CRM 策略

连锁鲜花店的客户关系管理策略，应针对鲜花客户的特点，遵循 CRM 核心理念进行详细的设计与实施。其主要内容包括以下几项。

（1）鲜花店以客户为中心的经营理念，以客户为中心的业务流程，以客户为中心的管理职能。

（2）鲜花店客户的特征分析，客户分类管理。

（3）鲜花店客户全接触管理，优化客户体验。

（4）鲜花店客户全生命周期管理，提升客户价值。

（5）实现客户关系管理策略的 CRM 信息系统的功能设计。

以上第（1）～（4）项内容，均可以蕴涵在第（5）项提到的 CRM 信息系统中。根据 CRM 系统的功能，鲜花店 CRM 系统可以划分为运营型、协作型和分析型 3 种 CRM 系统。这里重点介绍运营型和分析型 CRM 系统。

1. 运营型 CRM

运营型 CRM 设计的目的是为了让企业营销、销售和服务人员在日常工作中能够共享客户资源，减少信息流动断点，提供高效的客户服务。运营型 CRM 主要分为销售自动化、服务自动化和市场营销自动化。

1）销售自动化

销售自动化是 CRM 系统中的一个最核心模块。它是在销售过程中，针对每一个线索、客户、商机、合同、订单等业务对象进行有效的管理，提高销售过程的自动化，全面提高了企业销售部门的工作效率，缩短销售周期，帮助提高销售业绩。它可以有效地支持总经理、销售总监、销售主管、销售人员等不同角色对客户的管理、对商业机会的跟踪，对订单合同的执行等，有效导入销售规范，实现团队协同工作。主要功能包括日程和活动安排、销售线索管理、客户联系人管理、商机管理、合同管理、订单管理、销售预测、竞争对手管理、产品管理、报价管理、费用管理、销售计划管理等。

鲜花店的销售自动化，一方面要基于 Web 实现网上订单管理，支持销售的在线运行，另一方面也要支持重点客户的开发。充分利用 CRM 系统提供的销售线索管理、商机管理、合同管理、产品管理和报价管理等功能，为鲜花大客户量身定制服务方案，可以提高销售效率，增强客户服务能力。

2）市场营销自动化

通过市场营销自动化帮助企业建立和管理市场活动，并获取潜在客户；帮助市场研究人员了解市场、竞争对手、消费趋势，并制定灵活、准确的市场发展计划。其目标是为营销及其相关活动的设计、执行和评估提供详细的框架。市场管理系统的典型功能包括：市场活动和行销管理、线索销售分析、渠道和竞争对手管理、活动/日历、附件/邮件管理等。

鲜花店的市场自动化管理，主要是针对市场营销活动的在线支持，为营销活动提供高度智能的设计与实施计划。

3）服务自动化

通过将客户服务与支持功能同销售、营销功能很好地结合，为企业提供更好的商业机会，向已有的客户销售更多的产品。主要是完成对服务流程的自动化和优化，加强服务过程的控制和管理，实现标准化、准确化的服务，从而达到提高服务效果，增加客户满意度和忠诚度，实现企业利润最大化。服务管理系统的典型功能包括：实施服务管理、服务请求管理、客户管理、活动管理、计划/日历管理、产品管理，服务合同和服务质量的管理、图/表分析等。

由于鲜花店的产品特性，其售后服务工作相对较少，需要的IT支持也不多，但仍可以从事必要的服务工作，并可以与协作型CRM结合起来，形成功能独特的客户咨询、客户协作中心，帮助客户解决售前、售中和售后中遇到的鲜花问题，成为客户服务的重要窗口，提升客户满意度。

2. 分析型CRM

1）分析型CRM主要用途

（1）分析客户特征。为了制定出个性化的营销手段，分析客户特征是首要工作。企业不仅会想方设法了解顾客的地址、年龄、性别、收入、职业、教育程度等基本信息，对婚姻、配偶、家庭状况、疾病、爱好等的收集也是不遗余力。

（2）分析“黄金客户”。通过客户行为分析，挖掘出消费额最高、最为稳定的客户群，确定为“黄金客户”。针对不同的客户档次，确定相应的营销投入。对于“黄金客户”，往往还需要制定个性化营销策略，以求留住高利润客户。所以，不要期待在CRM时代继续人人平等。当然，成功的CRM不会让顾客感觉到歧视。

（3）分析客户关注点。通过与客户接触，收集大量客户消费行为信息，通过挖掘，得出客户最关注的方面，从而有针对性地进行营销活动，把钱花在“点”上。同样的广告内容，根据客户不同的行为习惯，有的人会接到电话，有的人就可能收到信函；同一个企业，会给他们的客户发送不同的信息，而这些信息往往正是顾客感兴趣的。

（4）获得客户。对大多数行业来说，企业的增长需要不断地获得新的客户。新的客户包括以前没有听说过企业产品的人、以前不需要产品的人和竞争对手的客户。数据挖掘能够辨别潜在客户群，并提高市场活动的响应率。

（5）交叉销售。现在企业和客户之间的关系是经常变动的，一旦一个人或一个公司成为企业的客户，企业就要尽力保持这种客户关系。客户关系的最佳境界体现在三个方面：① 最长时间地保持这种关系；② 最多次数地和客户交易；③ 保证每次交易的利润最大化。因此，企业需要对已有的客户进行交叉销售。交叉销售是指企业向原有客户销售新的产品或服务的过程。交叉销售是建立在双赢的基础之上的，客户因得到更多更好符合其需求的服务而获益，企业也因销售增长而获益。在企业所掌握的客户信息，尤其是以前购买行为的信息中，可能正包含着这个客户决定下一次购买行为的关键因素。

2）分析型CRM的主要功能

客观地讲，分析型CRM通常具有较强烈企业个性化色彩，企业的行业特征越强，该色彩就越浓烈。但也存在相当一部分的共性需求，如客户、产品销售、市场、服务的众多分析就是最普遍应用的领域。各行企业都要了解和监视对不同类别客户、不同地区，不同产品种类，不同销售部门和员工在不同时间下的销售进程、财务状态；了解和掌控企业的客户综合状态、产品综合状态、竞争对手综合状态和市场、销售与服务环节等的具体内涵。

（1）市场分析：对各类市场的活动、费用、市场反馈、市场线索进行分析，帮助市场人员全程把握市场活动。对市场的广告宣传、市场情报进行统计分析，供市场各类宣传决策。

分析合作伙伴、潜在合作伙伴的各种背景、潜力、实际营运状态，协助合作伙伴的发展和维系。

（2）销售分析：在销售环节，针对客户实现客户销售量、销售排名、销售区域、销售同期比、收款－应收、客户新增、重复购买、交叉销售、客户关怀全面分析；针对产品实现产品销售量、排名、区域、同期比、产品销售价格、利润、新产品销售构成、久未交易产品、新产品销售构成等的全面分析；针对部门实现部门/员工销售量、排名、同期比、收款－欠款、指标完成情况、满意－投诉等的全面分析。此外，实现合同类型、合同执行情况、产品利润、客户利润、部门利润、商机费用、客户费用、部门费用、线索来源、线索商机转换、商机成功率、综合销售漏斗、合作伙伴销售等的全面分析。

（3）产品分析：根据市场、销售、服务各环节的反馈，实现产品的销售增长率、质量－缺陷、质量费用、生命周期、产品属性、产品销售能力、获利能力、市场占有率、竞争能力、市场容量等的分析。

（4）客户分析：在客户统一管理的层面上，实现客户属性、消费行为、与企业的关系、客户价值、客户服务、信誉度、满意度、忠诚度、客户利润、客户流失、恶意行为、客户产品、客户促销、客户未来等的全面分析。

（5）竞争分析：通过对竞争对手同类产品信息的收集和统计，实现与竞争对手价格、地区、产品性能、广告投入、市场占有率、项目成功率、促销手段、渠道能力等方面的竞争优势分析。实现不同地区、不同产品、不同竞争对手的竞争策略分析。

（6）预测：对未来销售量、销售价格、市场潜力、新产品定价等企业经营决策特别关心的内容，通过适当的预测模型，进行多维度的剖析，方便决策。

11.4　电子商务物流管理

11.4.1　物流模式

1. 企业自营物流配送模式

自营物流概述

现代物流来源于企业自营物流，而自营物流来源于生产制造企业。美国物流管理协会（CLM）1985 年对物流的定义就是以生产制造企业为对象的，物流是生产企业与生俱来的组织功能，要求企业通过自有物流设备或网络，完成原材料、半成品、产成品向目的地的送达功能。

一般来说，工业企业自营物流包含 3 个层次。

（1）物流功能自备。企业自备仓库、自备车队等，企业拥有一个自我服务的体系。这其中又包含两种情况：一是企业内部各职能部门彼此独立地完成各自的物流使命；二是企业内部设有物流运作的综合管理部门，通过资源和功能的整合，专设企业物流部或物流公司来统一管理企业的物流运作。

（2）物流功能外包。物流功能外包也有两种情况，一是将有关的物流服务委托给物流企业去做，即从市场上购买有关的物流服务，如由专门的运输公司负责原料和产品的运输；二是物流服务的基础设施为企业所有，但委托有关的物流企业来运作，如请仓库管理公司来管理仓库，或请物流企业来运作管理现有的企业车队。从产业进化角度来看这是一个进步。两种情况下，企业物流功能仍需要自身的组织管理，只是部分外包了物流功能。因此，仍属于“自营”的范畴。

（3）物流系统组织。企业自己既不拥有物流服务设施，也不设置功能性的物流职能部门，而是通过整合市场资源的办法获得相应的物流服务。其中，包括供应链系统的设计、物流服务标准的制定、供应商和分销商的选择等，直至聘请第三方物流企业来提供一揽子的物流服务。这种情况下，企业逐步地退出物流管理，自营的色彩越来越淡。

事实上，一般工业企业的物流运作都是前两个层次交叉的，即自营与外购相结合。能够上升到第三个层次的往往是那些控制了产品的核心技术，或拥有知名品牌，或具有极强的研发能力和渠道控制能力的所谓虚拟企业，如耐克、沃尔玛、戴尔、贝纳通和麦当劳等。

现代自营物流的概念是在传统企业自营物流的基础之上，以供应链管理的思想对物流功能进行统合、集成而形成的，它把企业的物流管理职能提升到战略地位，通过科学、有效的物流管理实现产品增值，获取竞争优势。我国企业中最典型的当属海尔物流。

2. 第三方物流模式

第三方物流的概念源自于管理学中的外包（Outsouring）概念，指企业动态地配置自身和其他企业的功能和服务，利用外部的资源为企业内部的生产经营服务。将 Outsouring 引入物流管理领域，就产生了第三方物流的概念。

所谓第三方物流，是指生产经营企业为集中精力搞好主业，把原来属于自己处理的物流活动，以合同方式委托给专业物流服务企业，同时通过信息系统与物流服务企业保持密切联系，以达到对物流全程的管理和控制的一种物流运作与管理方式。因此第三方物流又叫合同制物流（Contract Logistics）或外协物流（Outsourcing Logistics）。更为抽象地理解，第三方物流实际上就是指由物流劳务的供方、需方之外的第三方去完成物流服务的物流运作方式。中华人民共和国国家标准《物流术语》（GB/T 18354—2001）把第三方物流定义为：“由供方与需方以外的物流企业提供物流服务的业务模式。”

第三方物流在发展过程中，其业态特征也越来越明显，具体表现如下。

（1）以合同导向的物流服务。第三方物流又称为合同物流或外协物流，合同或契约关系既是其运营的基础，也是其最明显的特征。

（2）新型客户关系的物流服务。企业选择第三方物流服务的动机是降低成本、提高核心竞争力、寻求增值服务等，各类企业与第三方物流企业合作的方式有整体外包供应链物流业务、聘请物流公司来管理运作企业自有物流资产设备等多种形式。虽然形式各异，但是本质上是合作双方为了共同的战略目标，在信息共享的条件下，共同制订物流解决方案，其业务深深地触及客户企业销售计划、库存管理、订货计划、生产计划等整个生产经营过程，远远超越了与客户一般意义上的买卖关系，而是紧密地结合成一体，形成了一种战略伙伴关系。

（3）需求拉动经营理念的建立。由于行业性质、产品特点、市场状态等方面不同，传统的第三方物流所提供的运输、仓储等基础性服务已远远不能满足目前工商企业的需要，促使当今的第三方物流企业的经营理念从供给推动模式向需求拉动模式转换，第三方物流企业正在努力采用“一企一策”的方式为工商企业提供特殊的、个性化的专属服务，并充分发挥物流服务与客户接触的便利，及时获取市场和客户信息，为工商企业提供决策支持。

（4）以信息技术为基础的物流服务。信息技术的发展是第三方物流发展的必要条件，信息共享是第三方物流企业与工商企业成功合作的关键。许多信息技术，如 GIS（地理信息系统）、GPS（全球卫星定位系统）、EDI（电子数据交换）、Bar Code（条码制）等实现了数据快速准确的传递，使企业之间的及时协调、合作成为可能，并促使 MRP、ERP、DRP 等物流计划方法的产生和发展，提高了第三方物流服务水平。

电子商务作为 21 世纪主要的商业运作模式，为第三方物流提供了广阔的发展空间，同时，第三方物流的发展又为电子商务的实现提供了现实保障，与电子商务整合，将成为第三方物流主要运作模式之一。从实际运作状况来看，第三方物流与电子商务的整合主要有以下两种方式：其一是第三方物流作为电子商务组成要素，承担物流作业，完成 B2B 或 B2C 中的物流环节；其二是第三方物流通过建设自己的电子商务，为商家与客户之间提供交换信息、进行交易、全程追踪的信息平台，从而实现电子商务与物流的紧密配合。在我国，表现较为突出的莫过于宝供物流企业集团。可以说，在电子商务时代，实现业务电子化和网络化是第三方物流企业发展的必然选择。

3. 第四方物流模式

从定义上讲，“第四方物流供应商是一个供应链的集成商，它对公司内部和具有互补性的服务供应商所拥有的不同资源、能力和技术进行整合和管理，提供一整套供应链解决方案。”（源自“Strategic Supply Chain Alignment” by John Gattorna）从概念上看，第四方物流是有领导力量的物流提供商，它可以通过对整个供应链的影响力，提供综合的供应链解决方案，为顾客带来更大的价值；它不仅控制和管理特定的物流服务，而且对整个物流过程提出解决方案，并通过电子商务将这个过程集成起来。

综上，第四方物流的特点之一是其提供了一整套完善的供应链解决方案，以有效地适应需方多样化和需求多样化，集中所有资源为客户完善地解决问题。它通过对咨询公司、技术公司和物流公司的集成管理，为客户提供价值最大化的、统一的技术方案的设计、实施和运作。第四方物流的特点之二是通过其对整个供应链的影响力来增加价值，即其能够为整条供应链的客户带来利益。4PL 充分利用一批服务提供商的能力，包括 3PL、信息技术供应商、合同物流供应商、呼叫中心、电信增值服务商等，再加上客户的能力和 4PL 自身的能力，提供物流集成解决方案，这个方案关注供应链管理的各个方面，既提供持续更新和优化的技术方案，同时又能满足客户的独特需求。在满足客户需求的同时，为供应链上各参与方实现价值增值。

“第四方物流”的基本功能可以总结为三个方面：一是供应链管理功能，即管理从货主、托运人到用户、顾客的供应全过程；二是运输一体化功能，即负责管理运输公司、物流公司之间在业务操作上的衔接与协调问题；三是供应链再造功能，即根据货主 / 托运人在供应链战略上的要求，及时改变或调整战略战术，使其经常处于高效率地运作。“第四方物流”的关键是以“行业最佳的物流方案”为客户提供服务与技术。

11.4.2 电子商务的物流模式选择

除了高度垄断的行业，单体企业很难改变其所处的市场环境，那么其成功的决定因素就在于如何适应市场环境并采取正确的发展战略。按照国际上比较流行的市场营销理论，企业主要的竞争战略选择有三种：一是成本领先战略；二是集中化战略；三是差异化战略。这个理论基本可以覆盖或解释其他竞争理论，物流行业的竞争战略也可以用这个理论框架来解释。

1. 成本领先战略适合有实力的企业

当企业与其竞争者提供相同的产品和服务时，只有想办法做到产品和服务的成本长期低于竞争对手，才能在市场竞争中最终取胜，这就是成本领先战略。在生产制造行业，往往通过推行标准化生产，扩大生产规模来摊薄管理成本和资本投入，以获得成本上的竞争优势。而在第三方物流领域，则必须通过建立一个高效的物流操作平台来分摊管理和信息系统成本。在一个高效的物流操作平台上，当加入一个相同需求的客户时，其对固定成本的影响几乎可以忽略不计，自然具有成本竞争优势。那么，怎样才能建成高效的物流操作平台呢？

物流操作平台由以下几部分构成：相当规模的客户群体形成的稳定的业务量；稳定实用的物流信息系统；广泛覆盖业务区域的网络。

稳定实用的信息系统是第三方物流企业发展的基石，物流信息系统不但需要较高的一次性投资，还要求企业具有针对客户特殊需求的后续开发能力。企业可以根据自身的需求选择不同的物流系统，但任何第三方物流企业都不可能避开这方面的投入。

对于一个新的第三方物流企业，除非先天具有来自其关联企业的强大支持，一般不大可能直接拥有广泛的业务网络和相当规模的客户群体，万事开头难，能否在一定时间内跨越这道门槛是企业成功与否的关键。对于一个第三方物流企业来讲，这是企业发展的一个必经阶段。如果能够在2～3年中完成业务量的积累和网络的铺设，企业将迎来收获的季节；如果不能达成，往往意味着资金的浪费和企业经营的寒冬。

对于一个全新的企业，主要有三个途径能够完成这一任务。第一个途径是在严密规划的基础上，采用较为激进的方式，先铺设业务网络和信息系统，再争取客户。这种方式较为冒险，只有资金实力非常强的企业才可能这样做。一些外资公司就声称要在很短的时间内在全国成立几十家分公司或办事处。第二个途径是与某些大公司结成联盟关系，或成立合资物流公司以获取这些大公司的物流业务。在国内家电行业和汽车行业都有这类案例。这种方式较为稳妥，使企业在短期内获得大量业务，但这种联盟或合资物流由于与单一大企业的紧密联系，会在一定程度上影响其拓展外部业务的能力。最后一种途径是建立平台，它是更为缓慢的方式，边开发客户，边铺设网络。走这条道路的企业，必须认真考虑企业竞争的第二种战略，集中化战略。

2. 集中化战略适合有一定自身优势的企业

集中化战略就是把企业的注意力和资源集中在一个有限的领域，这主要是基于不同的领域在物流需求上会有所不同，如 IT 企业更多采用空运和零担快运，而快速消费品更多采用公路或铁路运输。每一个企业的资源都是有限的，任何企业都不可能在所有领域取得成功。第三方物流企业应该认真分析自身的优势所在及所处的外部环境，确定一个或几个重点领域，集中企业资源，打开业务突破口。在物流行业中不难发现，BAX Global、EXEL 等公司在高科技产品物流方面比较强，而马士基物流（Maersk Logistics）和美集物流（APLL）则集中于出口物流，国内的中远物流则集中在家电、汽车及项目物流等方面。在国内企业对第三方物流普遍认可以前，第三方物流企业必须集中于那些较为现实的市场。应该强调的是，这种集中化战略不仅仅指企业业务拓展方向的集中，更需要企业在人力资源的招募和培训、组织架构的建立、相关运作资质的取得等方面都要集中，否则，简单的集中只会造成市场机遇的错过和资源的浪费。

3. 起步较晚的新企业最可取的是差异化战略

差异化战略是指企业针对客户的特殊需求，把自己同竞争者或替代产品区分开来，向客户提供不同于竞争对手的产品或服务，而这种不同是竞争对手短时间内难于复制的。企业集中于某个领域后，就应该考虑怎样把自己的服务和该领域的竞争对手区别开来，打造自己的核心竞争力。如果具有特殊需求的客户能够形成足够的市场容量，差异化战略就是一种可取的战略。在实际市场拓展中，医药行业对物流环节 GMP 标准的要求，化工行业危险品物流的特殊需求，VMI 管理带来的生产配送物流需求，都给物流企业提供差异化服务提供了空间。其实，对于一个起步较晚的新企业，差异化战略是最为可取的战略。

4. 物流企业差异化战略选择的基本思路

物流企业不仅要考虑选择差异化战略，而且要考虑选择什么样的差异化战略。战略选择的焦点在于，一要维护预期战略目标的实现，另一个是要清醒地避免和缩小由于战略选择可能带来的风险。选择差异化战略可能带来的一个结果是顾客群缩小和单位成本的上升。从而导致服务价格的攀升。因此在差异化战略中要十分注意以优质的独特服务来降低客户的价格敏感性，以差异化独特性的深化来阻挡替代品的威胁而维护顾客的忠诚，并通过差异化品牌的创建来集中和壮大顾客群，在企业效益不断提高的同时，实现单位服务成本和单位服务价格的下降。为此，在物流企业差异化战略的选择中，定位差异化和服务差异化是可供参考的两条基本思路。

（1）定位差异化：定位差异化就是为顾客提供与行业竞争对手不同的服务与服务水平。通过顾客需求和企业能力的匹配来确定企业的定位，并以此定位来作为差异化战略的实质标志。差异化战略是以了解顾客的需求为起点，以创造高价值满足顾客的需求为终点。因此在企业决定其服务范围与服务水平时，首先要考虑的是顾客究竟需要的是什么样的服务和服务要达到何种水平。

企业可以先选出在物流行业内顾客可能比较关注的服务要素，如价格、准确性、安全性、速度等要素。然后根据这些要素来设计调查表，每个要素设计 0～10 的 11 个分数等级，让顾客根据自己的期望和要求给各个要素打分。目的是找出大多数顾客普遍认为重要的要素、不重要的要素及企业提供的多余的因素。调查表的最后要设计两个开放性问题：A 您认为还应该提供哪些重要的服务项目？B 您认为应该去掉哪些冗余的服务项目？这样企业可以明确了解到顾客需要哪些服务及哪些服务要素对顾客来讲最重要。

接下来企业要对自身的能力进行评估，看看自己能为顾客提供哪些服务。满足顾客的需求必须要与自己的能力相匹配，否则要么满足不了顾客的需求，而这种提高了顾客的期望值又实现不了的承诺反而会让顾客感到更加失望。要么就是虽然满足了顾客的需求，但成本却太高让企业得不偿失。根据顾客的需求与企业自身能力的协调匹配，让企业明确自己可以在哪些方面有所为和有所不为。

在决定企业的服务方向后，企业要制定自己的服务水准。服务水平的制定要根据顾客对服务要素重要性的感知程度和竞争对手所提供的服务水平相结合来考虑。如果顾客认为重要的关键的服务要素，企业就应努力把自己的服务提高到行业最高水平之上。顾客认为是必要的但不是关键的服务要素，企业就只需保持在行业的平均水平。

对顾客认为是锦上添花的服务要素，企业可保持在行业平均水平之下，因为这些服务并非是顾客所看重的。而那些顾客认为是可有可无的服务要素，企业完全可以取消，以此来降低成本。因此，在决定整体定位差异化的时候，必须要把顾客的需求、企业自身能力与竞争对手的服务水平 3 个要素综合考虑。要做到三者的协调统一。

（2）服务差异化：服务差异化就是对不同层次的顾客提供差异化的服务。定位差异化强调的是与竞争对手不同，而服务差异化则强调的是顾客的不同。对顾客再怎么强调他的重要性也丝毫不会过分。因为顾客是有差异的，想要以一种服务水平让所有顾客都满意是不可能的。顾客本身的条件是各不相同，对满意的期望自然也各不相同。因为每个顾客对企业利润的贡献也各不相同，所以不同的顾客对企业的重要性也不会完全一样。并且重要的顾客对企业利润贡献大，自然他们要求企业提供的服务水平也要高。由于企业选择差异化战略，因此企业差异化的不同，它对重要顾客的认同也会不一样。每个企业都会因其差异化战略而确定其重要的顾客群。

企业在实施差异化服务中与不同重要性的顾客建立不同的客户关系，提供不同水平的服务。一般来说，物流企业依据其差异化战略可以把顾客分为三类。第一类是对企业贡献最大的前 5%的顾客；第二类是排名次之的后 15%的顾客；第三类是其余的 80%的顾客。根据著名的帕托累 20/80 原理，20%的顾客创造了企业 80%的利润。所以保留住这两类顾客就可保留住企业大部分利润来源。可见第一类顾客是企业最重要的顾客，第二类顾客也是很重要的顾客，而第三类顾客则是相对次要的顾客。对于这三类顾客分别采取差异化的服务方针。

对这三类顾客，第一类顾客提供VIP服务，第二类顾客提供会员制服务，第三类顾客提供标准化服务。从而形成物流企业的服务差异化战略。

对第一类顾客的VIP服务就是企业与这类顾客保持最紧密联系甚至结成战略联盟，采取主动积极的服务甚至做出一些超前的服务设想和服务储备。企业可以在组织结构业务流程等多方面上去适应对方。为对方提供专人专项的服务，尽最大的努力去满足对方的需求。可以为顾客提供一体化的物流服务，从顾客角度出发为顾客设计系统的物流流程，降低总的物流成本和提高顾客满意度。

11.5 实践任务

11.5.1 实践任务——连锁鲜花店电子商务规划

1. 实践内容

对连锁经营的鲜花店进行初步的经营战略分析，确定电子商务战略的总目标和子目标，确定具体的规划体系。具体要求如下。

（1）收集连锁经营的相关资料，了解连锁经营的模式、特点。

（2）收集鲜花服务行业的基本资料，掌握鲜花服务的基本内容及其特点。

（3）为鲜花店连锁经营设定经营战略。

（4）导出连锁鲜花店的电子商务战略目标。

（5）进行详细的电子商务战略规划，包括地位、作用、模式、流程、技术标准、架构等。

（6）撰写《连锁鲜花店电子商务战略规划报告》。

2. 实践要上交的报告

连锁鲜花店电子商务战略规划报告。

11.5.2 实践环节——连锁鲜花店的组织设计

1. 实践内容

假设该鲜花店由自己经营。了解所处城市鲜花服务的市场状况，熟悉鲜花服务业的电子商务现状，假设自己企业的电子商务战略规划，根据规划及企业实际情况，提出一个电子商务组织机构的设计方案，重点说明电子商务组织管理各项职能如何履行、如何衔接、如何协同，各个组织机构的职责、任务、目标，主要的电子商务管理制度等。实践要求如下。

（1）充分假设鲜花店规模、结构、部门和岗位。

（2）理解鲜花店连锁经营战略对电子商务的要求。

（3）理解CIO职能，设计以CIO为核心的电子商务管理体系。

2. 实践要上交的报告

连锁鲜花店的组织设计报告。

11.5.3 实践环节——连锁鲜花店的 CRM 策略设计

1. 实践内容

根据鲜花店客户的消费特征，运用 CRM 理念，设计连锁鲜花店的 CRM 策略，制订较详细可行的实施方案。实践要求如下。

1）鲜花店客户特征分析

提示：鲜花店的客户特征是与其他行业不太一样的。如花店顾客随时随地、因地制宜、就近方便的购买特征，导致花店客户的真诚度很低。因此导入现代企业的一些客户管理理念和方法，尽可能地稳定客源，提高客户的忠诚度尤为重要。

良好有效的客户关系管理，有利于花店或公司与客户建立更长久的双向关系，并获取客户忠诚。客户忠诚将使客户更容易挽留，每次或每年购买的产品更多，愿意买更高价值或花店或公司新推的商品，降低企业客户推广成本，并由此顾客满意因而愿意介绍新顾客。

2）客户资料的收集与整理，为客户分析提供支持

提示：建立客户资料数据库是进行花店客户管理的基础。每个人身边都有一个朋友圈子。从开店之日起，所有朋友都要纳入客户范围。他们的资料进入客户资料数据库。周围的企事业单位或社会团体，通过有针对性的电话沟通或登门拜访，或者通过人际资源和负责办公室事务的负责人取得联系，纳入客户资料库。

对于上门客户，可以通过一些有意识的交谈，尽可能多地得到客户信息，或者在给对方自己花店的名片时也可以很自然地得到对方的名片。一回生二回熟，多打了几次交道，对于一些基本情况的把握，如姓名、联系方式、买花主要是做什么等一些消费习惯就会掌握，慢慢地把他们充实到客户资料数据库中。

对于电话上门要求代送的，则订花人姓名、电话、订花用途自然就可以记录在案了。同时收花人姓名、地址、电话、纪念日等信息也就自然掌握了，收花人也可以成为自己的准客户。

网络异地订单的订花人、收花人资料在订单中都有体现，也需进入客户数据库。在连锁经营、网络化经营模式下，异地订花服务将变得越来越容易，这样的客户也将越来越多。

3）客户开发、关怀与维持方法

提示：有了客户资料库，可按客户进行信息检索，客户基本信息、重要纪念日期、所有消费记录、消费总额、消费账单一目了然。要支持多种方式的模糊查询，如按名字、生日、电话、日期等。充分利用复杂查询功能，可以加强按日期段、按年龄段或按鲜花消费的统计分析，并能够对重点客户提醒重要日期的祝福、服务等。

客户数据资料库建立起来。经过一段时间，对客户的资料进行分析和整理，进行分类管理。其中从资料中找出大客户进行重点管理是很重要的。同时对于性质不同的大客户如企业单位大客户和个人大客户或相关业务合作的大客户都要采取不同的策略和方法进行管理。

4）客户流失分析

提示：从客户资料中分析流失客户也是一个有益的工作。要对客户流失的原因加以归类分析，有针对性地提出改进措施。花店客户管理中如何处理客户的抱怨或投诉是一个很重要的环节。首先树立面对客户抱怨或投诉的正确心态，并采用正确的方法应对客户抱怨和投诉。

2. 实践要上交的报告

连锁鲜花店的 CRM 策略设计。

11.5.4　连锁鲜花店的物流战略及模式选择

1. 实践内容

根据连锁鲜花店的电子商务经营特征，运用物流战略及模式选择方法，设计连锁鲜花店的物流策略，为其选择适宜的物流模式，制订较详细可行的实施方案。实践要求如下。

（1）充分论证物流在连锁鲜花店电子商务中的战略地位和关键作用。

（2）充分论证第三方物流在电子商务中的重要作用。

（3）为连锁鲜花网店的第三方物流选择设定原则和标准。

（4）为连锁鲜花网店的第三方物流运作设定管理模式。

2. 实践要上交的报告

连锁鲜花店的物流战略及模式选择报告。

实训报告格式

实 训 报 告

专业名称：　　　　　　班级：　　　　学号：　　　　　姓名：

组别：　　　　　　同组人姓名：　　　　　　成绩：

第　　次实训：　实训日期：　　　　　指导教师：

实训名称：

、实训目的

二、实训内容和方案

三、实训步骤记录

四、实训结果展示和自我评价

五、问题思考和讨论心得

参考文献

[1] 杨坚争. 电子商务网站典型案例评析. 2 版. 西安：西安电子科技大学出版社，2005.
[2] 罗明，张敬伟. 电子商务实训教程. 上海：上海交通大学出版社，2007.
[3] 王少锋. 面向对象技术 UML 教程. 北京：清华大学出版社，2004.
[4] 刘润东. UML 对象设计和编程. 北京：北京希望电子出版社，2000.
[5] 董兰芳，刘振安. UML 课程设计. 北京：机械工业出版社，2005.
[6] 殷兆麟. UML 及其建模工具的使用. 北京：北京交通大学出版社，2004.
[7] 肖刚. 网上商店设计. 北京：电子工业出版社，2001.
[8] 杨钱里，王育民. 电子商务技术实务. 北京：电子工业出版社，2001.
[9] 肖萍，等. 电子商务网站设计与管理. 南京：东南大学出版社，2002.
[10] 王曰芬. 电子商务网站设计与管理. 北京：北京大学出版社，2004.
[11] 梁露，赵春利. 电子商务网站建设实践. 北京：人民邮电出版社，2005.
[12] 刘军，季常煦. 电子商务系统规划与设计. 北京：电子工业出版社，2001.
[13] 姜旭平. 电子商贸与网络营销. 北京：清华大学出版社，2000.
[14] 刘俊远. 电子商务实训. 北京：中国财政经济出版社，2004.
[15] 欧阳峰. 电子商务解决方案. 北京：北京交通大学出版社，2004.
[16] 陈孟建. 电子商务网站建设与管理实训. 北京：清华大学出版社，2006.
[17] 韩海雯. 电子商务网站规划与建设. 北京：北京交通大学出版社，2005.
[18] 冯英健. 网络营销基础与实践. 北京：清华大学出版社，2004.
[19] 赵祖荫. 电子商务网站建设教程. 北京：清华大学出版社，2005.
[20] 罗岚. 网上交易实战提高篇. 北京：清华大学出版社，2008.
[21] 刘振安，董兰芳，刘燕君. 面向对象技术 UML. 北京：机械工业出版社，2007.
[22] 李志刚. 电子商务系统分析与设计. 北京：机械工业出版社，2009.
[23] 王曰芬，丁晟春. 电子商务网站设计与管理. 北京：北京大学出版社，2007.
[24] 刘在云，于丙超，杨国梁，等. 电子商务与信息系统. 北京：人民邮电出版社，2007.
[25] 厉小军. 电子商务系统设计与实现. 北京：机械工业出版社，2007.
[26] 求实科技. ASP.NET 信息管理系统开发. 北京：人民邮电出版社，2006.
[27] 肖金秀，何鹏，王当文. ASP.NET 案例教程. 北京：冶金工业出版社，2005.
[28] 杨鲲鹏，孟凡琦. ASP.NET+SQL Server 动态网站开发从基础到实践. 北京：电子工业出版社，2005.
[29] 刘振岩. 基于.NET 的 Web 程序设计：ASP.NET 标准教程. 北京：电子工业出版社，2006.

［30］张玉平. ASP.NET+SQL Server 组建动态网站. 北京：电子工业出版社，2006.
［31］张领. ASP.NET 项目开发全程实录. 北京：清华大学出版社，2008.
［32］陈廷斌，吴赜书. 供应链与物流管理. 北京：清华大学出版社，2008.
［33］拉思讷. 创业者手册. 胡蔚，译. 北京：中信出版社，2000.
［34］方少华. 业务流程咨询. 北京：电子工业出版社，2006.
［35］米歇尔，哈罗德. 采购与供应管理. 张杰，张群，译. 北京：机械工业出版社，2001.
［36］刘丽文. 生产运作管理. 北京：清华大学出版社，2006.
［37］马士华，林勇. 供应链管理. 北京：机械工业出版社，2005.
［38］翁心刚. 物流管理基础. 北京：中国物资出版社，2002
［39］杨琼. 市场营销学. 北京：科学出版社，2005.
［40］叶学锋，魏江. 关于资源类型和获取方式的探讨. 科学与科学技术管理，2001（9）：40-42.
［41］刘廷，刘帆. ASP.NET 开发实例完全剖析. 北京：中国电力出版社，2006.
［42］http://www.ibm.com.cn
［43］http://www.cnnic.net.cn
［44］http://www.juns.com.cn
［45］http://www.dzsw.org
［46］http://www.legend.com.cn
［47］http://www.sun.com.cn
［48］http://www.chinaec.org